液压维修实用技巧集锦

第2版

陆望龙　编著

化学工业出版社

·北京·

图书在版编目（CIP）数据

液压维修实用技巧集锦/陆望龙编著. —2版. —北京：
化学工业出版社，2018.3（2021.2重印）
ISBN 978-7-122-31345-4

Ⅰ.①液… Ⅱ.①陆… Ⅲ.①液压系统-维修
Ⅳ.①TH137

中国版本图书馆CIP数据核字（2018）第009232号

责任编辑：黄 滢　　文字编辑：陈 喆
责任校对：宋 玮　　装帧设计：王晓宇

出版发行：化学工业出版社（北京市东城区青年湖南街13号 邮政编码100011）
印　　装：北京盛通商印快线网络科技有限公司
880mm×1230mm 1/32 印张13 字数426千字
2021年2月北京第2版第3次印刷

购书咨询：010-64518888　　售后服务：010-64518899
网　　址：http://www.cip.com.cn
凡购买本书，如有缺损质量问题，本社销售中心负责调换。

定　　价：69.00元

前言
FOREWORD

液压系统结构复杂、精密度高，装备液压系统的设备一旦发生故障，就会给企业造成巨大损失。因此，快速准确地对液压设备进行故障诊断与维修，是液压维修技术人员的一项重要技能。

然而，要想成为一名优秀的液压维修技术人员，不是一蹴而就的事。液压维修工作需要长时间的实践积累，并不断地总结和借鉴他人的经验与技巧，才能做好。

为帮助广大欲从事液压维修技术工作的人员快速掌握液压维修本领，化学工业出版社于2010年4月组织笔者编写了《液压维修实用技巧集锦》。第1版自出版以来，由于内容贴近液压维修人员日常工作实际，实用性强，得到了读者的广泛喜爱和欢迎，先后多次重印。但是迄今为止，第1版已出版8年有余，在此期间国内外技术更新和升级较快，且有部分读者在使用过程中也提出了许多宝贵的意见和建议，为此，对第1版进行了修订，推出第2版。

《液压维修实用技巧集锦》（第2版）结合读者意见，努力完善，力求做到以下几点。

1. 第2版内容在第1版的基础上进一步修订，仍然结合笔者自身近五十年从事液压维修技术工作的实践经验，并参阅有关资料介绍，编写而成。

2. 在第1版的基础上进行了较大篇幅的删减和更新。删减了相对陈旧落后或使用较少的液压元件及系统，新增了国际国内更为先进的新型液压元件与系统，如北京华德公司、美国派克公司、美国伊顿-威格士公司、美国穆格公司、德国博世-力士乐公司、意大利阿托斯公司、日本大京公司、日本油研公司、日本川崎公司等世界知名厂商生产的具有代表性的液压元件结构，并详细介绍其维修方法、步骤和要领。

3. 在内容编排上，继续保持了第1版读者反映较好的篇章结构和风格，例如书中列举了各种典型液压元件的结构，在结构图旁给出了该元件的主要故障点、元件中需重点维修的零件及其所在的具体部位。这样，既可方便读者查阅，又可使读者在实际进行维修工作时能够快速准确地抓住主要矛盾，顺利完成维修作业。

本书由陆望龙编著，感谢张和平、周幼海、曲娜、宋伟丰、罗文果、陈黎明、陆桦、朱皖英、李刚、马文科、李泽深、罗霞、杨书、邓和平等专家和同行在本书编写过程中给予的关心、帮助和支持。

由于笔者水平和个人经历等限制，有些经验和技巧也无法一一列举出来，书中不足之处在所难免，恳请广大读者多多批评指正。

编著者

目 录
CONTENTS

第1章 液压泵的维修

1.1 齿轮泵的维修

齿轮泵体积较小，结构较简单，对油的清洁度要求不严，价格较便宜，用途广泛；但泵轴受不平衡径向力，内泄漏较大，要设置卸荷槽才能消除困油现象。

1.1.1 齿轮泵的工作原理

(1) 外啮合齿轮泵的工作原理

泵内啮合的轮齿将分隔出与吸油管相通的吸油腔 T 和与排出口相通的排油腔 P，主、从啮合齿轮以啮合线沿齿宽方向将吸油腔和压油腔隔开。当主动齿轮顺时针方向旋转、从动齿轮逆时针方向旋转时，在吸油腔逐渐退出啮合，轮齿所占据的容积因由 a 转到 b 使 T 腔的容积逐渐增大而在封闭容腔 T 内形成一定的真空度，压力低于大气压，于是液体在油箱液面上的大气压力作用下，将油箱内油液经吸油管及泵的吸入口被压入泵内，为“吸油”；在排油腔随着齿轮的回转，轮齿由 c 转

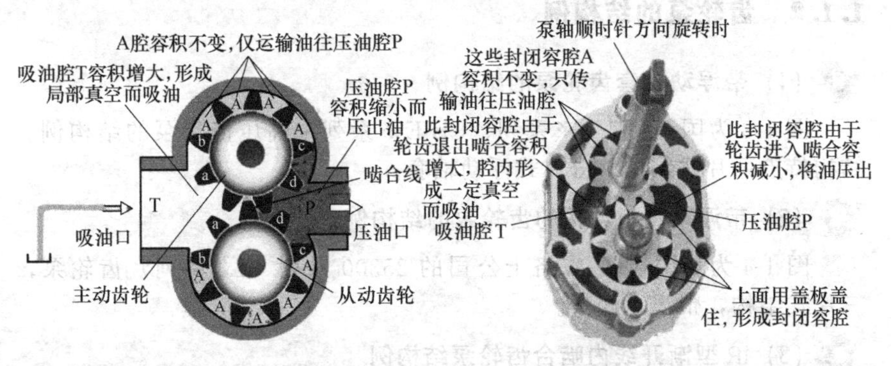

图 1-1 外啮合齿轮泵的工作原理

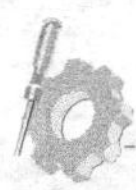

到 d，使 P 腔的容积逐渐减小，又由于油液的不可压缩性，将油液挤出至系统，此为“压油”。在图 1-1 中 A 处，密封工作空间 A 容积不变，只起将吸进泵内来的油传递到压油腔的运输作用。这就是外啮合齿轮泵的工作原理。

(2) 内啮合齿轮泵的工作原理

如图 1-2 所示，在小齿轮（外齿）和内齿轮（内齿）之间装有一块隔板，将吸油腔与压油腔隔开。

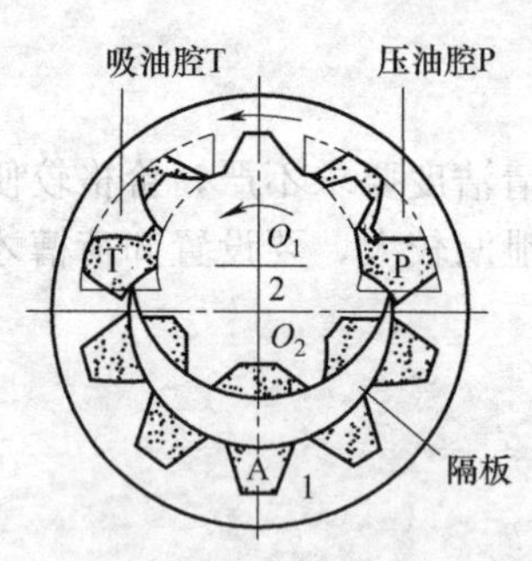

图 1-2　渐开线齿形内啮合齿轮泵的工作原理

当传动轴带动外齿轮 1（内齿齿轮，内转子）旋转时，与其相啮合的内齿轮 2（外齿齿轮，外转子）也跟着同方向旋转。在左上半部的吸油腔，由于轮齿的脱开，T 腔体积增大，形成一定真空度，而通过吸油管将油液从油箱“吸”入泵内 T 腔。随着齿轮的旋转，到达被隔板隔开的位置 A，然后转到 P 的位置进入压油腔，压油腔由于轮齿进入啮合，油腔的体积缩小，油液受压而排出。齿谷 A 内的油液在经过整个隔板区域内容积不变，在 T 区域容积增大，在 P 区域内容积缩小，利用齿和齿圈形成的这种容积变化，完成泵的功能。

在泵壳或配流盘端面上设置吸、排油口分别与吸油腔、压油腔相通，便构成真正意义上的“泵”，显然这种泵也不能变量。

1.1.2　齿轮泵的结构例

(1) 带浮动轴套齿轮泵的结构例

图 1-3 为国产 CB-D※系列、CB-E※系列中高压齿轮泵的结构例。结构特点两片式结构、分体式浮动轴套。

(2) 带浮动侧板结构的齿轮泵的结构例

图 1-4 为美国伊顿-威格士公司的 25300 系列（L2 系列）齿轮泵，三片式结构，带浮动侧板。

(3) IP 型渐开线内啮合齿轮泵结构例

图 1-5 为 IP 型渐开线内啮合齿轮泵的结构例。

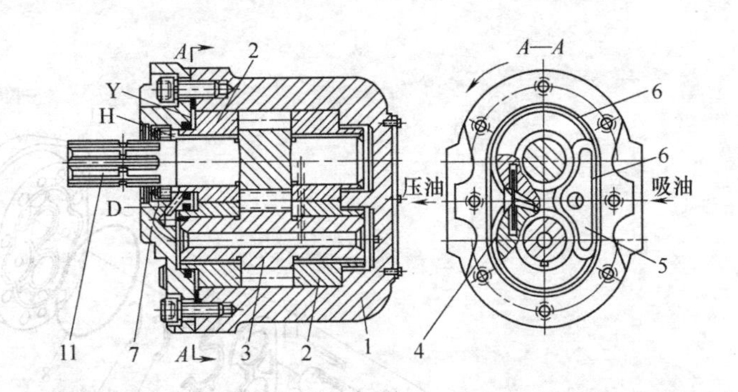

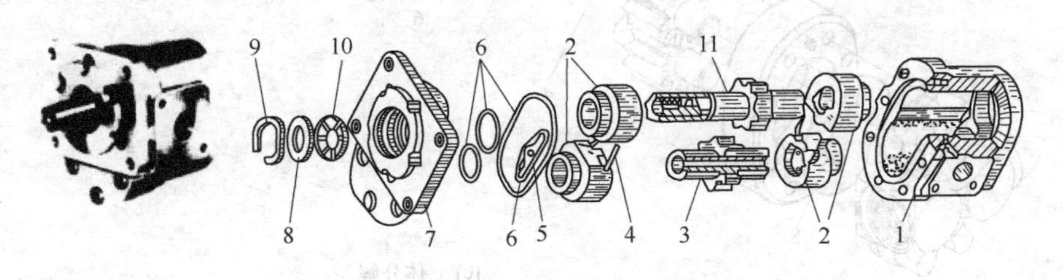

(a) 外观　　(b) 结构与立体分解

图 1-3　CB-D※系列中高压外啮合齿轮泵

1—泵体；2—浮动轴套；3—被动齿轮；4—弹性导向钢丝；5—卸压片；6—密封圈；7—泵盖；8—支承环；9—卡环；10—油封；11—主动齿轮

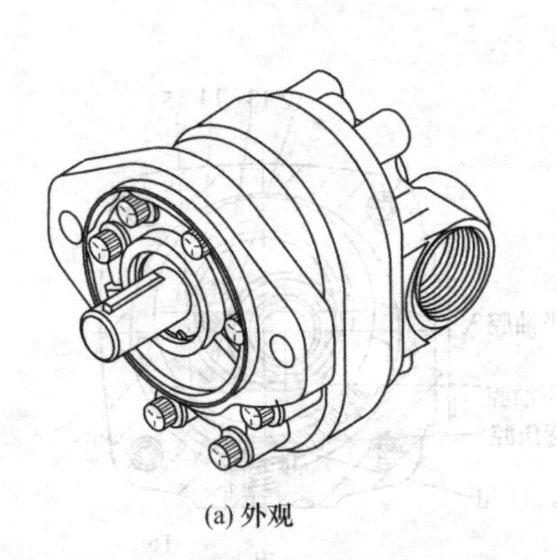

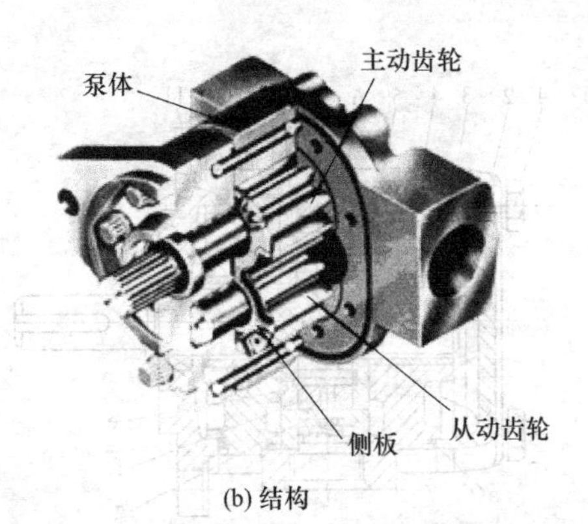

(a) 外观　　(b) 结构

图 1-4

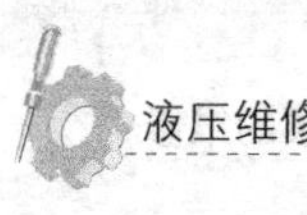

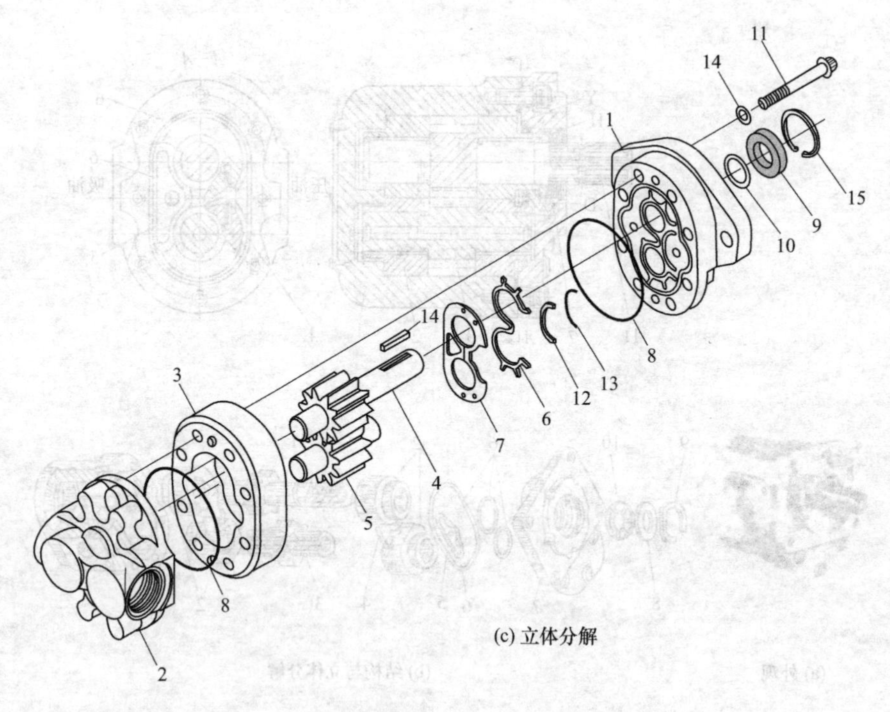

(c) 立体分解

图 1-4 25300 系列齿轮泵

1—前泵盖；2—后泵盖；3—泵体；4—主动齿轮轴；5—从动齿轮轴；
6—3 字形密封；7—浮动侧板；8—O 形圈；9—轴承；10,14—垫；
11—螺钉；12—密封挡环；13—密封；15—卡环

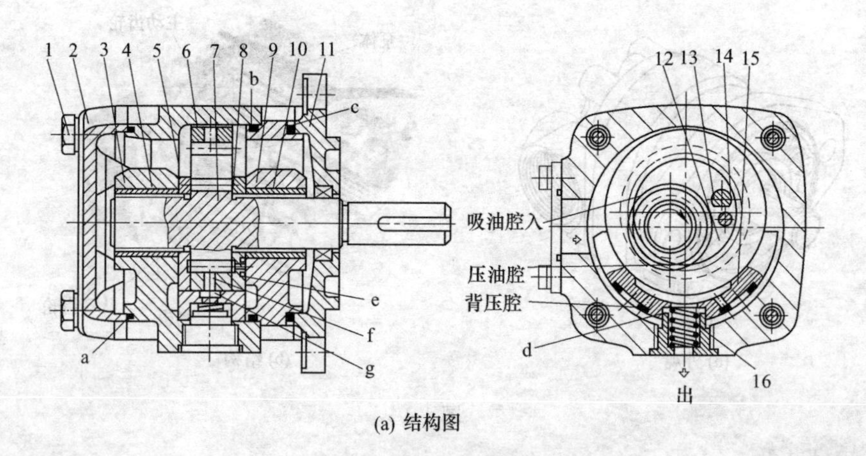

(a) 结构图

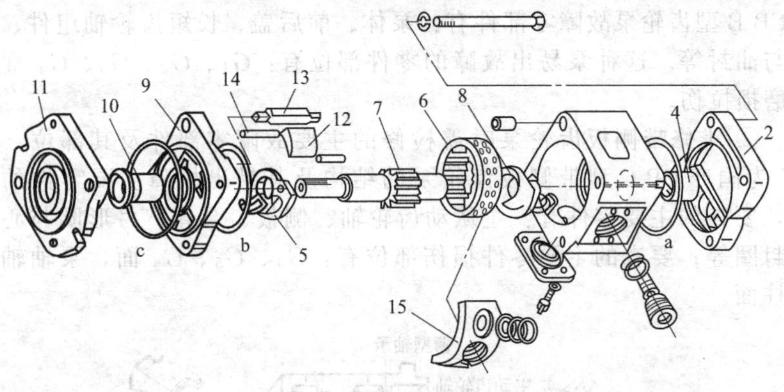

(b) 立体分解图

图 1-5 IP 型渐开线内啮合齿轮泵

1—压紧螺钉；2—后盖；3,9—轴承支座；4,10—双金属滑动轴承；5—浮动侧板；6,8—内齿环；7—小齿轮；11—前盖；12—填隙片；13—止动销；14—导销；15—半圆支承块（浮动支座）；16—弹簧

1.1.3 齿轮泵的故障分析与排除

(1) 修理齿轮泵时需检修的主要故障零部件及其部位

① 维修 CB-B 型齿轮泵时需检修的主要故障零部件及其部位（图 1-6）

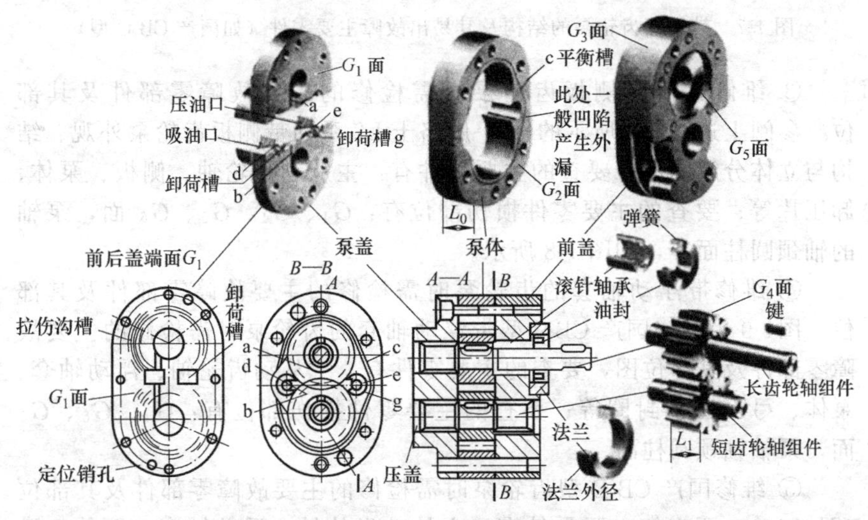

图 1-6 CB-B 型齿轮泵结构及其易出故障主要零件

CB-B 型齿轮泵故障零部件有：泵体、前后盖、长短齿轮轴组件、轴承与油封等。这种泵易出故障的零件部位有：G_1、G_2、G_3、G_4 面等的磨损拉伤。

② 维修带侧板齿轮泵时需检修的主要故障零部件及其部位　图 1-7 为国产 CB-C 型带侧板齿轮泵的结构及其易出故障主要零件的例图，要查的主要零件有：主从动齿轮轴、侧板、泵体、弓形圈与心形密封圈等；要查的主要零件损伤部位有：G_4、G_5、G_6 面，泵轴轴颈圆柱面。

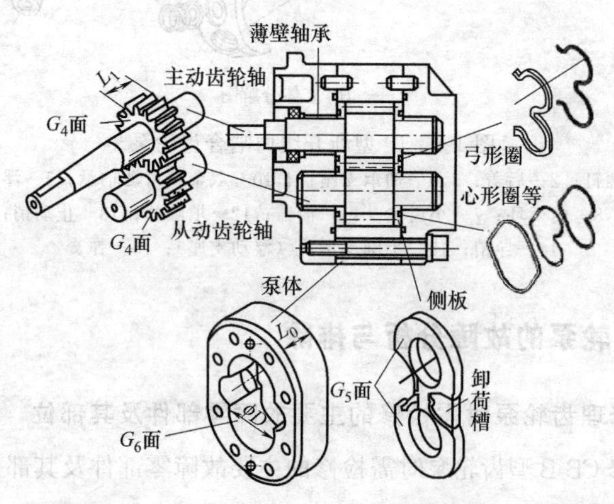

图 1-7　带侧板齿轮泵的结构及其易出故障主要零件（如国产 CB-C 型）

③ 维修进口带侧板齿轮泵时需检修的主要故障零部件及其部位　参阅上述图 1-4 所示的伊顿-威格士 L2 系列带侧板齿轮泵外观、结构与立体分解图例，要查的主要零件有：主从动齿轮轴、侧板、泵体、卸压片等；要查的主要零件损伤部位有：G_1、G_4、G_5、G_6 面，泵轴的轴颈圆柱面等，如图 1-8 所示。

④ 维修带浮动轴套的齿轮泵时需检修的主要故障零部件及其部位　图1-9 为维修国产 CBN 型带浮动轴套的齿轮泵时需检修的主要故障零部件及其部位图，要查的主要零件有：主从动齿轮轴、浮动轴套、泵体、弓形圈密封圈等；要查的主要零件损伤部位有：G_4、G_5、G_6 面，泵轴轴颈圆柱面。

⑤ 维修国产 CB-D 型齿轮泵时需检修的主要故障零部件及其部位（图 1-10）　要查的主要零件有：主从动齿轮轴、浮动轴套、泵体、弓

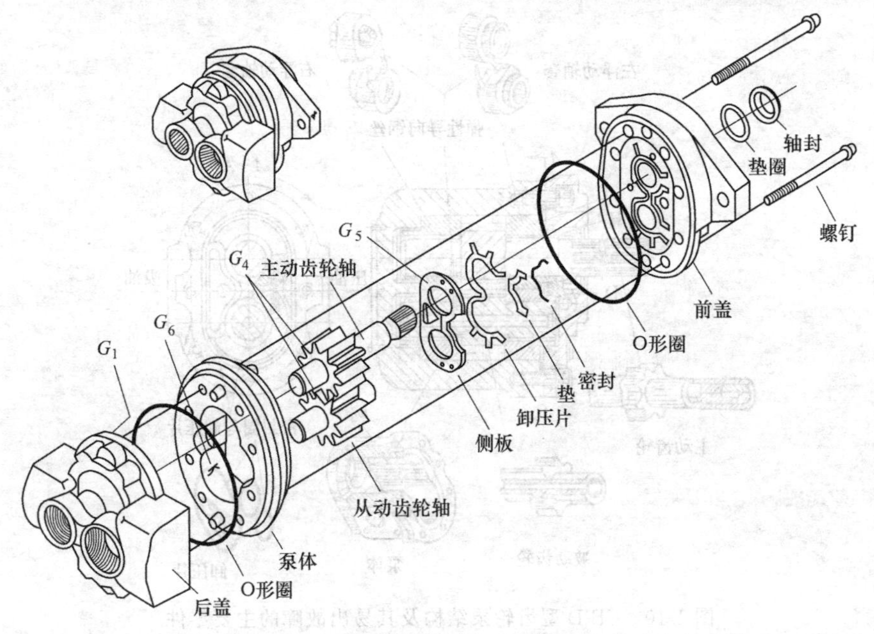

图 1-8 伊顿-威格士 L2 系列带侧板齿轮泵易出故障主要零件

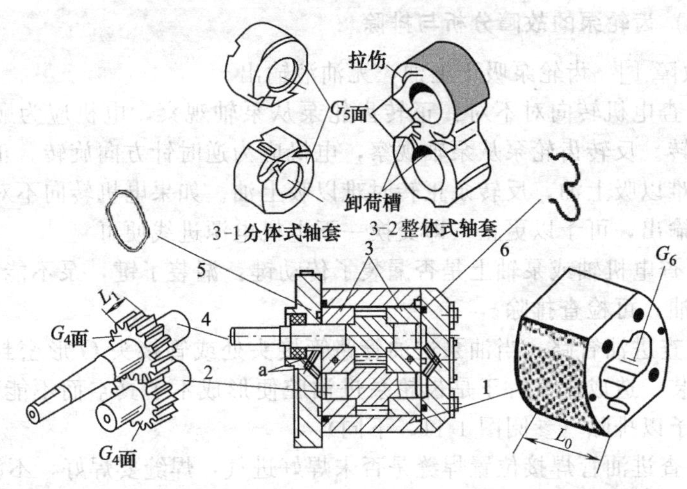

图 1-9 国产 CBN 型带浮动轴套的齿轮泵易出故障主要零件

1—泵体；2—从动齿轮轴；3—轴套；4—主动齿轮轴；5—密封圈；6—弓形圈密封圈

形圈密封圈等；要查的主要零件损伤部位有：G_4、G_5、G_6 面，泵轴轴颈圆柱面等。

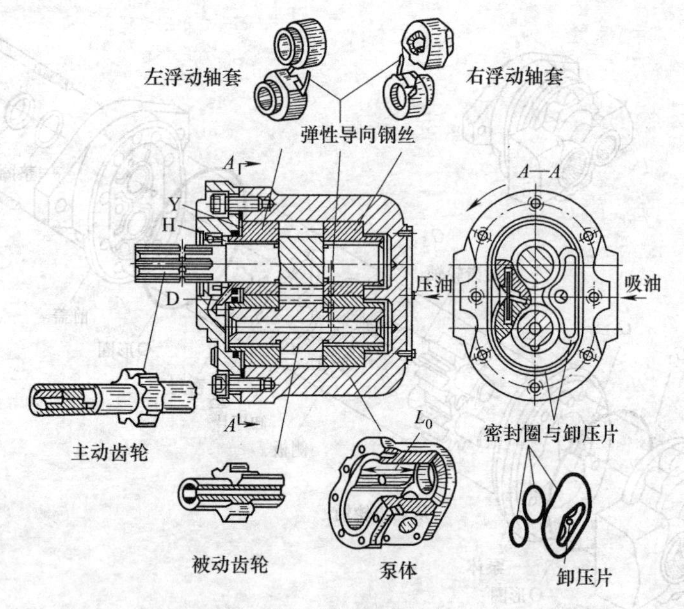

图 1-10　CB-D 型齿轮泵结构及其易出故障的主要零件

(2) 齿轮泵的故障分析与排除

[故障 1]　齿轮泵吸不上油，无油液输出

① 查电机转向对不对：正转齿轮泵从泵轴观察，电机应为顺时针方向旋转。反转齿轮泵从泵轴观察，电机应为逆时针方向旋转。正转泵反转时难以吸上油，反转泵正转时难以吸上油。如果电机转向不对，泵无油液输出，可予以更正，即交换一下电机电源进线便可。

② 查电机轴或泵轴上是否漏装了传动键：漏装了键，泵不能转动，吸不上油，可检查排除。

③ 查进油管路：当油泵进油管路管接头处或管接头 O 形密封圈损坏或漏装，造成进气，于是齿轮泵进油腔便形成不了真空而不能吸油，查明后予以排除（参阅图 1-11，下同）。

④ 查进油管焊接位置焊缝是否未焊好进气：焊缝要焊好，不漏气。

⑤ 查吸油管管子是否有裂缝：如有补焊或更换。

⑥ 查油面是否过低：应加油至油面计的标准线。

⑦ 查进油过滤器是否裸露在油面之上而吸不上油：应往油箱加油至规定的油标高度。

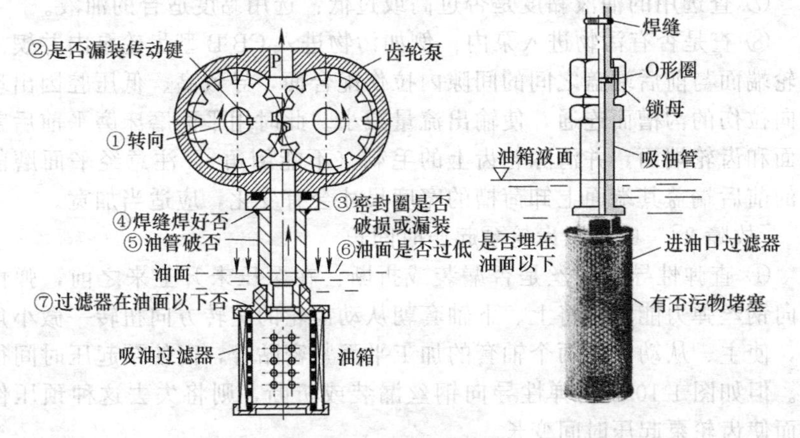

图 1-11 泵的吸油管路

⑧ 查泵的转速是否过高或者太低：泵的转速过高或者太低均可能吸不上油，应按泵允许的转速范围运转泵。

⑨ 查泵的安装位置是否距油面太高：特别是在泵转速较低时，不能在泵吸油腔形成必要的真空度，而造成吸不上油。此时应调整泵与油面的相对高度，使其满足规定的要求。

[故障 2] 齿轮泵输出流量不够，系统压力上不去

① 查进油滤油器是否被堵塞：滤油器堵塞时予以清洗。

② 查前后盖端面 G_1、G_3 或侧板端面 G_5 是否严重拉伤（图 1-6～图 1-10）产生的内泄漏太大：前后盖或侧板端面可研磨或平磨修复。

③ 对采用浮动轴套或浮动侧板的齿轮泵，查浮动侧板或浮动轴套端面 G_5、齿轮端面 G_4 是否拉伤或磨损（图 1-6～图 1-10）；对连轴齿轮在小外圆磨床上靠磨 G_4 面；对泵轴与齿轮分开的则在平面磨床上平磨齿轮 G_4 面。注意两齿轮齿宽尺寸 L_1 一致，同时要修磨泵体厚度 L_0，保证合理的轴向装配间隙。

④ 查起预压作用的弓形密封圈 6 或心形密封圈 5 等是否压缩永久变形或漏装（图 1-9）：更换已压缩永久变形的弓形或心形密封圈；卸压片和密封环必须装在进油腔，两轴套才能保持平衡。卸压片密封环应具有 0.5mm 的预压缩量。

⑤ 查电机转速是否不够：电机转速应符合规定。

⑥ 查油温是否太高：温升使油液黏度降低、内泄漏增大，查明油温高的原因，采取对策。

⑦ 查选用的油液黏度是否过高或过低：选用黏度适合的油液。

⑧ 查是否有污物进入泵内：例如污物进入CB-B型齿轮泵内并楔入齿轮端面与前后端盖之间的间隙内拉伤配合面，导致高、低压腔因出现径向拉伤的沟槽而连通，使输出流量减小。此时用平面磨床磨平前后盖端面和齿轮端面，并清除轮齿上的毛刺（不能倒角），注意经平面磨削后的前后端盖其端面上卸荷槽的宽度尺寸会有变化，应适当加宽。

[故障3] 中高压齿轮泵起压时间长

① 查弹性导向钢丝是否漏装或折断：在泵压未升上来之前，弹性导向钢丝弹力能同时将上、下轴套朝从动齿轮的旋转方向扭转一微小角度，使主、从动齿轮两个轴套的加工平面紧密贴合，而使泵起压时间很短。但如图1-10中的弹性导向钢丝漏装或折断，则将失去这种预压作用而使齿轮泵起压时间变长。

② 查起预压作用的密封圈是否压缩永久变形：如图1-7中起预压作用的弓形密封圈压缩永久变形，将使齿轮泵起压时间变长。

[故障4] 噪声大并出现振动

① 查齿轮泵是否从油箱中吸进有气泡的油液：参阅图1-11与相应说明。

② 查电机与泵联轴器的橡胶件是否破损或漏装：破损或漏装者应更换或补装联轴器的橡胶件。

③ 查泵与电机的安装同心度：应按规定要求调整泵与电机的安装同心度。

④ 查联轴器的键或花键是否磨损造成回转件的径向跳动。

⑤ 查泵体与两侧端盖（例如CB-B型齿轮泵的前后盖）直接接触的端面密封处：若接触面的平面度达不到规定要求，则泵在工作时容易吸入空气。可以在平板上用研磨膏按8字形路线来回研磨，也可以在平面磨床上磨削，使其平面度不超过5μm，并保证其平面与孔的垂直度要求。

⑥ 查泵的端盖孔与压盖外径之间的过盈配合接触处（例如CB-B型齿轮泵）：若配合不好空气容易由此接触处侵入。若压盖为塑料制品，由于其损坏或因温度变化而变形，也会使密封不严而进入空气。可涂敷环氧树脂等胶粘剂进行密封。

⑦ 查泵内零件损坏或磨损情况：泵内零件损坏或磨损严重将产生振动与噪声。如齿形误差或周节误差大，两齿轮接触不良，齿面粗糙度高，公法线长度超差，齿侧隙过小，两啮合齿轮的接触区不在分度圆位置等。此时，可更换齿轮或将齿轮对研。轴承的滚针钢球或保持架破

损、长短轴轴颈磨损等，均可导致轴承旋转不畅而产生机械噪声，此时需拆修齿轮泵，更换轴承，修复或更换泵轴。

［故障 5］ 齿轮泵工作时有时油箱内油液向外漫出

油池中的油液夹杂有气泡后体积增大，油箱装不下自然会向外漫出油箱。

① 查是否齿轮泵同上述情况相同，在有部位进气的情况下工作：如果是则含有大量气泡的系统回油返回油箱，增大了油液体积。

② 查油箱中油液消泡性能：含有气泡的油液不断体积增大自然会从油箱向外漫出。此时应排除油泵进气故障，必要时更换消泡性能已变差的油液。

［故障 6］ 齿轮泵内、外泄漏量大

① 泵盖与齿轮端面、侧板与齿轮端面或浮动轴套与齿轮端面之间的接触面，是造成内漏的主要部位。当这部分磨损拉伤漏损量或间隙大造成的内漏占全部内漏的 50%～70%。减少内漏的方法是修复磨损拉伤部位和保证这些部位合理的配合间隙。

② 卸压片老化变质，失去弹性，对高压油腔和低压油腔失去了密封隔离作用，会产生高压油腔的油压往低压油腔、径向不平衡力使齿轮尖部靠近油泵壳体，磨损泵体的低压腔部分、油液不净导致相对运动面之间的磨损等，均会造成“内漏”。可采取相应对策。

［故障 7］ 齿轮泵的泵轴油封翻转

① 查齿轮泵转向：“左旋”错装为“右旋”油泵，造成冲坏骨架油封。

② 查泵内的内部泄油道是否被污物堵塞：例如图 1-10 中的泄油道 D 被污物堵塞后，造成油封前腔困油压力升高，超出了油封的承压能力而使油封翻转，可拆开清洗疏通。

③ 查油封卡紧密封唇部的箍紧弹簧是否脱落（图 1-12）：油封的箍紧弹簧脱落后密封的承压能力更低，翻转是必然的。此时要重新装好油封的箍紧弹簧。

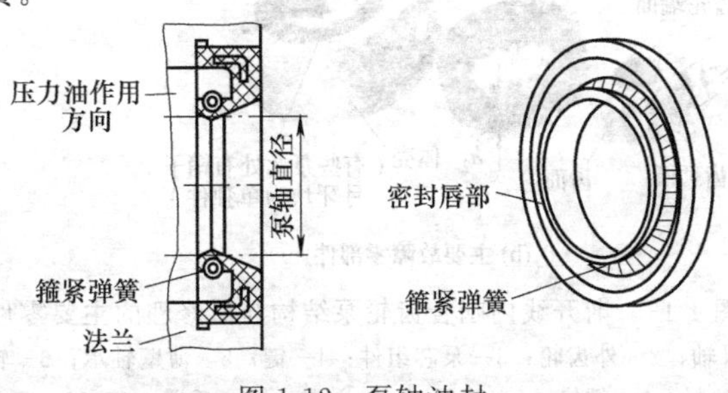

图 1-12　泵轴油封

［故障 8］ 内啮合齿轮泵吸不上油、输出流量不够，压力上不去

① 查外齿轮（图 1-13，下同）

a. 因齿轮材质（如粉末冶金齿轮）或热处理不好，齿面磨损严重：如为粉末冶金齿轮，建议改为钢制齿轮，并进行热处理；

b. 齿轮端面磨损拉伤：齿轮端面磨损拉伤不严重可研磨抛光再用；如磨损拉伤严重，可平磨齿轮端面至尺寸 h_1，外齿圈 h_2、定子内孔深度 h_3 也应磨去相同尺寸；

c. 齿顶圆磨损：可刷镀齿轮外圆，补偿磨损量。

② 查内齿圈

a. 内齿圈外圆与体壳内孔之间配合间隙太大时可刷镀内齿圈外圆；

b. 内齿圈齿面与齿轮齿面之间齿侧隙太大时，有条件的地区（如珠三角、长三角地区）可用线切割机床慢走丝重新加工钢制内齿圈与外齿轮，并经热处理换上。

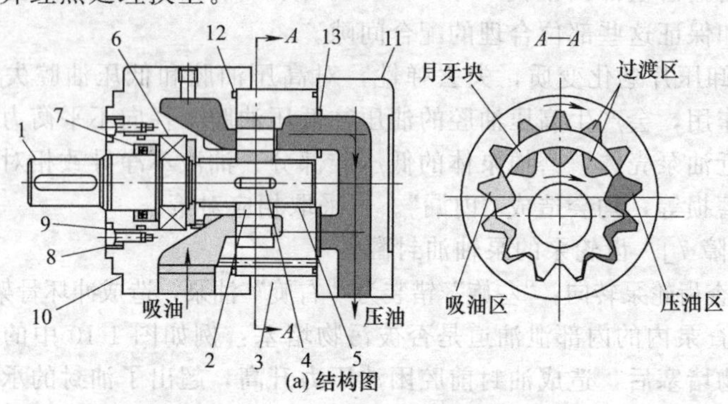

(a) 结构图

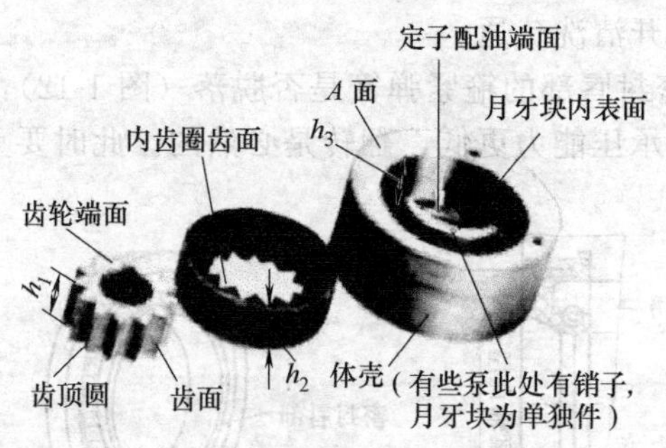

(b) 主要故障零部件

图 1-13 渐开线内啮合齿轮泵结构与需修理的主要零件

1—泵轴；2—外齿轮；3—泵芯组件；4—键；5—薄壁轴承；6—轴承；7—油封；8—螺钉；9—垫圈；10—前盖；11—后盖；12,13—O 形圈

③ 查月牙块

a. 月牙块内表面与外齿轮齿顶圆配合间隙太大时刷镀齿顶圆；

b. 月牙块内表面磨损拉伤严重，造成压吸油腔之间内泄漏大时用线切割机床慢走丝重新加工月牙块换上。

④ 查体壳（定子）与侧板

a. 对于兼作配油盘的定子，当配油端面磨损拉有沟槽时，如磨损拉伤轻微可用金相砂布修整再用，磨损拉伤严重修复有一定难度；

b. 有侧板者，当侧板与齿轮结合面磨损拉伤时刃研磨或平磨侧板端面，并经氮化或磷化处理。

1.1.4　齿轮泵的修理

齿轮泵使用较长时间后，齿轮各相对滑动面会产生磨损和刮伤。端面的磨损导致轴向间隙增大而内泄漏增大；齿顶圆磨损导致径向间隙增大；齿形的磨损造成噪声增大和压力振摆增大。磨损拉伤不严重时可稍加研磨（对研）抛光再用，若磨损拉伤严重时，则需根据情况予以修理与更换。

(1) 齿轮与齿轮轴的修复

① 齿形修理：用细砂布或油石去除拉伤凸起成已磨成多棱形部位的毛刺，再将齿轮连同轴装在泵盖轴承孔上对研，并涂红丹校验研磨效果。适当调换啮合面方位，清洗后可继续再用。但对肉眼观察能见到的严重磨损件，应重做齿轮，予以更换。

② 端面修理：轻微磨损者，可将两齿轮同时放在 0# 砂布上砂磨，然后再放在金相砂纸上擦磨抛光。

磨损拉伤严重时可将两齿轮同时放在平磨上磨去少许，再研磨或用金相砂纸抛光。此时泵体也应磨去同样尺寸，以保证原来的装配间隙（$L_0-L_1=0.02\sim0.03$mm，参阅图 1-9）。两齿轮厚度差应在 0.005mm 以内，齿轮端面与孔的垂直度或齿轮轴线的跳动应控制在 0.005mm 以内。

③ 齿顶圆：外啮合齿轮泵由于存在径向不平衡力，一般都会在使用一段时期后出现磨损。齿顶圆磨损后，径向间隙增大。对低压齿轮泵而言，内泄漏不会增加多少。但对中高压齿轮泵，会对容积效率有影响，则应考虑电镀外圆（刷镀齿顶圆）或更换齿轮。

④ 中低压齿轮泵的齿轮精度为 7～8 级，中高压齿轮泵的齿轮精度

略高 0.5～1 级，齿轮内孔与齿顶圆（对齿轮轴则为齿顶圆与轴颈外圆）的同轴度允差＜0.02mm，两端面不平行度＜0.007mm，表面粗糙度为$\overset{0.4}{\triangledown}$。

⑤ 齿轮轴：对于齿轮与轴连在一起的齿轮泵的齿轮轴，若表面剥落或烧伤变色时应更换新齿轮轴；若表面呈灰白色而只是配合间隙增大，可适当斛换啮合齿位置间隙，更换新轴承予以解决；若齿轮外圆表面因扫膛拉毛，齿顶黏结有铁屑时，可用油石砂条磨掉黏结物，并砂磨泵体内孔结合面，径向间隙未超差则可继续使用，若径向间隙太大时可将泵体内孔根据情况镀铜合金缩小径向间隙。

因扫膛拉毛，齿顶黏结有铁屑时，可用油石砂条磨掉黏结物，并砂磨泵体内孔结合面，径向间隙未超差则可继续使用，若径向间隙太大时可将泵体内孔根据情况镀铜合金缩小径向间隙。

⑥ 怎样修理侧板　侧板磨损后可将两侧板放于研磨平板或玻璃板上，用1200# 金刚砂研磨平整，表面粗糙度应低于 Ra0.8，厚度差在整圈范围内不超过 0.005mm。

⑦ 怎样修复泵体　泵体的磨损主要是内腔面（与齿顶圆的接触面——G_6 面），且多发生在吸油侧。如果泵体属于对称型，可将泵体翻转 180°安装再用。如果属非对称型，则需采用电镀青铜合金工艺或刷镀的方法修整泵体内腔孔磨损部位。

⑧ 怎样修复前后盖、轴套　前后盖和轴套修理的部位主要是与齿轮接触的端面。磨损不严重时，可在平板上研磨端面修复。磨损拉伤严重时，可先放在平面磨床上磨去沟痕后，再稍加研磨，但需注意，要适当加深加宽卸荷槽的相关尺寸。

⑨ 怎样修复泵轴（含齿轮轴）　齿轮泵泵轴（齿轮轴）的磨损部位主要是与滚针轴承或与轴套相接触的轴颈处。如果磨损轻微，可抛光修复。如果磨损严重，则需用镀铬工艺或重新加工一新轴，重新加工时，两轴颈的同轴度为 0.02～0.03mm，齿轮装在轴上或连在轴上的同轴度为 0.01mm。

⑩ 怎样装配齿轮泵　修理后的齿轮泵，装配时须注意下述事项：

a. 用去毛刺的方法清除各零件上的毛刺。齿轮锐边用天然油石倒钝，但不能倒成圆角，经平磨后的零件要经退磁。所有零件经煤油仔细清洗后方可投入装配。

b. 装配时要测量和保证轴向间隙：齿轮泵的轴向间隙 δ＝泵体厚度 L_0－齿轮宽厚度 L_1，一般要保证在 0.02～0.03mm 范围，同时要测

量其他零件有关尺寸和精度。

c. 齿轮泵装配时，有的齿轮泵有定位销孔。对于无定位孔的齿轮泵，在装配时，要一边按对角顺序拧紧各螺钉，一边转动泵轴。若无轻重不一现象，再彻底拧紧几个安装螺钉。对于有定位孔的齿轮泵（如CB-B型），销孔主要用在零件的加工过程中，所以装配时并无定位基准可言，因而，最后再配钻铰两销孔，打入定位销。

d. 对于容易装反方向的零件要注意，不要使它装错方向。特别是要确认是正转泵还是反转泵。

e. 笔者反对在泵体和泵盖之间用加纸垫的方法解决外漏问题，一层纸至少有0.06～0.1mm厚，这将严重影响轴向间隙，增加内泄漏，严重者齿轮泵打不上油。

f. 有条件者，可先按JB/T 7041—2006等标准对齿轮泵先进行台架试验再装入主机使用。

（2）几种具体修复齿轮泵的方法

① 镀铜合金的工艺修复泵体内腔　此处仅简介镀铜合金的工艺流程。

a. 镀前处理：同一般铸铁件电镀青铜合金工艺。

b. 电解液配方为：氯化亚铜（Cu_2Cl_2）20～30g/L；锡酸钠（$Na_2SnO_2 \cdot 3H_2O$）60～70g/L；游离氰化钠（NaCN）3～4g/L；氢氧化钠（NaOH）25～30g/L；三乙醇胺［$N(CH_2CH_2OH)_3$］50～70g/L；温度55～60℃；阴极电流密度1～1.5A/dm^2；阳极为合金阳极（含锡10%～12%）。

c. 镀后处理：在120℃中恒温2h。

d. 注意事项：需有专门挂具，不需镀的地方要封闭保护，铸铁件镀前处理要严格工艺要求，防止渗氧，防止析出碳影响结合力。

② 齿轮泵的电弧喷涂修理　轴套内孔、轴套外圆、齿轮轴和泵壳的均匀磨损及划痕在0.02～0.20mm之间时，可采用硬度高、与零件体结合力强、耐磨性好的这种电弧喷涂修理工艺进行修复。

电弧喷涂的工艺过程：工作表面预处理→预热→喷涂黏结底层→喷涂工作层→冷却→涂层加工。

喷涂工艺流程中，要求工件无油污、无锈蚀，表面粗糙均匀，预热温度适当，底层结合均匀牢固，工作层光滑平整，材料颗粒熔融黏结可靠，耐磨性能及耐蚀性能良好。喷涂层质量好坏与工件表面处理方式及喷涂工艺有很大关系，因此，选择合适的表面处理方式和喷涂工艺是十分重要的。此外，在喷涂和喷涂过程中要用薄铁皮或铜皮将与被涂表面相邻的非喷涂部分捆扎好。

a. 工件表面预处理　涂层与基本的结合强度与基体清洁度和粗糙度有关。在喷涂前，对基体表面进行清洗、脱脂和表面粗糙化等预处理，这是喷涂工艺中一个重要工序。首先应对喷涂部分用汽油、丙酮进行除油处理，用锉刀、细砂纸、油石将疲劳层和氧化层除掉，使其露出金属本色。然后进行粗化处理，粗化处理能提供表面压应力，增大涂层与基体的结合面积和净化表面，减少涂层冷却时的应力，缓和涂层内部应力，所以有利于黏结力的增加。喷砂是最常用的粗化工艺，砂粒以锋利、坚硬为好，可选用石英砂、金刚砂等。粗糙后的新鲜表面极易被氧化或受环境污染，因此要及时喷涂，若放置超过 4h 则要重新粗化处理。

b. 表面预热处理　涂层与基体表面的温度差会使涂层产生收缩应力，引起涂层开裂和剥落。基体表面的预热可降低和防止上述不利影响。但预热温度不宜过高，以免引起基体表面氧化而影响涂层与基体表面的结合强度。预热温度一般为 80～90℃，常用中性火焰完成。

c. 喷黏结底层　在喷涂工作涂层之前预先喷涂一薄层金属为后续涂层提供一个清洁、粗糙的表面，从而提高涂层与基体间的结合强度和抗剪强度。粘接底层材料一般选用铬铁镍合金。选择喷涂工艺参数的主要原则是提高涂层与基材的结合强度。喷涂过程中喷枪与工件的相对移动速度大于火焰移动速度，速度大小由涂层厚度、喷涂丝体送给速度、电弧功率等参数共同决定。喷枪与工件表面的距离一般为 150mm 左右。电弧喷涂的其他规范参数由喷涂设备和喷涂材料的特性决定。

d. 喷涂工作层　应先用钢丝刷去除黏结底层表面的沉积物，然后立即喷涂工作涂层。材料为碳钢及低合金丝材，使涂层有较高的耐磨性，且价格较低。喷涂层厚度应按工件的磨损量、加工余量及其他有关因素（直径收缩率、装夹偏差量、喷涂层直径不均匀量等）确定。

e. 冷却　喷涂后工件温升不高，一般可直接空冷。

f. 喷涂层加工　机械加工至图纸要求的尺寸及规定的表面粗糙度。

③ 齿轮泵的表面粘涂修补技术

a. 表面粘涂技术的原理及特点　近年来表面粘涂修补技术在我国设备维修中得到了广泛的应用，适用于各种材质的零件和设备的修补。其工作原理是将加入二硫化钼、金属粉末、陶瓷粉末和纤维等特殊填料

的胶黏剂，直接涂敷于材料或零件表面，使之具有耐磨、耐蚀等功能，主要用于表面强化和修复。它的工艺简单、方便灵活、安全可靠，不需要专门设备，只需将配好的胶黏剂涂敷于清理好的零件表面，待固化后进行修整即可，常在室温下操作，不会使零件产生热功当量影响和变形等。

b. 粘涂层的涂敷工艺　轴套外圆、轴套端面贴合面、齿轮端面或泵壳内孔小面积的均匀性磨损量在0.15～0.50mm之间、划痕深度在0.2mm以上时，宜采用涂敷修复工艺。粘涂层的涂敷工艺过程：初清洗→预加工→最后清洗及活化处理→配制修补剂→涂敷→固化→修整、清理或后加工。

粘涂工艺虽然比较简单，但实际施工要求却是相当严格的，仅凭选择好的胶黏剂，不一定能获得高的粘涂强度。既要选择合适的胶黏剂，还要严格地按照工艺方法选用合适的胶黏剂和正确地进行粘涂才能获得满意的粘涂效果。

c. 初清洗　零件表面绝对不能有油脂、水、锈迹、尘土等。应先用汽油、柴油或煤油粗洗，最后用丙酮清洗。

d. 预加工　用细砂纸磨成一定沟槽网状，露出基体本色。

e. 最后清洗及活化处理　用丙酮或专门清洗剂进行，然后用喷砂、火焰或化学方法处理，提高表面活性。

f. 配制修补剂　修补剂在使用时要严格按规定的比例将本剂（A）和固化剂（B）充分混合，以颜色一致为好，并在规定的时间内用完，随用随配。

g. 涂敷　用修补剂先在粘修表面上薄涂一层，反复刮擦使之与零件充分浸润，然后均匀涂至规定尺寸，并留出精加工余量。涂敷中尽可能朝一个方向移动，往复涂敷会将空气包裹于胶内形成气泡或气孔。

h. 固化　用涂有脱模剂的钢板压在工件上，一般室温固化需24h，加温固化（约80℃）需2～3h。

i. 修整、清理或后加工　最后进行精镗或用什锦锉、细砂纸、油石将粘修面精加工至所需尺寸。

④ 测量齿轮泵的轴向间隙、齿侧隙的方法

a. 准备合适规格的扳手和一把0～25mm的外径千分尺。

b. 选用合适的软铅丝直径（0.5mm＜d＜1mm）数段，每段长度约为10mm。

c. 压铅丝操作：

• 装配好主、从动齿轮；

• 用油脂将三段软铅丝分别粘贴于主、从动齿轮的端面及节圆上；

• 装上泵盖（包括垫片及轴套），分 2～3 遍对称均匀地拧紧螺母；

• 对称均匀地拧下泵盖螺母，取下泵盖，取下软铅丝片并清洁；

• 在每根铅丝片上选取 4 个测量点，用外径千分尺测量软铅丝片厚度并作测量记录。

d. 测量数据分析：

• 计算出 8 个测量值的平均值，即为轴向间隙或齿侧隙；

• 根据所测间隙数值与正常值范围相比较，作出可继续使用或者需要维修的结论。

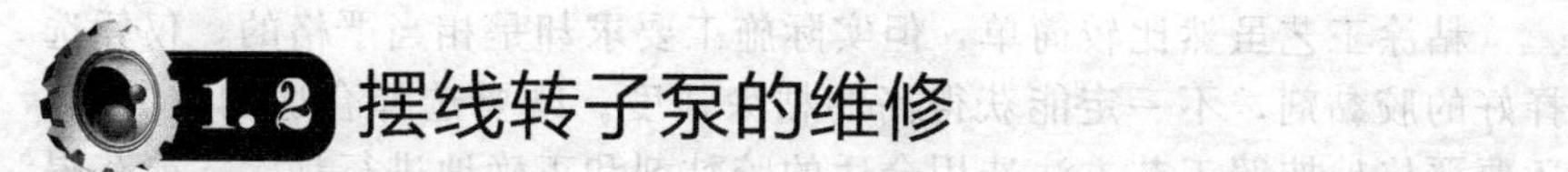

1.2 摆线转子泵的维修

摆线转子泵也为内啮合齿轮泵，不过其齿轮的齿形为外摆线，而非渐开线。摆线转子泵简称摆线泵或转子泵。

1.2.1 摆线泵的工作原理

摆线齿形的内啮合齿轮泵又称转子泵，由于外齿小齿轮和内齿大齿轮之间只相差一个齿，不必设置隔板（图 1-14）。

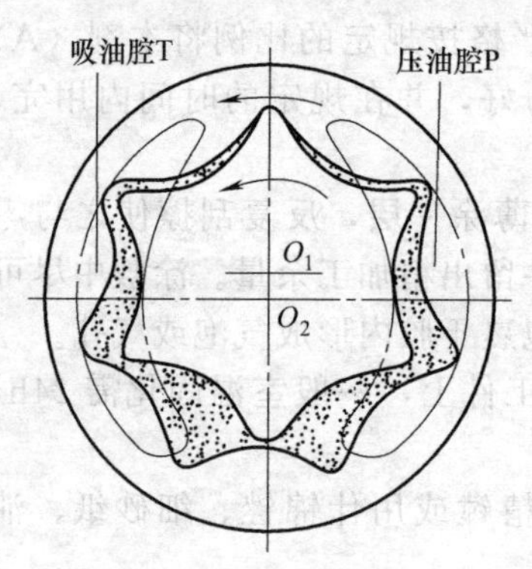

图 1-14　摆线内啮合齿轮泵的示意图

图 1-15 给出了摆线齿轮泵的工作原理图。内齿轮 1（外齿齿轮）由电机带动绕 O_1 旋转，称为内转子；外齿轮 2（内齿齿轮）随内转子绕 O_2 作同向回转，叫外转子，所以又称其为转子泵。

内转子的齿廓和外转子的齿廓是由一对共轭曲线所组成，因而内转子上的齿廓和外转子上的齿廓相啮合，内、外转子相差一齿（图中内转子为六齿，外转子为七齿）。这样在内、外转子啮合后，又在其端面上压上前、后盖（实际为配油盘）后，就形成了若干个（图中为 7 个）密封的工作容腔（例如 C 腔）。当内齿轮绕 O_1 作顺时针方向回转时，外齿轮 2 便随内齿轮 1 绕中心 O_2 作同方向回转。

考虑其中某一个密封容腔，例如内转子齿顶 A_1 和外转子齿谷 A_2 形成的密封工作容腔 C［图 1-15（b）的阴影部分］的容积变化情况：当密闭工作容腔从图 1-15（b）的位置回转到图 1-15（h）的位置时，C 腔的容积逐渐增大（图 1-15（h）的阴影部分），形成局部真空，这样在回转过程中的整个吸油区内，各个 C 腔均可通过侧板（配油盘）上的配油窗口 B 从油箱吸油（实际上是大气压将油箱油液经吸油管路再经配油窗口 B 将油液压入 C 腔内），这便是吸油过程。至图 1-15（h）位置时，C 腔容积最大，这时吸油完毕。

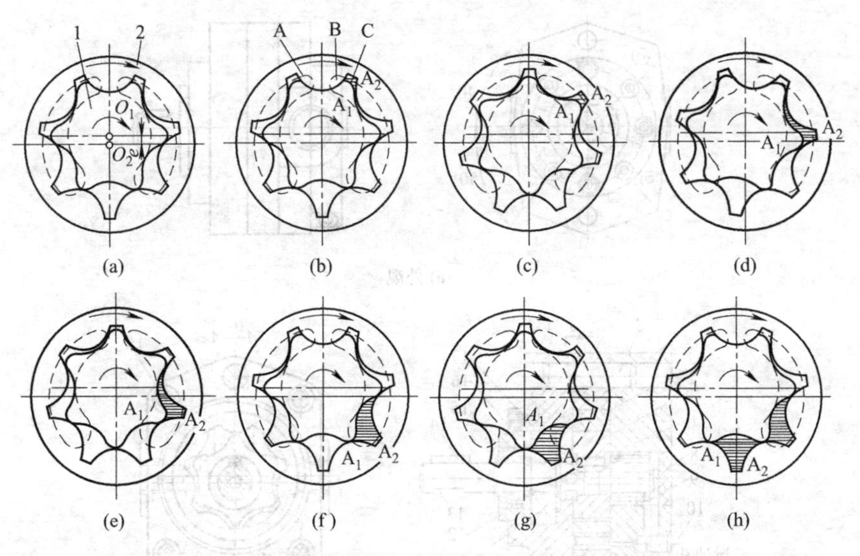

图 1-15　摆线齿形内啮合齿轮泵的工作原理图

当转子继续这种回转，充满油液的密封容腔 C 进入窗口 A 区域后，其容积逐渐减小，油液受到挤压，于是 C 腔油液逐步将油液从侧板（配油盘）上的配油窗口 A 排出，输送到液压系统的工作管路中去，此为压油（排油）过程。至内转子的另一齿全部和外转子的齿谷 A_2 全部啮合时，压油完毕。

当内转子旋转一周时，由内转子和外转子所形成的每一个（共 7 个）封闭容腔均各吸、压油一次。当内外转子连续转动时，即完成转子泵连续向系统供油的过程。

转子泵外转子的齿形为圆弧形，内转子齿形为短幅外摆线的等距线，这种共轭曲线能保证内外转子的齿廓是一条比较圆滑的曲线，不致产生严重尖点，而且在整个啮合运转过程中，啮合点（接触点）是使内外转子齿廓曲线不断移动的连续啮合点，齿廓磨损比较均匀。而且因为外转子的齿廓是一段等半径的圆弧，常常用几个加工精密的圆柱销（针齿），均匀插在外转子上，因而加工制造工艺性好。

1.2.2 摆线泵的结构例

图 1-16 为国产 BB-B 型摆线内啮合齿轮泵的结构图，三片式结构，额定压力 2.5MPa。

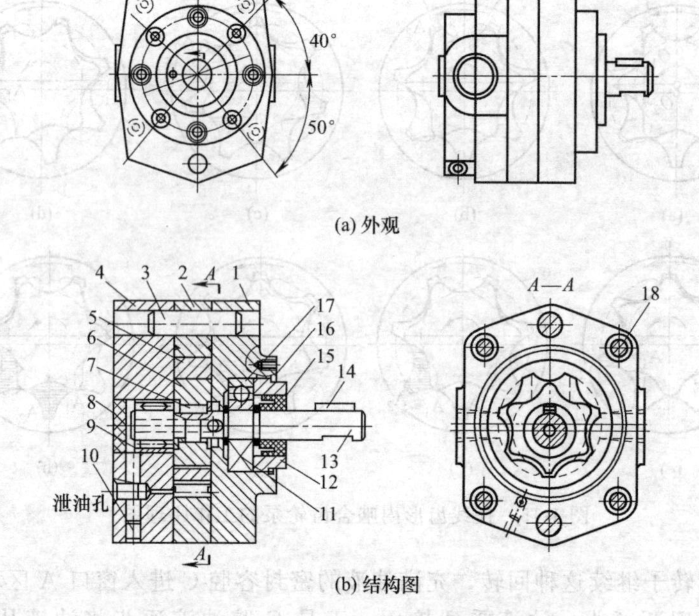

图 1-16 BB-B 型摆线内啮合齿轮泵

1—前盖；2—泵体；3—圆销；4—后盖；5—外转子；6—内转子；7,14—平键；8—压盖；9—滚针轴承；10—堵头；11—卡圈；12—法兰；13—泵轴；15—油封；16—弹簧挡圈；17—轴承；18—螺钉

1.2.3 摆线泵的故障分析与排除

(1) 修理摆线泵时需检修的主要故障零部件及其部位

如图 1-17 所示，修理摆线泵时需检修的主要故障零部件及其部位

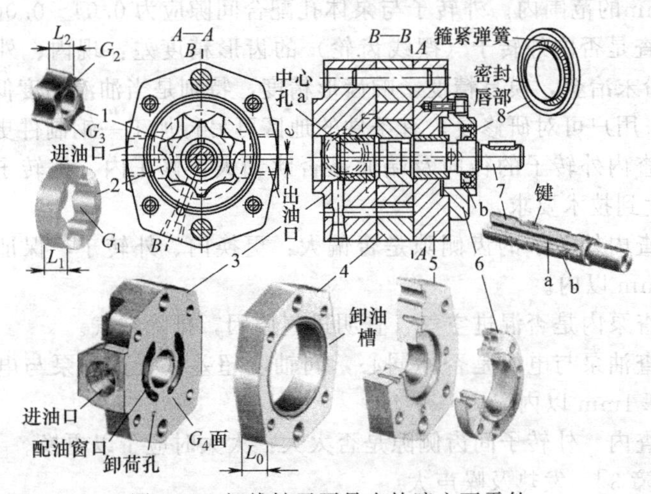

图 1-17 摆线转子泵易出故障主要零件

1—转子；2—定子；3—后盖；4—泵体；5—前盖；6—法兰；7—泵轴；8—油封

有转子 1 的 G_2 面与 G_3 面、定子 2 的 G_1 面、后盖 3 的 G_4 面、泵轴 7 的轴颈面等的磨损拉伤，油封 8 密封唇部破损等。

(2) 摆线泵的故障分析与排除

[故障 1] 输出流量不够

① 查轴向间隙（转子与泵盖之间）是否太大：将泵体厚度研磨去一部分，使轴向间隙 L_1-L_2 在 0.03～0.04mm 内。

② 查内外转子的齿侧间隙是否太大：一般更换内外转子，用户难以办到。但在珠三角、长三角发达地区，可测绘出内外转子尺寸，用线切割慢走丝予以加工。

③ 查吸油管路中裸露在油箱油面以上的部分到泵的进油口之间结合处是否密封不严，漏气，使泵吸进空气，有效吸入的流量减小：更换进油管路的密封，拧紧接头。管子破裂者予以焊补或更换。

④ 查滤油器是否堵塞：堵塞时清洗滤油器。

⑤ 查油液黏度是否过小：更换为合适黏度油液，减少内泄漏。

⑥ 查系统的溢流阀是否卡死在小开度位置上：如果这样泵来的一部分油通过溢流阀溢回油箱，导致输出流量不够，可排除溢流阀故障。

[故障 2] 压力波动大

① 查泵体与前后盖是否因加工不好，偏心距误差大，或者外转子与泵体孔配合间隙太大：检查偏心距 e，并保证偏心距误差在

±0.02mm的范围内。外转子与泵体孔配合间隙应为0.04～0.06mm。

② 查是否内外转子（摆线齿轮）的齿形精度差：现内、外转子大多采用粉末冶金，模具精度影响齿形精度，特别是当油液黏度低时很容易磨损。用户可对研修复，有条件的地区可另行加工一钢制件更换。

③ 查内外转子的径向及端面是否跳动大：修正内、外转子，使各项精度达到技术要求。

④ 查内外转子的齿侧隙是否偏大：更换内、外转子，保证齿侧隙在0.07mm以内。

⑤ 查泵内是否混进空气：查明进气原因，排除空气。

⑥ 查油泵与电机是否不同心，同轴度超差：校正油泵与电机的同轴度在0.1mm以内。

⑦ 查内、外转子间齿侧隙是否太大：太大时应予以更换。

[故障3] 发热及噪声大

① 查外转子是否因其外径与泵体孔配合间隙太小，产生摩擦发热，甚至外转子与泵体咬死：对研一下，使泵体孔增大。

② 查内、外转子之间的齿侧间隙是否太小或太大：太小，摩擦发热；太大，运转中晃动也会引起摩擦发热。对研内、外转子（装在泵盖上对研）。

③ 查油液黏度是否太大：黏度太大，吸油阻力大。应更换成合适黏度的油液。

④ 查齿形精度是否不好：生产厂可更换内外转子，用户只能对研，有条件的地区可另行加工一钢制件更换。

⑤ 查内外转子端面是否拉伤，泵盖端面是否拉伤：如果是则可研磨内外转子端面；磨损拉毛严重者，先平磨，再研磨，泵体厚度也要磨去相应尺寸。

⑥ 查泵盖上的滚针轴承是否破裂或精度太差，造成运转振动、噪声：应更换合格轴承。

[故障4] 泵轴漏油

① 查油封的箍紧弹簧是否漏装：漏装时予以补装。

② 查油封的密封唇部是否拉伤：拉伤时予以更换，并检查泵轴与油封接触部位的磨损情况。

(3) 如何修理摆线转子泵

参阅后述的摆线马达部分内容。

1.3 叶片泵的维修

1.3.1 叶片泵的工作原理

(1) 定量叶片泵-双作用叶片泵的工作原理

如图 1-18 所示，定子的内表面由两段大圆弧 R_2、小圆弧 R_1 和四段过渡曲线（1、2、3、4）组成，形似椭圆形，且定子和转子同心。配油盘上开的 4 个配油窗口分别与吸、压油口相通。在图示转子逆时针方向旋转时，嵌于转子槽内的叶片（可灵活滑动）在离心力和压力油的作用下，顶部紧贴在定子内表面上，这样定子、转子、可滑动叶片、配油盘便构成多个容积可变的密闭工作腔。在左上角和右下角处密封工作腔的容积逐渐增大，为吸油区；在左下角和右上角处密封工作腔的容积逐渐减小，为压油区。吸油区和压油区之间的一段封油区将它们隔开，转子每转一周，每一叶片往复滑动两次，每个密闭工作容腔的容积循环两次，进行两次变大和变小，完成泵的作用，所以称为双作用叶片泵；又由于两两吸油窗口与两两压油窗口互相相对，产生的液压力相互抵消，泵轴上不存在径向不平衡力，所以又称为液压平衡式叶片泵。

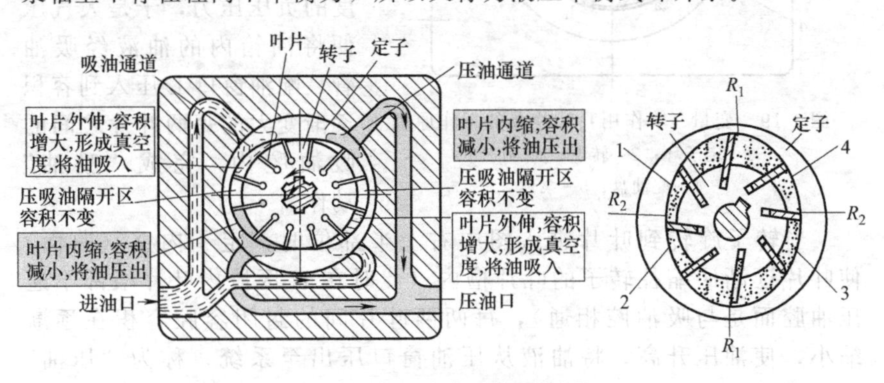

图 1-18　定量叶片泵的工作原理

(2) 变量叶片泵-单作用叶片泵的工作原理

单作用叶片泵与上述双作用叶片泵有几个明显不同之处：

① 定子的内表面曲线为圆形而不是椭圆形；

② 定子和转子的圆心有一偏心距 e，由于偏心距 e 的存在，为制成

变量叶片泵打下基础，亦即单作用叶片泵多为变量叶片泵；

③ 配油盘上只有两个窗口而非四个，一个为压油窗口 H，一个为吸油窗口 L，转子每转一圈，只完成一次吸油和一次压油，叫“单作用式”。

单作用式叶片泵的工作原理为：转子上开有均布的径向叶片槽，槽内装放有叶片多枚，叶片可在槽内自由滑动。当转子旋转时，叶片由于离心力的作用和叶片根部压力油的作用而紧贴在定子内圆柱面上，形成一个个密封空间。由于定子和转子之间相对偏心放置，这样在定子、转子、叶片和两侧配油盘端面之间形成的每两叶片间的密闭工作容腔的容积可发生改变。

当转子按图 1-19 所示的顺时针方向转动时，左下半部的叶片逐渐伸出，每两叶片间的密封工作容腔（如 L）逐渐增大，形成局部真空，这时正对着配油盘 4 的腰形吸油窗与油箱相通，油箱内油液表面为一个大气压力的正压压力，而泵内吸油腔内为一定真空度的负压压力，于是大气压便将油箱内的油液经吸油管、配油窗口 L 压入到容积逐渐变大的每两叶片之间的吸油腔内，完成“吸油”动作。

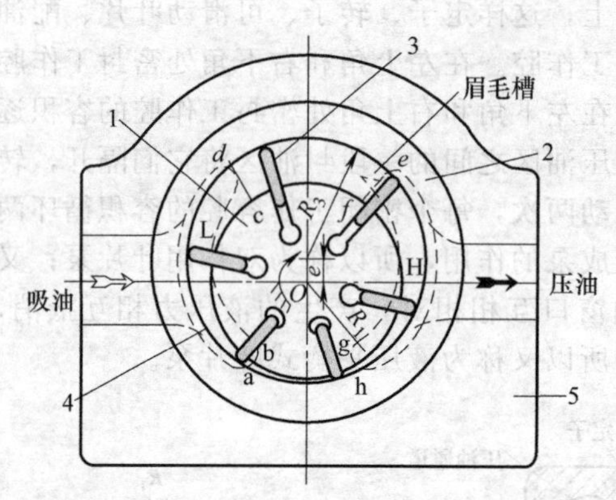

图 1-19　变量（单作用）叶片泵的工作原理

1—定子环；2—转子；3—叶片；4—配油盘；5—泵体

当转子旋转到叶片进入图中右上半部位时，定子内壁（曲面）使叶片逐渐回缩往转子的叶片槽内（此时在 H 区段内叶片根部不通压油腔而是与吸油腔相通），每两两叶片间的封闭容腔容积在逐渐缩小，使油压升高，将油液从压油窗口压出至系统，称为“压油”或“排油”。

在吸油腔和压油腔之间有一段封油区将吸油腔和压油腔隔开，当转子旋转一周时，每两两叶片间的密闭工作容腔只完成一次“由小到大”（吸油）和一次“由大到小”（压油）的过程，所以叫“单作用式”。由于只有一个压油区和一个吸油区，作用在转子上的液压力不能像双作用叶片泵那样互相抵消，所以存在径向不平衡的液压作用力，所以单作用

式叶片泵又叫不平衡式叶片泵。

由于偏心距 e 的存在，如果在工作过程中设法改变此偏心距的大小，便可改变工作容腔变大和变小的范围和程度，因而可做成变量泵的形式。所以称这种泵为“单作用”“径向不平衡型”的“变量泵”。

如果偏心距 e 只能在一个矢径方向变大变小进行变量，称之为单向变量泵；反之如果偏心距可在相反的两个矢径方向变大与变小进行变量者称之为双向变量泵。

偏心距的大小可以采用人工调节（手动变量），也可采用自动调节。常见的变量叶片泵多采用自动调节的方式。

如果将泵本身的输出参数（压力、流量、功率等）作为自动调节进行变量的控制信号，反馈到叶片泵的调节机构中去，经检测以及和指令信号比较之后，以其偏差作为控制泵变量的输入信号，对泵进行调节，则可得到预期的压力、流量、功率等工作参数，常见的情况，往往是要求泵在工作中保证在执行元件（液压缸、液压马达）在空载时能快进以节省辅助时间，工作进给时要克服工作负载，泵要求提供高压油，而往往是慢速运动，这时便可将泵设计成限压式变量泵的形式。另外泵在工作中往往需要保持压力或流量或功率恒定不变，这就需要有恒压泵、恒流量泵和恒功率泵等来适应这种需要，这就使各种变量方式的变量泵应运而生。

(3) 限压式变量叶片泵的工作原理

限压式变量叶片泵流量（偏心距）的改变是利用压力的反馈作用实现的。它有外反馈和内反馈两种形式：

① 外反馈限压式变量叶片泵　如图 1-20（a）所示，这种泵的吸油窗口和排油窗口是对称的，即 $\alpha_2=\alpha_1$。由泵轴带动而旋转的转子 1 的中心 O_1 是固定的，可左右移动的定子 2 的中心 O_2 与 O_1 保持偏心距 e。在限压弹簧 3 的作用下，定子被推向左边，设此时的偏心量为 e_0，e_0 的大小由调节螺钉 7 调节。在泵体内有一内流道@，通过此流道@可将泵的出口压力油 p 引入到柱塞 6 的左边油腔内，并作用在其左端面上，产生一液压力 pA，A 为柱塞 6 的端面面积，此力与泵右端弹簧 3 产生的弹力 Kx_0（K 为弹簧的刚性系数，x_0 为弹簧的预压缩量）相平衡。

泵在最大流量保持不变时可达到的工作压力称为限压压力。其大小可通过限压弹簧 3 进行调节。图 1-20（b）中的 BC 段表示工作压力超

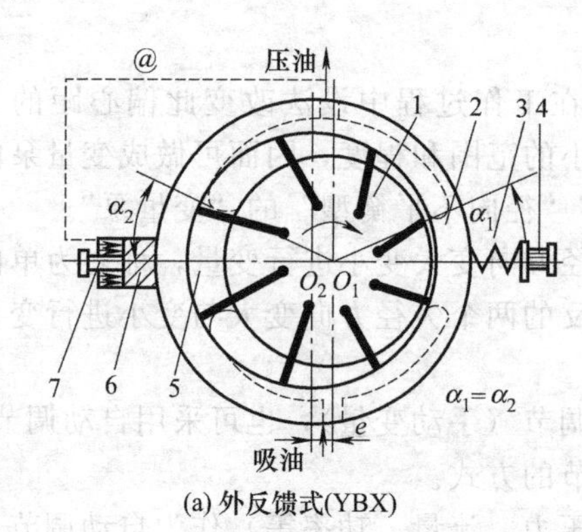

(a) 外反馈式(YBX)

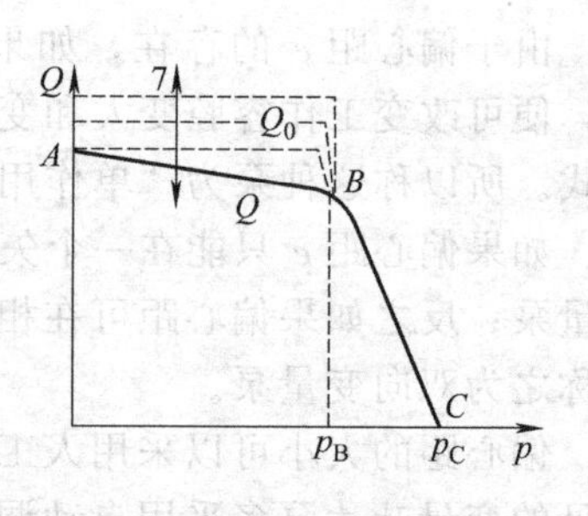

(b) 限压式变量叶片泵的特性曲线

图 1-20　外反馈限压式变量叶片泵

1—转子；2—定子；3—限压压力调压弹簧；4—限压压力调压螺钉；5,6—变量柱塞；7—流量调节螺钉

过限压压力后，输出流量开始变化，即随压力的升高流量自动减小，到 C 点为止，流量为零。此时压力为 p_C，p_C 称为极限压力或截止压力。泵的最大流量（AB 段）由流量调节螺钉 7 调节，可改变 A 点位置，使 AB 段上下平移，调节螺钉 4 可调节限压压力 p_B 的大小，使 B 点左右移动，BC 段左右平移。改变弹簧刚度 K，则可改变 BC 的斜率。

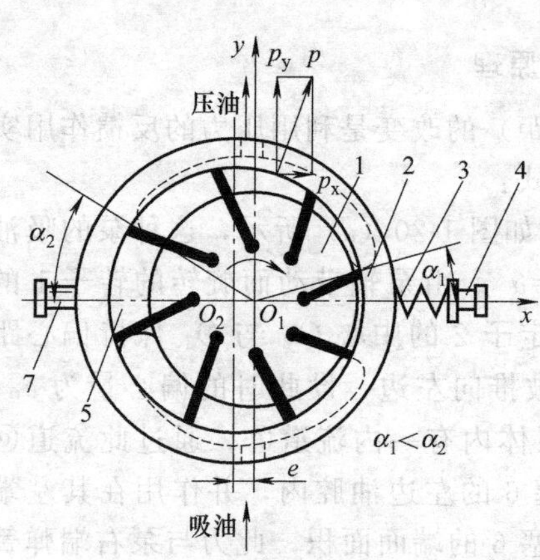

图 1-21　内反馈限压式变量叶片泵的工作原理

由于这种方式，是由出油口的外部通道@（实际还在泵内）引入反馈压力油来自动调节偏心距，所以叫“外反馈”。

② 内反馈限压式变量叶片泵　如图 1-21 所示，内反馈限压式变量叶片泵与外反馈的工作原理相似，只不过自动控制偏心量 e 的控制力不是引自“外部”，而是依靠配油盘上设计的对 y 轴不对称分布的压油腔孔（腰形孔）内产生的力 p 的分力 p_x 来自动调节。当图 1-21 中，$\alpha_2>\alpha_1$，压油腔内的压力油会对定子 2 的内表面产生一作用力 p，利用 p 在 x 方向的分力 p_x 去平衡弹簧力，

来自动调节偏心距的大小。当 p_x 大于限压弹簧 3 调定的限压压力时，则定子向右移动，使偏心距减小，从而改变泵的输出流量；当工作压力增大，p 增大，p_x 也增大，会减小偏心距。其调节原理与上述的外反馈方式相比，除了反馈力的来源不同外，其他没有区别。

这种限压式变量叶片泵适合用于空载快速运动和低速进给运动的场合：快进时，需要低压大流量，这时泵工作在特性曲线 AB 段上；当转为工作进给时，系统工作压力升高，油泵自动转到特性曲线 BC 段工作，以适应工作进给时需要的高压小流量的工况。

所以采用限压式变量泵与采用 1 台高压大流量的定量泵相比，可节省功率损耗，减少系统发热；与采用高低压双泵供油系统相比，可省去一些液压元件，简化液压系统。

但是，由于定子有惯性和相对运动件的摩擦力影响，当系统工作压力 p_B 突然升高时，叶片泵偏心量 e 不能很快做出反应而减小，即需要滞后一段时间的话，这时在特性曲线 B 点将出现压力超调，有可能引起系统的压力冲击；而且较之定量叶片泵，变量叶片泵的结构复杂些，相时运动件较多，泄漏也要大些。

(4) 恒压式变量叶片泵的工作原理

带恒压阀（PC 阀）的恒压式变量叶片泵的工作原理如图 1-22 所示，因负载增大而使变量叶片泵的出口压力 p_L 增大时，恒压阀左边的控制压力油的压力也增大，恒压阀阀芯右移，左位工作，压力油口 A 关闭，变量大柱塞缸通油箱，在变量小柱塞缸的柱塞向右的作用力下，使定子右移，偏心量 e 减小，泵的输出流量减少，从而使泵的输出压力也减小，一直减小至与溢流阀的调定压力值相等为止。然后，定子和转子处在某一力平衡位置。

反之，当负载减小，泵出口压力 p_L 也减小时，恒压阀 4 右位工作，压力油 p_L 经恒压阀进入变量大柱塞缸。此时，变量大柱塞缸的柱塞向左运动，作用在定子上的力 $p_LA_1+F_{弹}$ 将大于变量小柱塞向右的力 p_LA_2，使定子和转子的偏心量 e 增大，泵的出口流量增大，从而使泵的出口压力 p_L 也增大，使泵的出口压力与溢流阀的调定压力值相等，从而达到了恒压的目的。

进一步说明为：恒压阀为一负遮盖的三通控制阀（P 口、B 口、T 口），它由调压螺钉 1、弹簧 2、加工有中心孔的阀芯 3 及阀体 4 所组成，调节螺钉 1 可调节恒压压力值的大小。

当泵的出口压力 p_L 未达到调节螺钉 1 所调定的压力值时，阀芯 3 在弹簧 2 的作用下处于图示位置，泵出口来的控制压力油由 P 口进入恒压阀，通过阀芯 3 上的中心孔、节流口 a，与 B 相通，作用在变量大柱塞左端面上，这样变量大、小柱塞上都作用有与出口压力基本相同的压力油，而 $A_1:A_2=2:1$，面积大的油压力大，因而定子 5 被推向右边，定子和转子处于最大偏心距 e_{max}的位置，泵输出大流量；而当泵出口压力（系统压力）达到恒压阀的调定压力值时，如液压系统需要的流量等于泵的最大流量，则阀芯 3 维持原位不动；当系统所需流量小于泵提供的流量时，系统压力便会因流量供过于求而升高，这样阀芯 3 下移，使 B 和 T 部分沟通，大柱塞左腔的压力便降下来，而变量小柱塞右端仍暂为高压油，于是大、小柱塞受力不平衡，推动定子 5 左移，而使偏心距减小，泵输出流量也随之减少，直至泵提供的流量与系统所需的流量相匹配，泵出口压力又恢复到弹簧 2 调定的压力值，阀芯 3 又回到中间位置，这样便恒定了泵的出口压力，称为“恒压泵”。由于控制口为负遮盖，要消耗部分控制流量回油箱，但控制性能较好。

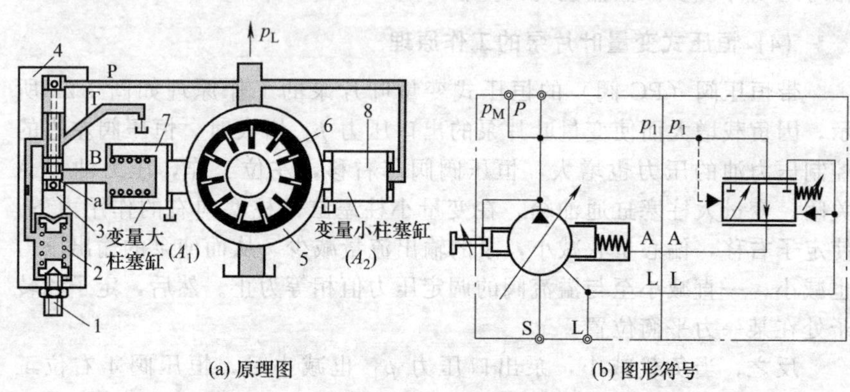

(a) 原理图　　(b) 图形符号

图 1-22　恒压式变量叶片泵的工作原理

1—调节螺钉；2—调压弹簧；3—阀芯；4—恒压阀；5—定子；6—转子；7—变量大柱塞；8—变量小柱塞

图 1-23 为带遥控调压阀（溢流阀）的先导式，遥控调压阀用一管路连接装在操作人员便于方便调压的位置，这样在调压时，不必去调安装在泵上（不方便调压）的恒压阀，调节遥控调压阀，同样可调定恒压压力的大小，调压作用与效果一样。叫带遥控调压阀的恒压变量叶片泵。

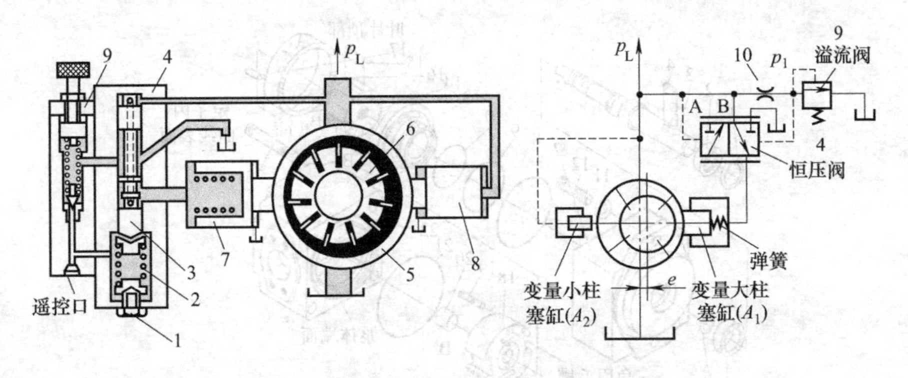

图 1-23 带遥控调压阀的恒压变量叶片泵的工作原理

1—调节螺钉；2—调压弹簧；3—阀芯；4—恒压阀；5—定子；6—转子；7—变量大柱塞；8—变量小柱塞；9—遥控调压阀；10—阻尼孔

1.3.2 叶片泵的结构例

(1) 定量叶片泵的结构例

① 日本东机美、中国台湾朝田公司产的 VQ 型定量叶片泵 图 1-24为 VQ 型定量叶片泵，额定压力 17.5～21MPa，流量 38.3～189 L/min。其中日本东机美产的结构特点是子母叶片、带浮动侧板。

② 美国伊顿-威格士公司产的 50V 型定量叶片泵 图 1-25 为采用子母叶片结构的 50V 型定量叶片泵的外观、结构及爆炸图。

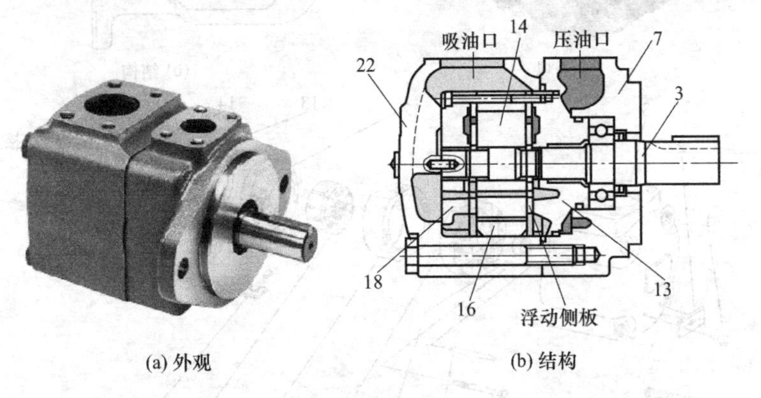

(a) 外观　　(b) 结构

图 1-24

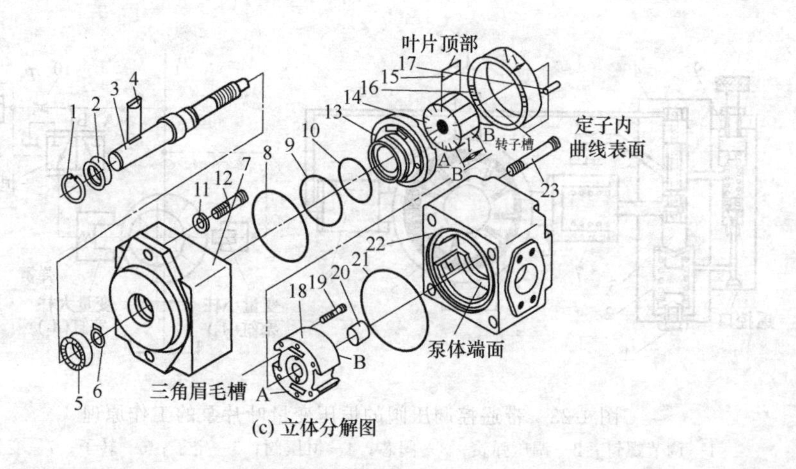

(c) 立体分解图

图 1-24　VQ 型定量叶片泵

1,6—卡簧；2—油封；3—泵轴；4—键；5—轴承；7—泵盖；8～10,21—O 形圈；11—安装螺钉；12—弹簧垫圈；13—配油盘（前侧板）；14—转子；15—叶片；16—定子；17—定位销；18—配油盘（后侧板）；19,23—螺栓；20—自润滑轴承；22—泵体

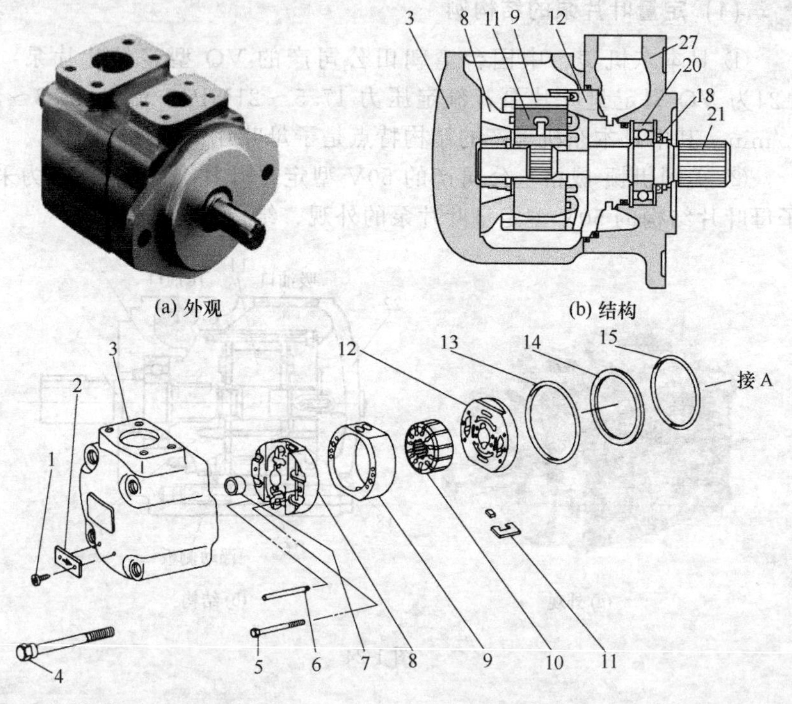

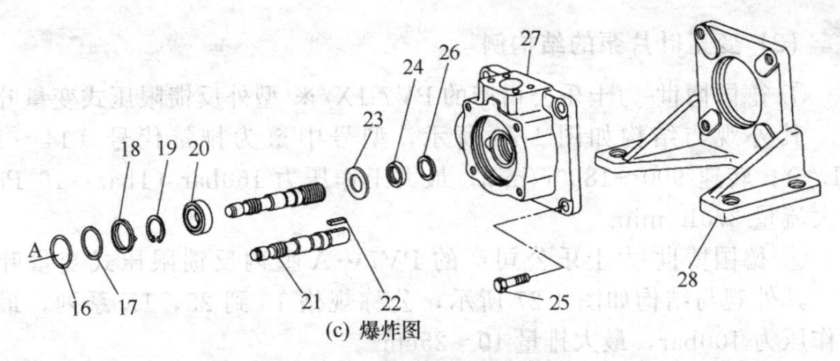

(c) 爆炸图

图 1-25　50V 型定量叶片泵

1,2—转向标牌与螺钉；3—泵后盖；4,5,25—螺钉；6—定位销；7,20—轴承；8—后配油盘；9—定子；10—转子；11—子母叶片；12—前配油盘；13,15,26—O 形圈；14,16—密封环；17,23—垫；18—轴封；19—卡环；21—泵轴；22—键；24—环；27—泵前盖；28—安装座

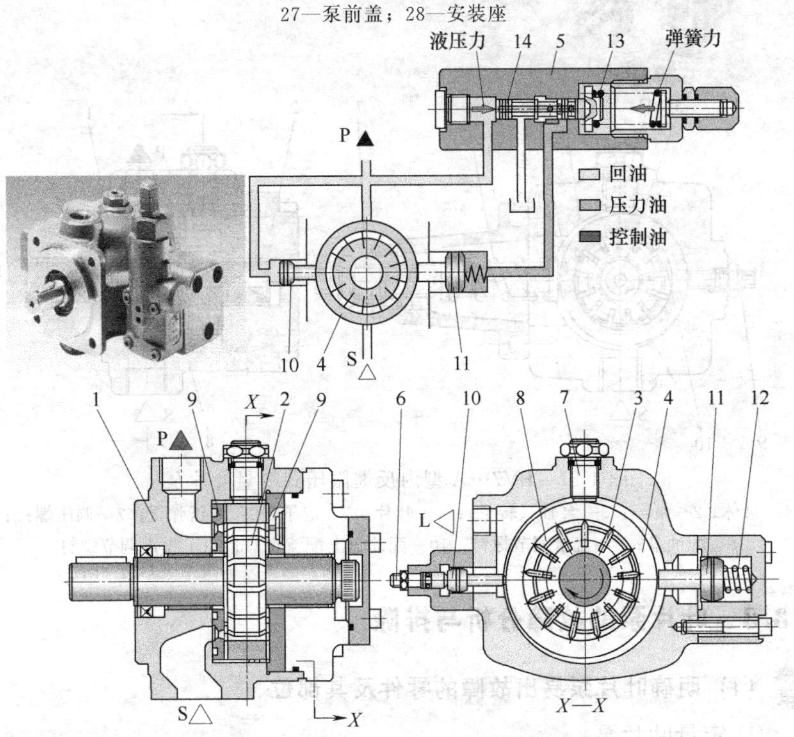

图 1-26　PV7 型外反馈限压式变量叶片泵

1—泵体；2—转子；3—叶片；4—定子环；5—压力控制器（调压阀）；6—流量调节螺栓；7—噪声调节螺栓；8—转子；9—配油盘；10—小变量控制活塞；11—大变量控制活塞；12—弹簧；13—调压弹簧；14—变量阀控制阀芯

(2) 变量叶片泵的结构例

① 德国博世-力士乐公司产的PV7-1X/※ 型外反馈限压式变量叶片泵　其外观与结构如图1-26所示，型号中※为排量代号（14～150mL/r）；转速900～1800r/min；最大工作压力160bar（1bar=10^5Pa）；最大流量270L/min。

② 德国博世-力士乐公司产的PV7…A型内反馈限压式变量叶片泵　其外观与结构如图1-27所示，公称规格10到25，1X系列，最高工作压力100bar，最大排量10～25cm^3。

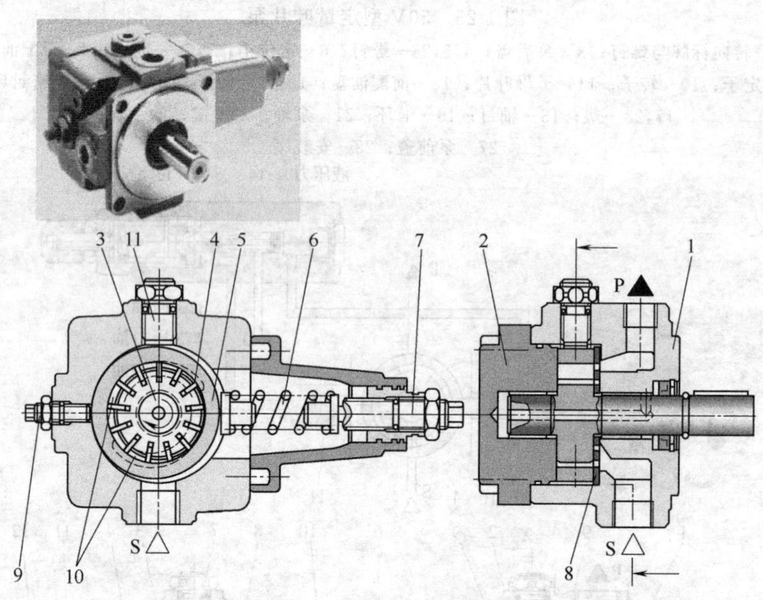

图1-27　PV7…A型内反馈限压式变量叶片泵

1—泵体；2—泵盖；3—泵轴（转子）；4—叶片；5—定子；6—调压弹簧；7—调压螺钉；8—配油盘；9—流量调节螺钉；10—配油盘上配流窗口；11—噪声调节螺钉

1.3.3　叶片泵的故障分析与排除

(1) 明确叶片泵易出故障的零件及其部位

① 定量叶片泵

a. 典型叶片泵　如图1-28所示，定量叶片泵易出故障主要零件是泵芯所组成的零件，如后配油盘的G_1面、前配油盘的G_3面、定子的G_2面等处的磨损拉伤。

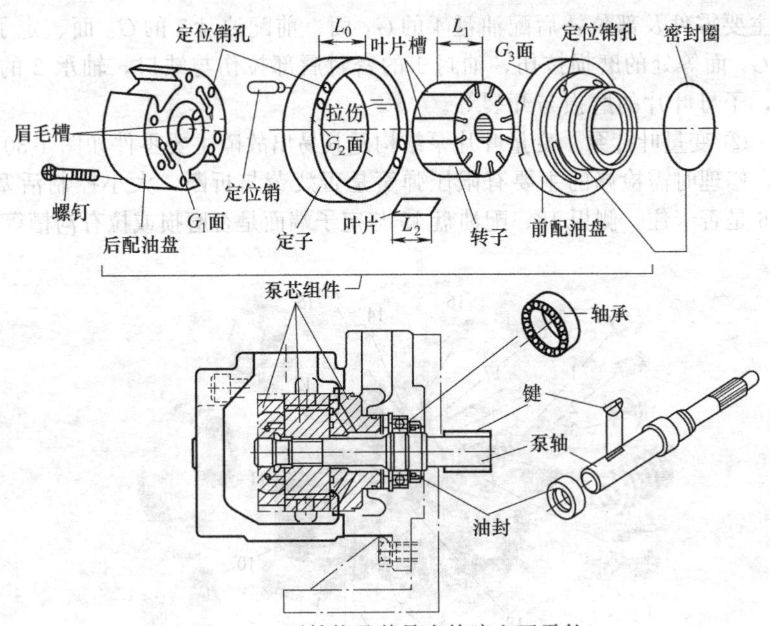

图 1-28 泵结构及其易出故障主要零件

b. 子母叶片的叶片泵 图 1-29 为叶片为子母叶片的叶片泵易出故

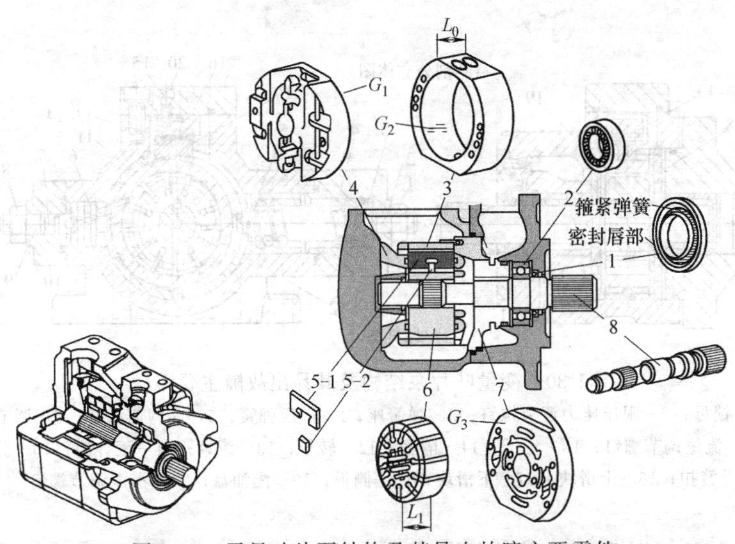

图 1-29 子母叶片泵结构及其易出故障主要零件

1—油封；2—轴承；3—定子；4—后配油盘；5-1—母叶片；
5-2—子叶片；6—转子；7—前配油盘；8—泵轴

障主要零件及部位：后配油盘 4 的 G_1 面、前配油盘 7 的 G_3 面、定子 3 的 G_2 面等处的磨损拉伤，油封 1 的密封唇部拉伤与缺口，轴承 2 的磨损，子母叶片的磨损与开裂等。

② 变量叶片泵　变量叶片泵结构及其易出故障主要零件如图 1-30 所示，修理时需检修的主要有限压弹簧是否疲劳与折断，大小控制活塞 5 与 6 是否卡住，侧板 18、配油盘 19 与定子端面是否磨损或拉有沟槽等。

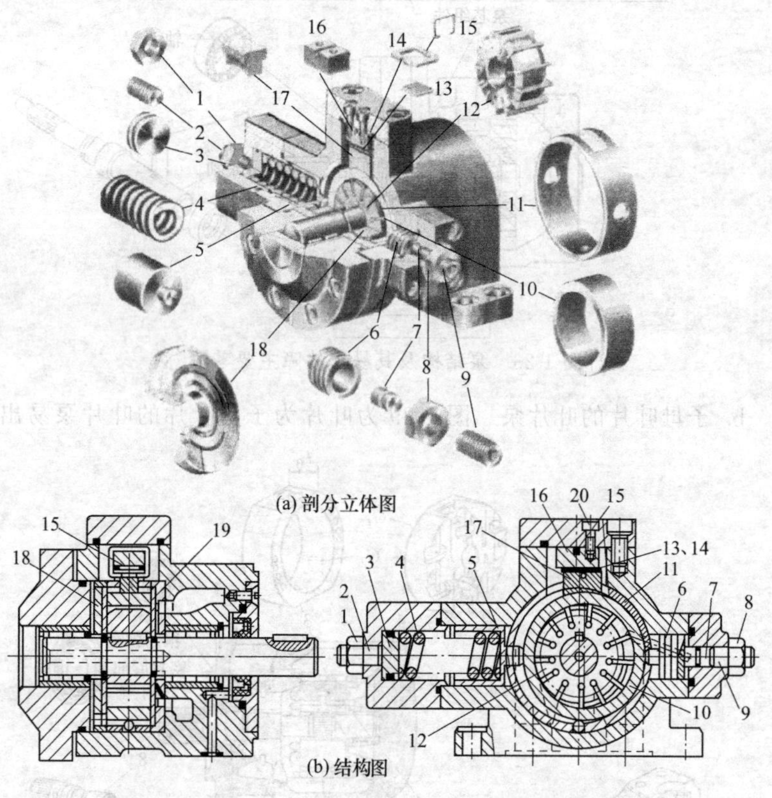

图 1-30　变量叶片泵结构及其易出故障主要零件

1，8—锁母；2—限压压力调节螺钉；3—弹簧座；4—限压弹簧；5，6—调节活塞；7—调节杆；9—流量调节螺钉；10—定子；11—隔套；12—转子；13—滚针；14—滚针架；15—弹簧扣；16—上滑块；17—下滑块；18—侧板；19—配油盘；20—噪声调节螺钉

(2) 叶片泵的故障分析与排除方法

叶片泵分为双作用叶片泵和单作用叶片泵。这种泵流量均匀、运转

平稳、噪声小、工作压力和容积效率比齿轮泵高、结构比齿轮泵复杂。

[故障1]　定量叶片泵不出油

叶片泵与其他液压泵一样都是容积泵，吸油过程依靠吸油腔的容积逐渐增大，形成部分真空，液压油箱中液压油在大气压力的作用下，沿着管路进入泵的吸入腔，若吸入腔不能形成足够的真空（管路漏气，泵内密封破坏），或大气压力和吸入腔压力差值低于吸油管路压力损失（过滤器堵塞，管路内径小，油液黏度高），或泵内部吸油腔与排油腔互通（叶片卡死于转子槽内，转子体与配油盘脱开）等因素存在，液压泵都不能完成正常的吸油过程。液压泵压油过程是依靠密封工作腔的容积逐渐减小，油液被挤压在密封的容积中，压力升高，由排油口输送到液压系统中的。

① 查泵轴是否跟随电机转动：如果电机转动泵轴不转则有可能是漏装泵轴上的传动键（参阅图1-28）或电机上的键，或者电机与油泵的联轴器不传力，酌情处置。

② 查泵的旋转方向对不对：转向不对，泵不上油。应马上停止，更正电机的回转方向，按叶片泵上标有的箭头方向纠正。若泵上无标记时可对着泵轴方向观察，正转泵轴应是顺针方向旋转的，反转泵则与此相反。

③ 查泵轴是否断裂：泵轴折断转子便没能转动，拆开修理。

④ 查吸油管路是否漏气：例如因吸油管接头未拧紧，吸油管接头密封不好或漏装了密封圈，吸油滤油器严重堵塞等原因，在泵的吸油腔无法形成必要的真空度，泵进油腔的压力与大气压相等（相通），大气压无法将油箱内的油液压入泵内。可查明密封不好进气的部位，采取对策。

⑤ 查油面是否过低：应加油至规定油面。

⑥ 查油液黏度是否较大：油液黏度是否较大，叶片因滑动阻力变大而不能从转子槽中滑出，更换黏度较低的油液；寒冷天气启动前先预热油，必要时卸下泄油管，往泵内灌满油后再开机。

⑦ 查叶片泵转速是否过低：转速低，离心力无法使叶片从转子槽内抛出，形不成可变化的密闭空间。一般叶片泵转速低于500r/min时，吸不上油。高于1800r/min时吸油速度太快也吸油困难。

⑧ 查叶片泵叶片是否卡住：例如：转子的转子槽和叶片之间有毛刺和污物（图1-28）；因叶片和转子槽配合间隙过小；因泵停机时间过长，液压油黏度又过高；因液压油内有水分使叶片锈蚀等原因，

使个别或多个叶片粘连卡死在转子槽内，不能甩出，无法建立压、吸油密封空间以及无法使压、吸油腔隔开，而吸不上油，特别是刚使用的新泵容易出现这种现象。可拆开叶片泵检查，根据具体情况予以解决。

⑨ 小排量的叶片泵吸油能力较差，特别是寒冷季节，泵的安装位置距油箱油面又较高时，往往吸不上油。解决办法是可在启动前往泵内注油。

⑩ 叶片和转子组合件（泵芯）装反了一边（错 90°），吸不上油，应予以纠正。

[故障 2] 变量叶片泵无流量输出或不能变量的处理

① 按上述定量叶片泵不出油的几个方法查明并做出处理。

② 查变量叶片泵定子是否卡死在偏心距 e 为零的位置：变量叶片泵的输出流量与定子相对转子的偏心距 e 成正比。当定子卡死于零位，即偏心距 e 为零时泵的输出流量便为零。具体说，由此可见，变量叶片泵密封的工作腔逐渐增大（吸油过程），密封的工作腔逐渐减小（压油过程），完全是定子和转子存在偏心距形成的。当其偏心距为零时，吸、压油腔密封的工作腔容积不变化，所以不能完成吸油、压油过程，因此上述回路中无液压油输入，系统也就不能工作。

排除方法是：将叶片泵解体，清洗后并正确装配，重新调整泵的上支承盖和下支承盖螺钉，使定子、转子和泵体的水平中心线互相重合，定子在泵体内调整灵活，并无较大的上下窜动，从而避免定子卡死在偏心距为零的位置不能出油、定子卡死在其他位置便不能调整流量（不能变量）的故障。

③ 对 YBX 型变量叶片泵（图 1-30），若出现弹簧 4 折断、件 5 卡死在使转子和定子偏心量为零的位置、反馈活塞 6 使转子 12 和定子 10 卡死在使其偏心量为零的位置等情况，变量叶片泵便打不上油。此时需松开流量调节螺钉部分和压力调节部分，拆开清洗并清除毛刺，使反馈活塞 6 及柱塞 5 在孔内可灵活移动，弹簧断了的予以更换。

[故障 3] 叶片泵输出流量不足、出口压力上不去或根本无压力的故障

① 上述“泵不出油”几乎所有的故障均可能是压力上不去或者根本无压力的原因。

② 查配油盘与壳体端面（固定面）是否接触不良，之间有较大污物楔入，虽压紧紧固螺钉 1，但两者之间并未密合，使压油腔部分压力

油通过两者之间的间隙流入低压区，输出流量减小：应拆开清洗使之密合。

③ 配油盘（如图1-28中的2、7）与转子（如图1-28中的6）贴合端面（滑动面）G_1、G_3 拉毛磨损较严重，内泄漏量大，输出流量不够。先可用较粗（不能太粗）砂纸打磨拉毛高点，然后用细砂布磨掉凹痕，抛光后使用。一般要研磨好配油盘端面。

④ 定子内孔（内曲线表面）拉毛磨损，叶片顶圆不能可靠密封，压油区的压力油通过叶片顶圆与定子孔内曲面之间的拉毛划伤沟痕漏往吸油区，造成输出流量不够。此时可用金相砂纸砂磨定子内曲面。

⑤ 泵体有气孔、砂眼缩松等铸造缺陷，使用一段时间后，被击穿：当击穿后使高低压腔局部连通时，吸不上油。此时可能要换泵。

⑥ 轴向间隙太大，即泵转子厚度 L 与定子厚度 L_1 或泵体孔深尺寸 h 相差太大，或者修理时加了纸垫子，使轴向间隙过大，内泄漏增大而使输出流量减少。

⑦ 变量机构调得不对，或者有毛病，可在查明原因后酌情处置。

⑧ 滤油器堵塞或过滤精度太高，不上油或上油很小（视堵塞程度而定），可拆下清洗。

⑨ 弹簧式高压叶片泵，弹簧易疲劳折断，使叶片不能紧贴定子内表面，造成隔不开高、低压腔，系统压力上不去。

⑩ 液压油的黏度过低：特别是对小容量叶片泵，当油液黏度过低或因油温温升过高，叶片泵打出的油往往不能加载上升到所需压力。这是油液黏度过低或温升造成内泄漏增大的缘故，这一点对回路中的阀类元件也同样适用。此时需适当提高油液黏度或控制油温。

⑪ 对限压式变量叶片泵，当压力调节螺钉未调好（调得太低），超过限压压力后，流量显著减小，进入系统后，难以压力更高。

⑫ 叶片泵内零件磨损后，在低温时虽可升压，但设备运转一段时间后，油温升高，因磨损产生的内泄漏大，压力损失也就大，压力此时便上不去（不能到最高）。如果此时硬性想调上去（旋紧溢流阀），会产生表针剧烈抖动现象。此时可以说百分之百是泵内严重磨损。如果换一台新泵压力马上就会上去。对于旧泵需拆下来，进行解剖修理。

⑬ 定子内表面刮伤，致使叶片顶部与定子内曲面接触不良，内泄漏大，流量减小，压力难以调上去。此时应抛光定子内曲线表面或者更换定子。

⑭ 对装有定位减阀的中高压叶片泵，如果减压阀的输出压力调得

太高，会导致叶片顶部与定子内表面因接触应力过大而早期磨损。使泵内泄漏大，输出流量减小，压力也上不去。

⑮ 回路方面的故障：可能是装在回路中的压力调节阀不正常，或者是方向阀处在卸荷的中间位置（如M型）等。此时应检查阀是否卡死或处于卸荷以及不能调压的位置，另外也要查一查电气回路是否正常，油液是否从溢流阀、卸荷阀等阀全部溢走等。

[故障4] 叶片泵噪声增高，噪声变大，振动大

叶片泵噪声增高的原因：吸进空气是使叶片泵的噪声增高的主要原因，还有泵本身的原因和其他各种原因。

① 进了空气

a. 查泵吸油管及接头口径是否太小、弯曲死角太多：如果是则吸油沿程阻力增加，导致产生吸油管的流速声，进油管推荐流速为0.6～1.2m/min，尽量减小弯曲和内孔突然增大又突然缩小的现象，吸入真空度至少200mmHg（1mmHg=133.322Pa）以下；

b. 查油箱过滤器，是否堵塞或规格选用太小使过流量不足：清洗吸入滤油网，更换更大吸入滤油网，一般当叶片泵流量为Q L/min，至少应选用过滤能力为2Q L/min的滤油器，过滤精度应选100目的(进油滤油器)；

c. 查使用双连泵时吸入管是否接管错误：更正配管；

d. 查吸入管路是否吸入空气：锁紧泵吸入口法兰，并检查其他吸入管路是否锁紧；

e. 查油箱油中回油搅拌起的气泡是否未经消除便又被吸入泵内：回油管应插入油箱油面以下，并与吸油管部分靠得太近，回油液搅拌产生的气泡马上被吸进泵内，设计油箱时要用网眼钢板将吸油区和回油区隔开一段距离；

f. 查油箱的油量是否不够：加油至油面计刻度线，滤油器不能裸露在油面之上；

g. 排除泵轴与安装的油封不同心、泵轴拉毛而拉伤油封不同心而从泵轴油封处吸入空气的可能性。

② 泵本身的原因

a. 对于新泵查定子内曲线表面是否加工不好，过渡圆弧位置交接处（指定量泵）不圆滑：可用油石或刮刀修整。

b. 对于使用一段时间的旧泵可查是否使用后定子内曲线表面磨损或被叶片刮伤，产生运转噪声：划伤轻微者可抛光再用，严重者可将定

子翻转 180°，并在泵销孔对称位置另钻一定位销孔再用。

c. 查是否修理后的配油盘（如图 1-27 中的 2 与 7）吸压油窗口开设的三角眉毛槽变短后没有加长：因为配油盘端面 G_1、G_3 磨削修理后三角眉毛槽尺寸变短后如不加长，这样便不能有效消除困油现象，而产生振动和噪声。此时可用三角形什锦锉适当修长卸荷槽，修整长度以一叶片经过卸荷槽时，相邻的另一叶片应开启为原则。但不可太长，否则会造成高低压区连通，导致泵输出流量减少。

d. 查叶片顶部是否倒角太少：倒角太小叶片运动时作用力会有突变，产生硬性冲击。叶片顶部倒角不得小于 1×45°，最好将顶部倒角处修成圆弧，这样可减小对定子内曲线表面作用力突变产生的冲击噪声。

e. 查骨架油封对传动轴是否压得太紧（参阅图 1-28 的油封）：压得太紧二者之间已没有润滑油膜，干摩擦而发出低沉噪声，应使油封的压紧程度适当，并适当修磨泵轴上与油封相接触的部位。

f. 查泵内零件（定子、转子、配油盘、叶片）是否严重磨损：异常的磨损系油清洁度太脏，更换泵及液压油。

g. 查泵轴承是否磨损或破裂：酌情更换轴承。

h. 查泵盖螺钉是否上紧不良：以扭力扳手再重新装配泵。

i. 拆修后的叶片泵如果有方向性的零件（例如转子、配流盘、泵体等）装反了，也会出现噪声，要纠正装配方向。

③ 其他原因

a. 查叶片泵与电机的联轴器是否因安装不好而不同心：联轴器安装不同心运转时会产生撞击和振动噪声。应使用挠性联轴器，圆柱销上均应装未破损的橡胶圈或皮带圈以及尼龙销等。

b. 查油箱空气滤清器是否堵塞或规格太小：清洗空气滤清气或更换适当规格滤清器。

c. 查泵转速是否过高：按泵规定最高回转速选择电机转速（根据样本）。

d. 查使用压力是否超出叶片泵的额定压力：泵在超负载下工作产生噪声。用压力表检查工作压力，应低于泵的额定压力。例如 YB_1 型叶片泵最高使用压力为 6.3MPa，高出此压力会产生噪声增大的现象。

e. 查电机转速是否过高（例如 YB_1 型叶片泵电机转速＞1500r/min）：按使用说明书控制叶片泵的转速在范围（一般应在 1000～1500r/min）内。

f. 查油的黏度是否过高：更换规定的油黏度（根据样本）。

g. 变量叶片泵顶部的噪声调节螺钉（图 1-29）调节不对，未压紧定位住定子，定子在上下方向有窜动现象，引起输出流量脉动带来噪声，应可靠压紧调节螺钉。

h. 减压阀的中高压叶片泵，如果减压阀的输出压力调得太高，导致叶片压在定子内曲面上过紧，接触应力大，会产生摩擦噪声。

i. 来自液压油的污染：油中污物太多，阻塞滤油器，噪声明显增大，须卸下滤油器清洗。

[故障 5] 叶片泵异常发热，油温高的故障

① 因装配尺寸不正确，滑动配合面间的间隙过小，接触表面拉毛或转动不灵活，导致摩擦阻力过大和转动扭矩大而发热。可拆开重新去毛刺抛光并保证配合间隙，损坏严重的零件予以更换，装配时应测量各部分间隙大小。

② 各滑动配合面间隙过大，或因使用磨损后间隙过大，内泄漏增加，损失的压力和流量转变成热能而发热。

③ 电机与泵轴安装不同心而发热。

④ 泵长时期在接近甚至超过额定压力的工况下工作，或因压力控制阀有故障，不能卸荷而发热温升。

⑤ 油箱回油管和吸油管靠得太近，回油来不及冷却便又马上被吸进泵内。

⑥ 油箱设计太小或箱内油量不够，或冷却器冷却水量不够。

⑦ 环境温度过高。

⑧ 油液黏度过高或过低。

对上述故障原因，做出确认后予以排除。

[故障 6] 叶片泵短期内便严重磨损和烧坏的故障

① 定子内表面和叶片头部严重磨损（选材不当） 定子内表面和叶片头部严重磨损是叶片泵寿命短的主要原因。YB 型叶片泵定子采用 GCr15 作材料，对小流量泵尚可，但对大流量叶片泵则由于叶片和定子相对运动的线速度比较高，甚至在运转几小时之后，定子内表面就被刮毛。这时如果仔细拆开油泵，取出叶片，在强光下可以看到丝状物黏结在以 W18Cr4V 为材料的叶片头部。YB_1 型叶片泵定子改为 38CrMoAlA，并经氮化至 900HV，定子和叶片的磨损情况有很大改善。

② 转子断裂（与热处理有关） 转子断裂常发生在叶片槽的根部，造成断裂的原因有：转子采用 40Cr 材料，这种材料热处理时淬透性较

好，淬火时转子的表面和心部均被淬硬，一受到冲击负载时便断裂；叶片槽根部小孔之间的危险断面受力较大，又经常由于加工不良造成应力集中，特别是有些厂家采用先铣叶片槽后钻叶片槽根部圆孔的工艺，情况更差；另外，异物被吸入泵内，将转子别断。滚针轴承端部压环脱开或轴承保持架破裂也是叶片泵短期磨损和烧坏的原因。将转子材料由40Cr淬火52HRC改为20Cr渗碳淬火，可大大提高转子的抗冲击韧性。泵的早期破损主要责任在生产厂家。

③ 叶片泵运转条件差　如叶片泵在超载（超过最高允许工作压力）、高温有腐蚀性气体、漏油漏水、液压油氧化变质等条件下工作时，易发生异常磨损和汽蚀性腐蚀，导致叶片泵早期磨损，只有改善叶片泵的工作环境方能奏效。

④ 拆修后的泵装配不良　如修理后转子与泵体轴向厚度尺寸相差过小，强行装配压紧螺钉，在泵轴不能用手灵活转动的情况下便往主机上装，短时间内叶片泵便会烧坏。

［故障7］　泵轴易断裂破损的故障

① 污物进入泵内，卡入转子和定子、转子和配油盘等相对运动滑动面之间，使泵轴传递转矩过大而断轴，须严防污物进入泵内。

② 泵轴材质选错，热处理又不好，造成泵轴断裂。笔者曾目睹某厂用45钢作泵轴又未经热处理每天换一根泵轴的情形。

③ 叶片泵严重超载：例如因溢流阀等失灵，系统产生异常高压，如果没有其他安全保护措施，泵因严重超载而断轴。

④ 电机轴与叶片泵轴严重不同心，而被摔断，泵轴断裂后只有更换，但一定要找出断轴原因，否则会重蹈覆辙。

1.3.4　叶片泵的修理

修理时，要将拆开叶片泵拆下的零件按顺序摆放在油盘内，然后对各零件进行检查和修理。

(1) 修理方法

① 如何修理配油盘（配流盘、侧板）　此类零件多是端面磨损与拉伤，原则上只要端面拉伤总深度不太深（例如小于1mm），都可以用平磨磨去沟痕，经抛光后装配再用。但需注意两个问题：一是端面磨去一定尺寸后，泵体孔的深度也要磨去相应尺寸，否则轴向装配间隙将很大，所以一定要参照装配图，保证好轴向尺寸链的关系，换言之不得改

变修前叶片泵内运动副之间的三个主要间隙（参阅图 1-30）的轴向尺寸链之间的关系和必须保证的各个装配间隙；二是端面经修磨后，卸荷三角槽尺寸大大变短（参阅图 1-28），如不修长，对消除困油不利。所以配油盘、侧板端面修磨后，应用三角锉或铣加工的方式适当恢复修长此三角槽（眉毛槽）的尺寸。但不能修得太长，太长可能造成运转过程中的压油腔与吸油腔相通，使泵的输出流量减少。经修复后的配油盘或侧板之类，与转子接触平面的平行度保证在 0.01mm 以内，端面与内孔的垂直度在 0.01mm 以内，平面度为 0.005mm。砂磨抛光时最好不用金相砂纸，因为金相砂纸磨粒极易脱落而镶嵌在配油盘内，造成后续运转时的加速磨损。推荐用氧化铬抛光。

如果配油盘端面只是轻度拉伤，可先用细油石砂磨，然后用氧化铬抛光（图 1-31）。

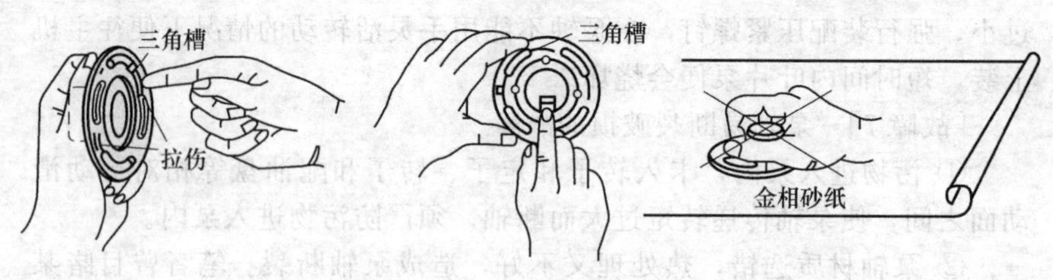

图 1-31 配油盘的修复

② 如何修理定子　无论是定量还是变量叶片泵，定子均是吸油腔这一段内曲线表面容易磨损。变量泵的定子内表面曲线为一圆弧曲线。定量泵的定子内表面曲线由四段过渡曲线和四段圆弧组成。当内曲线磨损拉伤不严重时，用细砂布（0#）或油石砂一砂，可继续再用［图 1-32（a）、（b）］。若磨损严重，应在专用定子磨床上修磨。而一般叶片泵使用厂无此类专用仿形磨床，可将定子翻转 180°调换定子吸油腔与压油腔的位置，并在泵销孔的对称位置上另加工一定位销孔，可继续再用，也可采用刷镀的方法修复磨损部位。

对变量泵，其定子内表面为圆柱面，可用卡盘软爪夹在车床或磨床上进行抛光修复，但应注意其内表面有很高的圆度和圆柱度的要求［图 1-32（c）］，修复时应注意。

定子修复完毕后应满足的技术要求是：定子两端面平行度为 0.005mm，内圆柱面与端面垂直度允差为 0.005～0.008mm，内表面粗糙度为 $Ra0.2$，定子材料为 33CrMoAlA，热处理为氮化 900HV，氮

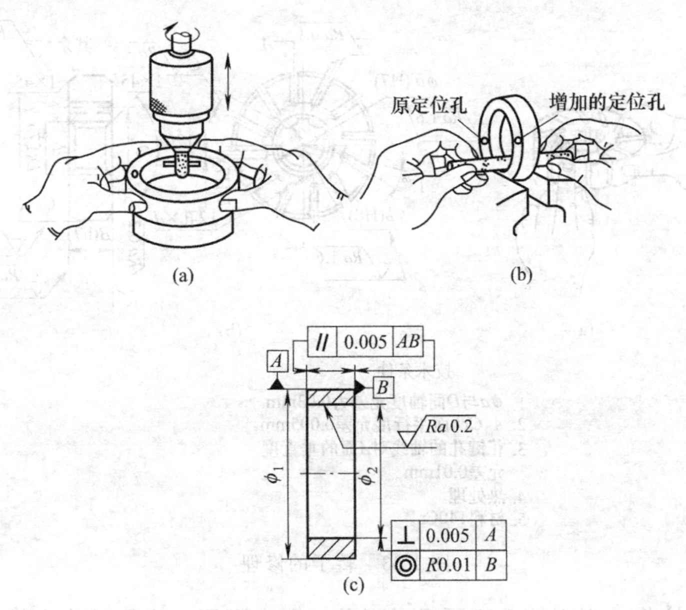

图 1-32　定子的修理

化层深度为 0.35mm 左右。

③ 如何修理转子　转子两端面是与配油盘端面相接触的运动滑动面，因而易磨损和拉毛。键槽处有少量情况出现断裂或裂纹，以及叶片槽有磨损变宽等现象。若只是两端面轻度磨损，抛光后可继续再用；磨损拉伤严重者，须用花键芯轴和顶尖定位和夹持，在万能外圆磨床上靠磨两端面后再抛光。但需注意此时叶片、定子也应磨去相应部分，保证叶片长度小于转子厚度 0.005～0.01mm，定子厚度应大于转子厚度 0.03～0.04mm。当转子叶片槽磨损拉伤严重时，可用薄片砂轮和分度夹具在手摇磨床或花键磨床上进行修磨。叶片槽修磨后，叶片厚度也应增大相应尺寸。修磨后的叶片槽两工作面的直线度、平行度允差、叶片槽对转子端面的垂直度允差均为 0.01mm。装配前先按图 1-33 (a) 所示的方法用油石倒除毛刺，但不可倒角。转子修复后应满足：两端面的平行度为 0.005mm，端面与花键孔的垂直度 0.01mm，端面粗糙度为 Ra0.3，片槽两侧面的平行度 0.01mm，粗糙度为 Ra0.3，图 1-33 (b) 为 YB_1 型叶片泵转子图。

④ 如何修理叶片　叶片的损坏形式主要是叶片顶部与定子表面相接触处，以及端面与配油平面相对滑动处的磨损拉伤，与转子槽相配部

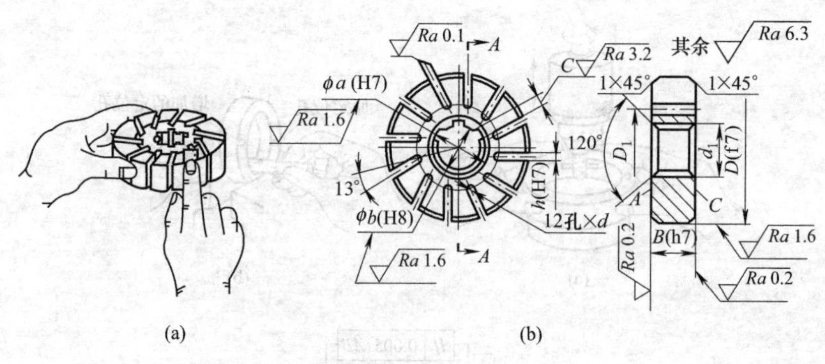

技术条件

1. φa与D同轴度允差为0.03mm。
2. A、C两面平行度允差0.005mm。
3. 花键孔的轴线对A面的垂直度允差0.01mm。
4. 热处理。
5. 材料：40Cr。

图 1-33　转子的修理

分极小拉伤，磨损拉毛不严吸时可稍加抛光再用。为保证叶片各面的垂直度要求，可按图 1-34 所示的方法、图 1-35 所示的技术要求用角尺导向在精油石面上砂磨抛光。当磨损严重或有裂纹时，应重新购买新叶片换上（泵芯可成套购买）。

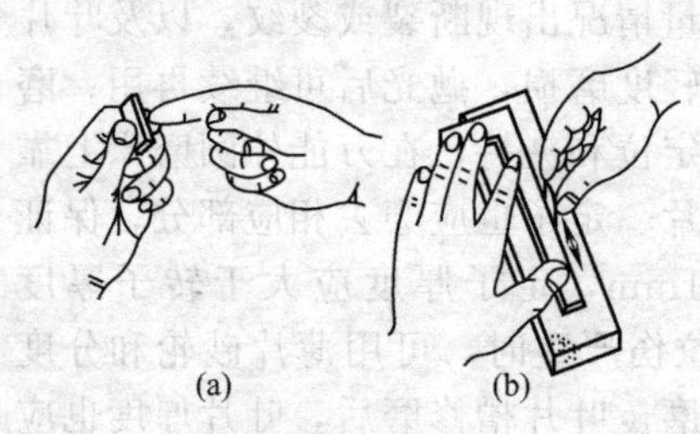

1.使用表面平整的油石。
2.用角尺导向 紧靠一面轻磨。
3.叶片顶端划伤者，有台阶者不能修整予以更换。

图 1-34　叶片修理要领

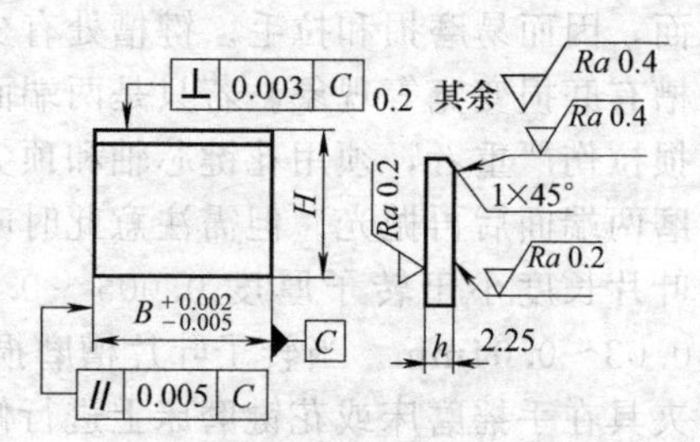

1. 锐边去毛刺不准倒圆。
2. 叶片h与转子槽$h(D_4)$保证配合间隙0.02～0.035mm。
3. 热处理：63HRC。

图 1-35　叶片零件图例

⑤ 轴承的修理　叶片泵使用一段时间，已超出轴承的推荐使用寿命，或者拆修泵时发现轴承已经磨损，必须予以更换，装卸轴承的方法如图 1-36 所示。

滚动轴承磨损后不能再用，只有换新。近些年来有些厂家生产的叶片泵采用了聚四氟塑料外镶钢套的复合轴承，已有专门厂家生产。其内孔表面粗糙度 $Ra0.4$ 以上，内外圆同轴度 $R0.01$mm，与轴颈的配合间隙 0.05～0.07mm，也可选用合适的双排滚针轴承或锡青铜滑动轴承。

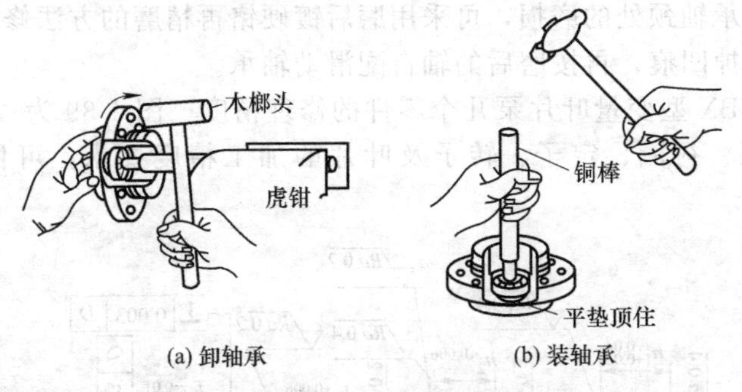

图 1-36 轴承的装卸

⑥ 如何修理变量叶片泵的支承块与滑块 支承块与滑块见图 1-37。

滑块、支承块和滚针靠保持架和矩形卡盘组装起来，是承受定子压油腔内液压力的主要组件。滑块、支承块与滚针接触的平面易磨损，甚至被压出道道凹痕，或滚针变形。此时可按图 1-37 所示的要求进行研磨（或平磨），并配上同规格尺寸的滚针（直径误差<0.005mm）。装配时应调整矩形卡簧的高度，以使滑块能自如左右移动足够的距离。

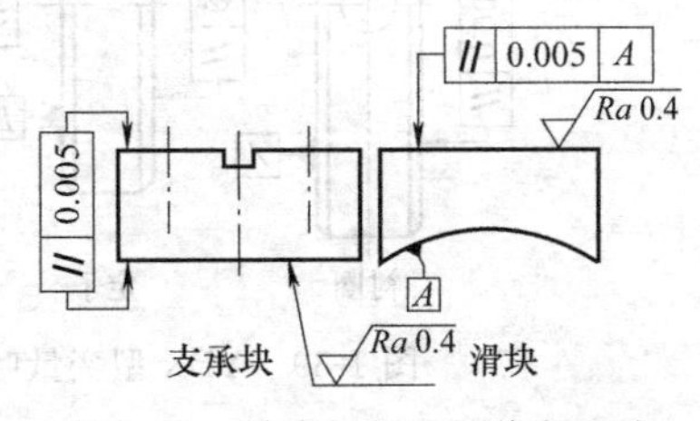

图 1-37 承块与滑块的修复要求

在支承块支承方向，定子中心相对于转子中心有一个下移的偏心量，通常为 0.04～0.08mm。为此，应在支承块与盖之间加垫适当厚度的光亮钢带或平整紫铜片（图 1-38）。为保证下移偏心量为 0.04～

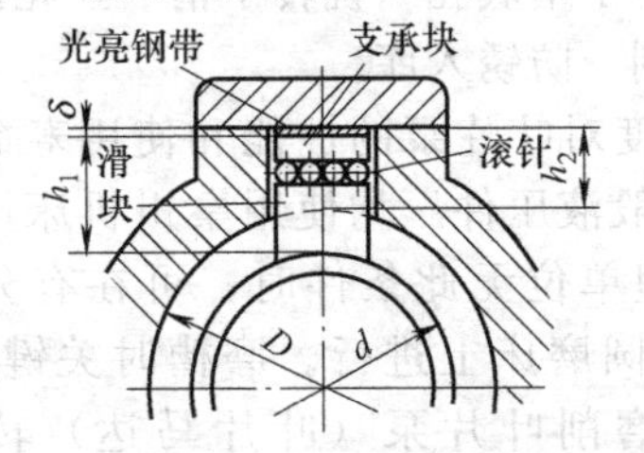

δ 为光亮钢带垫的厚度；D 为泵体内孔实际直径尺寸；d 为定子外圆实际直径尺寸；h_1 为滑块支承块和滚针组装后的最小高度，mm；h_2 为泵体内孔孔壁到上安装面的最大距离

图 1-38 钢带厚度的决定

0.08mm，则光壳钢带厚度应为：

$$\delta=\frac{1}{2}(D-d)-(h_1-h_2)+(0.04\sim0.08)$$

⑦ 如何修理泵轴　轴断裂的情况是轴的故障之一，但一般少见，主要是轴承轴颈处的磨损，可采用磨后镀硬铬再精磨的方法修复；或者将轴修磨掉凹痕，再按磨后的轴自配滑动轴承。

⑧ YBX型变量叶片泵几个零件的修理精度　图1-39为YBX型变量叶片泵、衬圈、定子、转子及叶片的加工精度要求，可供修理时参考。

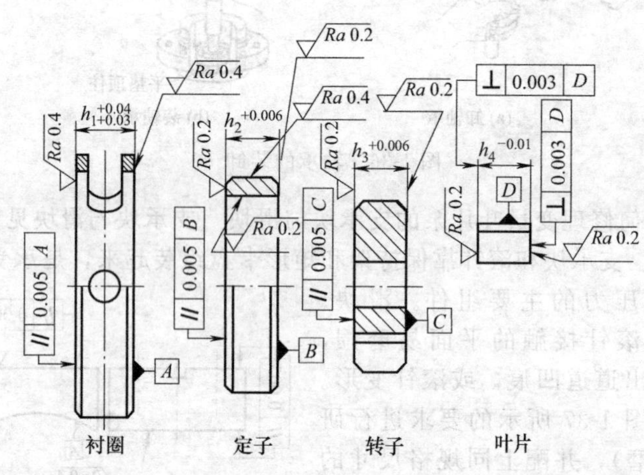

图1-39　YBX型变量叶片泵几个零件的加工要求

⑨ 怎样自行加工叶片　七面体的叶片尺寸较小，但七面均要磨加工，自制一般很困难。万不得已可自制夹具并按图1-40的方法进行加工。

⑩ 怎样自行加工和修理转子　转子加工的一般工艺过程是：毛坯锻造→正火→车外圆端面孔→钻转子槽底孔→铣转子槽→拉花键孔→热处理→磨端面→磨转子槽→去毛刺→防锈入库。

转子槽的尺寸精度和几何精度对叶片泵的性能和使用寿命影响很大，加工中也属最难的工序。一般液压件厂均使用秦川机床厂生产品转子槽磨床进行加工。用户修理单位无此条件时，可在有分度装置的磨床或采用分度夹具在一般外圆磨床上进行。磨槽时关键是砂轮，下面简介采用立方氮化硼砂轮磨削叶片泵（叶片马达）转子槽的方法。

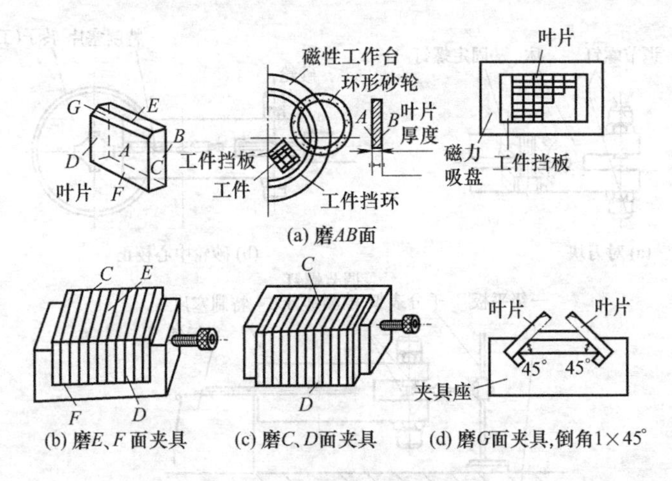

图 1-40　叶片的磨加工方法

砂轮磨料采用立方氮化硼（CBN），并选择适宜于电镀 CBN 的钢材作砂轮基体，保证有足够的刚度和精度，并经定性处理。在基体上电镀 CBN 磨料时，须保证砂轮圆周及两侧面、特别是砂轮的两个圆周角处的镀层均匀，不准有剥落现象（可求助于砂轮生产厂家）。电镀 CBN 后，要对砂轮进行修磨，使尺寸和精度达到要求。

选用的磨床应具有高的刚性和高的主轴精度（径跳和轴向窜动≤0.05mm），装工件-转子于分度装置上，最好有能喷射的冷却装置，工件槽定位机构的定位精度在 0.05mm 以内。

磨削转子槽时先要校正，使转子槽与砂轮中心一致。如图 1-41 所示，将特制的塞片紧紧地塞入基准槽后用以下方法校正：在对刀块右端塞入特制塞片并予以固定，摇进台面，使砂轮进入对刀块左端槽内，旋动调节螺钉，使螺钉两个端部接触砂轮两侧面，然后退出砂轮，旋动调节螺钉使两侧各有 0.05～0.1mm 的磨量。砂轮工进，磨削螺钉两端部。

拆下对刀块，以右端槽为基准，特制塞片为定位基准安置于平行铁上，用千分表测量调节螺钉的两个端部，即可测得砂轮与转子槽中心的偏差值。

将千分表表特制塞片与启动后砂轮两侧面的中心校正方法的不完全因素，使之更加准确、方便、安全可靠，砂轮线速度为 30～35m/s，切削余量单边为 0.005～0.015mm，切削时注意冷却。

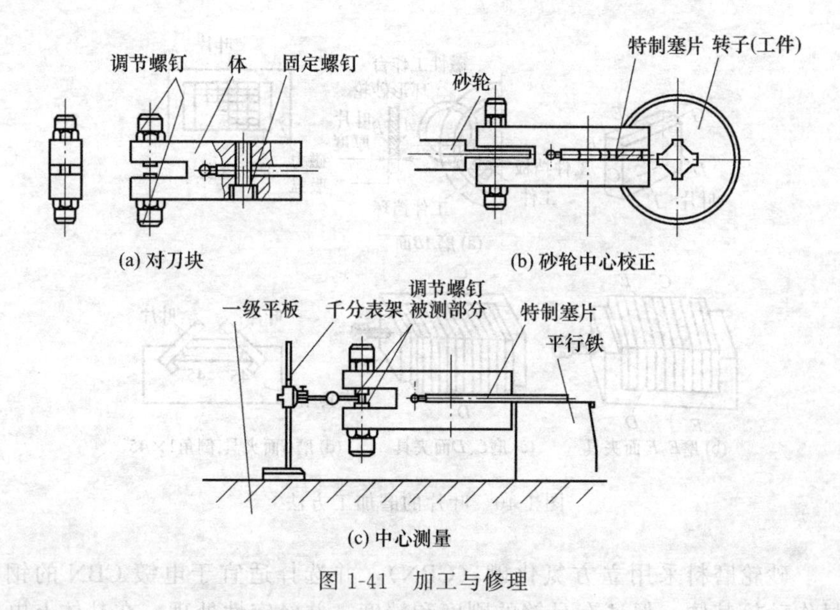

图 1-41　加工与修理

(2) 修理中的几个技巧问题

① 怎样测量叶片槽宽度尺寸　转子上叶片槽宽度（叶片厚度）尺寸多为 2mm 左右，不好测量。可采用图 1-42 所示的斜面塞尺进行测量转子槽的尺寸。斜面塞尺侧面刻度按三角函数关系刻划，每大格升高 0.01mm，每小格为 0.001mm，估取值为 0.5μm，图中塞尺测量范围为 1.8～2.0mm，再用一把 2.0～2.2mm 的塞尺，可有效正确检查量出叶片转子槽尺寸。

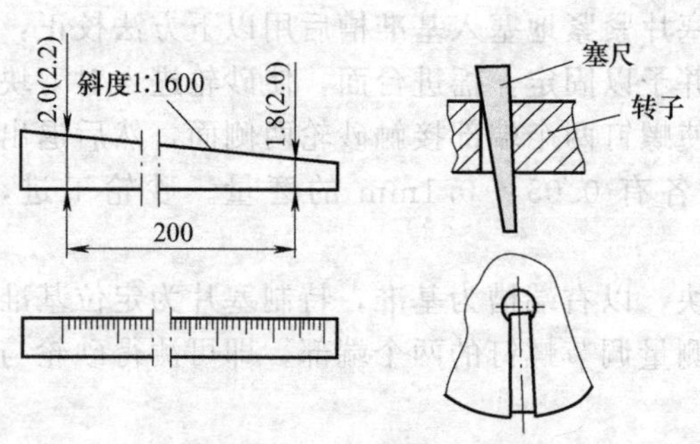

图 1-42　叶片槽宽的尺寸测量

② 怎样判断叶片在转子槽内的配合松紧度　配装在转子槽内的叶

片应移动灵活，不能过紧也不能过松。过紧，叶片易卡死在转子槽内，不能在离心力的作用下抛出顶紧在定子内曲面上，造成吸不上油的故障；过松，内泄漏大，易造成叶片泵输出流量不够、压力上不去、发热温升等故障。一般定量泵二者配合间隙为0.02～0.025mm，变量泵0.025～0.04mm，但很难测量。判定二者最佳间隙的技巧是：手松开后由于油的张力叶片不应下掉，否则配合过松。

③ 叶片泵泵配流盘的现场应急修复方法　叶片泵（包括叶片马达、柱塞泵与柱塞马达）平面型配流盘严重磨损后，将造成高、低压腔串腔。轻者造成叶片泵输出流量不够、压力升不到额定压力、发热温升，消耗功率，使密封件老化和缩短泵使用寿命等；重者将导致液压系统不能正常工作。此处介绍一个很简单的现场应急修复方法，虽没有使用高精度的专用平面磨床，但修复的效果却很理想。具体方法如下。

a. 所需材料　80目、180目的氧化铝研磨砂各1盒，120#、200#的粗、细水砂布各若干张，机油1kg左右，圆形平面永久磁铁（可用100W音箱喇叭的磁铁）1块，钢板1块，平板玻璃（400mm×400mm×5mm）1块，清洗用汽油5kg左右，以及毛刷、油盆等。

b. 操作方法

粗磨：选将120#粗水砂布放在平板玻璃上并加少许机油和80目研磨砂，再将定配流盘（或动配流盘）平放在水砂布上进行平磨。平磨的手法是：边磨边转，轨迹呈8字形。平磨的程度是基本上消除其大与深的沟槽。

细磨：用与上面同样的方法，使用120#细水砂布对动、定配流盘进行平磨，直至完全消除其所有的沟槽为止。

精磨：用永久磁铁将动配流盘（或定配流盘）吸住，再将永久磁铁平吸到钢板上（此时，动配流盘相当于一定位平台，既能起到对动配流盘定位的作用，又能使动、定配流盘研磨均匀，且对研磨手法的要求不严），将180目的研磨砂与机油调匀后涂到动配流盘（定配流盘厚，用手好拿），轻轻放到动配流盘上（因动配流盘有吸力，要小心轻放），手不能下压，完全利用磁铁的吸力进行配磨。手法还是边磨边转，轨迹呈8字形。当磨到动、定配流盘的表面无印痕后，再涂机油于动、定配流盘上，并用同样的方法研磨20min左右，精磨工作就完成了。最后用退磁器将动、定配流盘剩磁退掉即可。

检验：用汽油将动、定配流盘清洗干净，在平板玻璃上涂上一层黄油，将动配流盘放在涂有黄油的平面上（黄油是防止动配流盘与玻璃板之间漏油），然后将定配流盘放在动配流盘上并对齐，再将干净汽油加入定配流盘的高、低压配流孔中，看动、定配流盘之间和其高压腔与低压腔之间是否漏油，如果没有明显漏油，即符合精度要求。

用以上方法修复液压泵配油盘平面动密封不需要任何机加工设备，修磨的精度高、工艺简单、成本低和用时少。

c. 用涂黄油的方法迅速查明漏气部位　在吸油管路的管接头、焊缝处，在泵体与泵盖接合面的吸油腔近处等位置用黄油涂满，如果能排除泵吸不上油、液压系统的噪声马上消除与油中再无气泡等故障，说明该位置进气，进而可在相应位置处采取对策消除故障。

1.4 柱塞泵的维修

1.4.1 柱塞泵的工作原理

(1) 斜盘式定量柱塞泵的工作原理

斜盘式轴向柱塞泵的工作原理也可从图 1-43 中得到进一步说明：

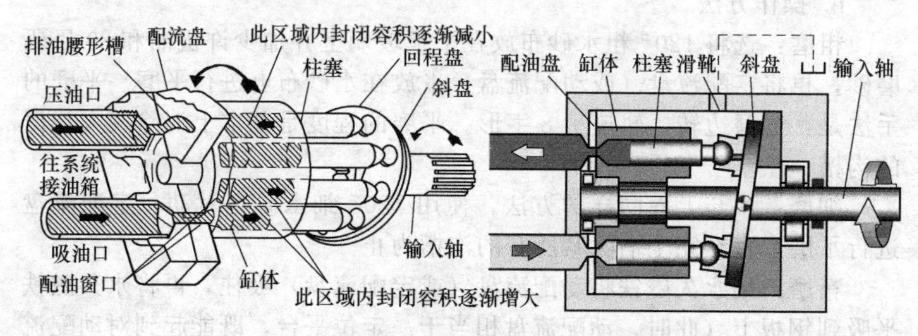

图 1-43　斜盘式定量轴向柱塞泵的工作原理

柱塞与缸体孔以很精密的间隙配合，一端顶在斜盘上，当输入轴（泵轴）与缸体固连一起旋转时，柱塞既能随缸体在泵轴的带动下一起转动，又能在缸体的孔内灵活往复移动，柱塞在缸体孔内向右伸出缸体孔时，使缸体孔内左端的工作腔体积不断增加，产生局部真空，油箱油液经吸油管再经配油盘上吸油腔腰形窗口被吸进来进入泵内；反之当柱塞在向左缩回缸体孔内时，使密封工作腔体积不断减小，将油从配流盘上的排油窗口（腰形槽）往压油口排往系统。

缸体每转一转，每个柱塞往复运动一次，完成一次压油和一次吸

油。缸体连续旋转，则每个柱塞不断吸油和压油，给液压系统提供连续的压力油。

实际中，由于柱塞在缸体孔中运动的速度不是恒定的，因而输出流量是有脉动的，当柱塞数为奇数时，脉动较小，且柱塞数多脉动也较小，因而一般常用的柱塞泵的柱塞个数为 7、9 或 11。

(2) 斜盘式变量轴向柱塞泵的变量原理

如图 1-44 为变量泵变量的情形，图 (a)，当斜盘斜角 γ 最大时，柱塞行程最大，泵输出流量最大；图 (b)，当斜盘斜角 γ 变小时，柱塞行程也变小，泵输出流量变小；图 (c)，当斜盘斜角接近零时，柱塞行程也接近零，泵输出流量约为零。所以通过改变斜盘斜角 γ 的大小，可以使斜盘式轴向柱塞泵进行变量。图 (d)，当斜盘斜角反向时，吸油口与压油口互换，泵可成为反转泵。这便是变量轴向柱塞泵的工作原理。

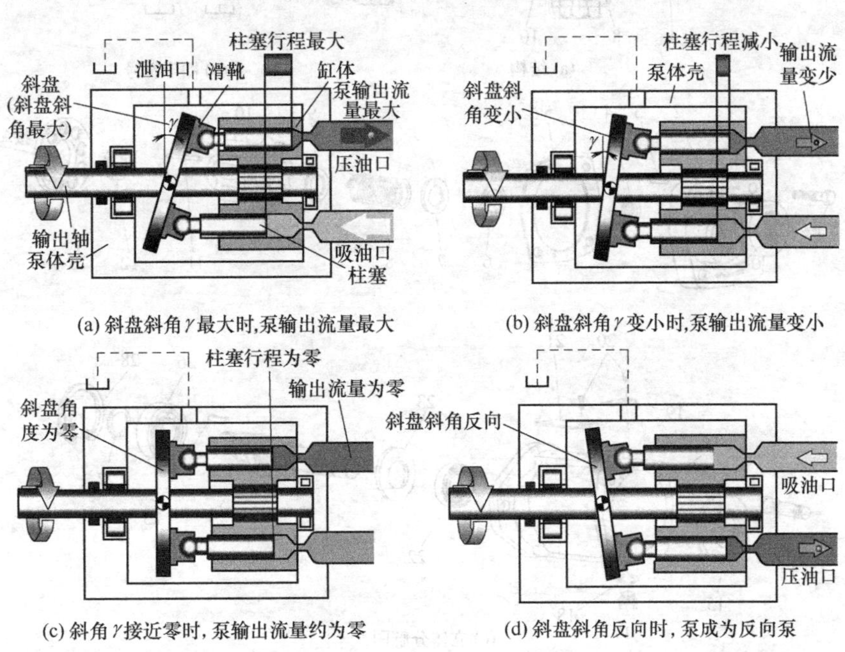

(a) 斜盘斜角 γ 最大时,泵输出流量最大

(b) 斜盘斜角 γ 变小时,泵输出流量变小

(c) 斜角 γ 接近零时, 泵输出流量约为零

(d) 斜盘斜角反向时, 泵成为反向泵

图 1-44　斜盘式变量轴向柱塞泵的变量原理

总之，柱塞在缸体内左右运动，斜盘的倾角 γ 决定行程 h 长短，斜盘的倾斜方向决定着泵是正转泵还是反转泵，能改变斜盘的倾斜方向的泵为正反转泵。

1.4.2 柱塞泵的结构例

(1) 美国威格士公司、中国邵阳维克公司产 PFBQA 型定量轴向柱塞泵

图 1-45 为 PFBQA 型定量轴向柱塞泵。

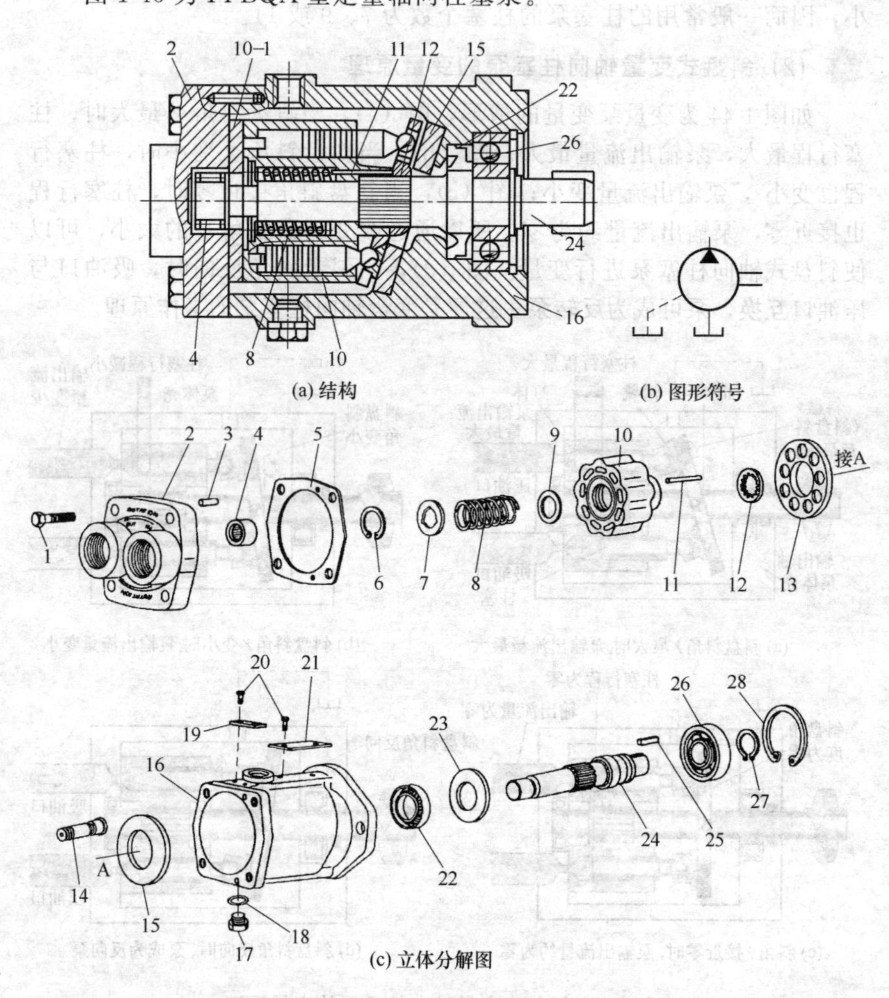

图 1-45 PFBQA 型定量轴向柱塞泵

1—螺钉；2—泵盖（兼配油盘 10-1）；3—定位销；4,26—轴承；5,7,9,18,23—垫；6—卡环；8—中心弹簧；10—缸体；10-1—配油盘；11—三顶针；12—半球套；13—回程盘；14—柱塞组件；15—斜盘；16—壳体；17—螺堵；19～21—标牌组件；22—油封；24—传动轴；25—键；27,28—卡环

(2) 美国伊顿-威格士公司产 PVQ10 型变量柱塞泵

图 1-46 为 PVQ10 型柱塞泵。型号中的 10 表示泵的排量为 10.5cm³/r。

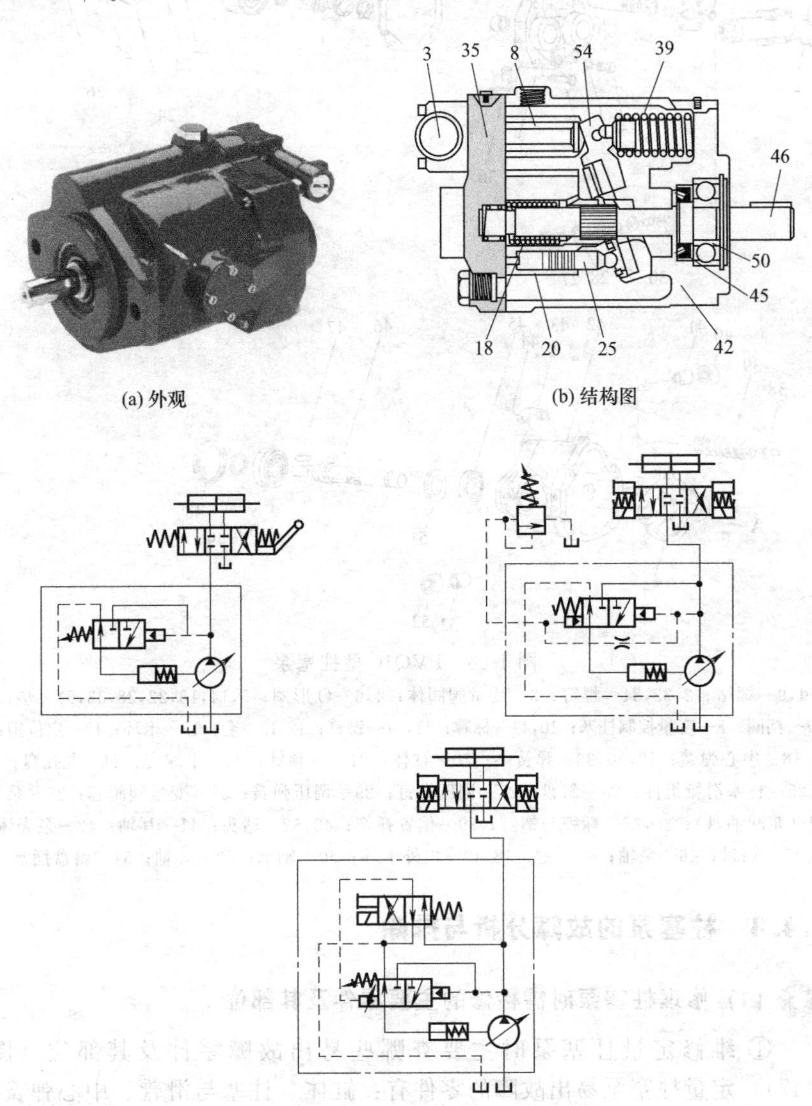

(a) 外观

(b) 结构图

(c) 图形符号例(点画线方框内为泵图形符号)

图 1-46

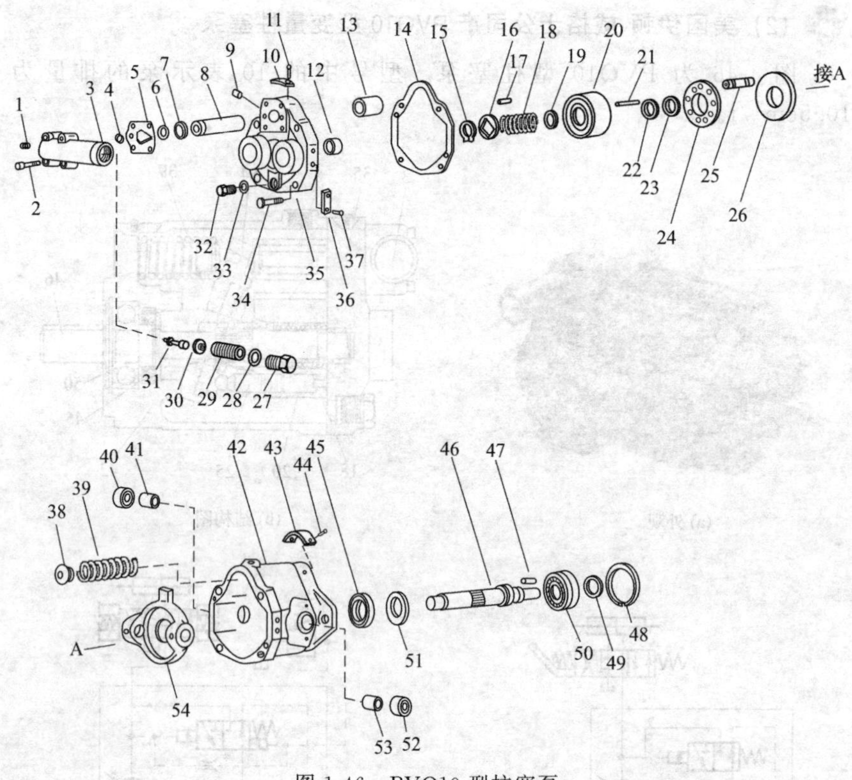

图 1-46 PVQ10 型柱塞泵

1,9—螺堵；2,32,34—螺钉；3—变量阀阀体；4,6—O 形圈；5,14,16,22,28,33,51—垫；7—挡圈；8—变量控制柱塞；10,43—标牌；11,44—铆钉；12,13—套；15—卡环；17—定位销；18—中心弹簧；19,30,38—弹簧垫；20—缸体；21—三顶针；23—半球套；24—九孔盘；25—柱塞滑靴组件；26—斜盘；27—调压螺钉；29—调压弹簧；31—变量阀阀芯；35—泵盖（兼配油盘）；36,37—标牌与螺钉；39—偏置弹簧；40,52—堵头；41—耳轴；42—泵壳体；45—轴封；46—泵轴；47—键；48,49—内外卡环；50—轴承；53—耳轴；54—斜盘摆盘

1.4.3 柱塞泵的故障分析与排除

(1) 修理柱塞泵时需检修的主要零件及其部位

① 维修定量柱塞泵时主要查哪些易出故障零件及其部位（图1-47） 定量柱塞泵易出故障的零件有：缸体、柱塞与滑靴、中心弹簧、泵轴、轴承与油封等。定量柱塞泵易出故障的零件部位有：G_1、G_2、G_3、G_4 面等的磨损拉伤。

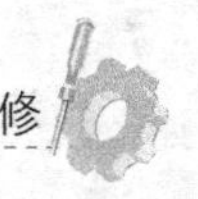

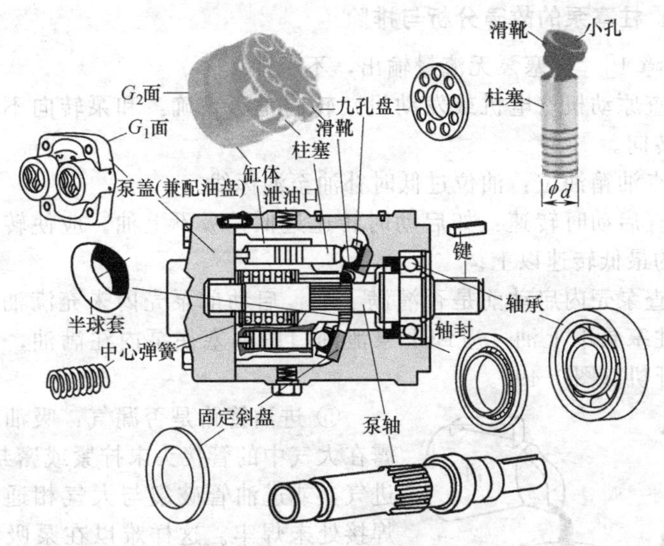

图 1-47　定量柱塞泵结构及其易出故障主要零件

② 维修变量柱塞泵时主要查哪些易出故障零件及其部位（图 1-48）　变量柱塞泵易出故障的零件有：缸体、柱塞与滑靴、中心弹簧、泵轴、轴承与油封等。易出故障的零件部位有：G_1、G_2、G_3、G_4 面等的磨损拉伤。

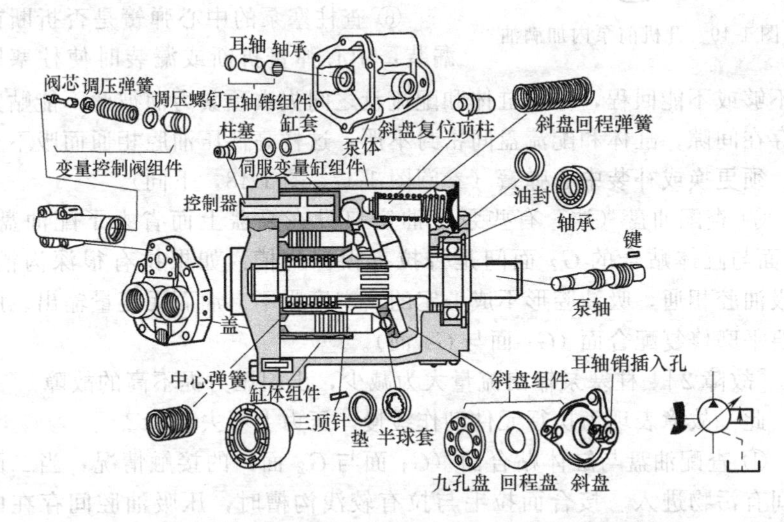

图 1-48　变量柱塞泵结构及其易出故障主要零件

(2) 柱塞泵的故障分析与排除

[故障1] 柱塞泵无流量输出，不上油

① 查原动机（电机或发动机）转向是否正确：和泵转向不一致时应纠正转向。

② 查油箱油位：油位过低时补油至油标线。

③ 查启动时转速：如启动时转速过低，吸不上油。应使转速达到液压泵的最低转速以上。

④ 查泵壳内启动前是否灌满了油：启动前泵壳内未充满油，存在空气，柱塞泵不上油。应卸下泵泄油口的油塞往泵内注满油，排尽空气，再开机（图1-49）。

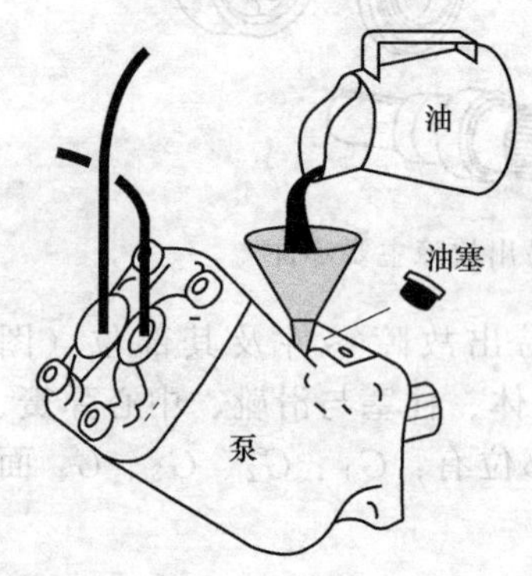

图1-49 开机前泵内加满油

⑤ 进油管路是否漏气：吸油管路裸露在大气中的管接头未拧紧或密封不严，进气，或进油管破裂与大气相通，或者焊接处未焊牢。这样难以在泵吸油腔内形成必要的真空度（因与大气相通），泵内吸油腔与外界大气压接近相等，大气压无法将压力油压入泵内。解决办法是更换进油接头处的密封，对于破损处补焊焊牢（参阅图1-48）。

⑥ 查柱塞泵的中心弹簧是否折断或漏装：中心弹簧折断或漏装时使柱塞回程不够或不能回程，导致缸体和配流盘之间失去顶紧力而彼此不能贴紧而存在间隙，缸体和配流盘间密封不严，这样高低压油腔相通而吸不上油。须更换或补装中心弹簧（参阅图1-47、图1-48，下同）。

⑦ 查配油盘（注：有些泵配油窗口设在泵盖上而省去了配油盘）G_1 面与缸体贴合的 G_2 面间是否拉有很深沟槽：如果拉有很深沟槽，压吸油腔相通，吸油腔形不成一定的真空度吸不上油而无流量输出。此时要平磨修复配合面（G_1 面与 G_2 面）。

[故障2] 柱塞泵输出流量大为减少，出口压力提不高的故障

此一故障表现为执行元件动作缓慢，压力上不去。

① 查配油盘与缸体贴合面（G_1 面与 G_2 面）的接触情况：当二面之间有污物进入、接合面拉毛与拉有较浅沟槽时，压吸油腔间存在内漏，压力越高内泄漏越大，应清洗去污，并将已拉毛拉伤的配合面进行

研磨修理。

② 查柱塞与缸体孔之间的配合（图1-50）：二者滑动配合面磨损或拉伤成轴向通槽，使柱塞外径ϕd与缸体孔ϕD之间的配合间隙增大，造成压力油通过此间隙漏往泵体内空腔，内泄漏增大，导致输出流量不够。可刷镀柱塞外圆ϕd、更换柱塞、或将柱塞与缸体研配的方法修复。保证二者之间的间隙在规定的范围内（ϕD与ϕd之间的标准间隙一般为25～26μm）。

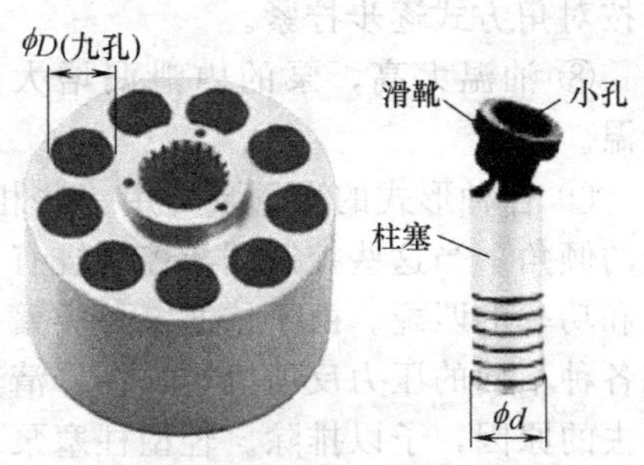

图1-50　查柱塞与缸体孔之间的配合的松紧

③ 查吸油阻力：柱塞泵虽具有一定的自吸能力，但如吸入管路过长及弯头过多，吸油高度太高（≥500mm）等，会造成吸油阻力大而使柱塞泵吸油困难，产生部分吸空，造成输出流量不够。一般国内柱塞泵推荐在吸油管道上不要安装滤油器，否则也会造成油泵吸空，这与其他形式的油泵是不同的。但这样做会带来吸入污物的可能，笔者的经验是在油箱内吸油管四周隔开一个大的空间，四周用滤网封闭起来，同样与使用普通滤油器的效果一样。对于流量大于160L/min的柱塞泵，宜采用倒灌自吸方式。

④ 查拆修后重新装配是否正确：拆修后重新装配时，如果配油盘之孔未对正泵盖上安装的定位销，因而相互顶住，不能使配油盘和缸体贴合，造成高低压油短接互通，打不上油。装配时要认准方向，对准销孔，使定位销完全插入泵盖内又插入配油盘孔内，另外定位销太长也贴合不好。

⑤ 查油泵中心弹簧是否折断或疲劳：中心弹簧折断或疲劳，使柱塞不能充分回程，缸体和配油盘不能贴紧，密封不良而造成压吸油腔之间存在内泄漏而使输出流量不够。此时应更换中心弹簧。

⑥ 对于变量轴向柱塞泵，包括轻型柱塞泵则有多种可能造成输出流量不够：如压力不太高时，输出流量不够，则多半是内部因摩擦等原因，使变量机构不能达到极限位置，造成斜盘偏角过小所致；在压力较高时，则可能是调整误差所致。此时可调整或重新装配变量活塞及变量头，使之活动自如，并纠正调整误差。

⑦ 紧固螺钉未压紧，缸体径向力引起缸体扭斜，在缸体与配油盘之间产生楔形间隙，内泄漏增大，而产生输出流量不够，因而紧固螺钉应按对角方式逐步拧紧。

⑧ 油温太高，泵的内泄漏增大而使输出流量不够，应设法降低油温。

⑨ 各种形式的变量泵均用一些相应控制阀与控制缸来控制变量斜盘的倾角。当这些控制阀与控制缸有毛病时，自然影响到泵的流量、压力和功率的匹配。由于柱塞泵种类繁多，读者可对照不同变量形式的泵和各种不同的压力反馈机构，在弄清其工作原理的基础上，查明压力上不去的原因，予以排除。轻型柱塞泵 PC 阀的调节螺钉调节太松，未拧紧，泵的压力也上不去。

⑩ 因系统内其他液压元件造成的漏损大，误认为是泵的输出流量不够，可在分析原因的基础上分别酌情处理，而不要只局限于泵。

⑪ 液压系统其他元件的故障：例如安全阀未调整好、阀芯卡死在开口溢流的位置、压力表及压力表开关有毛病、测压不准等。应逐个查找，予以排除。要注意液压系统外漏大的位置。

[故障 3] 柱塞泵噪声大，振动

① 查泵进油管是否吸进空气，造成泵噪声大、振动和压力波动大：要防止泵因密封不良，吸油管阻力大（如弯曲过多，管子太长）引起吸油不充分、吸进空气的各种情况的发生。

② 查泵和发动机（或电机）同轴度是否超差：泵和发动机安装不同心，使泵和传动轴受径向力。重新调整同轴度。

③ 查伺服活塞与变量活塞运动是否不灵活，出现偶尔或经常性的压力波动：如果是偶然性的脉动，多是因油脏，污物卡住活塞所致，污物冲走又恢复正常，此时可清洗和换油。如果是经常性的脉动，则可能是配合件拉伤或别劲，此时应拆下零件研配或予以更换。

④ 对于变量泵，可能是由于变量斜盘的偏角太小，使流量过小，内泄漏相对增大，因此不能连续对外供油，流量脉动引起压力脉动。此种情况可适当增大斜盘的偏角，消除内泄漏。

⑤ 前述的“松靴”，即柱塞球头与滑靴配合松动产生噪声、振动和压力波动大，可适当铆紧。

⑥ 半球套磨损或破损时予以更换（图 1-51）。

⑦ 经平磨修复后的配油盘，三角眉毛槽变短，产生困油引起比较大的噪声和压力波动，可用什锦三角锉将三角槽适当修长（图 1-51）。

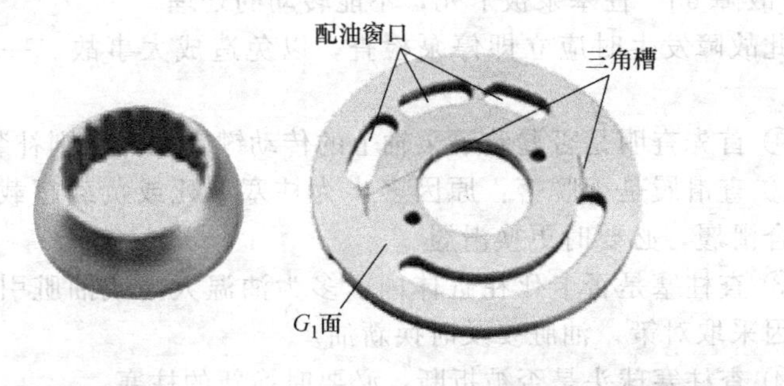

图 1-51 配油盘平磨修复后的处理

[故障 4] 压力表指针不稳定

① 查配油盘与缸体或柱塞与缸体之间是否严重磨损：严重磨损时，其内泄漏增大。此时应检查、修复配油盘与缸体的配合面；单缸研配，更换柱塞；紧固各连接处螺钉，排除漏损。

② 查进油管是否堵塞：堵塞时，吸油阻力变大及漏气等都有可能造成压力表指针不稳定。此时可疏通油路管道洗进口滤清器，检查并紧固进油管段的连接螺钉，排除漏气。

[故障 5] 发热，油液温升过高，甚至发生卡缸烧电机的现象

① 查泵柱塞与缸体孔、配油盘与缸体结合面之间是否因磨损和拉伤，导致内泄漏增大：泄漏损失的能量转化为热能造成温升。可修复柱塞和缸体孔之间的间隙，使之滑配，并使缸体与配油盘端面密合。

② 查泵内其他运动副是否拉毛，或因毛刺未清除干净，机械摩擦力大，松动别劲，产生发热：可修复和更换磨损零件。

③ 查泵是否经常在接近零偏心或系统工作压力低于 8MPa 下运转，使泵的漏损过小，从而由泄油带走的热量过小，而引起泵体发热。高压大流量泵当成低压小流量泵使用时反而引起泵体发热。可在液压系统阀门的回油管分流一根支管，通入与油泵回油的下部放油口内，使泵体产生循环冷却。

④ 查油液黏度：油液黏度过大，内摩擦力大；油液黏度过低，内泄漏大。两种情况都会产生发热温升。必须按规定选用油液黏度。

⑤ 查泵轴承：泵轴承磨损，传动别劲，使传动扭矩增大而发热，要更换合格轴承，并保证电机与泵轴同心。

[故障 6] 柱塞泵被卡死，不能转动的处理

此故障发生时应立即停泵检查，以免造成大事故。一般要拆卸解体泵。

① 首先查明是否漏装了泵轴上的传动键：如漏装则补装。

② 查滑履是否脱落：原因多半为柱塞卡死或负载超载，此时需重新包合滑履，必要时更换滑履。

③ 查柱塞是否卡死在缸体内：多为油温太高或油脏引起。查明温升原因采取对策，油脏要及时换新油。

④ 查柱塞球头是否被折断：必要时换新的柱塞。

⑤ 查半球头是否破损：笔者解体多台韩国某公司产的柱塞泵因半球头热处理不好而破损，导致泵不能转动。

[故障 7] 柱塞泵松靴

滑覆与柱塞头之间的松脱叫松靴，是轴向柱塞泵容易发生的机械故障之一。运行过程中的轴向柱塞泵产生松靴时，轻者引起振动和噪声的增加，降低泵的使用寿命，重者使柱塞颈部扭断或柱塞头从滑履中脱出，使高速运转中的泵内零件被打坏，导致整台昂贵的柱塞泵的报废，造成严重的事故。

产生松靴的原因和排除方法如下：

① 松靴故障大多数是在柱塞泵的长期运行过程中逐步形成的，主要是运行时油液污染得不到应有的控制所致，滑靴与柱塞头接合部位受到大量污染颗粒的楔入，产生相对运动副之间的磨损所致。

② 先天性不足：例如滑靴内球面加工不好表面粗糙度太高，运行一段时间后，内球面上的细微凸峰被磨掉，使柱塞球头与滑靴内球面的柱塞滑靴运动副的间隙增大而产生松靴现象。

③ 使用时间已久，松靴难以避免。因为长久运动过程中，吸油时，柱塞球头将滑靴压向止推盘；压油时，将滑靴拉向回程盘，每分钟上千次这样的循环，久而久之，造成滑靴球窝窝底部磨损和包口部位的松弛变形，产生间隙，而导致松靴现象。

松靴现象可采取重新包合的方法来解决。柱塞泵生产厂家现基本上采用三滚轮式收口机包合球头。使用厂家无此条件，可采取在车床上重新滚压一下的方法［图 1-52（b）］，需自制滚轮及夹具（夹持滑靴），滚压时要注意进刀尺寸，且仔细缓慢进行，否则容易产生包死现象，这样便由“松靴”变成“紧靴”了。但如果滑靴磨损拉毛严重，则需更换。

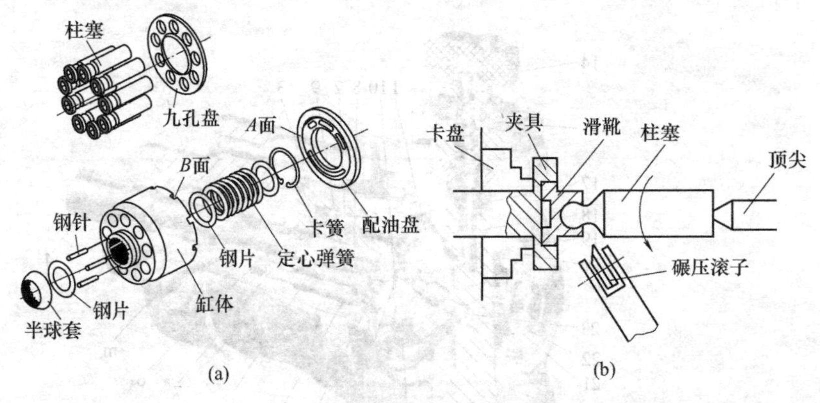

图 1-52　解决柱塞松靴现象的方法

[故障 8]　柱塞泵变量机构及压力补偿机为失灵

① 查控制油路：a. 是否被污物阻塞？b. 控制油管路上的单向阀弹簧是否漏装或折断？单向阀阀芯是否不密合？可分别采取净化油、用压缩空气吹通或冲洗控制油道、补装或更换单向阀弹簧、修复单向阀等措施。

② 查变量头与变量体是否磨损：例如国产 CY 型柱塞泵（图 1-53）变量头 24 与变量头壳体 16 上的轴瓦圆弧面 K 之向磨损严重，或有污物毛刺卡住，转动不灵活造成失灵，导致变量机构及压力补偿机构失灵。磨损轻时可用刮刀刮削好使圆弧面配合良好后装配再用，如两圆弧面磨损拉伤严重，则需更换。

③ 查变量柱塞（或伺服活塞）18 是否卡死不能带动伺服活塞运动、弹簧芯轴 10 是否别劲卡死：应设法使之灵活，并注意装配间隙是否合适。变量柱塞以及弹簧芯轴如为机械卡死，可研磨修复，如油液污染，则清洗零件并更换油液。

1.4.4　修理柱塞泵的经验与技巧

轴向柱塞泵较复杂修理麻烦，且大多数零件（易损件）均有较高的技术要求和加工难度，往往需要专门设备和专用工装夹具才能修理。正因为如此，该类泵价格昂贵，特别是进口的该类泵价格非常贵。如能修复经济效益可观。由有经验的技术人员和工人师傅相配合完全可以修理该泵，如果能在修理中买到一些难以加工的易损零件的外购件最为可取。柱塞泵生产厂家现皆提供易损件，虽价钱稍贵，但对比换整台泵还

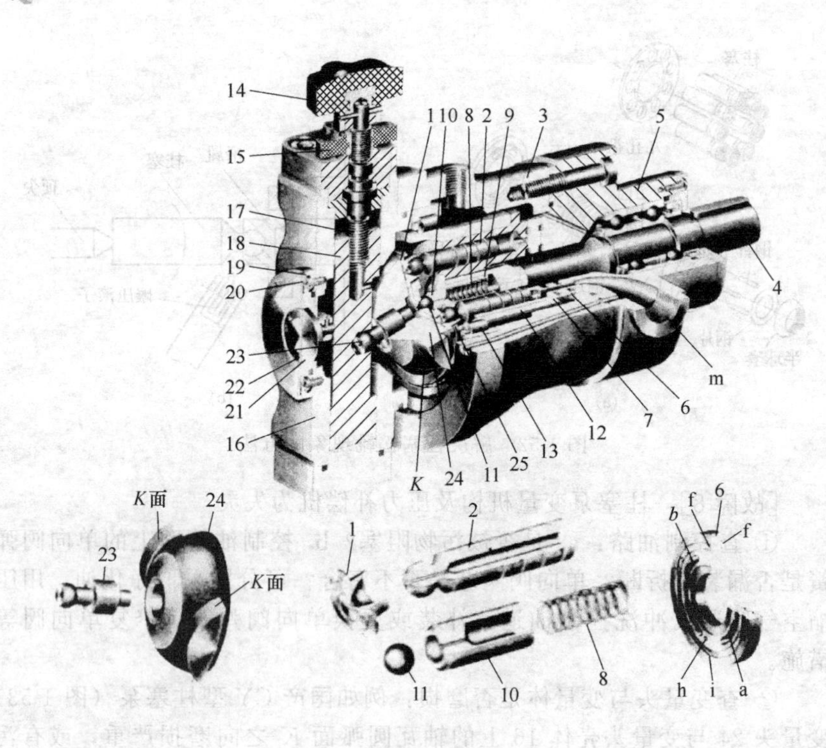

图 1-53　国产 CY 型柱塞泵

1—滑履；2—柱塞；3—泵体；4—传动轴；5—前盖；6—配油盘；7—缸体；8—定心弹簧；9—外套；10—弹簧芯轴（内套）；11—钢球；12—钢套；13—滚柱轴承；14—手柄；15—锁紧螺母；16—变量壳体；17—螺杆；18—变量柱塞；19—盖；20—铁皮；21—刻度盘；22—标牌；23—销轴；24—斜盘（变量头）；25—压盘

是很合算的。

在修理中经常遇到的是柱塞泵各相对运动副接合面的磨损与拉伤。例如配油盘与缸体贴合面，缸体柱塞孔与柱塞外圆柱面，止推板表面，滑靴端面与内球面，柱塞外柱圆面和球头面等。有些修理方法已在上述的“故障分析与排除”内容中做了一些说明，此处对影响柱塞泵性能最大的三对摩擦副的修理予以介绍。

(1) 如何修理缸体孔与柱塞相配合面

目前轴向柱塞泵的缸体有三种形式：整体铜缸体；全钢缸体；镶铜套钢制缸体。缸体上柱塞孔数有七孔、九孔等；缸体孔与柱塞外圆配合间隙如表 1-1 所示。

表 1-1　柱塞与缸孔的配合间隙与极限间隙　　mm

柱塞与缸孔相配直径	$\phi16$	$\phi20$	$\phi25$	$\phi30$	$\phi35$	$\phi40$
相配标准间隙	0.015	0.025	0.025	0.030	0.035	0.040
相配极限间隙	0.040	0.050	0.060	0.070	0.080	0.090

① 对缸体孔镶铜套者，如果铜套内孔磨损基本一致，且孔内光洁，无拉伤划痕，则可研磨内孔，使各孔尺寸尽量一致，再重配柱塞；如果铜套内孔磨损拉伤严重，且内孔尺寸不一致，则要采用更换铜套的方法修复。

铜套在压入缸体孔之前，先按尺寸一致的一组柱塞（7 或 9 件）的外径尺寸，在保证配合尺寸的前提下加工好铜套内孔，然后压入铜套，注意压入后，铜套内径会略有缩小。

在缸体孔内安装铜套的方法有：a. 缸体加温（用热油）热装或铜套低温冷冻挤压，外径过盈配合；b. 采用乐泰胶黏着装配，这种方法的铜套外径表面要加工若干条环形沟槽；c. 缸孔攻螺纹，铜套外径加工螺纹，涂乐泰胶后，旋入装配。

② 对原铜套为熔烧结合方式或缸体整体铜件者，修复方法为：a. 采用研磨棒，研磨修复缸孔；b. 采用坐标镗床或加工中心，重新镗缸体孔；c. 采用金刚石铰刀（在一定尺寸范围可调，市场有售）铰削内孔。

③ 对于缸体孔无镶入铜套者，缸体材料多为球墨铸铁，在缸体孔内壁上有一层非晶态薄膜或涂层等减磨润滑材料，修复时不可研去。修理这些柱塞泵，就要求助专业修理厂和泵的生产厂家。

（2）如何修理柱塞

柱塞一般是球头面和外圆柱表面的磨损与拉伤，且磨损后，外圆柱表面多呈腰鼓形。

柱塞球头表面一般在修理时，只能采取与滑靴内球面进行对研的方法，因为磨削球面需要专门的设备，而这是泵用户单位不可能具备的。

柱塞外圆柱面的修复可采用的方法有：①无心磨半精磨外圆后镀硬铬，镀后再精磨外圆并与缸体孔相配；②电刷镀：在柱塞外圆面刷镀一层耐磨材料，一边刷镀一边测量外径尺寸；③热喷涂、电弧喷涂或电喷涂，喷涂高碳马氏体耐磨材料；④激光熔敷：在柱塞外圆表面熔敷高硬度耐磨合金粉末，柱塞材料有 20CrMnTi 等。

(3) 如何修理缸体与配流盘

缸体与配流盘之间的配合面，其结合精度（密合程度）对泵的性能影响非常大，密合不好，影响泵输出流量和输出压力，甚至导致泵不出油的故障，必须进行重点检查，重点修复。

配油盘有平面配流和球面配流两种结构形式。对于球面配流副，在缸体与配流盘凹凸接合面之间，如果出现的划痕不深，可采用对研的方法进行修复；如果划痕很深，因为球面加工难度较大，只有另购予以更换。当然也可采用银焊补缺的办法和其他办法进行修补，但最后还是要对研球面配合副；对于平面配流盘，则可用高精度平面磨床磨去划痕，再经表面软氮化热处理，氮化层深度 0.4mm 左右，硬度为 900～1100HV；缸体端面同样可经高精度平面磨床平磨后，再在平板上研磨修复，磨去的厚度要补偿到调整垫上。配油盘材料为 38CrMoAlA 之类。

另一个检查修复效果的方法是在二者中的一个相配表面上涂上红丹，用另一个去对研几下，如果二者去掉红丹粉的面积超过 80%，则也说明修复是成功的。

平面配流形式的摩擦副可以在精度比较高的平板上进行研磨。

缸体和配流盘在研磨前，应先测量总厚度尺寸和应当研磨掉的尺寸，再补偿到调整垫上。配流盘研磨量较大时，研磨后应重新热处理，以确保淬硬层硬度。柱塞泵零件硬度标准为：柱塞推荐硬度 84HS，柱塞球头推荐硬度＞90HS，斜盘表面推荐硬度＞90HS，配流盘推荐硬度＞90HS。

(4) 柱塞球头与滑靴内球窝配合副的修复

柱塞球头与滑靴球窝在泵出厂时一般二者之间只保留 0.015～0.025mm，但使用较长时间后，二者之间的间隙会大大增加，只要不大于 0.3mm，仍可使用。但间隙太大会导致泵出口压力流量的脉动增大的故障，严重者会产生松靴、脱靴故障，可能会导致因脱靴而泵被打坏的严重事故。出现压力流量脉动苗头时，要尽早检查是否有松靴可能带来的脱靴现象，尽早重新包靴，绝不可忽视。

(5) 如何修理斜盘、止推板

斜盘使用较长时间，平面上会出现内凹现象，可平磨后再经氮化处理。如果磨去的尺寸（例如 0.2mm）并未完全磨去原有的氮化层时，也可不氮化，但斜盘表面一定要经硬度检查。

(6) 更换轴承须知

柱塞泵如果出现游隙，则不能保证上述摩擦副之间的正常间隙，破坏泵内各摩擦副静压支承的油膜厚度，从而降低柱塞泵的使用寿命。一般轴承的寿命平均可达10000h，折合起来为两年多的时间，超过此时间，应酌情更换。

轴承更换时，应换成与拆下来的旧轴承上标注型号相同的轴承或明确可以代用的轴承。此外要注意某些特殊要求的泵所使用的特殊轴承，例如德国力士乐公司针对HF工作液，在E系列柱塞泵中采用了镀有"RR"镀层的特殊轴承。对径向柱塞泵可参阅上述内容进行。

斜盘平面被柱塞球头刮削出沟槽时，可采用激光熔敷合金粉末的方法进行修复。激光熔敷技术既可保证材料的结合强度，又能保证补熔材料的硬度，且不全降低周边组织的硬度。

也顺以采用铬相焊条进行手工堆焊，补焊过的斜盘平面需重新热处理，最好采用氮化炉热处理。不管采取哪种方法修复斜盘，都必须恢复原有的尺寸精度、硬度和表面粗糙度。

(7) 泵轴花键损坏的修理方法

① 将原轴的花键部分铣去成六角形。

② 加工一内六角套，长度按原花键长度尺寸，外径按原花键外径尺寸，压入铣成六角形的泵轴上，并进行焊接。加工套时应确保套的壁厚不得小于10mm。

③ 在已焊好的部位加工花键。

1.4.5 几个维修技巧

(1) 不拆泵而判断泵内严重磨损的方法

柱塞泵结构较复杂，拆修柱塞泵不是一件很容易的事。这里介绍一种不拆开泵通过检查内泄漏量的方法判断泵内严重磨损的方法：可以先手摸泄油管，如果发热厉害再拆开泵泄油管，肉眼观察从泄油管漏出的油量大小和泄油压力是否较大。正常情况下，从泄油管正常流出的油是无压和流量较小（泄漏油一滴滴地滴或只有一根细线状），反之则要拆泵检查修理。

(2) 用简易真空法鉴定柱塞与缸体孔的配合松紧度

用右手食指盖住柱塞顶部孔，左手将柱塞慢慢向外拉出，此时右手食指应感到有吸力，当拉到约有柱塞全长 2/5 时，很快松开柱塞，此时柱塞在真空吸力的作用下迅速回到原位置，说明此柱塞可继续使用。否则，应换新件或待修复。

(3) 检查缸体与配流盘之间配合面泄漏的方法

缸体与配流盘修复后，可采用下述方法检查配合面的泄漏情况，即在配流盘面涂上凡士林油，把泄油道堵死，涂好油配流盘平放在平台或平板玻璃上，再把缸体放在配流盘上，在缸孔中注入柴油，要间隔注油，即一个孔注油，一个孔不注油，观察 4h 以上，柱塞孔中柴油无泄漏和串通，说明缸体与配流盘研磨合格。

另一个检查修复效果的方法是在二者中的一个相配表面上涂上红丹，用另一个去对研几下，如果二者去掉红丹粉的面积超过 80%，则也说明修复是成功的。

在维修中更换零件应尽量使用原厂生产的零件，这些零件有时比其他仿造的零件价格要贵，但质量及稳定性要好，如果购买售价便宜的仿造零件，短期内似乎是节省了费用，但由此带来了隐患，也可能对柱塞泵的使用造成更大的危害。

第2章 液压阀的维修

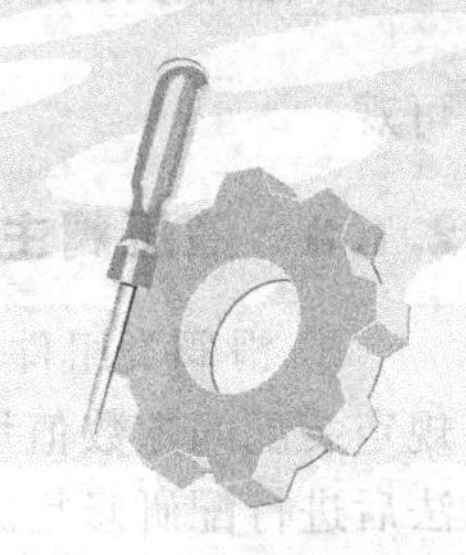

液压控制阀是液压传动系统中的控制调节元件，用作控制油液的流动方向、压力或流量，以满足执行元件所需运动方向、力（或力矩）和速度的要求，使整个液压系统能按要求进行工作。液压阀种类很多，通常按照它在系统中的功用分为三大类。

方向控制阀：用来控制液压系统中的油液流动方向，以满足执行元件的运动方向要求。

压力控制阀：用来控制液压系统中的压力，以满足执行元件所需力或力矩的要求。

流量控制阀：用来控制液压系统中油液的流量，以满足执行元件运动速度的要求。

2.1 维修液压阀的基本知识

2.1.1 液压阀为何会出故障

① 生产厂家先天性的质量问题；

② 液压阀使用时间已长，因磨损、汽蚀等因素造成的配合间隙过大，内泄漏增大；

③ 液压油不干净，污染物沉积造成的液压阀阀芯卡紧或动作失常。

2.1.2 维修液压阀的意义

液压阀出现故障或失效后，多数企业采用更换新组件的方式恢复液压系统功能，失效的液压阀则成为废品。事实上，这些液压阀的多数部位尚处于完好状态经局部维修即可恢复功能。

液压阀正确维修不仅能节省购置费用，当维修时如没有液压阀备件，则订购需要很长时间，有些进口阀更难买到，因此设备可能长期停机。而通过维修可恢复设备乃至整个生产线的运行，其经济效益则相当可观。

2.1.3 液压阀主要维修内容

① 滑阀类组件的阀芯与阀体内孔：当两者自己合间隙比产品图纸规定装配间隙数值增大 20%～25%时，必须对阀芯采取增大尺寸的方法后进行配研修复。

② 锥阀类组件的阀芯与阀座：当圆锥形座阀密封接触面不良时，因锥阀可以在弹簧作用下自动补偿间隙，因此，只需研磨修复。

③ 阀类组件如卡死、拉毛、产生沟槽等的修理。

④ 调压弹簧的修理。

⑤ 密封件的更换等。

2.1.4 维修液压阀的一般方法

在液压阀维修实践中，常用的修复方法有液压阀清洗、零件组合选配、修理尺寸与恢复精度等，现介绍如下。

(1) 液压阀的拆卸清洗修理法

因为有 70%的故障来自油液不干净，从而使阀类元件内部不干净，因而拆开清洗是维修方法之一。

对于因液压油污染造成油污沉积，或液压油中的颗粒状杂质导致的液压阀芯卡死引起的许多故障，一般经拆卸清洗后能够排除，恢复液压阀的功能。常见的清洗工艺包括：

① 检查清理　清除液压阀表面污垢：用毛刷、非金属刮板、绸布清除液压阀表面粘贴牢固的污垢，注意不要损伤液压阀表面。特别是不要划伤板式阀的安装表面。

② 拆卸　拆卸前要掌握液压阀的结构和零件间的连接方式，拆卸时记住各零件间的位置关系，作出适当标记。强行拆卸可能造成对液压阀损害。

③ 清洗　将阀体、阀芯等零件放在清洗箱的托盘上，加热浸泡，将压缩空气通入清洗槽底部，通过气泡的搅动作用，清洗掉残存污物，有条件的可采用超声波清洗。

④ 精洗　用清洗液高压定位清洗，最后用热风干燥。有条件的企业可以使用现有的清洗剂，个别场合也可以使用有机清洗剂如柴油、汽油。一些无机清洗液有毒性，加热挥发可使人中毒，应当慎重使用；有

机清洗液易燃，注意防火。选择清洗液时，注意其腐蚀性，避免对阀体造成腐蚀。清洗后的零件要注意保存，避免锈蚀或再次污染。

(2) 选配修理法

液压阀使用一段时间后，由于磨损程度不同，维修时可将换下来的同一类型的多个液压阀都全部进行拆卸清洗，检查测量各零件，经检查如果阀芯、阀体属于均匀磨损，工作表面没有严重划伤或局部严重磨损，则可依据检测结果将零件归类，依据表 2-1 推荐的配合间隙进行选配修理。

表 2-1　液压阀阀孔与阀芯形状精度和配合间隙参考值

液压阀种类	阀孔(阀芯)圆柱度、锥度/mm	表面粗糙度 $Ra/\mu m$	配合间隙/mm
中低压阀	0.008～0.010	0.8～1.0	0.005～0.008
高压阀	0.005～0.008	0.4～0.8	0.003～0.005
伺服阀	0.001～0.002	0.05～0.2	0.001～0.003

(3) 修理尺寸与恢复精度维修法

如果阀芯、阀体磨损不均匀或工作表面有划伤，通过上述方法已经不能恢复液压阀功能，则需对阀芯、阀体（孔尺寸小的阀体与外径尺寸大的阀芯），对阀体孔采用铰削、磨削或研磨等方法进行修复，对阀芯采用电刷镀、磨削等方法进行修复，达到合理的形状精度配合精度后装配。

(4) 加工换零件修复法

换零件法是将已经失去配合精度的阀芯拆卸，测量并画出零件图，检查阀体导向孔或阀座的磨损或损坏程度，并依此确定修复加工尺寸，然后依据此尺寸加工新的阀芯。这种维修方法维修精度高，适应面广，可完全恢复原有的精度，适合于有一定加工能力的企业。

2.1.5　加工与修复方法简介

当液压阀进行正确调整而无法实现其正常功能时，便必须对液压阀进行修理。如上所述液压阀修理的主要手段是零件的修复和更换，更换时或购买或自行加工。下面简介液压阀的主要零件——阀芯与阀体的一些加工与修复方法：

(1) 阀芯的加工与修复

阀芯的加工方法和加工工艺与一般轴类零件相同，此处不予介绍；阀芯的修复方法有焊补、电镀、喷镀或刷镀等，可参阅本书中在其他部位的介绍。

(2) 阀体孔的加工与修复

① 阀孔的粗加工　液压阀阀体孔加工质量好坏直接影响到元件的性能，阀体孔在使用过程中因磨损等原因也可能丧失精度，需要修复，现将阀孔加工与修复方法列举如下：

可采用钻孔、车加工和粗镗等方法，图 2-1 所示为电磁阀阀体孔车加工夹具示意图。

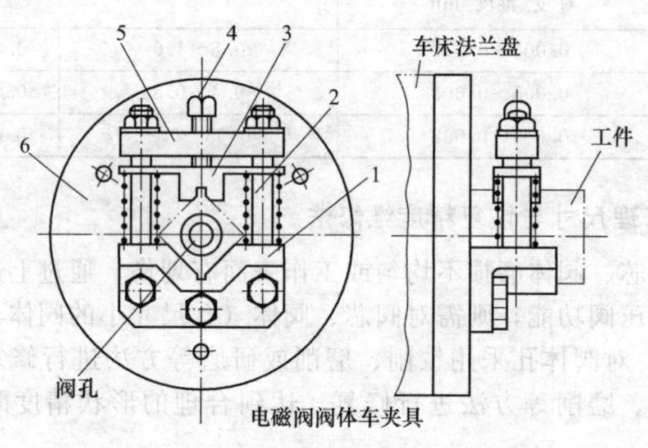

图 2-1　车床上加工阀体孔用的夹具

1—支座；2—双头螺栓；3—V 形压块；
4—压紧螺钉；5—支板；6—夹具体

② 孔的半精加工　半精加工阀体孔的方法有铰削、精铰、拉削、推挤孔、刚性镗铰与磨削等，此处仅简介推挤孔与刚性镗铰两种方法，其他方法均为孔加工的通用方法。

a. 用推挤刀加工阀孔　这种孔加工方法目前还在液压件生产厂使用。用户单位特别适宜用此法修理和加工阀孔。这种加工方法可分为粗推、精推和挤压阀孔三步。相应有三种刀具，即粗推刀、精推刀及挤刀。

粗推刀与精推刀在刀齿结构上有所不同，粗推刀的容屑槽较大。推

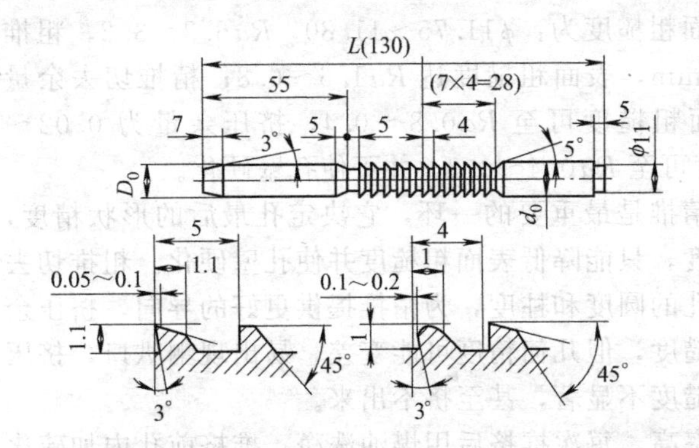

技术条件：
1.两端φ1.5B型中心孔。
2.圆度误差0.004。
3.热处理：62HRC。
4.材料：T10A。

项目	D0	D1	D2	D3	D4	D5～D12	d_0
头推	φ11.84	φ11.87	φ11.89	φ11.91	φ11.95	φ11.94	φ11.93−0.05
二推	φ11.95	φ11.96	φ11.98	φ12.01	φ12.01		φ12−0.05

(a) 推刀例

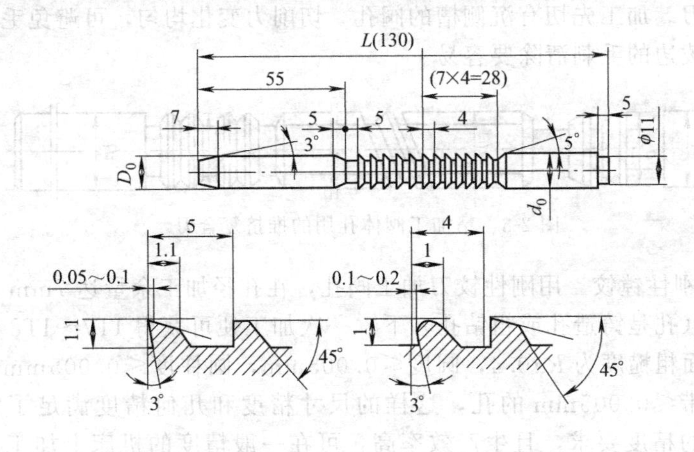

符号	D1	D2	D3	D4	D5	D6	D7	D8	D9	D14	公差
尺寸	φ12.0.15	φ12.02	φ12.23	φ12.03	φ12.03	φ12.04	φ12.0.45	φ12.05	φ12.055	φ12.06	±0.003

(b) 挤刀例

图 2-2 半精加工阀体孔用的推挤刀例图

刀与挤刀都是利用逐步增加刀齿的直径尺寸，使每一齿切去较小的余量，逐步加工至阀孔尺寸。图 2-2 为推刀和挤刀一例，D0～D4 为切削齿，D5～D12 为校正齿。切削齿切去加工余量，校正齿保证加工精度。

推孔前尺寸与表面粗糙度为：ϕ11.75～11.80，Ra6.3～3.2，粗推切去余量0.08～0.14mm，表面粗糙度达Ra1.6～0.8；精推切去余量0.06～0.07mm，表面粗糙度可至Ra0.8～0.4；挤压余量为0.02～0.03mm，表面粗糙度可至Ra0.4～0.2，并可使孔壁硬化。

推挤孔工艺中，精推是最重要的一环，它决定孔最后的形状精度，一般挤刀难再提高精度，只能降低表面粗糙度并使孔壁硬化。粗推切去大部分余量，并修正孔的圆度和柱度，为精推提供更好的导向，挤压余量大可以降低表面粗糙度，但几何精度可能变差，易出现喇叭口，挤压余量过小降低表面粗糙度不显著，甚至挤不出来。

推挤孔工艺生产率高，每次推挤后用煤油洗净，推挤前孔内加硫化油润滑，孔的表面粗糙度可稳定在Ra0.4左右。一般一把推刀加工铸件孔为300件左右，寿命较短，且挤孔后孔口及孔内沉割槽两端也会有喇叭口，细长孔推刀容易弯曲，如果先切孔内沉割槽再推孔，棱边毛刺往往翻往槽内，难以清除，解决办法是用图2-3所示的带螺旋形分布刀齿的推刀。加工先切有沉侧槽的阀孔，切削力变化均匀，可避免毛刺内翻，使棱边的毛刺清除要容易。

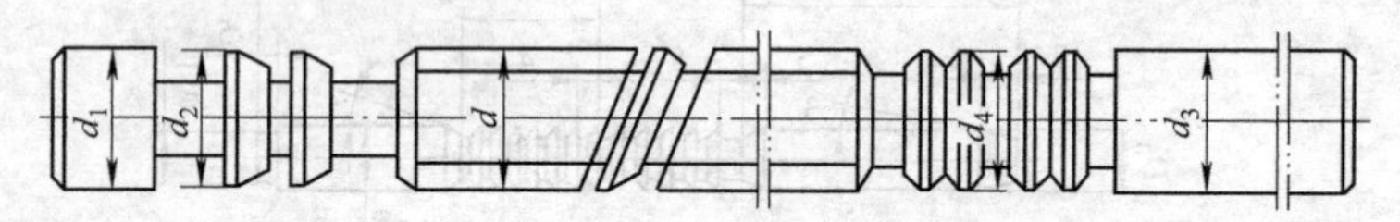

图2-3　精加工阀体孔用的推挤复合刀

b. 刚性镗铰　用刚性铰刀加工阀孔，在孔径加工余量达7mm之多的情况（孔是铸造孔或粗钻孔）下，一次加工便可获得IT7～IT8级精度，表面粗糙度为Ra0.4，圆度≤0.005mm，圆柱度≤0.005mm。尺寸公差带≤0.005mm的孔，这样的尺寸精度和几何精度满足了大部分阀孔的精度要求，且生产效率高，可在一般精度的机床上加工。但要设计专门引导刚性镗铰刀刀杆并能在刀杆内通油的一套专门夹具装置，刚性镗铰刀的例图如图2-4所示，它实际上是将扩孔、镗、铰和挤压复合在一起的复合刀具，粗、精加工一起完成，刀尖部分（20°）切除绝大部分余量，圆锥修光部分（3°）和圆柱挤光部分起精铰和挤压作用。两条硬质合金导向块既起导向作用又起挤压作用。由于硬质合金与刀体的材质不同，磨削后刀体的实际尺寸比硬质合金块和圆柱修光刃的直径小0.03～0.04mm，形成这样的外形对工件挤压效果是有利的。

这种刀具的另一个特点是切削用压力油（煤油+机油）从刀具内通过，强制润滑并冲去切屑，提高了孔的加工质量。刀具的导向部分长，且以已加工的孔定位。不仅有利于改善孔的直线性，而且有利于加工带有沉割槽的阀孔。使用中刀具磨损小、复磨性好、寿命长，但对于一般工厂来说。制造和刃磨刀具会略感困难。这种刀具有专门厂家生产，可订货。

刀具在进入工件孔前，先进入导向套（夹具），导向套经淬火磨削，和刀具外径的间隙≤0.005mm，导向套用来引导刀具和增加刀具的刚性，导向套的长度为 l [l=(1～3.5) d]。刀具导向块的长度 $L \geqslant 2l$，刀具切入工件后，则以已加工孔自行导向。在径向切削力(两刃产生的力 F 与 f，$F>f$）的作用下（图 2-4），刀具在切削过程中，始终通过硬质合金块紧紧压向被加工孔孔壁，极大地增强了刀具的刚性。

③ 孔的精加工　目前用于阀孔的精加工方法有珩磨、研磨及金刚石铰刀铰孔等。研磨和珩磨是大家熟悉的工艺，此处只对金刚石铰刀予以介绍：

金刚石铰刀加工阀孔是孔加工工艺的一个突破。这个方法加工精度高（圆度和圆柱度可在 0.001mm 以内），为实现完全互换性装配提供良好条件；尺寸分散度少，便于生产管理，生产率高而经济，每个阀孔加工时间只需 20s 左右，孔的表面质量好，没有磨粒残存。它是阀孔最终精加工的理想工具，是国内外加工阀孔的一项普遍采用的新工艺，金刚石铰刀如图 2-5 所示。

前导向套的作用是引导待加工孔，使铰刀套顺利进入被加工孔内，后导向套用于退刀导向用，以保证工件加工孔的直线性，前后导向套为被加工孔长的 2/3 左右，均用 HT200 制造，前导向套外径尺寸比待加工孔尺寸小 0.02～0.03mm，后导向套外径尺寸比已加工孔径尺寸小 0.015～0.02mm。铰刀刀杆体用 40Cr 制造，经淬火磨 1∶50 锥面，与刀套内锥面配研，接触面积不少于 80%。

金刚石铰刀的关键零件——刀套外圆表面上均匀地电镀上一层经筛选的形状、颗粒、尺寸基本一致的金刚石颗粒或微粉。金刚石颗粒锋利的尖角形成铰刀众多的切削刃来切除阀孔余量，铰刀套上开有螺旋槽，便于通过 1∶50 锥面调节不同加工尺寸。铰刀的切削部分倒角直接影响金刚石铰刀的耐压度，加工表面粗糙度和切削时的轴向力的大小，一般取为 $0°15'$～$0°20'$，圆柱校正部分的作用是修正孔径尺寸、摩擦抛光与

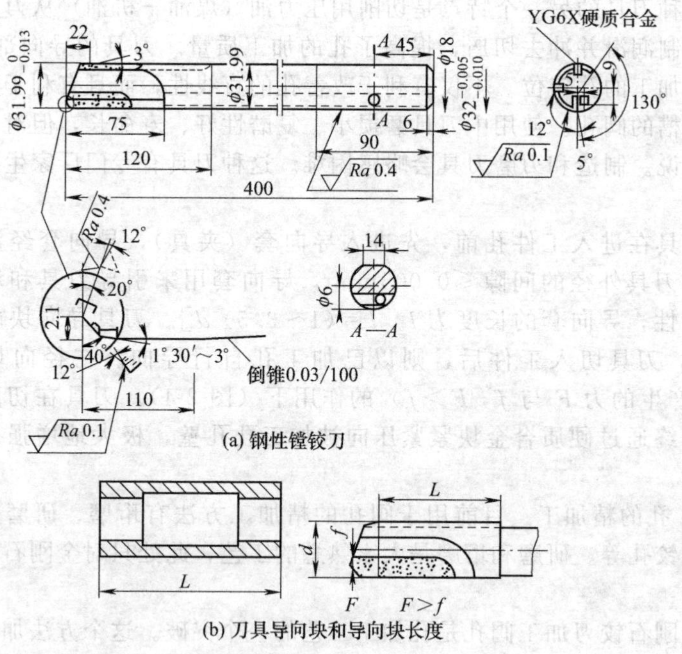

(a) 钢性镗铰刀

(b) 刀具导向块和导向块长度

技术条件：

1. $\phi31.99_{-0.013}^{0}$与$\phi32_{-0.010}^{-0.005}$同心度允差＜0.015。
2. $\phi31.990$圆度允差＜0.005。
3. $\phi32_{-0.010}^{-0.005}$局部淬火40～45HRC。
4. 刃口对轴心线的平行度允差＜0.005。
5. 两端打中心孔$d=1.5$。

图 2-4 刚性镗铰刀例图

保持铰刀套在孔正确导向，长度一般可取孔长的 0.6～0.8 倍，倒锥导向部分主要起退刀作用，γ 角为 0°10′左右，长度顺、倒锥部分均为 15mm 左右（图 2-5）。

铰刀套上的电镀金刚石主要根据加工余量与粗糙度来选择。由于人造金刚石磨削性能好，砂轮消耗小，这方面比天然金刚石优越，然而天然金刚石适于大负荷。比人造金刚石铰刀更适应大的切削量，为此，粗铰时，因以切削与修正孔的几何精度为主，宜用粗粒度的天然金刚石，精铰时以降低表面粗糙度为主，宜用粒度细的人造金刚石。

金刚石铰刀铰孔对前工序的要求一般为表面粗糙度 $Ra0.8\mu m$ 左

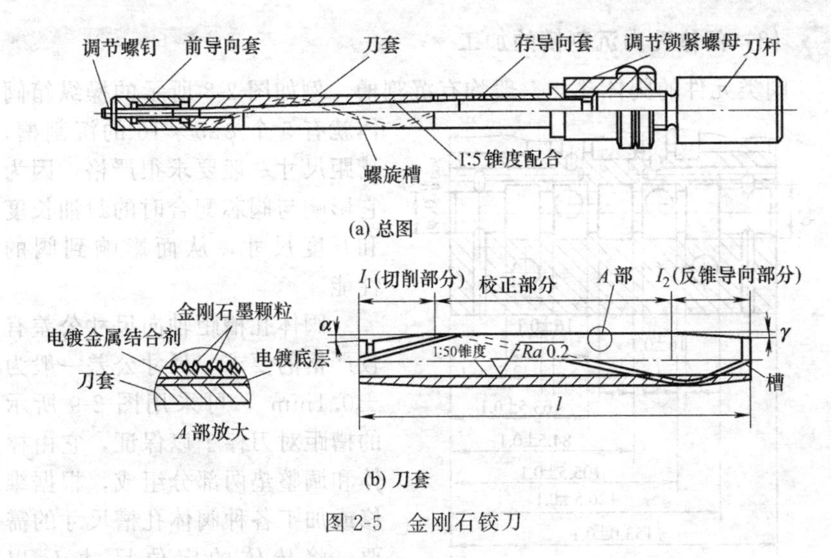

图 2-5 金刚石铰刀

右，圆度、圆柱度在 0.01mm 之内便可。

金刚石铰刀加工一般可在普通机床进行。液压件生产厂目前多用图 2-6 所示的简单专机之类进行加工。

一般工件往复一次 10～20s，主轴头转速以 400～750r/min 为宜。过高容易产生振动，太慢会使孔径和精度降低。切削时以煤油、弱碱性乳化液或者煤油 80%加 20%的 20# 机械油作冷却液。

④ 用手动金刚石珩磨头修复阀孔 如图 2-7 所示，镶有金刚石或立方氮化硼的珩磨条，由楔块楔紧在芯轴内。导向块在工件孔中导向，用青铜或铸铁制造，磨损少且有较大的刚性。用手使布磨头往复和回转运动，便可修复已磨损的阀孔。如果操作得当，珩磨精度可达 0.001mm 左右。

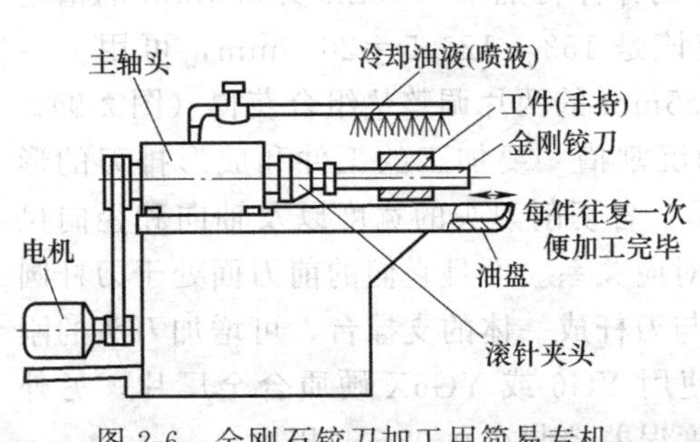

图 2-6 金刚石铰刀加工用简易专机

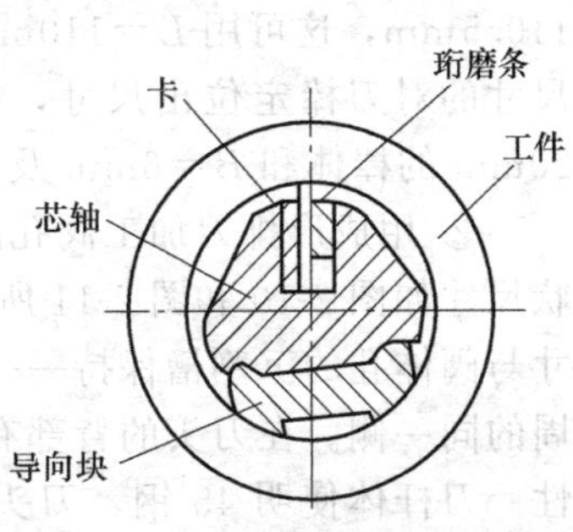

图 2-7 手动珩磨头结构示意图

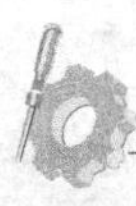

(3) 阀体孔内沉割槽的加工

阀类元件的阀体孔，一般均有沉割槽，例如图 2-8 所示的操纵箱阀体就有 5 个 $\phi25\times16$ 的沉割槽，槽距尺寸一般要求很严格，因为它影响与阀芯配合时的封油长度和开度尺寸，从而影响到阀的性能。

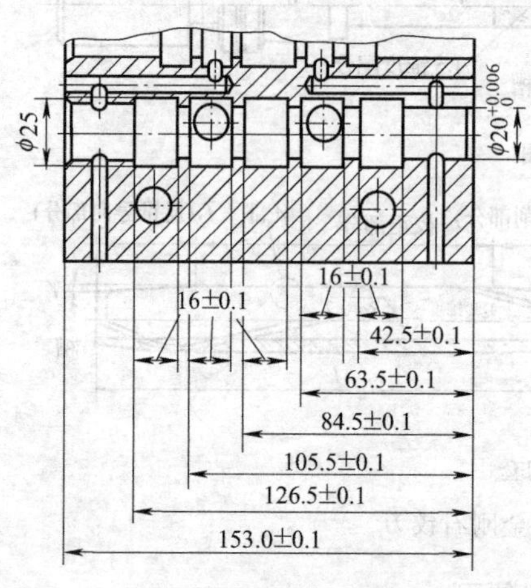

图 2-8　阀体孔尺寸例

阀体孔槽距轴向尺寸公差有较严格的要求，尺寸公差一般为 ±0.1mm，可采用图 2-9 所示的槽距对刀棒予以保证，它由棒体和调整垫两部分组成，根据维修或加工各种阀体孔槽尺寸的需要，将棒体的定位尺寸 L 以 10mm 为间隔，制作 10mm、20mm、30mm、…、240mm、250mm 共 25 种，调整垫的定位尺寸 B 从 1～9mm 每隔 1mm 制作一种，为了满足 0.5mm 数值的要求，另加 0.5mm 一种，共 10 种。

① 用对刀棒定位加工　现以图 2-8 所示的操纵箱体孔槽加工为例说明这种方法。将阀体装在车床法兰盘上之后，就可以将一组与槽距尺寸 42.5mm、63.5mm、84.5mm、105.5mm 和 126.5mm 相对应的对刀棒插入车床定位毂轮（或专门设置的夹具体）中。以 42.5mm 为例，对刀棒定位尺寸应取 153－42.5＝110.5mm。因为阀体的外端面是对刀基准面，而与加工定位基准面的距离为 153mm，故对刀棒的定位尺寸 110.5mm，这可用 L＝110mm 的棒体再加 B＝6mm 及 0.5mm 的槽距尺寸的对刀棒定位出尺寸，应该是 153－126.5＝26.5mm，可用 L＝20mm 的棒体和 B＝6mm 及 0.5mm 的两片调整垫组合获得（图 2-9）。

② 用成形排刀加工阀孔的沉割槽　要加工的工件和成形排刀的形状尺寸如图 2-10 和图 2-11 所示，各切削刀头的宽度以及轴向和径向尺寸与阀体孔的沉割槽保持一一对应关系。而且它们的前刀面处于刀杆圆周的同一侧。在刀头的背部有与刀杆成一体的支撑台，可增加刀头的刚性。刀杆体使明 45 钢，刀头使用 YG6 或 YG6X 硬质合金厂片，另外 ϕ13h9、ϕD 与 ϕ20h10 的同轴度误差控制在 0.02mm 以内。

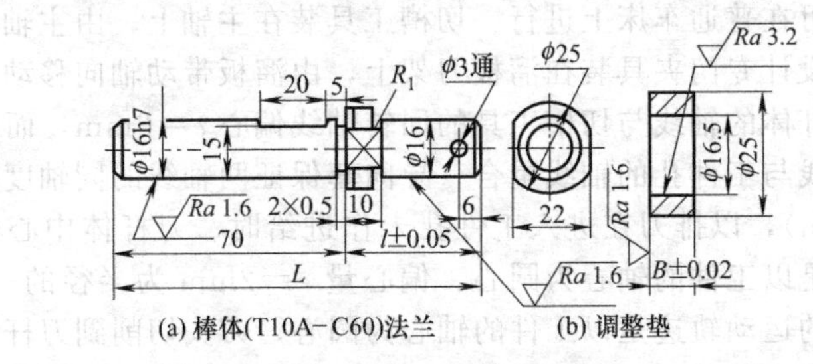

(a) 棒体(T10A-C60)法兰　(b) 调整垫

图 2-9　对刀棒体与调整垫

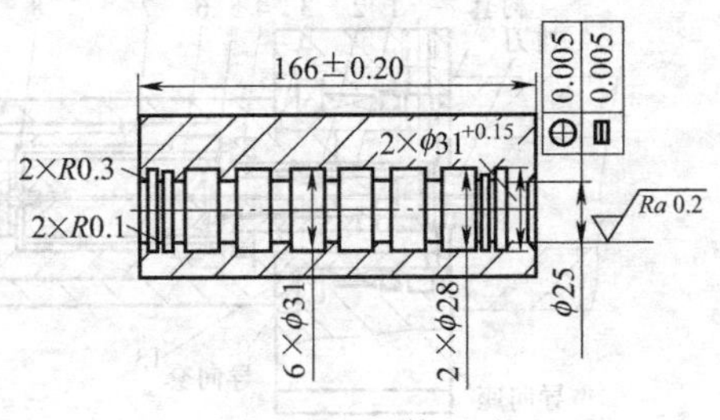

图 2-10　阀体尺寸

切槽工具结构如图 2-12 所示。排刀一端的刀柄装入偏心套筒 3 内的螺杆套 1 中，另一端插入尾座的偏心轴（图中未画出）内，螺杆套和偏心轴的中心钱在同一轴线上，与刀杆体的轴线重合。在切槽进给时，10 条沉割槽的总切入宽度达 99mm，但由于排刀采用两端支承，所以克服了加工中产生的弯曲振动。

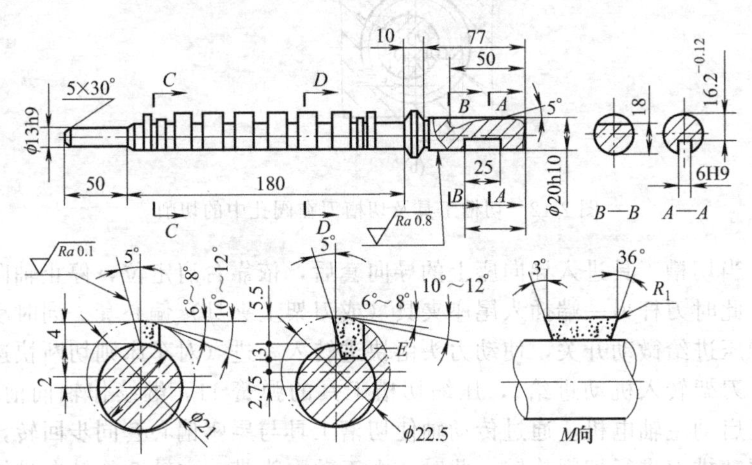

图 2-11　成形排刀

此种加工方法采用的设备为专门设计的专机，动力头带动切槽工具回转并作轴内移动（快进），使排刀进入工件孔，工件夹在尾座体上。

此种加工也可在普通车床上进行，切槽工具装在主轴上，由主轴带动回转，工件则设计专门夹具装在溜板刀架上，由溜板带动轴向移动。

由于刀杆体的轴线与切槽工具的回转轴线偏心 $e=2$mm，而切槽工具的回转轴线与工件孔的轴线重合（导向套保证两轴线的同轴度误差不大于 0.02mm），以排刀在进入工件孔未作进给时、刀杆体中心作回转运动的轨迹是以工件的轴心为圆心、偏心量 $e=2$mm 为半径的一个圆，刀头切削刃的运动轨迹是以工件的轴心为圆心，刀头切削到刀杆体中心的距离减去偏心量即 14－2＝12mm 为半径的圆，如图 2-12 所示。

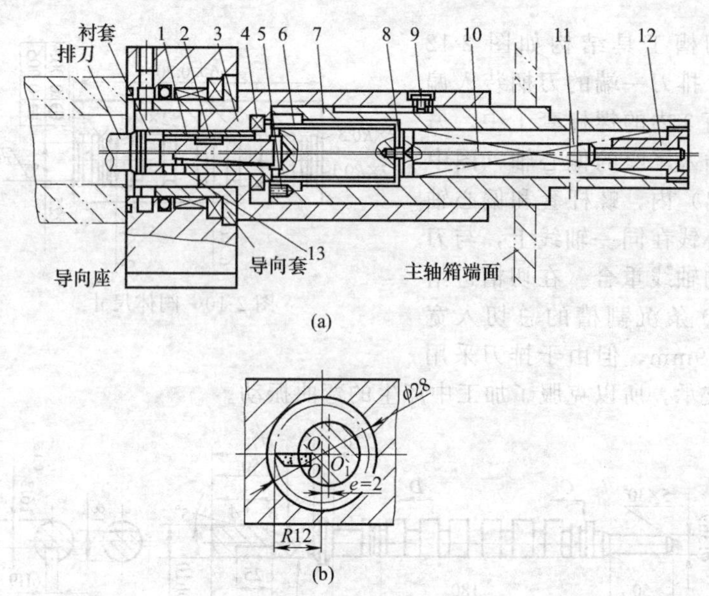

图 2-12　切槽工具及切槽刀在阀孔中的切削

当切槽工具进入导向座上的导向套后，依靠台肩定位，停止轴向前进，此时刀杆另一端插入尾座夹具（或刀架上夹具）偏心套。同时动力头触压进给微动开关，使动力头由快进转入工进（对车床则切断快速电机，刀架转入机动进给），压缩切槽工具的弹簧 11，继续作轴向前进，并且启动主轴电机，通过传动轴使切槽工具与尾座偏心套同步回转，从而驱动排刀进行切削旋转。此时，由于动力头带动主轴 7 作轴向进给而切槽刀具在导向套限位台肩的作用下已停止轴向移动，所以和主轴固定的螺母 6 与螺杆套 1 之间产生相对移动，在导程为 12mm 的左旋 T 形螺纹的作用下，使螺杆套 1 在螺母 6 内转动因而改变排刀刀头与偏心套

筒 3 偏心方向之间的相位关系，使刀头逐渐伸出构成了径向进给。在刀头的径向进给和排刀的旋转运动下排刀进入切槽加工状态，刀头径向进给的速度由动力头的工进速度和螺杆套 1 的导程所决定。刀头伸出量即进给量由偏心套筒 3 的偏心量及螺杆套 1 相对主轴 7 的转角所决定，与动力头的轴向进给有一个函数关系。当螺杆套 1 相对偏心套筒 3 转过 180°时，刀头的运动轨迹是以工件的轴心为圆心，刀头到刀杆中心的距离加上偏心套筒的偏心量为半径的一个圆。

2.2 方向阀的维修

方向控制阀简称方向阀。在液压系统中，用以控制液流的流动方向。方向阀按其在液压系统中的不同功用可分为单向阀和换向阀两大类：单向阀可保证通过阀的液流只在一个方向上通过而不会反向流动。换向阀则常用以改变通过阀以后的液流方向。

2.2.1 单向阀（含梭阀）的维修

单向阀又叫止回阀、逆止阀。单向阀在液压系统中的作用是只允许油液以一定的开启压力从一个方向自由通过，而反向不允许通过（被截止）。它相当于电器组件中的二极管、交通道路中的单行道。

(1) 单向阀与梭阀的工作原理

① 单向阀的工作原理　油液流进流出直通，叫直通式；油液流进流出成直角，叫直角式。

如图 2-13 所示，当 A 腔的压力油作用在阀芯上的液压力（向右或向上）大于 B 腔压力油作用在阀芯上的液压力、弹簧力及阀芯摩擦阻力之和作用在阀芯上（向左或向下）的力时，阀芯打开，油液可从 A 腔向 B 腔流动（正向开启）；当压力油欲从 B 腔向 A 腔流动时，由于弹簧力与 B 腔压力油的共同作用，阀芯被压紧在阀体座上，因而液流不能由 B 向 A 流动（反向截止）。

使单向阀阀芯正向打开的油液压力叫开启压力（p_k）；开启压力越小越好，特别是单向阀作充液阀使用时。

② 梭阀的工作原理（图 2-14）　梭阀是两个背靠背的单向阀的组合阀，共用一个阀芯，共用一个出油口（C）。它由阀体、阀套和阀芯（钢球或锥阀芯）等组成。当 B 口压力 p_2＞A 口压力 p_1 时，钢球（或

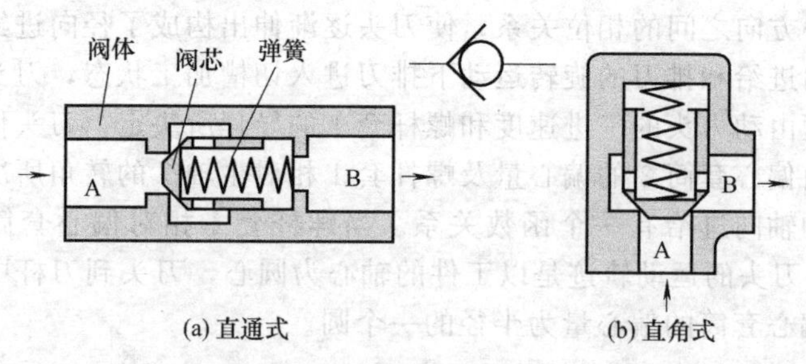

图 2-13 单向阀的工作原理

锥阀芯）被推向左边，将 A 口封闭，p_2 与 C 口连通，压力油由 p_2 从 C 口流出；当 A 口压力 p_1>B 口压力 p_2 时，进入阀内的压力油 p_1 将钢球推向右边，封闭 B 油口，压力油 p_1 由 A 口进入从 C 口流出；也就是说 C 口压力油总是取自 p_1 与 p_2 的压力较高者，因而梭阀又叫“选择阀”。工作时钢球或锥阀芯来回梭动，因而称为“梭阀”。

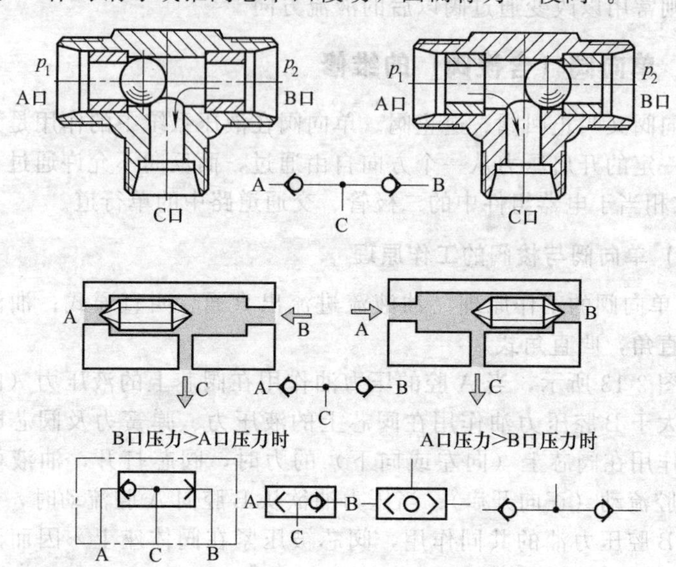

图 2-14 梭阀的工作原理

(2) 单向阀与梭阀的结构例

① 单向阀的结构例 图 2-15 所示为单向阀的结构例。

② 梭阀的结构例 图 2-16 所示为梭阀的结构例。

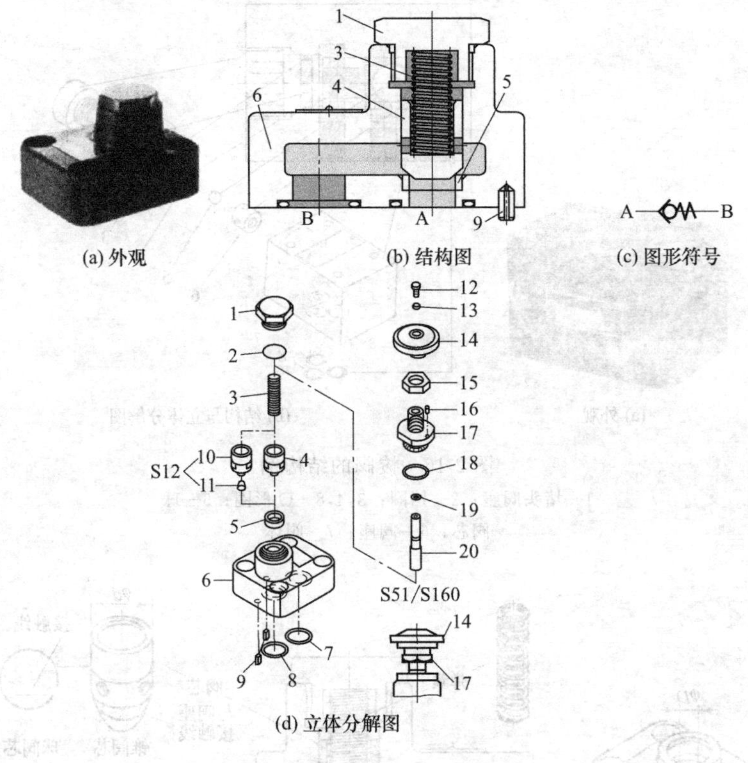

图 2-15 直角式单向阀的结构例

1—阀盖；2,7,8,18,19—O 形圈；3—弹簧；4—阀芯；5—阀座；6—阀体；9—定位销；10—S12 型阀芯；11—节流阻尼塞；12—螺钉；13—垫；14—手柄；15—锁母；16—止动销；17—节流调节螺钉；20—调节杆

(3) 单向阀（含梭阀）的故障分析与排除

① 单向阀招来故障的零件及其部位（图 2-17） 单向阀易出故障的零件有：阀体、阀芯、阀座、弹簧等。单向阀易出故障的零件部位有：阀芯与阀座的接触线的磨损拉伤、阀体孔 ϕD 与阀芯外周 ϕd 的相配面的磨损拉伤，弹簧折断等。

② 单向阀的故障分析与排除

［故障 1］ 不起单向阀作用

这一故障是指反方向油液也可通过，反而正向油液不可通过。

a. 查阀芯是否卡死：例如因棱边上的毛刺未清除干净（多见于刚

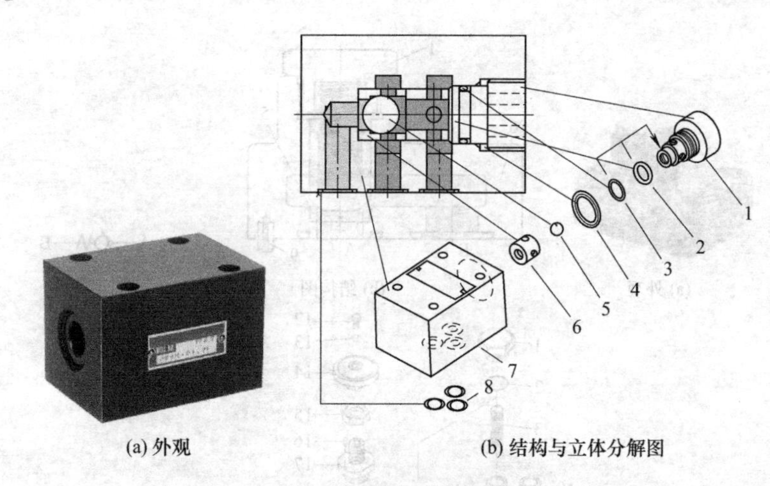

图 2-16　梭阀的结构例

1—堵头阀座；2—挡圈；3,4,8—O 形圈；5—球阀芯；6—阀座；7—阀体

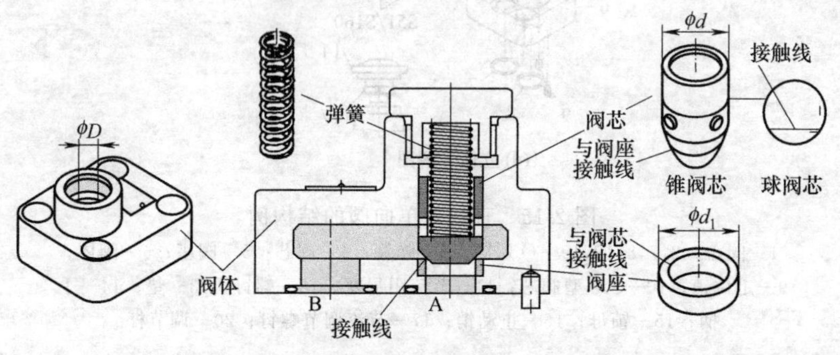

图 2-17　单向阀结构与易出故障的零件部位

使用的阀）、阀芯外径 ϕd 与阀体孔内径 ϕD 配合间隙过小（特别新使用的单向阀未磨损时）、污物进入阀体孔与阀芯的配合间隙内而将单向阀阀芯卡死在打开或关闭位置上。可清洗去毛刺。

b. 查阀体孔内沉割槽棱边上的毛刺未清除干净，将单向阀阀芯卡死在打开位置上。

c. 查阀芯与阀座接触线处是否能密合：例如接触线处有污物粘住或者阀座接触线处崩掉有缺口等而不能密合。此时可检查阀座与阀芯接触线处的内圆棱边，粘有污物时予以清洗；阀座有缺口时要敲出换新。

d. 查阀芯与阀体孔的配合：阀芯外径 ϕd 与阀体孔内径 ϕD 配合间

隙过大，使阀芯可径向浮动，在图 2-16 中阀芯与阀座的接触线处又恰好有污物粘住，阀芯偏离阀座中心（偏心距 e）线，造成内泄漏增大，单向阀阀芯将越开越大。

e. 查弹簧：漏装了弹簧或弹簧折断时，可补装或更换。

[故障 2]　严重内泄漏

严重内泄漏这一故障是指压力油液从 B 腔反向进入时，单向阀的锥阀芯或钢球不能将油液严格封闭而产生泄漏，有部分油液从 A 腔流出。这种内泄漏反而在反向油液压力不太高时更容易出现。

a. 查阀芯（锥阀或球阀）与阀座的接触线（或面）是否密合，不密合的原因有：污物粘在阀芯与阀座接触处的位置；因使用日久，与阀座接触线（面）磨损有很深凹槽或拉有直条沟痕。

b. 查重新装配后钢球或锥阀芯是否错位：阀芯与阀座接触位置改变，压力油沿原接触线的磨损凹坑泄漏与阀芯接触处内圆周上崩掉一块，有缺口或呈锯齿状；有缺口时将阀座敲出换新。

c. 阀芯外径 ϕd 与阀体孔内径 ϕD 配合间隙过大或使用后因磨损间隙过大。

d. 拆开清洗，必要时液压系统换油。

e. 清洗，必要时电镀修复阀芯外圆尺寸。

f. 阀芯外径 ϕd 与阀体孔内径 ϕD 配合间隙过大或使用后因磨损间隙过大。

g. 拆开清洗，必要时液压系统换油。

h. 清洗，必要时电镀修复阀芯外圆尺寸。

[故障 3]　单向阀外泄漏的消除方法

外泄漏用肉眼可以可察看到，常出现在阀盖和进油口结合处，一般为密封圈损坏或漏装，可更换或补装。

(4) 单向阀的修理

修理单向阀时注意按图 2-18 所示的顺序和方法进行拆卸。

① 阀芯的修理　阀芯主要是磨损，且一般为与阀座接触处的锥面 A 上磨成一凹坑，如果凹坑不是整圆，还说明阀芯与阀座不同心；另外是外圆面 ϕd 的拉伤与磨损。轻微拉伤与磨损时，可对研抛光后再用。磨损拉伤严重时，如果只是阀芯的 A 处有很深凹槽或严重拉伤，可将阀芯在精密外圆磨床严格校正修磨锥面；如果外径 ϕd 也磨损严重，可先刷镀外圆面 ϕd（或先磨去一部分，外圆再电镀硬铬），然后可

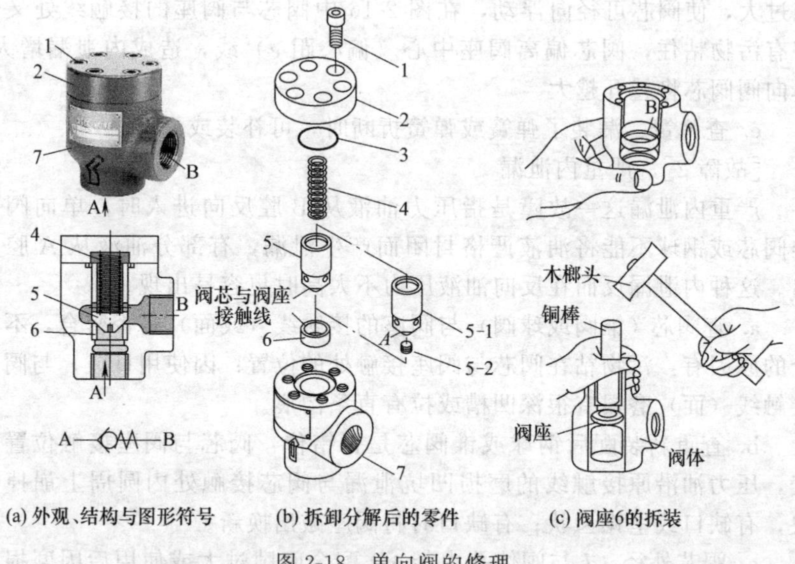

图 2-18 单向阀的修理

1—螺钉；2—盖；3—O 形圈；4—弹簧；5—阀芯；6—阀座；7—阀体

做一芯棒打入 ϕB 孔内，芯棒夹在磨床卡盘内，一次装夹磨出 ϕd 面与锥面 A，以保证 ϕd 面与锥面 A 同心。后再与阀体孔、阀座研配（参阅图 2-19）。

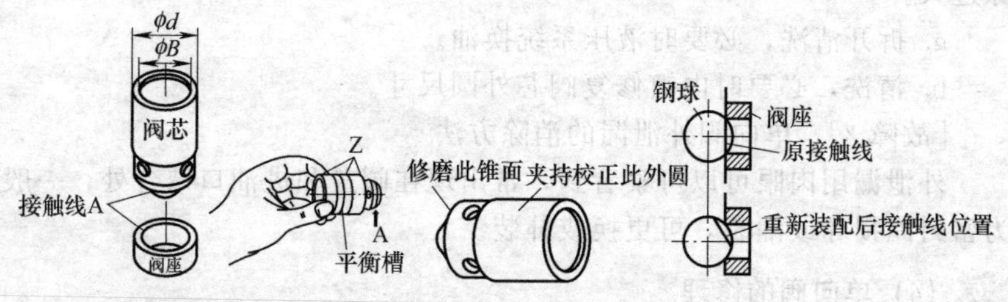

图 2-19 阀芯与阀座的修理

② 阀体的修复 阀体的修复部位一般是：

a. 与阀芯外圆相配的阀孔，修复其几何精度、尺寸精度及表面粗糙度；

b. 对于中低压阀，无阀座零件，阀座就在阀体上，所以要修复阀体上的阀座部位。

阀孔拉伤或几何精度超差，可用研磨棒或用可调金刚石绞刀研磨或

铰削修复。磨损严重时，可刷镀内孔或电镀内孔（这种修复方法要考虑成本），修好阀孔后，再重配阀芯。

③ 怎样简单检查单向阀阀芯与阀座的密合好坏　按图 2-20 所示的方法将单向阀静置于平板或夹于虎钳上，灌柴油检查密合面的泄漏情况。若 2h 以上，如果油面一点都不下降，则表示单向阀阀芯与阀座非常密合。若灌煤油漏得较慢也可，否则为不合格，须重磨阀芯。

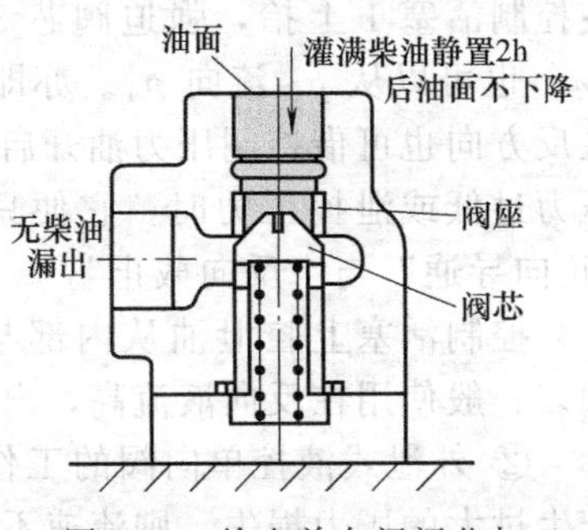

图 2-20　检查单向阀阀芯与阀座的密合好坏的方法

2.2.2 液控单向阀的维修

(1) 液控单向阀的工作原理

所谓液控单向阀是指 $p_1 \to p_2$ 的正向油流动同单向阀，还可通过从控制油口 K 引入压力油，操纵先导活塞 4 上推开阀芯 3 而打开流道，此时也允许 $p_2 \to p_1$ 反向流动的控制阀（图 2-21），而单向阀不允许反向流动。

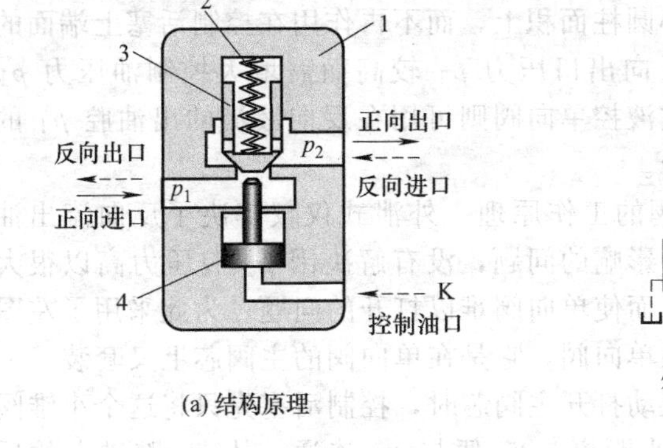

(a) 结构原理

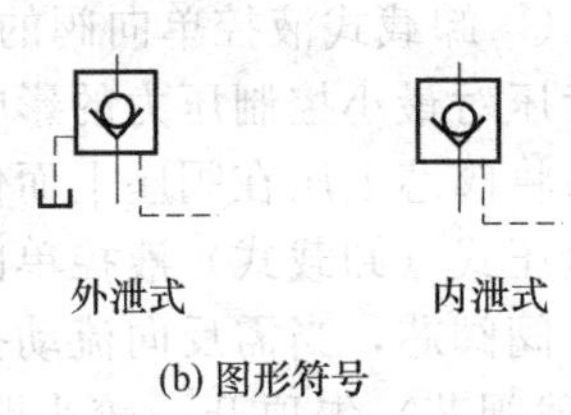

(b) 图形符号

图 2-21　液控单向阀

1—阀体；2—弹簧；3—阀芯；4—先导活塞

① 内泄式液控单向阀的工作原理　如图 2-22 所示，当液压控制活塞 1 的下腔无控制油 p_k 进入时，此阀如同一般单向阀；但当从控制油口引入控制压力油 p_k 作用在控制活塞 1 的下端面上时，产生的液压力

使控制活塞1上抬，强迫阀芯3打开，此时主油流既可以从 p_1 流向 p_2，也可以从 p_2 流向 p_1。亦即液控单向阀允许液流在正向自由通过，在反方向也可借控制压力油开启单向阀，让油液也可反向流过，控制油压力过低或泄掉压力时，它便只能与一般单向阀具有相同的功能——“正向导通”与“反向截止”。

控制活塞上腔泄油从内部与 p_1 腔相通，所以叫内泄式液控单向阀。一般使用在反向液流高，出油腔无背压或者背压较小的场合下。

② 外泄式液控单向阀的工作原理　为使油液通过单向阀时，不致产生过大的压力损失，则流速不能过高，因此单向阀芯直径较大。但这带来一个问题：当上图中的内泄式液控单向阀为反向流动（$p_2 \rightarrow p_1$）时，一方面由于单向阀芯直径较大作用面积较大，则 p_2 作用在控制活塞上端面上产生向下的液压力压向阀座的力是较大的，这时要使控制柱塞将阀芯向上顶开所需的控制压力 p_k 也是较大的；另一方面如果 p_1 腔压力较高，p_1 也作用在控制活塞上端的环形面积上，产生下推控制活塞的力抵消了大部分上推力，因而需要 p_k 上推顶开单向阀芯的力应很大，否则单向阀阀芯将难以打开。

为克服因 p_k 无法满足上式而出现不能开启的情况，出现了左图中的外泄式液控单向阀，将控制活塞上腔与 p_1 腔隔开，并增设了与油箱相通的外泄油口，它适用于 p_1 腔压力较高的场合。压力 p_1 只作用在控制活塞上部顶端杆的小圆柱面积上，而不再作用在控制活塞上端面的环形面积上，削弱了因反向出口压力 p_1 较高而需增大控制油压力 p_k 的依赖程度。所以外泄式液控单向阀则可用在反向液流的出油腔 p_1 的压力（背压）较高的场合。

③ 卸载式液控单向阀的工作原理　外泄式仅仅解决了反向流出油腔背压对最小控制压力的影响的问题，没有解决因 p_2 腔压力高以很大的力将阀芯上压在阀座上而使单向阀难以打开的问题。为此采用了左图的泄压式（卸载式）液控单向阀，它是在单向阀的主阀芯上又套装了一小锥阀阀芯，当需反向流动打开主阀芯时，控制活塞先只将这个小锥阀（卸载阀芯）先顶开一较小距离，p_2 便与 p_1 连通，从 p_2 腔进入的反向油流先通过打开的小阀孔流到 p_1，使 p_2 的压力先降下来些，而后控制活塞可不费很大的力便可将主阀芯全打开，让油流反向通过。由于卸载阀阀芯承压面积较小，即使 p_2 压力较高，作用在小卸载阀芯上的力还是较小，这种分两步开阀的方式，可大大降低反向开启所需的控制压力 p_k。

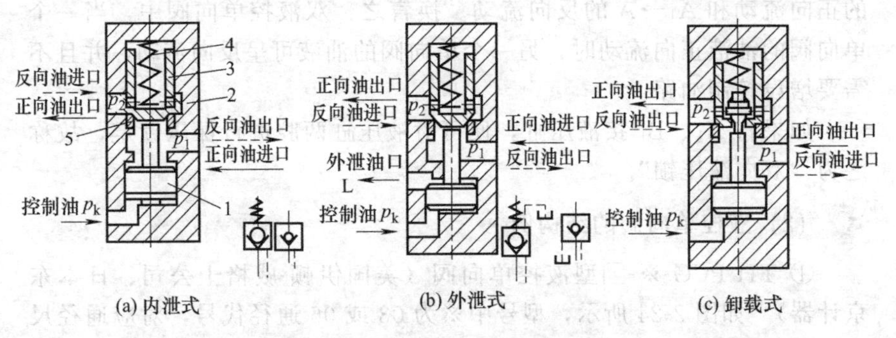

(a) 内泄式　(b) 外泄式　(c) 卸载式

图 2-22　液控单向阀的工作原理

1—控制活塞；2—阀体；3—阀芯；4—弹簧；5—阀座

④ 双向液控单向阀的工作原理　图 2-23 所示为液控单向阀的工作原理图。图中（a），当 A 与 B 口均没有压力油流入时，左、右两单向阀的阀芯在各自的弹簧力作用下将阀口封闭，封死了 A_1→A 和 B_1→B 的油路；图中（c）当压力油从 A 腔正向流入时，控制活塞 1 右行压缩弹簧 3，推开单向阀阀芯 2，压力油一方面可以从 A→A_1 正向流动，同时 B_1 腔的油液可由 B_1→B 反向流动；反之，图中（d），当压力油从 B 流入时，控制活塞 1 左移推开左边的单向阀，于是同样可实现 B→B_1

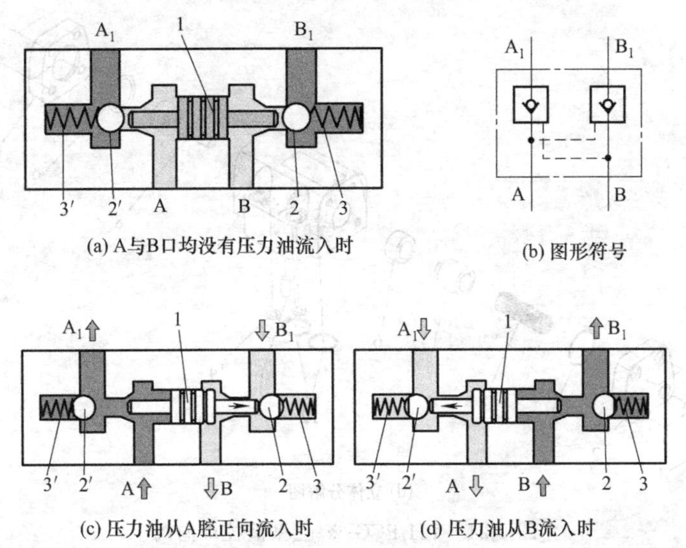

(a) A与B口均没有压力油流入时　(b) 图形符号

(c) 压力油从A腔正向流入时　(d) 压力油从B流入时

图 2-23　双向液控单向阀的工作原理

1—控制活塞；2,2′—单向阀阀芯；3,3′—阀体

的正向流动和 A_1→A 的反向流动。换言之，双液控单向阀中，当一个单向阀的油液正向流动时，另一个单向阀的油液可呈反向流动，并且不需要增设控制油路。

如果将 A_1、B_1 接液压缸，便可对液压缸两腔进行保压锁定，故称之为“双向液压锁”。

(2) 液控单向阀的结构例

① TH PCG-※-□型液控单向阀（美国伊顿-威格士公司、日本东京计器） 如图 2-24 所示，型号中※为 03 或 06 通径代号，对应通径尺寸 10mm 或 16mm，对应额定流量分别为 50L/min、140L/min；□为

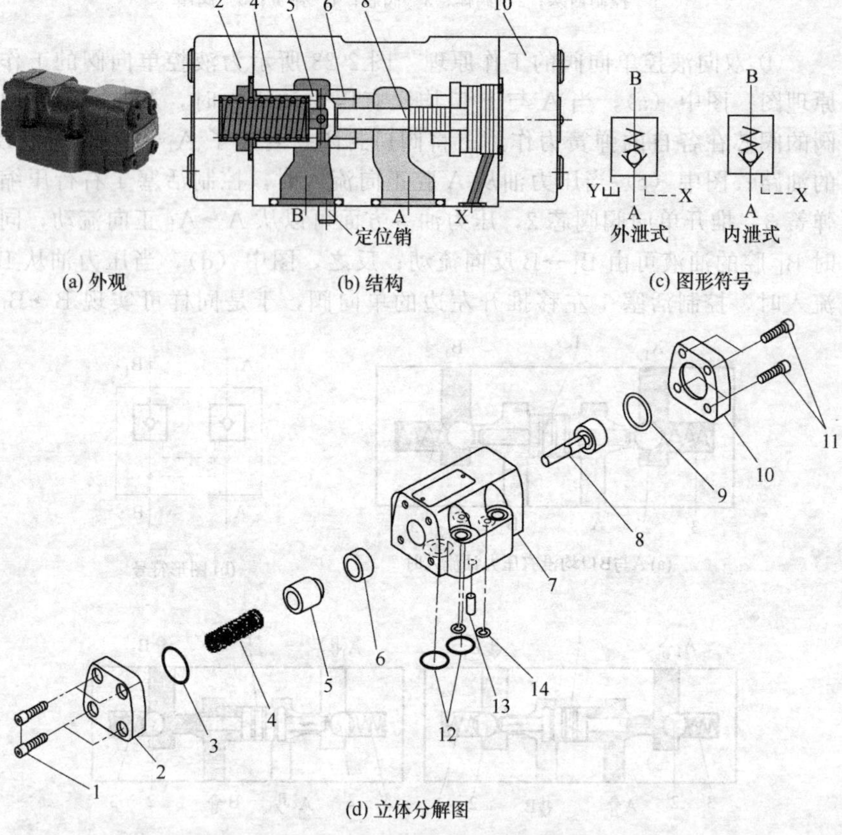

图 2-24 TH PCG-※-□型液控单向阀

1,11—螺钉；2—左盖；3,9,12~14—O形圈；4—弹簧；5—阀芯；6—阀座；7—阀体；8—控制活塞；10—右盖

字母 A、C 或 F，对应的开启压力分别为 0.21MPa、0.52MPa 或 1.02MPa；额定压力 35MPa。

② 4CG-※-(D)A-20-(GE5) 型液控单向阀（美国伊顿-威格士公司、日本东京计器） 如图 2-25 所示，※为 03、06 或 10（通径尺寸代号），额定流量分别为 50L/min、125L/min、315L/min；G 为 T 时表示管式；无 D 时不带卸载阀；无（GE5）时为内泄式；额定压力 21MPa。

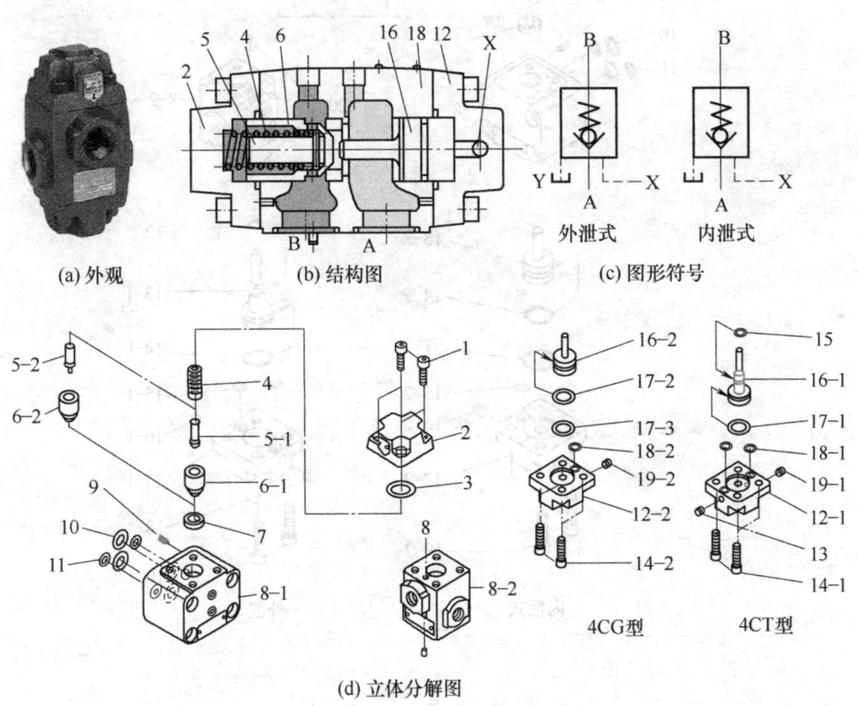

图 2-25　4CG-※-(D) A-20-(GE5) 型液控单向阀

1,14—螺钉；2—上盖；3,10,11,15,17,18—O 形圈；4—弹簧；5—卸载阀阀芯；6—阀芯；7—阀座；8—阀体；9—定位销；12—底盖；13,19—螺塞；16—控制活塞

(3) 液控单向阀的故障分析与排除

① 液控单向阀招来故障的零件及其部位（图 2-26） 液控单向阀易出故障的零件有：阀体 8、阀芯 6、阀座 7、弹簧 4、控制活塞 13 等。

液控单向阀易出故障的零件部位有：阀芯与阀座的接触线的磨损拉伤、阀体孔 ϕD 与阀芯外周 ϕd 的相配面的磨损拉伤，配合间隙增大、控制活塞与阀体孔因磨损配合间隙增大、弹簧折断等。

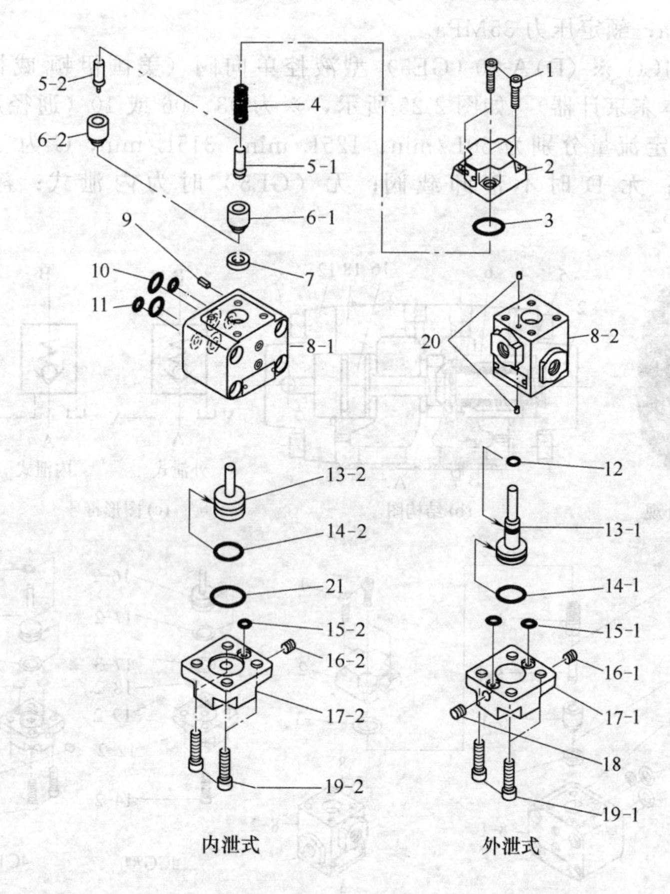

图 2-26　液控单向阀易出故障的零件与零件部位

1,19—螺钉；2—上盖；3,10,11,12,14,15—O 形圈；4—弹簧；5—卸载阀阀芯；6—单向阀阀芯；7—阀座；8-1—板式阀阀体；8-2—管式阀阀体；13—控制活塞；9,20—定位销；16,18—螺堵；17—下盖

② 液控单向阀的故障分析与排除

[故障 1]　液控失灵

由液控单向阀的原理可知，当控制活塞上未作用有压力油时，它如同一般单向阀；当控制活塞上作用有压力油时，正反方向的油液都可进

行流动。所谓液控失灵指的是后者，即当有压力油作用于控制活塞上时，也不能实现正反两个方向的油液都可流通。产生液控失灵的主要原因和排除方法如下。

a. 检查控制活塞，是否因毛刺或污物卡住在阀体孔内。卡住后控制活塞便推不开单向阀造成液控失灵。此时，应拆开清洗，用精油石倒除毛刺或重新研配控制活塞。

b. 对外泄式液控单向阀，应检查泄油孔是否因污物阻塞，或者设计时安装板上未有泄油口，或者虽设计有，但加工时未完全钻穿；对内泄式，则可能是泄油口（即反向流出口）的背压值太高，而导致压力控制油推不动控制活塞，从而顶不开单向阀。

c. 检查控制油压力是否太低：对IY型液控单向阀，控制压力应为主油路压力的30%～40%，最小控制压力一般不得低于1.8MPa；对于DFY型液控单向阀，控制压力应为额定工作压力的60%以上。否则，液控可能失灵，液控单向阀不能正常工作。

d. 对外泄式液控单向阀，如果控制活塞因磨损而内泄漏很大，控制压力油大量泄往泄油口而使控制油的压力不够；对内、外泄式液控单向阀，都会因控制活塞歪斜别劲而不能灵活移动而使液控失灵。此时需重配控制活塞，解决泄漏和别劲问题。

[故障2]　未引入控制压力油时，单向阀却打开反向通油

产生这一故障的原因和排除方法可参阅单向阀故障排除中的“不起单向阀作用”的内容。另外，当控制活塞卡死在顶开单向阀阀芯的位置上，也造成这一故障。可拆开控制活塞部分，看看是否卡死。如修理时更换的控制活塞推杆太长也会产生这种故障。

[故障3]　引入了控制压力油，单向阀却打不开反向不能通油

a. 查控制压力是否过低：提高控制压力，使之达到要求值。

b. 查控制活塞是否卡死：如油液过脏、控制活塞加工精度不好、与阀体孔配合过紧等均会造成卡死。可清洗，修配，使控制活塞移动灵活；

c. 查单向阀阀芯是否卡死在关闭位置：如弹簧弯曲；单向阀加工精度低；油液过脏。清洗，修配，使阀芯移动灵活；更换弹簧；过滤或更换油液控制管路接头漏油严重或管路弯曲，被压扁使油不畅通，紧固接头，消除漏油或更换管子。

d. 控制阀端盖处漏油时可紧固端盖螺钉，并保证拧紧力矩均匀。

[故障4]　振动和冲击大，有噪声

a. 查是否有空气进入：空气进入系统及液控单向阀中，要消除振

动和噪声首先要设法排除空气。

b. 查液控单向阀的控制压力是否过高：在用工作油压作为控制压力油的回路中，会出现液控单向阀控制压力过高的现象，也会产生冲击振动。此时可在控制油路的 a 处（图 2-27）增设减压阀进行调节，使控制压力不至于过大。

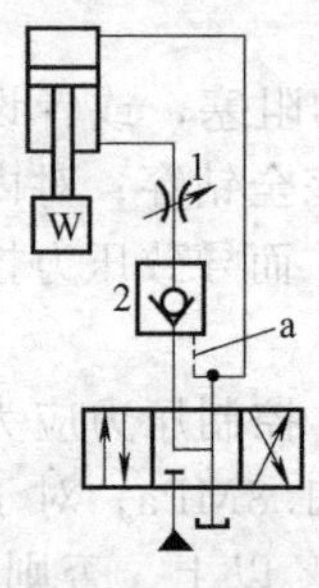

图 2-27 防振动和冲击的液控单向阀锁紧回路

c. 查回路设计是否正确：如图 2-27 所示的液压当未设置节流阀 1 时，会产生油缸活塞下行时的低频振动现象。因为油缸受负载重量 w 的作用，又未设置节流阀 1 建立必要的背压，这样油缸活塞下行时成了自由落体，所以下降速度颇快。当泵来的压力油来不及补足油缸上腔油液时，出现上腔压力降低的现象，液控单向阀 2 的控制压力也降低，阀 2 就会因控制压力不够而关闭，使回油受阻而使油缸活塞停下来；随后，缸上腔压力又升高，控制压力又升高使阀 2 又打开，油缸又快速下降。这样液控单向阀开开停停，油缸也降降停停，产生低频振动。在泵流量相对于缸的尺寸来说相对比较小时，此一低频振动更为严重。

而设置节流阀 1 并进行适当调节，可防止低频振动的出现。

[故障 5] 内、外泄漏大

指的是单向阀在关闭时，封不死油，反向不保压，都是因内泄漏大所致。液控单向阀还多了一处控制活塞外周的内泄漏。除此之外，造成内泄漏大的原因和排除方法和普通单向阀的内容完全相同。

外泄漏用肉眼可以可察看到，常出现在堵头和进油口以及阀盖等结合处，一般为密封圈损坏或漏装可对症下药。

(4) 怎样修理液控单向阀

按图 2-28 所示的方法重点检查阀座、阀芯和卸载阀阀芯的三个位置 B、A、C。当阀座箭头所指 B 处有缺口或呈锯齿状时，要按图中所示方法卸下阀座，并予以更换，装入阀座时用木榔头对正敲入，防止歪斜；当阀芯箭头所指 A 处（与阀座接触线）应为稍有印痕的整圆，如果印痕凹陷深度大于 0.2mm 或有较深的纵向划痕，则需在高精度外圆磨床上校正外圆，修磨锥面，直到 A 处不见凹痕划痕为止。

按图中（d）的方法检查卸载阀阀芯的 C 处，同样只应是稍有印痕的整圆。如果不然，如凹陷很深，则需在小外圆磨床上修去锥面上的凹

槽，并与阀芯内孔配研，然后清洗后将阀芯装入阀体。

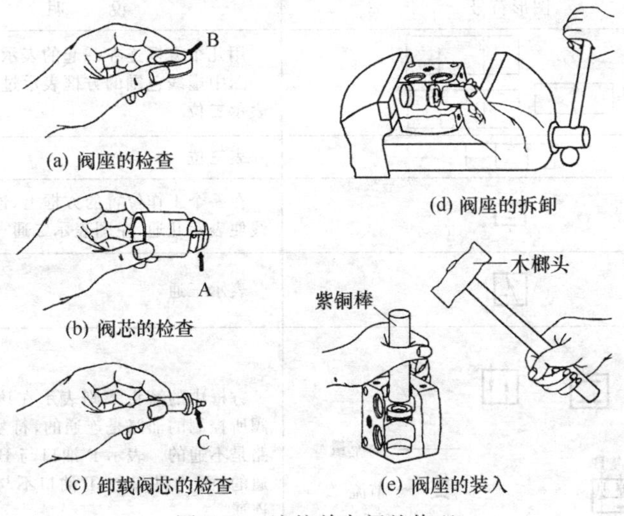

图 2-28　液控单向阀的修理

2.2.3　换向阀的基本知识

换向阀是借助于外部给予的操作信号及不同方式的操纵力等，改变阀芯与阀体孔之间的相对位置，实现阀体相连的几个油液通路之间的接通、断开及变换的阀类，是应用得最多的一类阀。

(1) 换向阀的作用

① 改变执行元件（液压缸与液压马达）的动作方向；

② 使执行元件在任意位置停止或者使其运动；

③ 装于液压回路中，进行回路通路的选择；

④ 使多个执行元件按照顺序动作；

⑤ 使回路卸荷；

⑥ 作先导阀用，操纵其他的阀。

(2) 换向阀的“位”与“通”、图形符号（表 2-2）

位——阀芯在阀体孔内可实现停顿位置（工作位置）的数目：例如二位、三位、四位……

通——阀所控制的油路通道数目：对管式阀很容易判别，即有几根接管就是几通，但注意不包括控制油压油和泄油管。例如二通、三通、四通……

表 2-2　换向阀“位”与“通”及图形符号

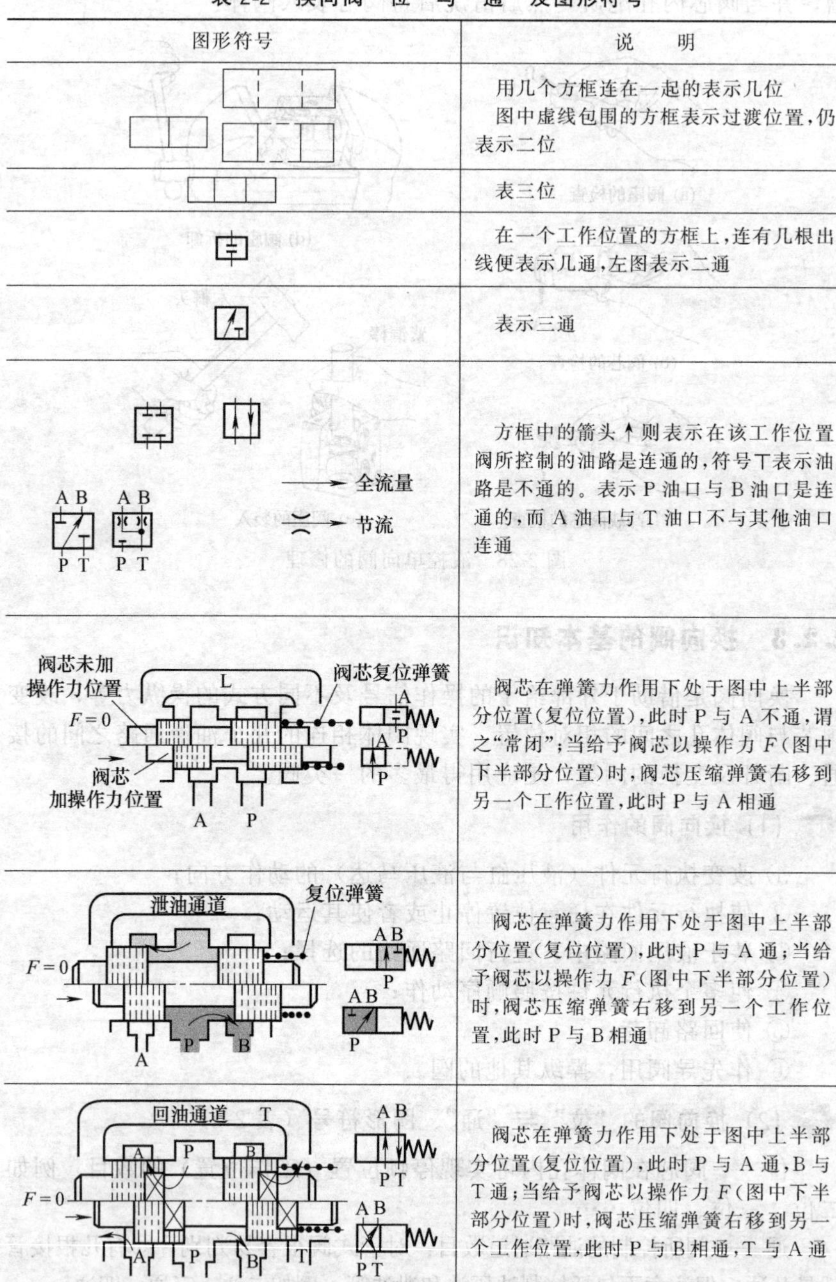

图形符号	说　明
	用几个方框连在一起的表示几位 图中虚线包围的方框表示过渡位置，仍表示二位
	表三位
	在一个工作位置的方框上，连有几根出线便表示几通，左图表示二通
	表示三通
A B　A B　P T　P T　全流量　节流	方框中的箭头↑则表示在该工作位置阀所控制的油路是连通的，符号⊥表示油路是不通的。表示 P 油口与 B 油口是连通的，而 A 油口与 T 油口不与其他油口连通
阀芯未加操作力位置　L　阀芯复位弹簧　$F=0$　阀芯　加操作力位置　A　P	阀芯在弹簧力作用下处于图中上半部分位置（复位位置），此时 P 与 A 不通，谓之“常闭”；当给予阀芯以操作力 F（图中下半部分位置）时，阀芯压缩弹簧右移到另一个工作位置，此时 P 与 A 相通
泄油通道　复位弹簧　$F=0$　A B　P　A B　P　A　P　B	阀芯在弹簧力作用下处于图中上半部分位置（复位位置），此时 P 与 A 通；当给予阀芯以操作力 F（图中下半部分位置）时，阀芯压缩弹簧右移到另一个工作位置，此时 P 与 B 相通
回油通道　T　A B　P T　$F=0$　A　P　B　A B　P T　A　P　B　T	阀芯在弹簧力作用下处于图中上半部分位置（复位位置），此时 P 与 A 通，B 与 T 通；当给予阀芯以操作力 F（图中下半部分位置）时，阀芯压缩弹簧右移到另一个工作位置，此时 P 与 B 相通，T 与 A 通

续表

图形符号	说　明
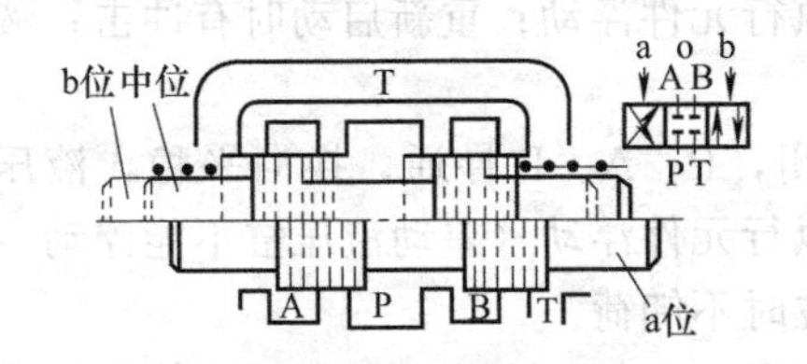	阀芯在a位置时,P与A通,B与T通 阀芯在b位置时,P与B相通,T与A通 阀芯在弹簧对中的中间位置时,A、B、P、T各油口均不通
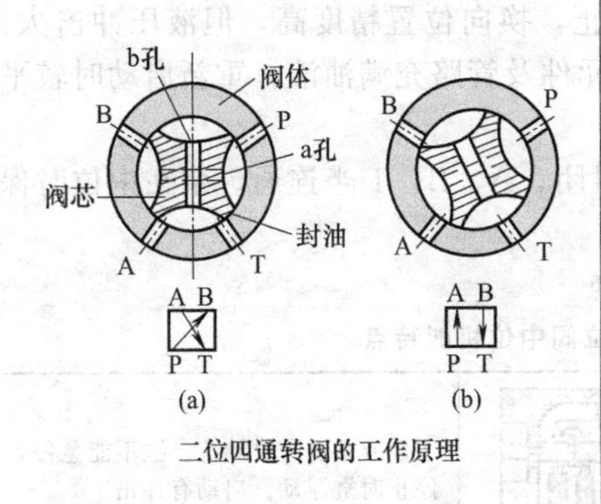二位四通转阀的工作原理	油路的接通或关闭是通过旋转阀芯(多用手动控制)中的沟槽和内部通孔(图中a与b)来实现的。当阀芯处于图中(a)的位置时,P来的压力油经阀芯沟槽再经a孔由B孔流出,即P与B相通,另外A口与T口相通,此为一工作位置;当阀芯逆时针方向旋转一定角度,P孔的油液经阀芯外圆上的封油长度隔开了B口,油液不能再通过a孔流到B口A口,而是通过a孔流向A口,即P口与A口相通,而B口则通过b孔与T口相通,实现了油路的切换
座阀式换向阀包括锥阀式和球阀式。它是利用锥形阀芯的锥面或者球形阀芯的球面压在阀座上而关闭油路,锥面或球面离开阀座则使油路接通而得名。单个锥阀式换向阀与球阀式换向阀的工作原理与单向阀相似,它们构成换向阀的工作原理详见本书后述内容及二通插装阀部分所介绍的内容 座阀式结构,密封性好,无内泄漏;同时反应速度快,动作灵敏;因为阀芯为钢球(或锥面柱塞),无轴心密封长度,换向时不会出现滑阀式那样的液压卡紧现象,可以适应高压的要求,使用压力高	

(3) 三位换向阀的中位机能

H型中位特点：中位P、A、B、T油口连通，换向平稳，液压缸冲出量大，换向位置精度低；执行元件浮动；重新启动时有冲击；液压泵在中位时卸荷。

O中位特点：中位P、A、B、T油口互不连通，液压阀从其他位置转换到中位时，执行元件立即停止，换向位置精度高，但液压冲击大；液压执行元件停止工作后，油液被封闭在阀后的管路及元件中，重新启动时较平稳；在中位时液压泵不能卸荷。

N型中位特点：中位A→T连通，泵在中位时保压，启动有冲击，换向冲击较小。

Y型中位特点：中位P口封闭，A、B、T导通。换向平稳，液压缸冲出量大，换向位置精度低；执行元件浮动；重新启动时有冲击；液压泵在中位时不卸荷。

P型中位特点：中位T口封闭，P、A、B导通。换向平稳，液压缸冲出量大，换向位置精度低；执行元件浮动（差动液压缸不能浮动）；重新启动时有冲击；液压泵在中位时不卸荷。

M型中位特点：中位P→T连通，A、B封闭。液压阀从其他位置转换到中位时，执行元件立即停止，换向位置精度高，但液压冲击大；液压执行元件停止工作后，执行元件及管路充满油液，重新启动时较平稳；在中位时液压泵卸荷。

Yx型中位特点：中位P口封闭，A、B、T半连通。泵在中位时保压，启动有冲击，换向冲击较小。

表2-3为三位阀中位机能特点。

表2-3　三位阀中位机能特点

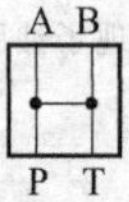 A B P T	中位连通	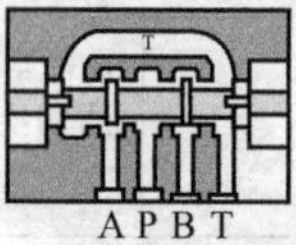 T A P B T	泵或系统中位卸荷。缸不能急停，停止时缸浮动。启动有冲击
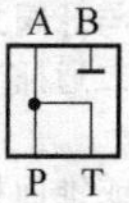 A B P T	中位 P-A-T连接	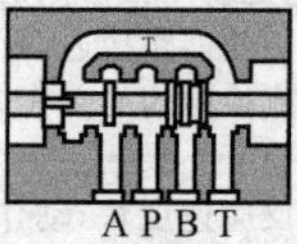 T A P B T	泵中位卸荷。缸能急停，启动略有冲击
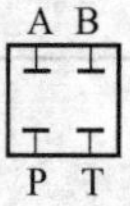 A B P T	中位互不通	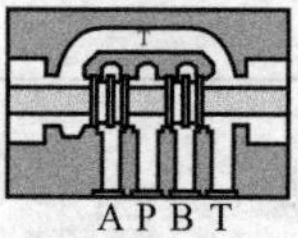 T A P B T	泵与系统中位保压多缸互不干涉。换向冲击大
 A B P T	中位 A-T连通	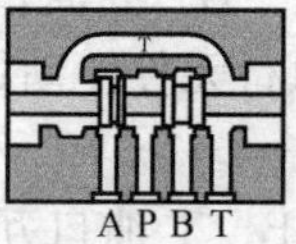 T A P B T	泵中位保压，A腔卸荷。启动有冲击。换向冲击较小
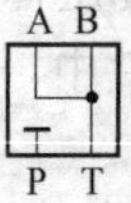 A B P T	中位 A-B-T连通	 T A P B T	泵保压，系统载荷。停机时缸有浮动、换向冲击小，启动冲击大

续表

A B P T	中位 P-A-B 连通	T A P B T	系统中位保压，但差动缸中位停不住。换向冲击和启动冲击均小
A B P T	中位 P-T 通	T A P B T	泵中位卸荷，多缸系统彼此干涉。换向冲击小
A B P T	中位 A-B-T 半连通	T A P B T	泵中位保压，系统中位卸荷。换向冲击小，启动冲击略大

2.2.4 电磁阀的维修

(1) 电磁阀的工作原理

① 二位电磁阀的工作原理　如图 2-29 所示，图中（a），当电磁铁断电时，阀芯处于右位，P→B，A→T，油缸左行；反之当电磁铁通电时，阀芯处于右位，P→A，B→T，油缸右行。

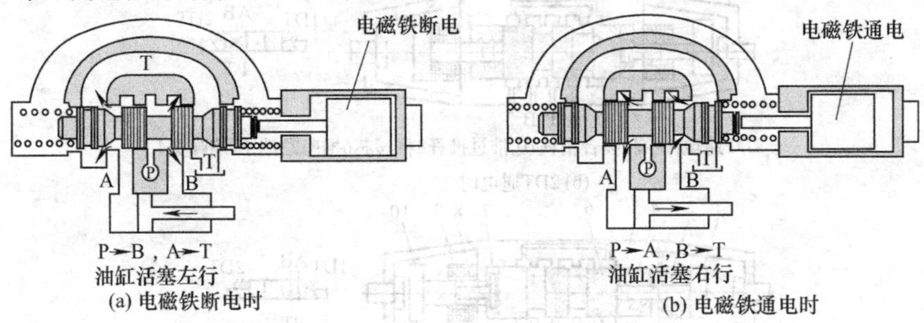

图 2-29　二位电磁阀的工作原理

② 三位电磁阀的工作原理　如图 2-30 所示，图中（a）为当安装在阀体 5 两端的电磁铁 1DT 与 2DT 均不通电时，阀两端的对中弹簧 7 与 4 使阀芯（三个台肩）处于中间位置，阀芯三个台肩与沉割槽的遮盖关系，使 P、A、B、T 彼此之间均不沟通。

用三位（三个方框）中的 AB/PT 表示，中间方框表示中位。

图中（b）表示当电磁铁 2DT 通电时，线圈 9 吸合衔铁（可动铁芯）10，并通过推杆 8，顶推阀芯 6 左移，压缩弹簧 4，将阀芯推向左端，从图中阀芯台肩与阀体孔相互位置关系看出，此时 P 与 B 沟通，A 与 T 沟通，用“三位”方框中右边的方框表示此时的通路状况，用图形符号 A B P T 表示，当电磁铁 2D1，断电时，依靠复位对中弹簧 4 的弹力，使阀芯 6 回复到图（a）所示的位置；而如果继续通电，则阀右位工作，这里的“右位”是指图形符号而言，而实际阀芯位置都在左位，在分析电磁阀及液压系统故障时须特别注意。

图中（c）表示电磁铁 1DT 通电时的工作状态，此时线圈 2 吸合衔铁 1，通过推杆 3 将阀芯 6 推向阀孔右边，此时 P 与 A 沟通，B 与 T 沟通，用“三位”的三个方框中左边的方框（紧靠电磁铁 1DT）表示；其通路状况用符号 A B P T 表示，当电磁铁断电或继续通电，情况与上同。

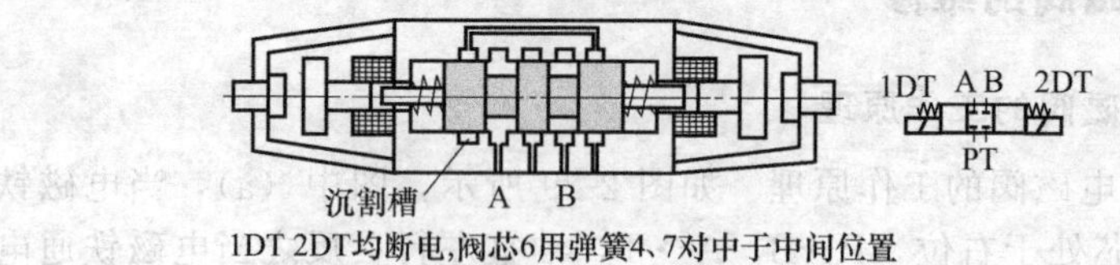

1DT 2DT均断电,阀芯6用弹簧4、7对中于中间位置

(a) 1DT 2DT均断电,中位时

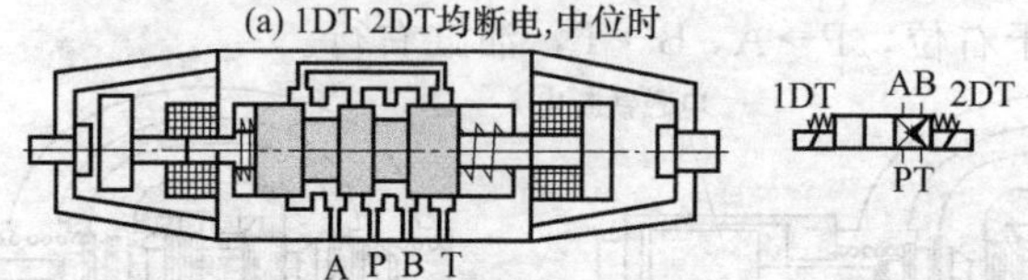

2DT通电,线圈9吸合衔铁10,推过推杆8将阀芯6推向左端,压缩弹簧4

(b) 2DT通电时

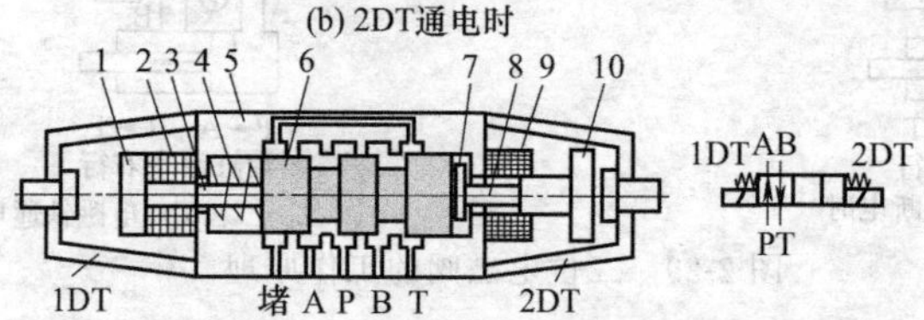

1DT通电线圈2吸合衔铁1,通过推杆3将阀芯6推向右端,压缩弹簧7

(c) 1DT通电

图 2-30 三位电磁阀的工作原理

1,10—衔铁；2,9—线圈；3,8—推杆；4,7—对中弹簧；5—阀体；6—阀芯

(2) 电磁阀的结构例

图 2-31 为美国伊顿-威格士公司产 F3-DG4V-3-◇-△-M-※…型电磁阀的结构例。

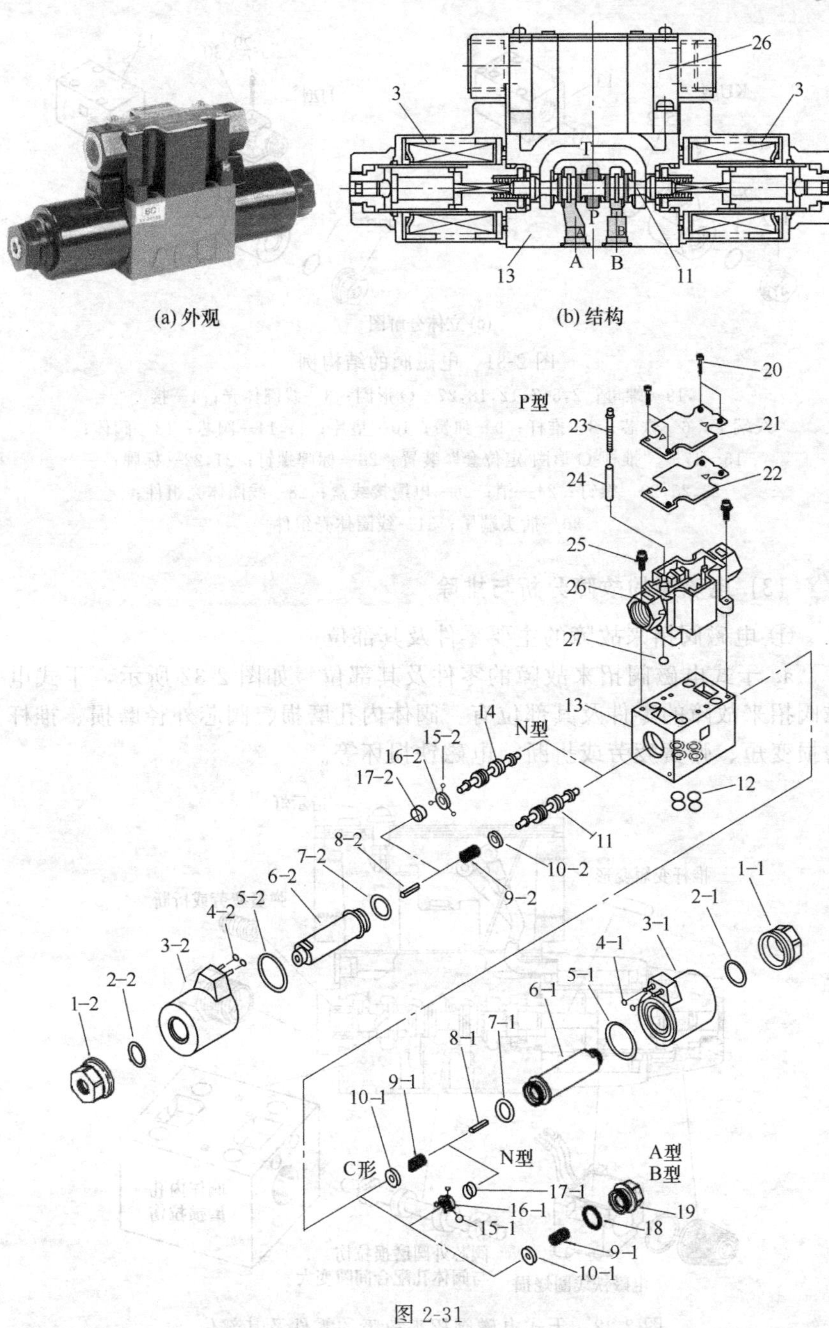
26
3
3
T
P
A
B
13
11
(a) 外观
(b) 结构
P型
20
23
21
24
22
25
26
27
13
14
N型
15-2
16-2
17-2
12
11
8-2
10-2
7-2
9-2
6-2
5-2
4-2
1-1
2-1
3-2
3-1
2-2
4-1
1-2
5-1
6-1
7-1
8-1
9-1
10-1
N型
A型
B型
C形
17-1
19
16-1
15-1
18
9-1
10-1

图 2-31

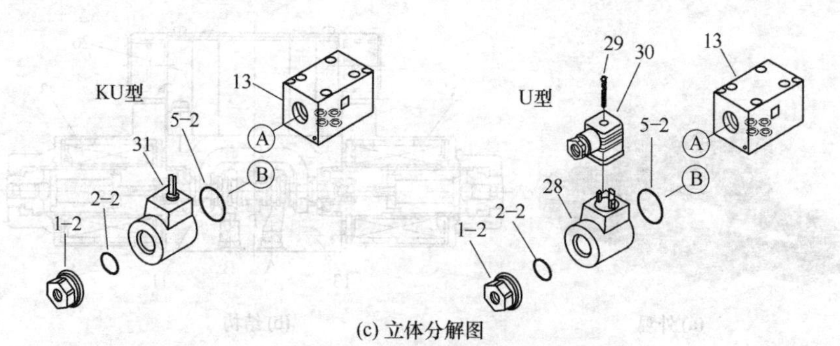

(c) 立体分解图

图 2-31　电磁阀的结构例

1,19—螺母；2,5,7,12,18,27—O 形圈；3—线圈体壳；4—接线端子；6—铁芯；8—推杆；9—弹簧；10—垫片；11,14—阀芯；13—阀体；15～17—“推杆-O 形圈-定位套”装置；20—标牌螺钉；21,22—标牌；23,25,29—螺钉；24—销；26—电缆接线盒；28—线圈体壳组件；30—插头端子；31—线圈体壳组件

(3) 电磁阀的故障分析与排除

① 电磁阀招来故障的主要零件及其部位

a. 干式电磁阀招来故障的零件及其部位　如图 2-32 所示，干式电磁阀招来故障的零件及其部位有：阀体内孔磨损、阀芯外径磨损、推杆磨损变短、弹簧疲劳或折断、电磁铁损坏等。

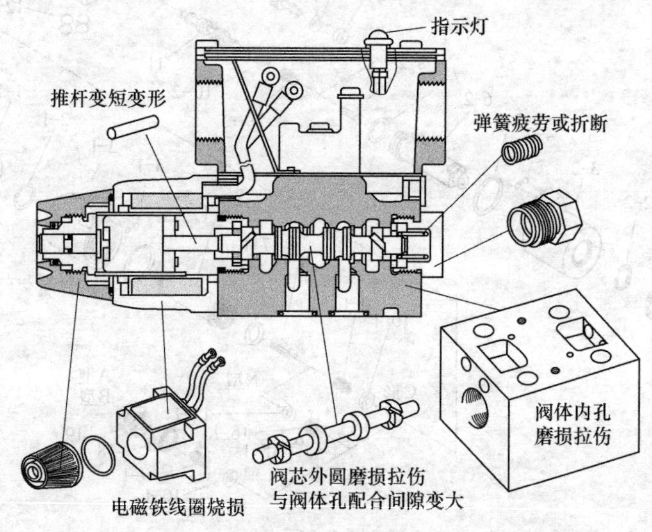

图 2-32　干式电磁阀招来故障的零件及其部位

b. 湿式电磁阀招来故障的零件及其部位　如图 2-33 所示，湿式电磁阀易出故障的零件及其部位有：阀体内孔磨损、阀芯外径磨损、弹簧疲劳或折断、推杆磨损变短、电磁铁损坏等。

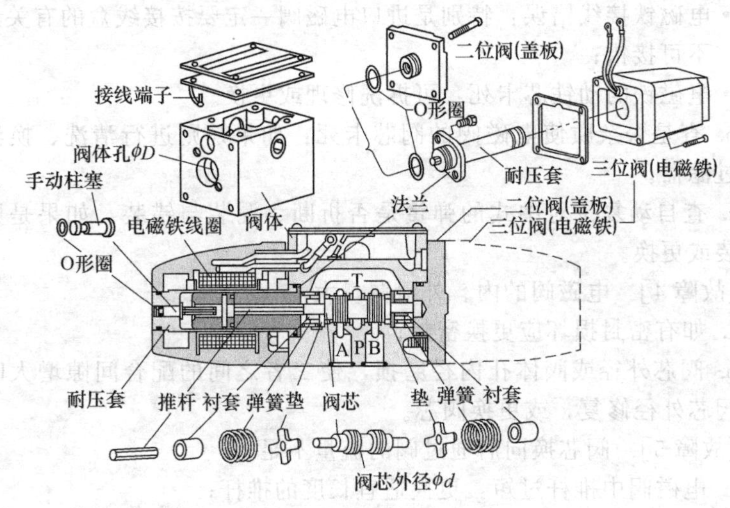

图 2-33　湿式电磁阀结构与组成的主要零件

② 电磁阀的故障分析与排除

[故障 1]　交流电磁铁发热厉害且经常烧掉

a. 查电磁铁本身：线圈绝缘不好时更换；电磁铁铁芯不合适，吸不住时更换；电压太低或不稳定，电压的变化值应在额定电压的±10%以内；

b. 查负载是否超载：换向压力超过规定时降低压力；换向流量超过规定时更换通径大一挡的电磁阀；回油口背压过高时调整背压使其在规定值内。

[故障 2]　交流电磁铁发叫，有噪声

a. 查推杆是否过长：过长时修磨推杆到适宜长度；

b. 查电磁铁铁芯接触面是否不平或接触不良：消除故障，重新装配达到要求。

[故障 3]　电磁阀不换向或换向不可靠

a. 查电磁铁故障：

• 电磁铁（多为交流干式电磁铁）线圈烧坏：检查原因，重绕线圈，进行修理或更换；

•电磁铁推动力不足或漏磁：检查原因，进行修理或更换；

•电气线路出故障：例如电路不能通电，可查明原因，消除故障；

•电磁铁接线错误：特别是进口电磁阀一定要按接线盒的有关说明接线，不可接错；

•电磁铁的动铁芯卡死：可拆洗修理或更换。

b. 查是否杂质使电磁阀的阀芯卡死：如果是则进行清洗、换油并清洗过滤器。

c. 查自动复位对中式的弹簧是否折断、漏装与错装：如果是则予以补装或更换。

[故障 4] 电磁阀的内、外泄漏量大

a. 如有密封损坏应更换密封；

b. 阀芯外径或阀体孔内径磨损，使二者之间的配合间隙增大时可刷镀阀芯外径修复，或更换阀芯。

[故障 5] 阀芯换向后通过阀的流量不足

a. 电磁阀中推杆过短：更换适宜长度的推杆；

b. 阀芯与阀体几何精度差，间隙过小，移动时有卡死现象，故不到位：应配研达到要求；

c. 弹簧太弱，推力不足，使阀芯行程不到位：应更换适宜的弹簧。

(4) 维修中的几个技巧

[技巧 1] 用吹气判断电磁阀的中位职能

① 有设备说明书和实物有标牌者，可按说明书和标牌判断。如二者皆无，则需用其他方法判定。

② 用吹气或灌油的方法检查。电磁阀阀体上，多铸有 P、A、B、T 字样；板式阀安装面上按一定形状和尺寸排列着 P、A、B、T 各孔，这些孔的排列尺寸均已国际标准化。图 2-34 和图旁尺寸例表为通径 4、6、10、16 的各国按标准化尺寸生产的板式电磁阀的连接底板尺寸，阀底板上则与此反向。弄清楚 P、A、B、T 各孔位置，便可用吹气或灌油的方法判断出三位电磁阀的中位机能，下面以通径为 $\phi16$ 的电磁阀为例来说明这一方法。

a. 吸一口香烟（或用压缩空气）用吸饮料的塑料管将气从 P 孔吹入（或灌油），可根据底面其他油口有否烟气（或油液）冒出，决定国

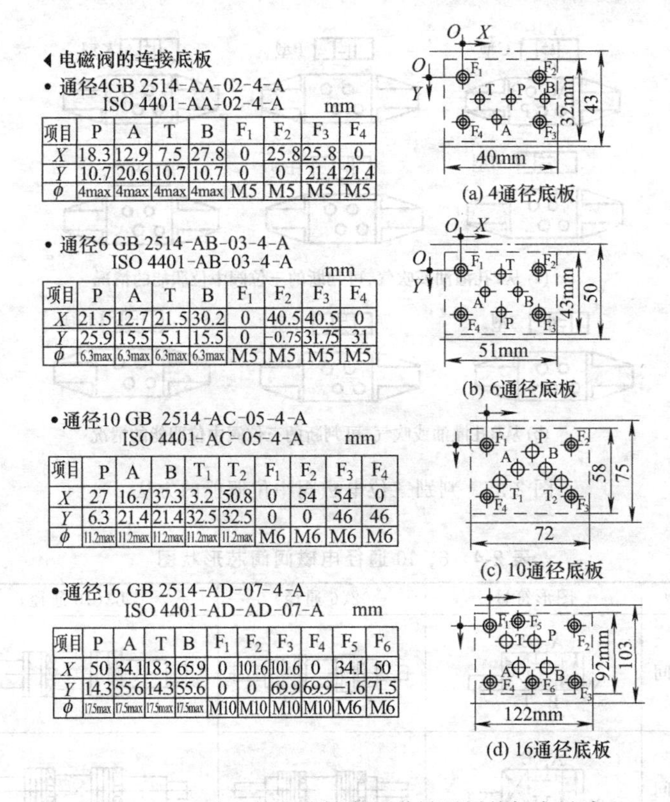

◀电磁阀的连接底板

• 通径4GB 2514-AA-02-4-A
ISO 4401-AA-02-4-A　　mm

项目	P	A	T	B	F_1	F_2	F_3	F_4
X	18.3	12.9	7.5	27.8	0	25.8	25.8	0
Y	10.7	20.6	10.7	10.7	0	0	21.4	21.4
ϕ	4max	4max	4max	4max	M5	M5	M5	M5

• 通径6 GB 2514-AB-03-4-A
ISO 4401-AB-03-4-A　　mm

项目	P	A	T	B	F_1	F_2	F_3	F_4
X	21.5	12.7	21.5	30.2	0	40.5	40.5	0
Y	25.9	15.5	5.1	15.5	0	-0.75	31.75	31
ϕ	6.3max	6.3max	6.3max	6.3max	M5	M5	M5	M5

• 通径10 GB 2514-AC-05-4-A
ISO 4401-AC-05-4-A　　mm

项目	P	A	B	T_1	T_2	F_1	F_2	F_3	F_4
X	27	16.7	37.3	3.2	50.8	0	54	54	0
Y	6.3	21.4	21.4	32.5	32.5	0	0	46	46
ϕ	11.2max	11.2max	11.2max	11.2max	11.2max	M6	M6	M6	M6

• 通径16 GB 2514-AD-07-4-A
ISO 4401-AD-AD-07-A　　mm

项目	P	A	T	B	F_1	F_2	F_3	F_4	F_5	F_6
X	50	34.1	18.3	65.9	0	101.6	101.6	0	34.1	50
Y	14.3	55.6	14.3	55.6	0	0	69.9	69.9	-1.6	71.5
ϕ	17.5max	17.5max	17.5max	17.5max	M10	M10	M10	M10	M6	M6

(a) 4通径底板

(b) 6通径底板

(c) 10通径底板

(d) 16通径底板

图 2-34　四种通径电磁阀底面世界通用的标准尺寸

产阀是否为P、C、K、M、H、O型（进口阀可对照出其机能）。例如从P孔灌油，A孔有油液冒出，结合从其他孔灌油的情况可决定该阀中位机能为C型［图2-35（a）］。管式阀则查看各螺纹接口的字母标记区分P、A、B、T各油口。

b. 从B孔吹气或灌油，结合从其他孔吹气或灌油的导通情况，可决定是否为J、Y、P型等中位机能［图2-35（b）］。

c. 对于其他通径的阀，油口P、A、B、T等排列形状不同，但判定机能所用的吹气方法相同，可参照执行。

［技巧2］　用阀芯形状尺寸判断电磁阀的中位职能

根据修理时拆下来的阀芯形状也可判断电磁阀的机能，例参阅表2-4所列的美国威格三位阀电磁阀阀芯形状尺寸对应的机能图。利用它可判断三位阀中位职能的情况。

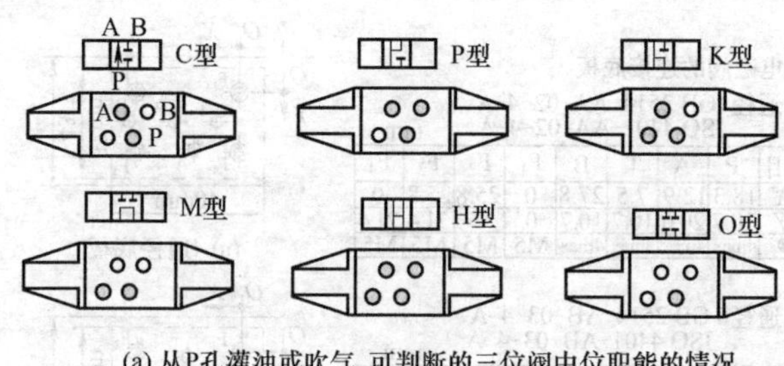

(a) 从P孔灌油或吹气,可判断的三位阀中位职能的情况

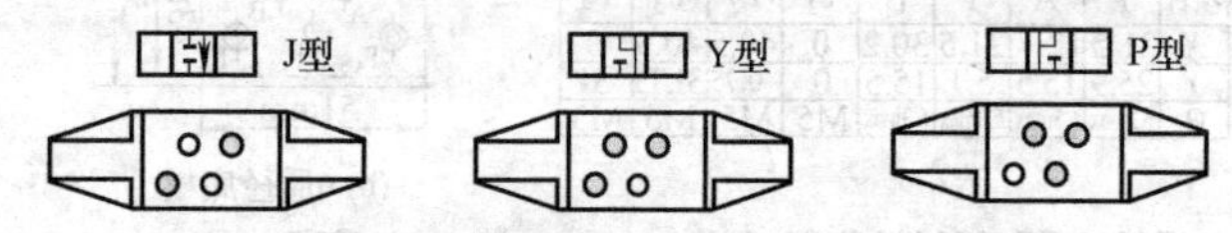

(b) 从B孔灌油或吹气,可判断的三位阀中位职能的情况

图 2-35 判别三位电磁阀中位职能的方法

表 2-4 6，10 通径电磁阀阀芯形状图

阀芯类型	图形符号	02(6 通径)	03(10 通径)
2B2（二位，瞬间中位闭）	A B P T		
2B3（二位，瞬间中位通）	A B P T		
2B8（二位单通，瞬间中位闭）	A B P T		
2D2（二位，瞬间中位闭，带定位）	A B P T		
2D3（二位，瞬间中立通，带定位）	A B P T		
3C2（三位，中位闭）	a A B P T		

续表

阀芯类型	图形符号	02(6 通径)	03(10 通径)
3C3（三位，中位通）			
3C4（三位，中位ABT 通）			
3C5（三位，中位APT 通）			
3C60（三位，中位PT 通）			
3C8（三位单通，中位闭）			
3C9（三位，中位ABP 通）			
3C10（三位，中位BT 通）			
3C12（三位，中位AT 通）			

续表

阀芯类型	图形符号	02(6通径)	03(10通径)
3C9 (三位,中位 ABP通)	 A B a b P T	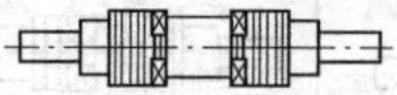	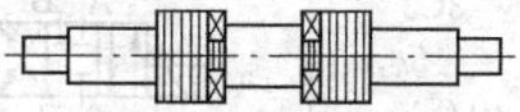
3C10 (三位,中位 BT通)	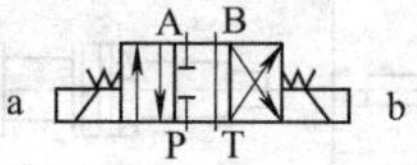 A B a b P T	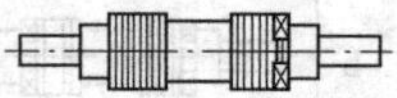	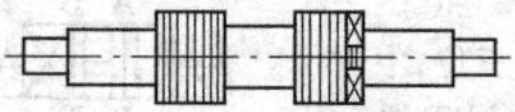
3C12 (三位,中位 AT通)	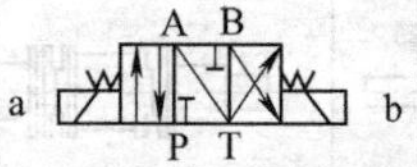 A B a b P T	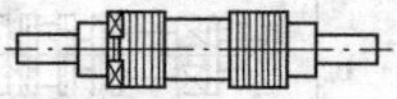	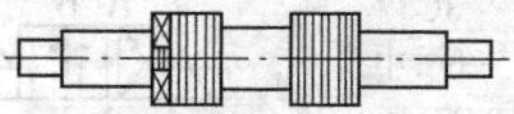

[技巧3]　用不锈钢电焊条作推杆

电（液、磁）换向阀使用一段时间后推杆会因磨损变短，这会影响阀的换向性能。此时可用不锈钢电焊条（例如 ϕ5mm 的电焊条）去皮，用金相砂纸砂光后按要求长度切断便可代用原推杆，顶多在无心磨床上按推杆尺寸要求，对外径稍微磨去 0.2～0.3mm 便可用，方便快捷。

2.2.5　液动换向阀与电液动换向阀的维修

(1) 液动换向阀与电液动换向阀的工作原理

① 液动换向阀的工作原理　液动换向阀的工作原理见图 2-36 所示：当从 X 口通入控制压力油，经盖 3 与阀体 1 内部 X 通道，再经顶盖 15 与端盖 3 进入阀芯 2 左端的弹簧腔，作用在阀芯左端端面上，产生的液压力压缩阀芯右端的弹簧 5′，推动阀芯右移，这时主油路 P 与 B 通，A 与 T 通，阀芯右端的控制回油经 Y 通道及 Y 口流回油箱；反之，当控制压力油从 Y 口进入，则主阀芯 2 压缩弹簧 5 左移，此时 P 与 A 通、B 与 T 通；若 X 口与 Y 口均未通入压力油，即都与油箱相通，则阀芯在两端弹簧 5 与 5′的作用下复中位（对中）而实现阀的中位机能。图中中位为 P、A、B、T 均互不相通的情况。选择阀芯台肩不同轴向尺寸，可构成其他形式的中位机能的阀。

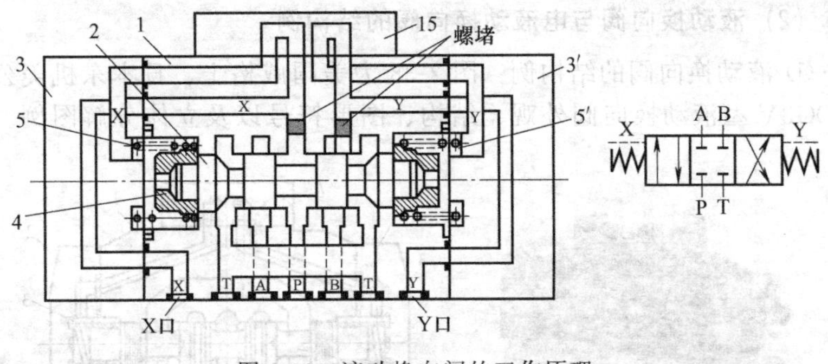

图 2-36　液动换向阀的工作原理

② 电液动换向阀的工作原理（图 2-37）　如果在液动换向阀的顶部安装一小容量的电磁换向阀作为先导控制阀，通过电磁换向阀引入控制油来控制大流量（大通径）的液动换向阀（主阀）的阀芯的换位，这就是电液动换向阀。电液动换向阀既解决了大流量的换向问题，又保留了电磁阀可用电气来操纵实现远距离控制的优点。

因此电液换向阀由两部分构成：先导级——电磁阀，主级——液动阀。即将图 2-36 中的顶盖 15 拿掉，换上一电磁阀便成。控制压力油由电磁阀的 P 孔引入，功率油口 A 和 B 分别与液动阀主阀芯两端的控制腔——X 腔与 Y 腔相连，通过先导电磁阀的换向，改变着控制压力油从 X 腔（通先导阀 B 孔）或是从 Y 腔（通先导阀 A 腔）进入，便可推动主阀芯左右移动而换向，实现主油口 P、A、B、T 之间的不同相通状况。

电液换向阀的工作原理是电磁阀与液动换向阀的综合。

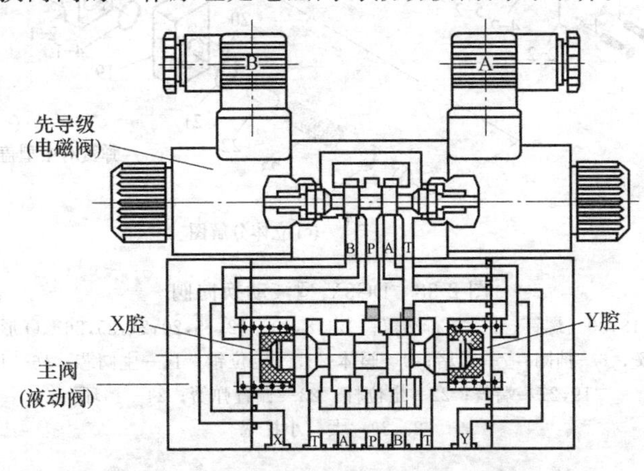

图 2-37　电液动换向阀的工作原理

(2) 液动换向阀与电液动换向阀的结构例

① 液动换向阀的结构例　图 2-38 为美国威格士、日本东机美公司产 DG3V 型液动换向阀外观、结构、图形符号以及立体分解图例。三

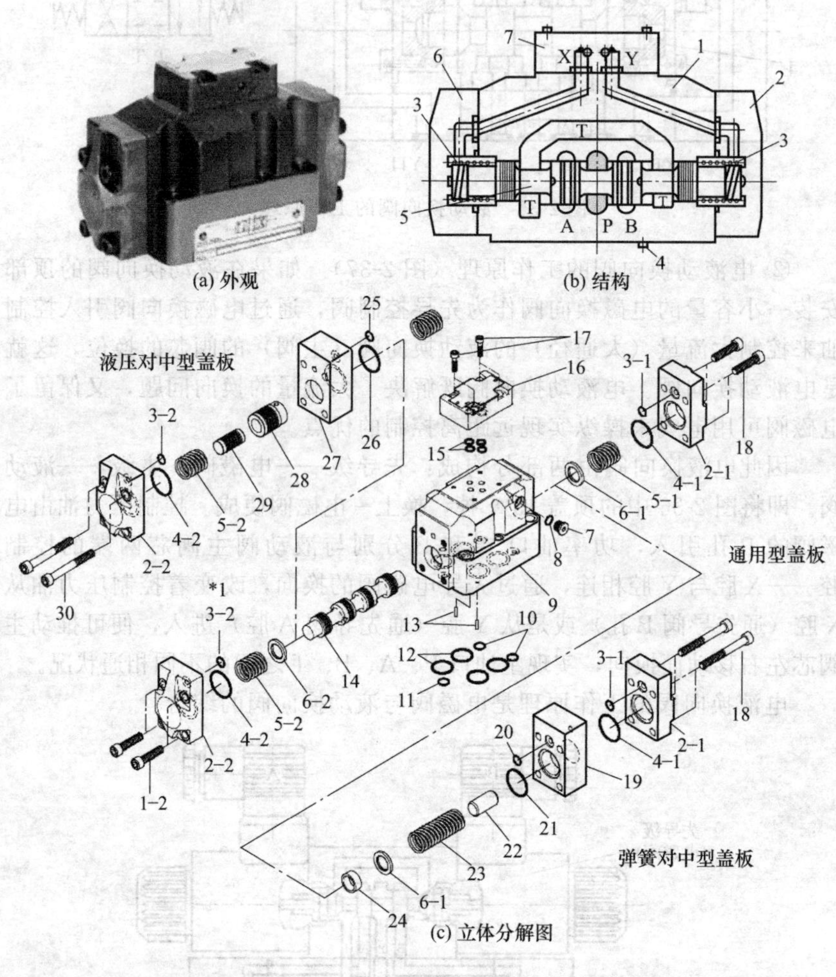

(a) 外观　(b) 结构

(c) 立体分解图

图 2-38　DG3V 型液动换向阀

1,17,18,30—螺钉；2—左右端盖；3,4,8,10～12,15,20,21,25,26—O 形圈；5—弹簧；6—挡圈；7—螺堵；9—阀体；13—定位销；14—主阀芯；16—顶盖；19,27—端盖；22—定位杆；23—偏置弹簧；24—挡环；28,29—大、小柱塞

位有普通型（弹簧对中型）和液压对中型两类，二位液动换向阀常见为弹簧偏置型。顶盖与阀体之间可装单或双向阻尼调节器，以控制阀芯的换向时间，防止换向冲击。

② DG5V型电液阀的结构例 电液动换向阀分为弹簧偏置式（二位阀）、弹簧对中式（三位阀）、液压对中（三位阀）与无弹簧机械定位等种类。

如图2-39所示为美国伊顿-威格士产的DG5V型电液阀的结构例，与液动换向阀不同之处是将图2-38中的顶盖换成一先导电磁阀而已。

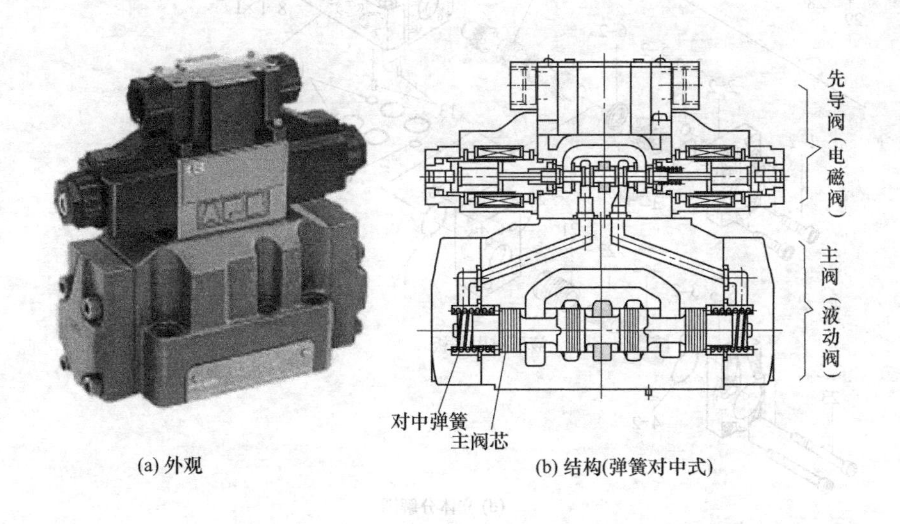

(a) 外观　　(b) 结构(弹簧对中式)

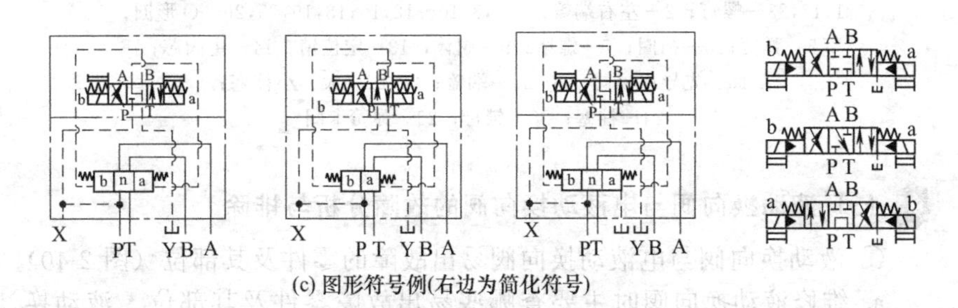

(c) 图形符号例(右边为简化符号)

图 2-39

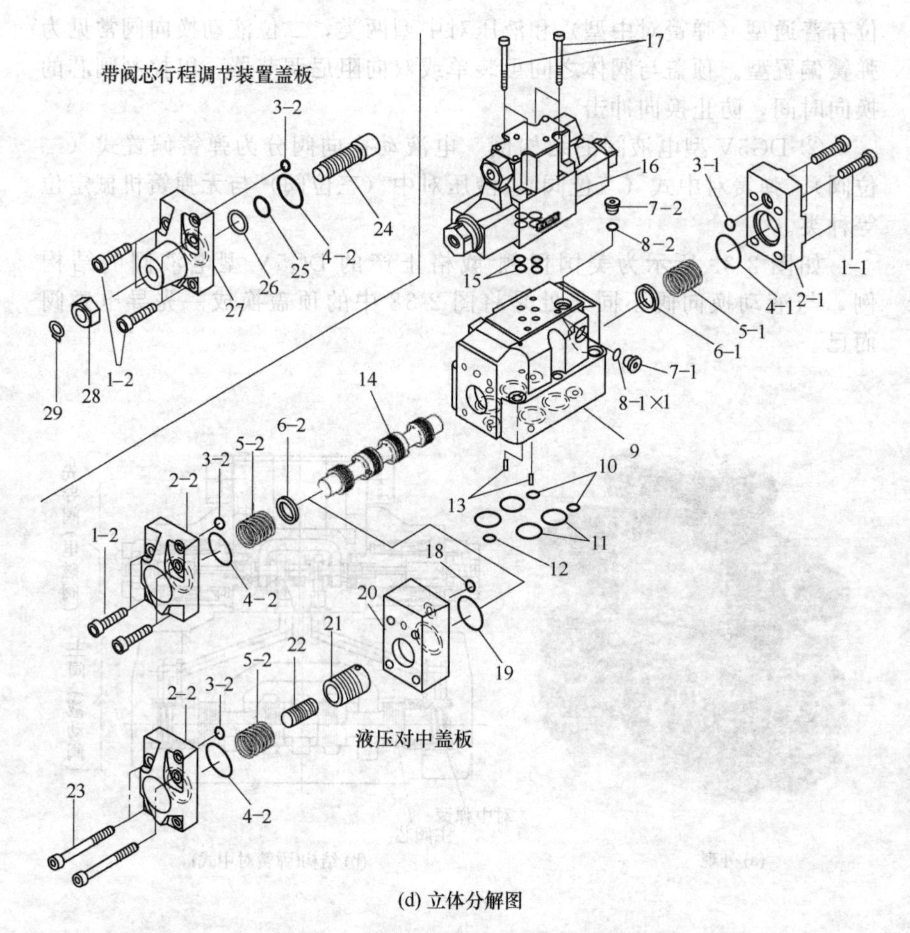

(d) 立体分解图

图 2-39 DG5V-※-□△型电液阀

1,17,23—螺钉；2—左右端盖；3,4,8,10～12,15,18,19,25,26—O 形圈；5—弹簧；6—挡圈；7—螺堵；9—阀体；13—定位销；14—主阀芯；16—先导电磁阀；20,27—端盖；21,22—大、小柱塞；24—柱塞；28—锁母；29—弹簧卡圈

(3) 液动换向阀与电液动换向阀的故障分析与排除

① 液动换向阀与电液动换向阀易出故障的零件及其部位（图 2-40）

a. 维修液动换向阀时主要查哪些易出故障零件及其部位　液动换向阀易出故障的零件有：主阀体、主阀芯、对中弹簧等。

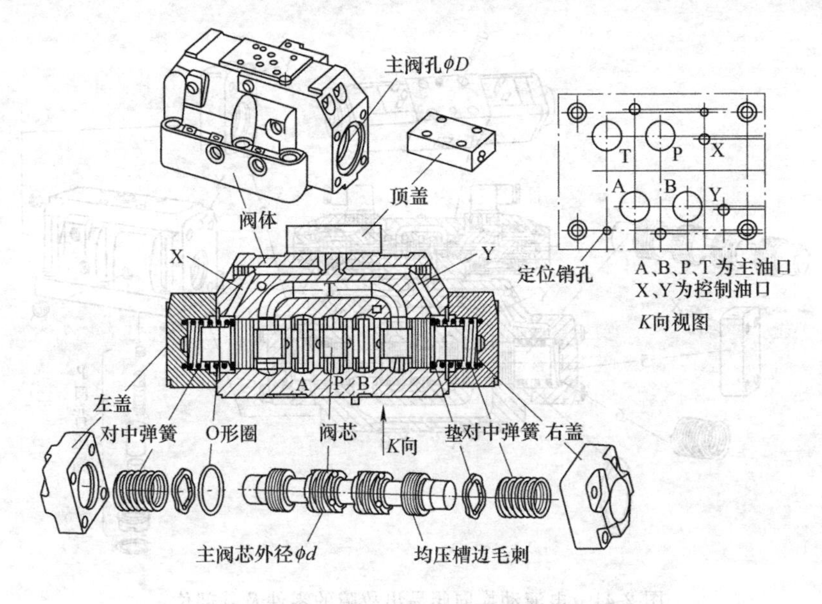

图 2-40　液动换向阀易出故障的零件及其部位

b. 维修电液动换向阀时主要查哪些易出故障零件及其部位（图 2-41）　电液动换向阀易出故障的零件有：先导电磁阀、主阀体、主阀芯、对中弹簧等。

② 液动换向阀与电液动换向阀的故障分析与排除

［故障 1］　不换向或换向不正常

a. 控制油路无控制油流入

• 先导电磁阀 3（图 2-41）未换向：检查原因并消除；

• 控制油路 X 或 Y 被堵塞：检查清洗，并使控制油路畅通；

• 先导电磁阀故障：例如阀芯与阀体因零件几何精度差、阀芯与阀孔配合过紧、油液过脏等原因卡死；弹簧漏装、折断、疲劳弯曲等使滑阀芯不能复位。修理配合间隙达到要求，使阀芯移动灵活；过滤或更换油液，查明原因予以排除。

b. 控制油路虽有油进入但控制油的压力不够

• 阀端盖处漏油；

• 滑阀排油腔一侧（例如图 2-41 中的 Y 口）节流阀调节得过小或被污物堵死：清洗节流阀并适当调整。

c. 主阀芯卡死，不移位

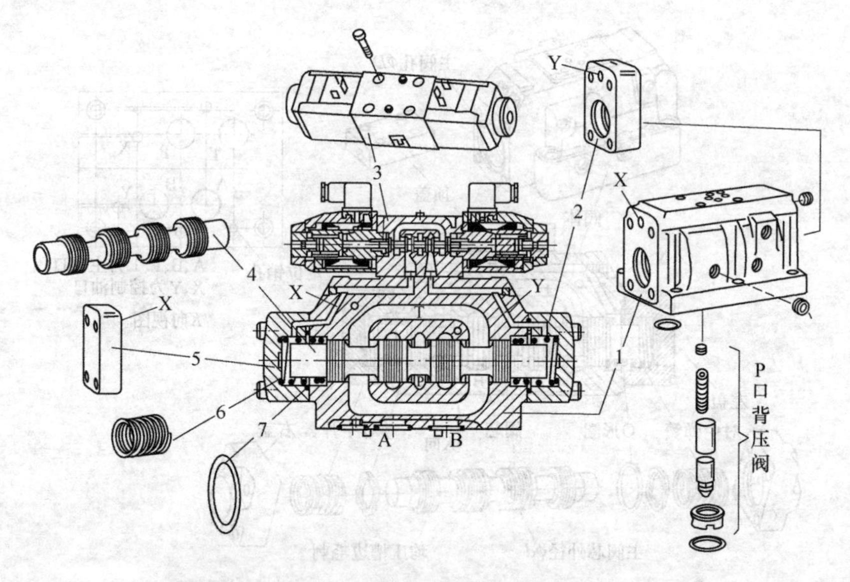

图 2-41　电液动换向阀易出故障的零件及其部位

1—主阀体；2—右阀盖；3—先导电磁阀；4—主阀芯；5—左阀盖；6—复位对中弹簧；7—O 形圈

• 主阀芯与主阀体几何精度差：修理配研间隙达到要求；

• 主阀芯与主阀孔配合太紧：修理配研间隙达到要求；

• 主阀芯表面有毛刺：清除毛刺，冲洗干净；

• 复位对中弹簧不符合要求：弹簧力过大、弹簧弯曲变形、弹簧断裂等原因，致使主阀芯不能复位或移位时，须更换适宜的弹簧。

d. 阀安装不良、阀体变形

• 板式阀安装螺钉拧紧力矩不均匀、过大造成阀体变形：重新紧固螺钉，并使之受力均匀，最好用力矩扳手按规定的力矩值拧紧螺钉。

• 管式阀阀体上连接的管子“别劲”：重新安装。

e. 油液变质或油温过高

• 油液过脏使阀芯卡死：过滤或更换；

• 油温过高，使零件产生热变形，而产生卡死现象：检查油温过高原因并消除；

• 油温过高，油液中产生胶质，粘住阀芯而卡死：清洗、消除油温过高；

• 油液黏度太高，使阀芯移动困难而卡住：更换适宜的油液。

［故障 2］　换向时发生冲击振动

在先导电磁阀与主液动换向阀之间装一双单向节流阀［图 2-42 (a)］，可对电液动换向阀（液动换向阀无顶部电磁阀）主阀芯的换向速度进行控制，防止换向冲击；主阀（液动换向阀）两端的行程调节螺钉可调节主阀芯行程的大小，从而控制主阀芯各油口阀的开口量与遮盖量的大小，达到对流过阀口的流量控制。

a. 液动换向阀和电液阀，因控制流量过大，阀芯移动速度太快而产生冲击：调小节流阀节流开口大小减慢阀芯移动速度，从而减弱换向时发生冲击振动；

b. 当单向节流阀中的单向阀钢球漏装或钢球破碎，不起阻尼作用：检修单向节流阀；

c. 电液阀中固定电磁铁的螺钉松动：紧固螺钉，并加防松垫圈。

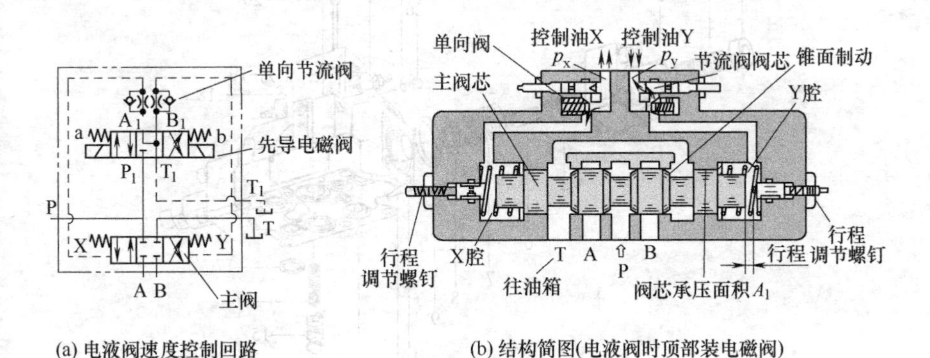

(a) 电液阀速度控制回路　　(b) 结构简图(电液阀时顶部装电磁阀)

图 2-42　液动换向阀换向速度调节

［故障 3］　阀芯换向速度调节失灵（参阅图 2-43 和图 2-42）

如果出现主阀芯换向速度调节失灵，则可能是因下述原因，据此可做出处理：

a. 单向阀封闭性差时进行修理或更换；

b. 节流阀加工精度差，不能调节最小流量时修理或更换；

c. 排油腔阀盖处漏油时更换密封件，拧紧螺钉；

d. 针形节流阀调节性能差时改用三角槽节流阀。

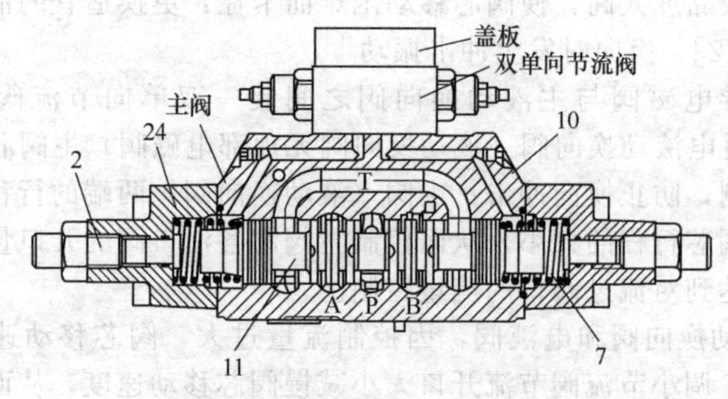

(a) 液动换向阀顶部加装双单向节流阀

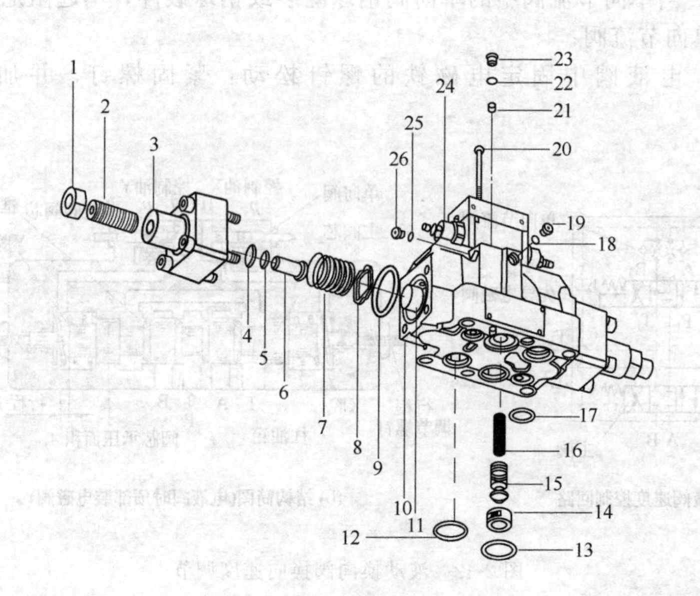

(b) 局部解剖图

图 2-43　液动换向阀的换向速度控制

1—锁母；2—行程调节螺钉；3—左盖；4,5,9,12,13,17,18,22,25—O 形圈；6—柱塞；7—对中弹簧；8—垫圈；10—主阀体；11—主阀芯；14—阀座；15—背压阀阀芯；16—弹簧；19,23,26—螺塞；20—螺钉；21—塞子；24—双单向节流阀

2.3 压力阀的维修

在液压系统中，执行元件向外做功，输出力、输出转矩，不同情况下需要油液具有大小不同的压力，以满足不同的输出力和输出转矩的要求。为了使液压系统适应各种需要，就要对液流的压力进行控制，这样就产生了各种类型的压力控制阀，用来控制和调节液压系统压力的高低。按其功能和用途不同，压力控制阀可分为溢流阀、减压阀、顺序阀和压力继电器等。例如溢流阀用来防止系统过载或为了保持系统压力恒定；为了使同一液压泵能以不同压力供给几个执行机构使用的有减压阀等。

从工作原理来看，所有压力控制阀都是利用油压力对阀芯产生推力与弹簧力平衡在不同位置上，以控制阀口开度来实现压力控制。

2.3.1 溢流阀的维修

溢流阀是构成液压系统不可缺少的阀类元件，通过溢流阀的溢流，调节和限制液压系统的最高压力，起“调压”“限压”以及安全保护的作用。

在定量泵作动力源的液压系统中，为了满足工作负载的需要，液压系统需要一定大小的压力值，系统需要“调压”，即需要确定液压泵的最高使用工作压力；另外，当执行元件不需要那么多的流量时，而定量泵供给的流量一定，只有通过溢流阀，溢去多余的油液并将其排回油箱，否则因为流量多余系统压力会升得很高，因此，在定量泵液压泵源系统中，溢流阀起“调压”“限压”“溢流”作用。

在变量泵作动力源的液压系统中，泵的流量一般随负载可改变，不太会有多余流量，只在压力超过某一预先调定的压力时，溢流阀才打开溢流，使系统压力不再升高，保护系统，避免过载，起安保作用，此时的溢流阀便称之为“安全阀”。

电磁溢流阀是由一小规格的电磁换向阀和先导式溢流阀组合而成的一种组合阀。作为先导阀的电磁换向阀可采用二位二通、二位四通和三位四通等。作为主阀的先导式溢流阀有采用三节同心的，也有采用二节同心的。电磁溢流阀在系统中的作用是：当电磁阀通电（或断电）时起卸荷的作用，当电磁铁断电（或通电）时起溢流阀。还可用于多级压力控制。

松开锁紧螺母，转动压力调整旋钮能够调整压力。顺时针转压力增高，逆时针转压力降低。

(1) 溢流阀的工作原理

① 直动式溢流阀的工作原理　直动式溢流阀按阀芯的形状可分为球阀式、圆柱滑阀式、圆柱锥阀式等各种形式，如图 2-44 所示。

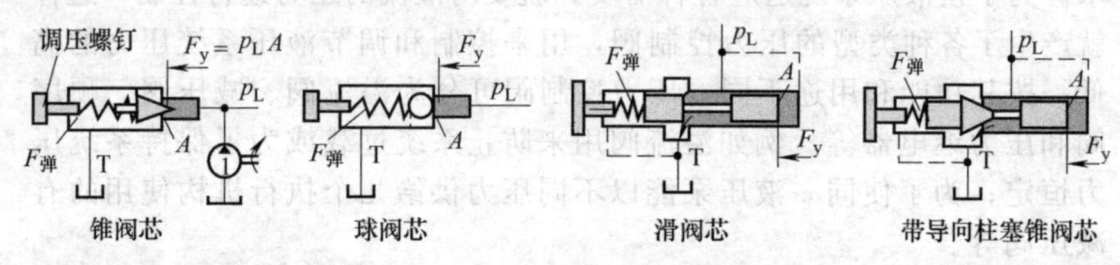

图 2-44　直动式溢流阀阀芯的形状

直动式溢流阀，直接利用液压力 F_y 与弹簧力 $F_{弹}$ 相平衡，以控制阀芯的启闭动作，从而保证进油口压力基本恒定。

如图 2-45 所示，当压力油从 P 口进入作用在上锥阀芯（或球）上时，设阀芯承压面积为 A，则压力油 p 作用于阀芯上的向右的力为 pA，调压弹簧 2 作用于阀芯上的力（方向向下）为 F_s。若忽略阀芯的自重和摩擦力，则阀芯上的受力平衡方程为：

$$pA = F_s$$

图中（a）当系统中压力低于弹簧调定压力（$pA \leqslant F_s$）时，锥阀芯关闭，不起溢流作用；图中（b）当系统中压力超过弹簧所调整的压力（$pA \geqslant F_s$）时，锥阀被打开，油经溢流阀回油口回油箱。这种溢流阀称为直接动作式溢流阀。顺时针方向或逆时针方向转动手柄 4 可对压力进行升压或降压调节。

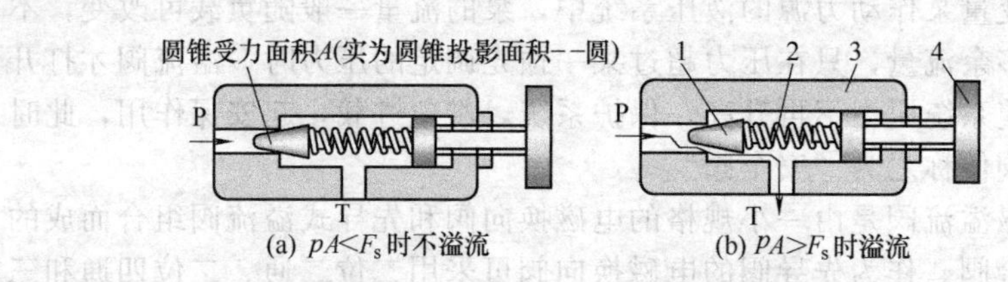

图 2-45　直动式溢流阀的工作原理

1—阀芯；2—调压弹簧；3—阀体；4—调压手柄螺钉

圆柱滑阀式、锥阀式与圆柱锥阀式直动式溢流阀的工作原理相同。

② 先导式溢流阀的工作原理　如图 2-46 所示，压力油从进油口 P

进入，经主阀芯阻尼孔→流道 R（R_1、R_2等）后作用在先导调压阀上。

当进油口的压力 p 较低，先导阀上的液压作用力不足以克服由调压手柄所调调压弹簧的作用力时，先导阀关闭，无油液流过主阀阻尼孔，故主阀芯上下两端的压力 p 与 p_1 相等，在平衡弹簧的作用下，主阀芯处在最下端关闭位置，溢流阀进油口 P 和溢油口 T 隔断，无溢流；当进油口压力 p 升高，先导阀上的液压力大于调压弹簧的预调力时，先导阀打开，压力油就通过主阀芯上阻尼孔 R_1→阻尼孔 R_2→开启的导阀→阻尼孔 R_3→主阀芯上端的平衡弹簧腔→主阀芯的中心孔→流道 T 流回油箱。由于阻尼孔的作用，使主阀芯上端的液体压力小于下端，此时由于有油液流动，上游的压力 $p>$下游的压力 p_1，当这个压力差作用在主阀芯上的力超过复位弹簧力、摩擦力和主阀芯自重时，主阀芯便打开，油液从进油口 P 流入，经主阀阀口由溢油口 T 流回油箱，实现溢流作用，P 腔压力因溢流不会再升高，P 腔压力也不会再降低，否则先导阀又关闭。

调节先导阀弹簧的预紧力，即可调节溢流阀的溢流压力。外控时，控制油从 X 口进入先导调压阀的左端。

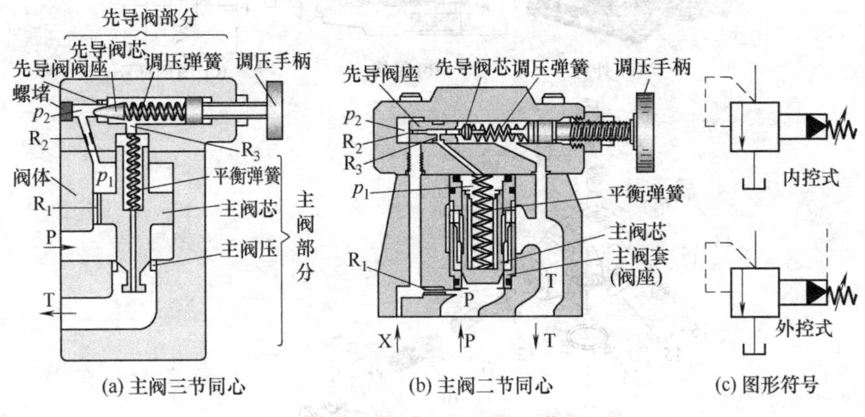

(a) 主阀三节同心　　(b) 主阀二节同心　　(c) 图形符号

图 2-46　先导式溢流阀的工作原理

③ 电磁溢流阀的工作原理　如图 2-47 所示，电磁溢流阀是“电磁换向阀＋溢流阀”构成的组合阀，这种阀除具有溢流阀的全部功能外，还可以通过电磁阀的通、断电控制，实现液压系统的卸荷或多级压力控制。并且还可以通过在溢流阀与电磁阀之间加装缓冲阀，以适应不同的卸荷要求。作为主阀的先导式溢流阀有一节、二节同心或三节同心结构。作为先导阀的电磁阀有二位二（四）通阀或三位四通阀等形式。

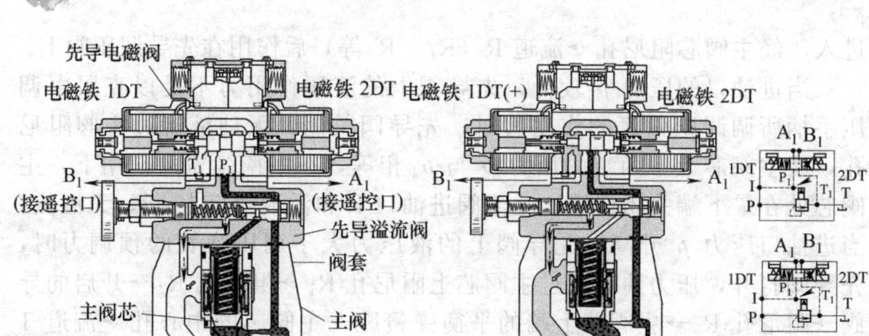

图 2-47　电磁溢流阀的工作原理

(2) 溢流阀的结构例

① CGR-02 型直动式溢流阀结构例见图 2-48。

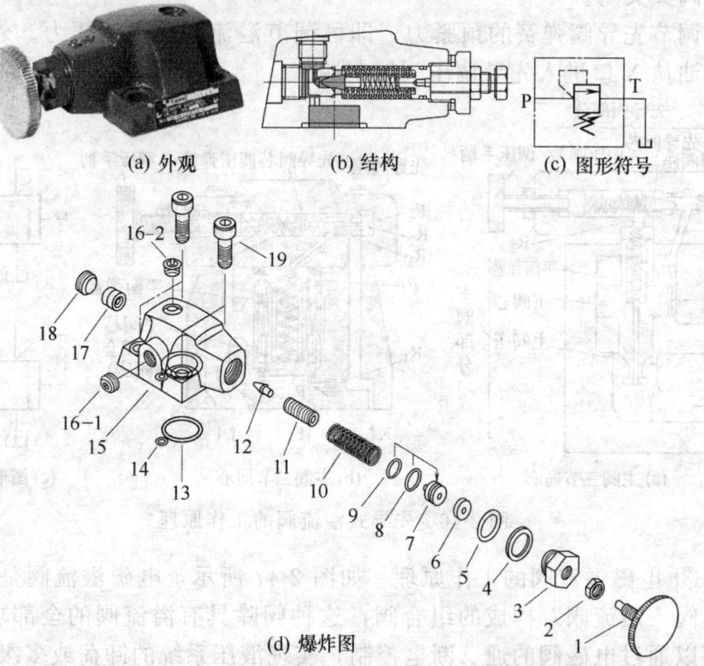

图 2-48　CGR-02C175 型板式直动式溢流阀

1—调压螺钉手柄；2—锁紧螺母；3—螺套；4～6—垫；7—调节杆；8,9,13,14—O 形密封圈；10,11—调压弹簧；12—锥阀芯；15—阀体；16,18—螺堵；17—阀座；19—螺钉

② TCG20 型先导式溢流阀结构例见图 2-49。

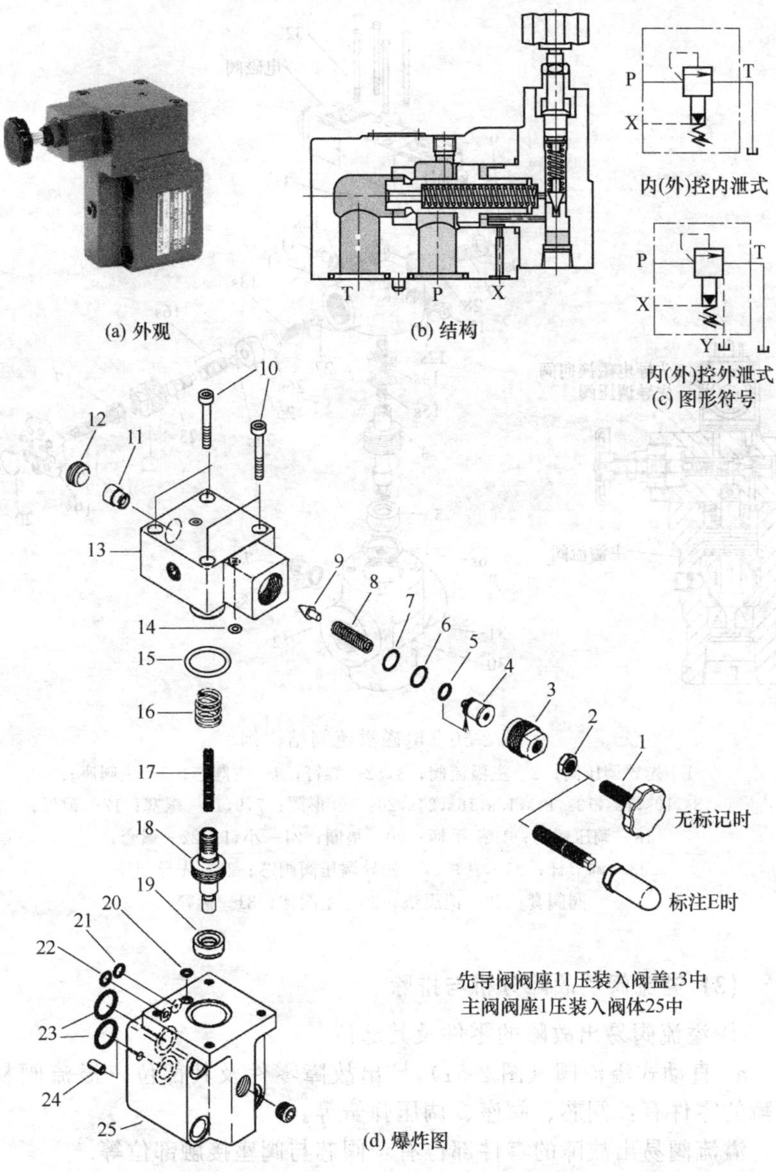

(a) 外观　(b) 结构　(c) 图形符号　(d) 爆炸图

图 2-49　TCG20-※C 型先导式溢流阀

1—调压螺钉；2—锁母；3—螺套；4—调节杆；5,14,15,20～23—O 形圈；6,7—垫；8—调压弹簧；9—先导阀阀芯（针阀）；10—六角螺钉；11—先导阀阀座；12—螺堵；13—阀盖；16,17—平衡弹簧；18—主阀芯；19—主阀座；24—定位销；25—主阀体

③ 电磁溢流阀结构例见图 2-50。

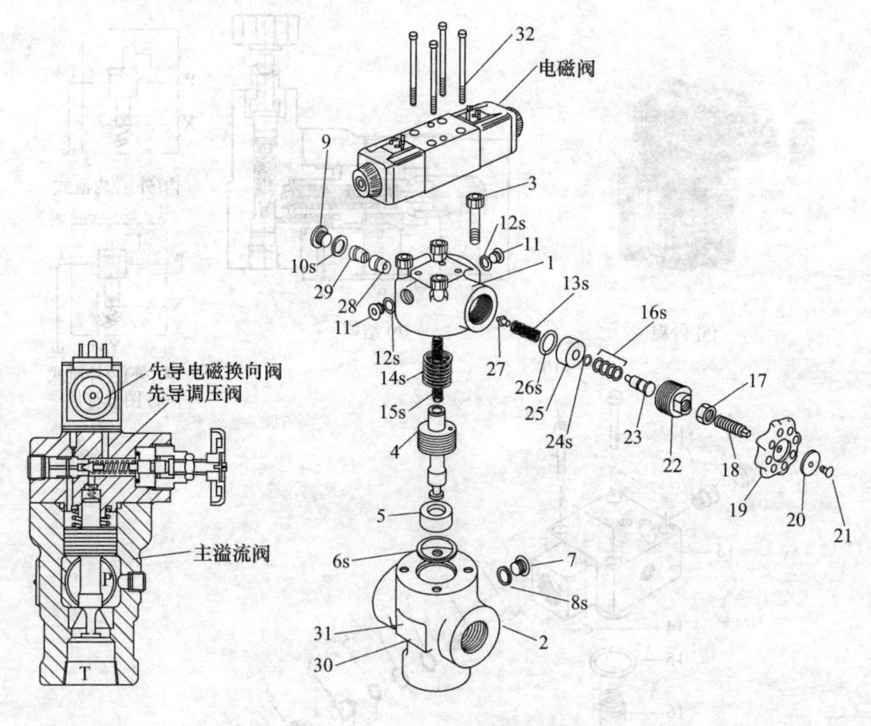

图 2-50　电磁溢流阀结构例

1—先导调压阀；2—主溢流阀；3,32—螺钉；4—主阀芯；5—主阀座；6s,8s,10s,12s,13s,14s,15s,16s,24s,26s—O 形圈；7,9,11—螺塞；17—锁母；18—调压螺钉；19—手柄；20—垫圈；21—小钉；22—螺套；23—调节杆；25—套；27—先导调压阀阀芯；28—先导调压阀阀套；29—消震垫；30—主阀体；31—标牌

(3) 溢流阀的故障分析与排除

① 溢流阀易出故障的零件及其部位

a. 直动式溢流阀（图 2-51）易出故障零件及其部位　溢流阀易出故障的零件有：阀芯、阀座、调压弹簧等。

溢流阀易出故障的零件部位有：阀芯与阀座接触部位等。

b. 先导式溢流阀易出故障零件及其部位（图 2-52 与图 2-53）　先导式溢流阀易出故障的零件有：除同上直动式外，还有主阀芯、主阀座、主阀体、平衡弹簧等。

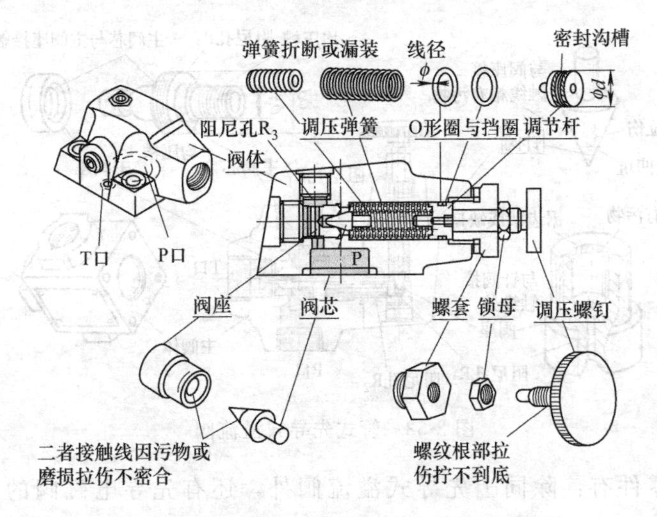

图 2-51 直动式溢流阀易出故障零件及其部位

先导式溢流阀易出故障的部位有：除同上直动式外，还有主阀芯与主阀座接触部位、各阻尼孔等处。

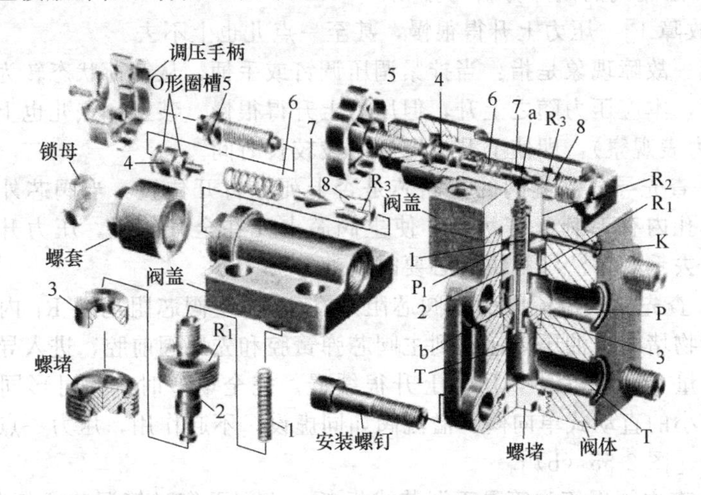

图 2-52 国产 YF 型板式先导式溢流阀

1—平衡弹簧；2—主阀芯；3—主阀座；4—调节杆；5—调压螺钉；6—调压弹簧；7—先导锥阀芯；8—先导阀座

c. 电磁溢流阀易出故障零件及其部位（图 2-54） 电磁溢流阀易出

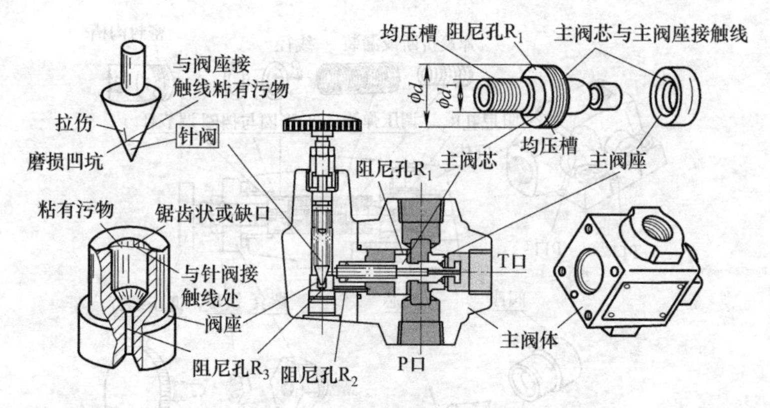

图 2-53　管式先导式溢流阀

故障的零件有：除同上先导式溢流阀外，还有先导电磁阀的主要零件等。

电磁溢流阀易出故障的零件部位有：除同上先导式溢流阀外，还有先导电磁阀阀芯与阀体接触部位等处。

② 溢流阀的故障分析与排除

［故障 1］　压力上升得很慢，甚至一点儿也上不去

这一故障现象是指：当拧紧调压调钉或手柄，从卸荷状态转为调压状态时，本应压力随之上升，但压力上升得很慢，甚至一点儿也上不去(从压力表观察)，即使上升也滞后一段较长时间。

a. 查先导式溢流阀的主阀芯是否卡死在打开位置：当阀芯外圆上与阀体孔内有毛刺或有污物，使主阀芯卡死在全开位置，压力升不上去。可去毛刺、清洗解决，必要时换油；

b. 查先导式溢流阀的主阀芯阻尼孔 R_1：主阀芯阻尼孔 R_1 内有大颗粒污物堵塞，油压传递不到主阀芯弹簧腔和先导阀前腔，进入导阀的先导流量 Q 几乎为零，压力上升很缓慢。完全堵塞时，此时形同一弹簧力很小的直动式单向阀，溢流阀如同虚设，不起作用，压力一点儿也上不去［图 2-55 (b)］。

c. 查主阀平衡弹簧是否漏装或折断：主阀平衡弹簧漏装或折断时，进油压力 P 使主阀芯上移［图 2-55 (a)］，造成压油腔 P 总与回油腔 T 连通，压力上不去。如果阀芯卡死在最大开口位置，压力一点儿也上不去；如果阀芯卡死在小一点的开口位置，压力可以上去一点，但不能再上升。

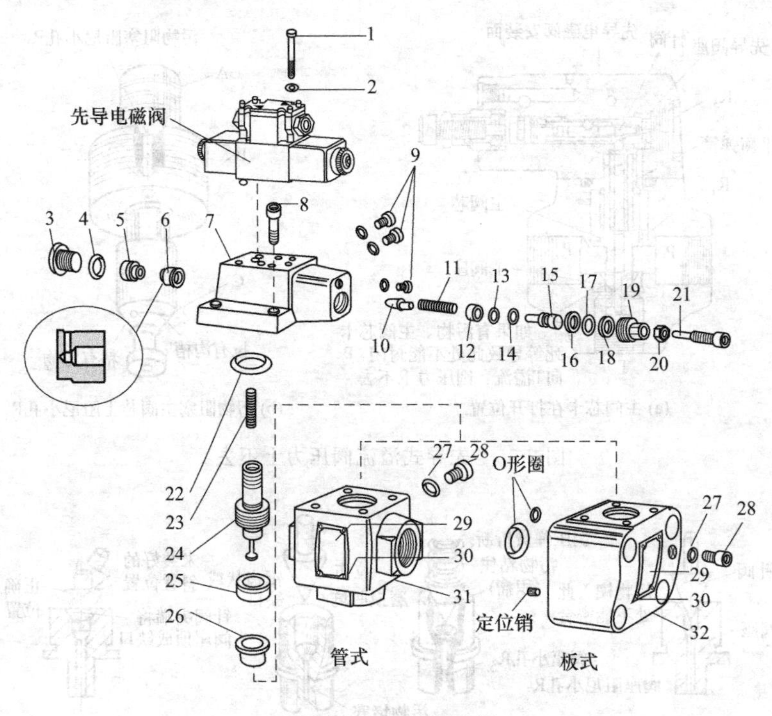

图 2-54　电磁溢流阀

1,8—螺钉；2—垫圈；3,9,28—螺堵；4,14,22,27—O 形圈；5—消振垫；6—先导阀阀座；7—阀盖；10—先导阀阀芯；11—弹簧；12—弹簧座；13—密封挡圈；15—调节杆；16—定位销；17,18—垫；19—螺套；20—锁母；21—调压螺钉；23—平衡弹簧；24—主阀芯；25—主阀座；26—堵头；29—标牌；30—铆钉；31—管式阀阀体；32—板式阀阀体

d. 查先导阀阀芯（锥阀）与阀座之间，是否有颗粒性污物卡住，不能密合［图 2-55 (a)］：主阀芯弹簧腔压力油 P_1 通过先导锥阀连通油池，使主阀芯右（上）移，不能关闭主阀溢流口，压力上不去。

e. 查使用较长时间后，先导锥阀与阀座小孔密合处产生严重磨损，有凹坑或纵向拉伤划痕，或者阀座小孔接触处磨成多棱状或锯齿形［图 2-56 (b)］，此处经常产生气穴性磨损，加上锥阀热处理不好，接触处凹坑更深，情况便更甚。

f. 拆修时装配不注意，先导锥阀芯斜置在阀座上，除不能与阀座密合外，锥阀的尖端往往将阀座与锥阀接触处顶成缺口（弹簧力），更不能密合［图 2-56 (c)］，压力肯定上不去。

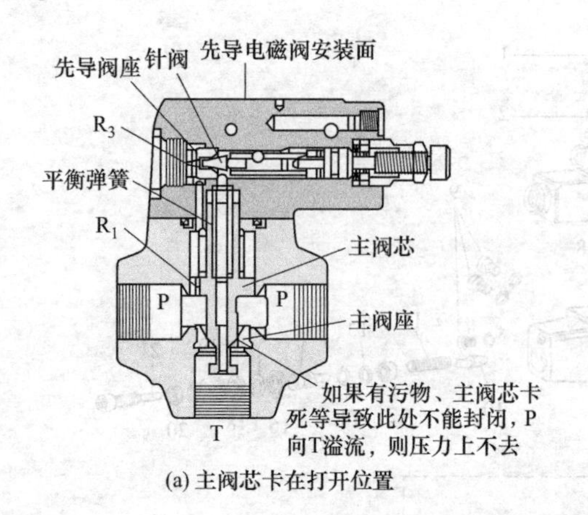

(a) 主阀芯卡在打开位置

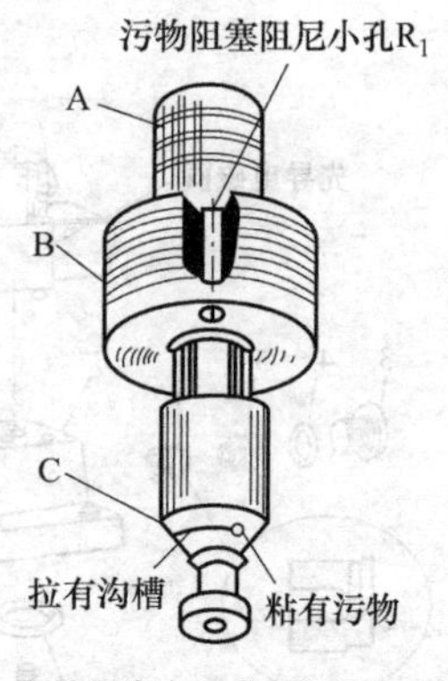

(b) 污物阻塞主阀芯上阻尼小孔R_1

图 2-55 先导式溢流阀压力上不去

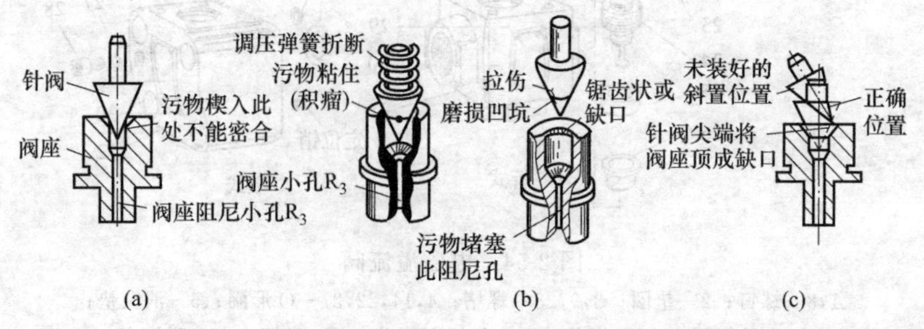

图 2-56 起源先导锥阀芯与先导阀座的故障原因

g. 先导调压弹簧漏装、折断或者错装成弱弹簧，压力根本上不去。

h. 先导阀阀座与阀盖孔过盈量太小，使用过程中，调压弹簧被从阀盖孔内顶出而脱落，造成主阀芯弹簧腔压力油 P_1 经先导锥阀流回油箱，主阀芯开启，压力上不去。

i. 在图 2-57 所示的“溢流阀＋电磁阀”的调压回路中，当电磁铁 1DT，或 2DT 断电后，如果二位二通阀的复位弹簧不能使阀芯复位，如图（a）中的情形，系统压力上不去；对于图（b）中的情形，系统不能卸荷。

j. 对先导式溢流阀，如果未将遥控口 K 堵上（非遥控时），或者设计时安装板上有此孔通油池，则溢流阀的压力始终调不上去。

k. 油泵内部磨损，供油量不足，此时则溢流阀不能调到最高压力上去，如最高本应可调到 32MPa，结果最高只能调到 20MPa 左右，此

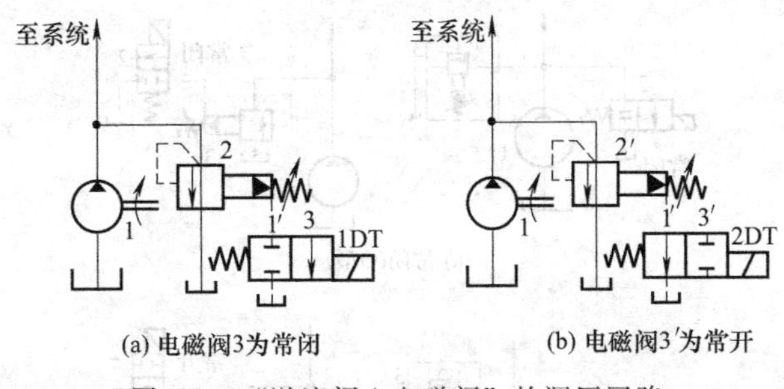

(a) 电磁阀3为常闭　　(b) 电磁阀3′为常开

图 2-57 “溢流阀＋电磁阀”的调压回路

时原因不在溢流阀。

解决“压力上升很慢及压力一点儿都上不去”的办法有：

a. 适当增大主阀芯阻尼孔直径 d_0，国内溢流阀阻尼孔直径为 $\phi 0.8 \sim 1.5$mm，可改为似 $\phi 1.5 \sim 1.8$mm，这对静特性并无多大影响，但滞后时间可大为减少，压力能快速上升。但不能改得太大。

b. 拆洗主阀及先导阀，并用 0.8～1mm 的钢丝通一通主阀芯阻尼孔，或用压缩空气吹通，可排除大多情况下压力上升慢的故障。

c. 减少主阀芯的抬起高度 h，例如 Y1-10B 主阀芯上端套加－3～4.5mm 厚的垫片，滞后时间可由 2s 降为 0.4s 左右，另外选择二节同心式溢流阀和一节同心式阀在这方面要好一些。

d. 用尼龙刷等清除主阀芯、阀体沉割槽尖棱边上的毛刺，保证主阀芯与阀体孔配合间隙在 0.008～0.015mm 的间隙下灵活移动，对通径大的溢流阀，配合间隙可适当大点。

e. 板式阀安装螺钉，管式阀管接头不可拧得过紧，防止因此而产生的阀孔变形。

f. 漏装、错装及弹簧折断，要补装或更换。

g. 不需要遥控调压时，遥控口 K 应堵死或用螺塞塞住。对板式溢流阀，虽安装板上未钻此孔，但泄油孔处别忘了装密封圈，否则此处喷油。

h. 对于图 2-58（a）中的情形则应检查二位二通电磁阀是否卡死不复位而使溢流阀总卸荷；对于图中（b）的情形则要检查电磁铁是否能通电。

需要提醒的是图中使用的二位二通电磁阀，有常闭式（O 型）与常开式（H 型）之别，修理时很容易将阀芯调头装配，此时常闭变常开，常开变常闭，须特别注意不要搞错。

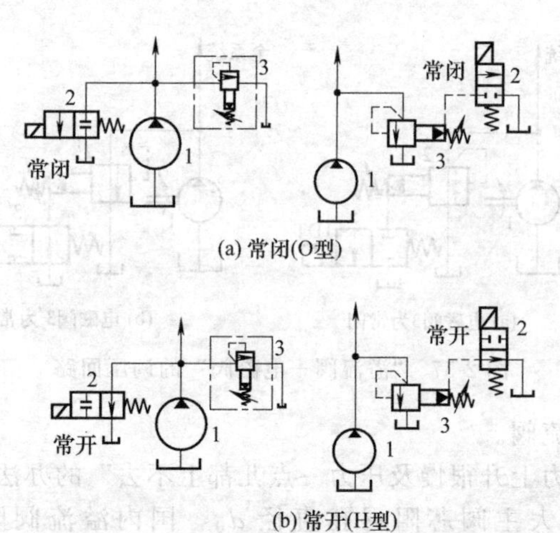

图 2-58　电磁溢流阀卸荷回路

i. 阀座破损，先导锥阀阀芯与阀座接触处磨有凹坑或严重拉伤时要予以更换或经研磨修复使之密合。

j. 属于油泵问题即修油泵或换油泵。

[故障 2]　压力虽可上升但升不到公称（最高调节）压力

这种故障现象表现为：尽管全紧调压手轮，压力也只上升到某一值后便不能再继续上升，特别是油温高时，尤为显著。产生原因如下。

a. 油温过高，内泄漏量大。

b. 油泵内部零件磨损，内泄漏增大，输出流量减少，压力升高，输出流量更小，不能维持高负载对流量的需要，压力上升不到公称压力，并且表现为调节压力时，压力表指针剧烈波动，波动的区间较大，多属泵内部严重磨损，使溢流阀压力调不上去。

c. 较大污物颗粒进入主阀芯阻尼小孔、旁通小孔和先导部分阻塞小孔内，使进入先导调压阀的先导流量减少，主阀芯上腔难以建立起较高压力去平衡主阀芯下腔的压力，使压力不能升到最高。

d. 由于主阀芯与阀体孔配合过松，拉伤出现沟槽，或使用后严重磨损，通过主阀阻尼小孔进入弹簧腔（P_1 腔）的油流有一部分经此间隙漏往回油口（如 Y 型阀、二节同心式阀）；对于 YF 型等三节同心式阀，则由于主阀芯与阀盖相配孔的滑动接合面磨损，配合间隙大，通过主阀阻尼孔进入 P_1 腔的流量经此间隙再经阀芯中心孔返回油箱。

e. 先导针阀与阀座之间因液压油中的污物、水分、空气及其他化

学性物质而产生磨损拉伤，不能很好地密合，压力也升不到最高。

f. 阀座与先导针阀（锥阀）接触面（线）有缺口，或者失圆成锯齿状［参阅图2-56（b）］，使二者之间不能很好地密合。

g. 调压手轮螺纹或调节螺钉有碰伤拉伤，使得调压手轮不能拧紧到极限位置，而不能完全将先导弹簧压缩到应有的位置，压力也就不能调到最大。

h. 调压弹簧因错装成弱弹簧，或因弹簧疲劳刚性下降，或因折断，压力便不能调到最大。

i. 因主阀体孔或主阀芯外周上有毛刺或有锥度或有污物将主阀芯卡死在某小开度上，呈不完全打开的微开启状态。此时，压力虽可调到一定值，但不能再升高。

j. 液压系统内其他元件磨损或因其他原因造成的泄漏大。

可针对上述情况，逐一排除。

［故障3］ 压力调下不来

此故障表现为，即使逆时针方向全部松调压手轮，但系统压力下不来，一开机便是高压。产生这一故障的原因和排除方法有：

a. 如图2-59所示，三节同心式溢流阀的主阀芯因污垢或毛刺等原因卡死在关闭位置上，P与T被阻隔不通，此时溢流阀形同虚设，已无限压功能，使液压系统压力无法降下来，而且可能升得很高，出现管路等薄弱位置爆裂的危险故障。

b. 调节杆卡死未能向右随手柄退出，压力下不来：调节杆与阀盖孔配合过紧、阀盖孔拉伤、调节杆外圆拉毛以及调节杆上的O形密封圈线径太粗等原因，使先导调压弹簧力不足以克服上述原因产生的摩擦力跟随调压手柄的松开而右移后退，先导调压阀便总处于调压状态，压力下不来。此时在查明调节杆不能弹出的原因后，采取相应对策。

c. 先导阀阀座上的阻尼小孔R_2被堵塞，油压传递不到锥阀上，先导阀就失去了对主阀压力的调节作用，阻尼小孔堵塞后，在任何压力下先导针阀都不会打开溢流，阀内始终无油液流动，那么主阀芯上下腔的压力便总是相等。由于主阀芯上端承压面积不管何种型号的阀（Y、YF、Y2、DB型等）都大于下端的承压面积，加上弹簧力，所以主阀始终关闭，不会溢流，主阀压力随负载的增加而上升。当执行机构停止工作时，系统压力不但下不来，而且会无限升高，一直到元件或管路破坏为止。必须特别注意和重视。

d. 主阀芯失圆，有锥度，或因主阀芯上均压槽单边，压力升高后，不平衡径向力将主阀芯卡死在关闭位置上，出现所谓液压卡紧。消除液压卡紧力，压力方可卸下来。但再度升压后又会产生液压卡紧，使压力又下不来。此时应修复主阀精度，补加工均压槽，不行的予以更换。

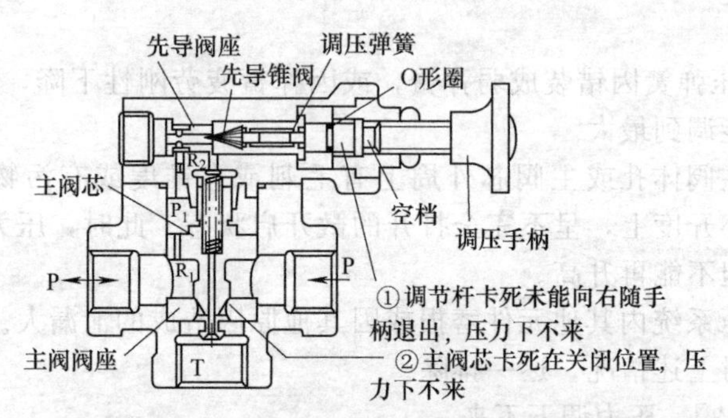

图 2-59 压力下不来的两种情况

e. 对管式或法兰式连接阀：在安装管路时因拧得过紧或找正不好，或因阀体材质不好，使阀体变形，主阀芯被卡死在关阀位置，压力下不来。

[故障 4] 压力波动大、振动大

例如国产 Y 系列 YF 系列溢流阀压力波动范围分别为±0.2MPa 与±0.3MPa，超过此指标便叫压力波动大。产生原因及排除方法如下：

a. 查油液中是否混进了空气：空气进入系统内，或者油液压力低于空气的分离压力时，溶解在油液中的空气就会析出气泡，这些气泡在低压区时体积较大，流到高压区时，受到压缩，体积突然变小或气泡消失；反之，如在高压区流到低压区时，气泡体积又突然增大。油中气泡体积这种急剧改变会引起压力波动、振动、液压冲击以及噪声的产生。先导阀的导阀口、主阀口以及阻尼孔等部位，油液流速和压力变化很大，很容易出现空穴现象，产生振动、压力波动大及噪声现象。对于导阀前腔的空气，可将溢流阀“升压”“降压”重复几次，便可排出阀座前积存的空气。但防止进入空气是主要的。

b. 查先导针阀是否硬度不够而磨损：针阀磨损后，针阀锥面与阀座锥面不密合，会引起“开-闭”不稳定现象，导致压力波动大。此时应研配或更换针阀。

c. 查通过阀的实际流量是否远大于该阀的额定流量：实际流量不

能超过溢流阀标牌上规定的额定流量，会产生压力波动大。

d. 查主阀阻尼孔尺寸 R_1 偏大或阻尼长度太短，起不到抑止主阀芯来回剧烈运动的阻尼减振作用。

e. 查先导调压弹簧是否过软（装错）或歪扭变形：如果是应换用合适的弹簧。

f. 查主阀芯运动是否灵活：运动不灵活，不能迅速反馈稳定到某一开度时，产生压力振摆大，此时应使主阀芯能运动灵活。

g. 查调压锁紧螺母是否放松：锁母发生振动会引起所调压力振动。

h. 查是否因泵的压力流量脉动大，影响到溢流阀的压力流量脉动：应从排除泵故障入手。

i. 查溢流阀是否与其他管路产生共振，特别是使用遥控时，遥控管路的管径过大，长度太长，导阀前腔的容积过大，容易产生高频振动、压力波动大，甚至尖叫声。因此遥控管路管径应选择 $\phi 3\sim 6$mm 的，长度宜短。在遥控配管一时改不了时，可在遥控口放入适当直径的固定阻尼（放在 P 口内无效，而且有时反而激起振荡）。但需注意，此加入的阻尼会使卸荷压力及最低调节压力增高，所以阻尼（固定节流）的孔径一定要通过试验在最佳范围内选取。

j. 查压力表是否有问题。

k. 滤油器严重阻塞，吸油不畅，压力波动大而产生振动，系统发出大的噪声。

[故障 5] 振动与噪声大，伴有冲击

此故障与上一故障联系紧密。就振动与噪声而言，溢流阀在液压元件中仅次于油泵、在阀类中居首位。压力波动、振动与噪声是孪生兄弟，往往同时发生、同时消失。

产生这一故障的具体原因有：

a. 同上述故障 4 的有关内容。

b. 油箱油液不够，滤油器或吸油管裸露在油面之上，空气进入后转到先导阀前腔，出现“调节压力⟷0”的重复现象，发生压力表指针抖动，产生振动和很大噪声的现象。

c. 和其他阀共振。

d. 回油管连结不合理，回油管通流面积过小，超过了允许的背压值及回油管流速过大等，势必给溢流阀带来影响，用振动和噪声的形式表现出来。

e. 在多级压力控制回路及卸荷回路中，压力突然由高压→低压时，往往产生冲击声。愈是高压大容量的工作条件，这种冲击噪声愈大。压力的突变和流速的急骤变化，造成冲击压力波，冲击压力波本身噪声并不大，但随油液传到系统中，如果同任何一个机械零件发生共振，就可能加大振动和增强噪声。

f. 机械噪声：一般来自零件的撞击，和由于加工误差等原因产生的零件摩擦。

g. 因管道口径小、流量少、压力高、油液黏度低，主阀和导阀容易出现机械性的高频振动声，一般称为自激振动声。

提高溢流阀的稳定性、防止振动和降低噪声的方法有：

a. 为提高先导阀的稳定性，有些溢流阀在导阀部分加置如图 2-60 所示消振元件（如消振垫、消振套）和采用消振螺堵。消振套一般固定在导阀前腔（共振腔）内，不能自由活动。一般在消振套上设有各种阻尼孔，在前述介绍过的有些溢流阀中就有设置了消振垫的例子。

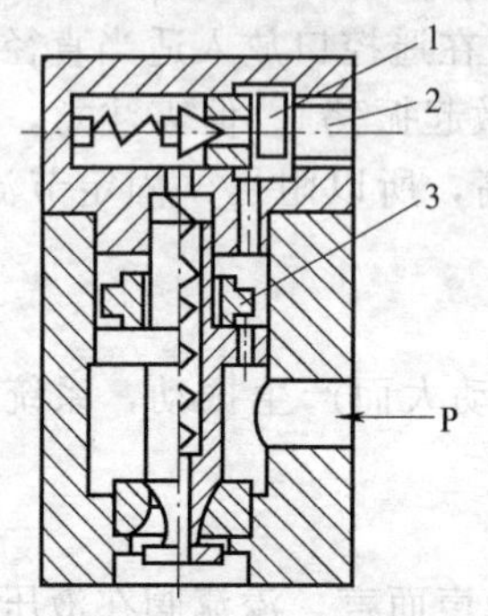

图 2-60　加消振元件消振

1—消振垫；2—消振螺钉；3—防响块

b. 溢流阀本身的装配使用不当，也都会产生振动，例如三节同心配合的阀配合不良，使用时流量过大过小等可改用二节同心式阀，控制好零件装配质量并注意有关注意事项等。

c. 使用能防止冲击振动的溢流阀。

d. 在溢流阀的遥控口接一小容量的蓄能器或压力缓冲体（防冲击阀），可减少振动和噪声。

e. 选择合适的油液进行油温控制。

f. 回油管布局要合理，流速不能过大，一般取进油管 1.5～2 倍。回油管背压不能过高，过高会产生噪声。采用排气良好的油箱设计。

[故障 6]　掉压，压力偏移大

这种故障表现为：预先调好在某一调定压力，但在使用过程中溢流阀的调定压力却慢慢下降，偶尔压力上升为另一压力值，然后又慢慢恢复原来的调节值，这种现象周期循环或重复出现。这一现象可通过压力表和听声音观察出来。它与压力波动是不同的，压力波动总围绕某一压力为中心变化，掉压则压力变化范围大，不围绕一压力中心变化。

a. 同上述故障 4 与 5 两款。

b. 调压手轮未用锁母锁紧，因振动等原因产生调压手柄的逐渐松动，从而出现掉压与压力偏移现象。

解决办法是手柄的锁紧螺母应拧紧，必要时在手柄上横向钻一小螺钉孔，将手柄紧固。

c. 油中污物进入溢流阀的主阀芯小孔内，时堵时通，先导流量一段时间内有，一段时间内无，使溢流阀出现周期性的掉压现象，此时应清洗和换油。

d. 溢流阀严重内泄漏。

(4) 主要零件的修理

① 先导锥（针）阀的修理　锥阀在使用过程中，锥阀与阀座密合面的接触部位常磨出凹坑和拉伤。用肉眼或借助放大镜观察可发现凹下去的圆弧槽和拉伤的直槽（参阅图 2-56），出现这种情况后，压力便调不上去。购买一锥阀或自制一针阀，往往便可使溢流阀恢复正常工作。

a. 对于整体式淬火的针阀，可夹持其柄部在精度较高的外圆磨床上修磨锥面，尖端也磨去一点，可以再用。

b. 对于氮化处理的针阀，因氮化淬硬层很浅，修磨后会磨去氮化层，所以修磨掉凹坑后，应将针阀再次经氮化和热处理。

② 先导阀座与主阀座的修理　阀座与阀芯相配面，在使用过程中会因压力波动、经常的启闭撞击，容易磨损。另外污物进入，特别容易拉伤。

如果磨损不严重，可不拆下阀座，与针阀对研（需做一手柄套在针阀上），或用一研磨棒（头部形状与针阀相同）进行研磨。

如果拉伤严重，则可用 120°中心钻钻刮从阀盖卸下的先导阀阀座和从阀体上卸下的主阀阀座，将阀座上的缺陷和划痕修掉，然后用 120°的研具仔细对研。对研具的光洁度和几何精度应有较高要求。

拆卸阀座的方法如图 2-61 所示。不正确的拆卸方法会破坏阀孔精度。同时必须注意，一般卸下的阀座，破坏了阀座与原相配孔的过盈配合，须重做阀座，并将与阀盖孔相配尺寸适当加大，重新装配后阀座才不至于被冲出而造成压力上不去的故障。图 2-62 为国产 Y 型阀阀座零件图，供参考。

③ 调压弹簧、平衡弹簧的修理　弹簧变形扭曲和损坏，会产生调压不稳定的故障，可按图 2-63（a）的方法检查，按图（b）中的方法修正端面与轴心线的垂直度，歪斜严重或损坏者予以更换，弹簧材料选

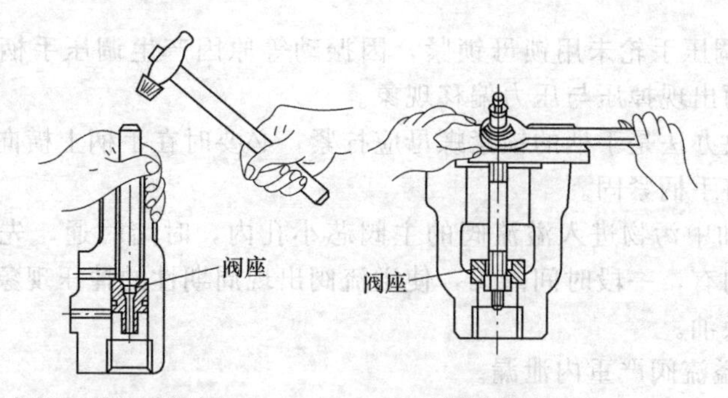

图 2-61　拆卸阀座的方法

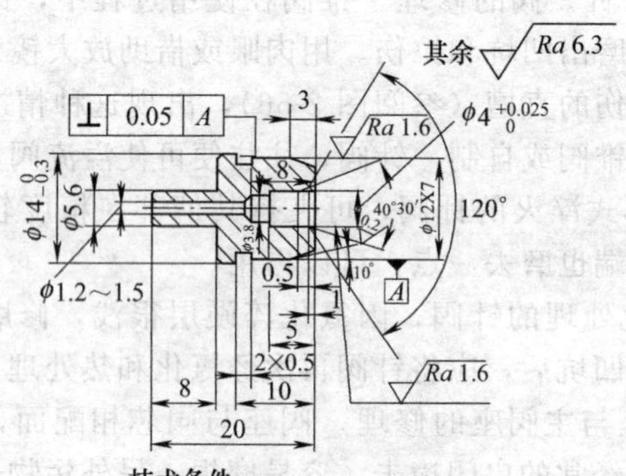

图 2-62　Y 型溢流阀阀座图

用 TSMnA、50CrVA、50CrMn 等，钢丝表面不得有缺陷，以保证钢丝的疲劳寿命，弹簧须经强压处理，以消除弹簧的塑性变形。

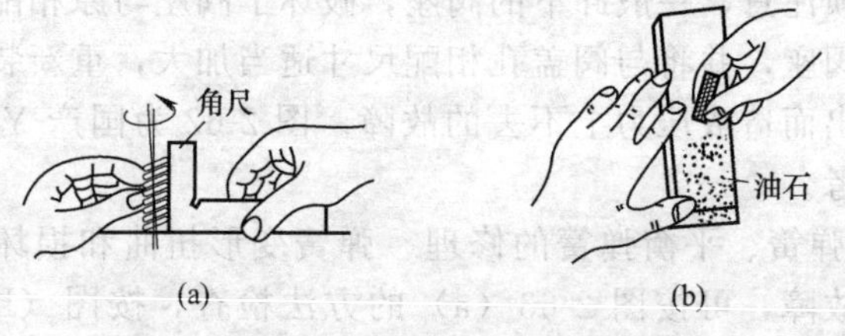

图 2-63　调压弹簧、平衡弹簧的修理

④ 主阀芯的修理　主阀芯外圆轻微磨损及拉伤时，可用研磨法修复。磨损严重时，可刷镀修复或更换新阀芯，主阀芯各段圆柱面的圆度和圆柱度均为 0.005mm，各段圆柱面间的同轴度为 0.003mm，表面粗糙度不大于$\overset{0.2}{\bigtriangledown}$，主阀锥面磨损时，须用弹性定心夹持外圆校正同心后，再修磨锥面。重新装配时，须严格去毛刺，并经清洗后用钢丝通一通主阀芯上阻尼孔，做到目视能见亮光（图 2-64）。

⑤ 阀体与阀盖的修理　阀体修理主要是修复磨损和拉毛的阀孔，可用研磨棒研磨或用可调金刚石铰刀铰孔修复。但经修理后孔径一般扩大，须重配阀芯。孔的修复要求为孔的圆度、图柱度为 0.003mm。

阀盖一般无需修理，但在拆卸、打出阀座后破坏了原来的过盈，一般应重新加工阀座，加大阀座外径，再重新将新阀座压入，保证紧配合。在插入“锥阀-弹簧-调节杆”组件时，要倒着插入，以免产生图 2-56（c）中的锥阀不能正对进入阀座孔内的情况，插入方法见图 2-65。

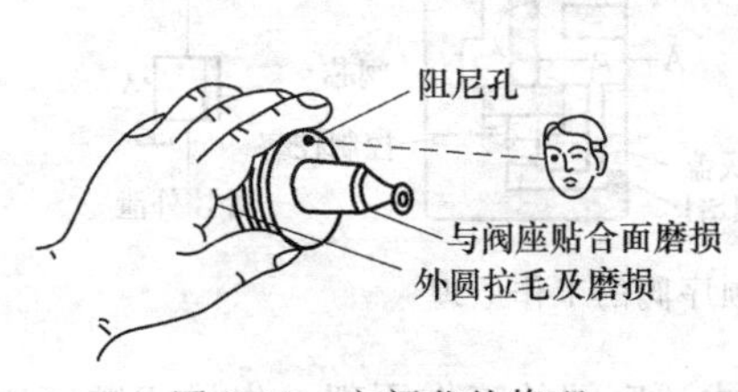

图 2-64　主阀芯的修理

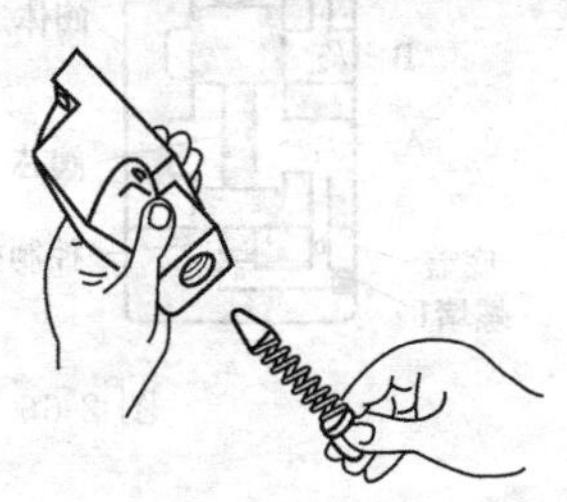

图 2-65　锥阀插入阀座孔内的方法

2.3.2 顺序阀的维修

顺序阀也是一种压力控制阀，因为该阀是利用油路压力来控制液压缸或液压马达的动作顺序，所以叫做顺序阀。

(1) 顺序阀的工作原理

① 直动式顺序阀的工作原理　如图 2-66 所示，一次压力油 p_1 从 A 口进入，经 b 孔再经 a 孔作用在控制柱塞下端的承压面积 A 上，当 $p_1A<F_弹$（$F_弹$ 为向下的弹簧力）时，阀芯处于关闭位置，p_1 与 p_2 不通；当 $p_1A \geqslant F_弹$ 时，阀芯克服弹簧力 $F_弹$ 上抬，阀口打开，p_1 与 p_2 相通，一次压力油 p_1 经阀芯和阀体之间的环状开口从二次油口 B（p_2）流出，从而推动后续连接的执行元件（液压缸或液压马达）动作。因此，顺序阀的工作原理是建立在液压力与弹簧相平衡的基础上而

工作的。采用控制柱塞的目的是减小液压作用面积，从而降低弹簧刚度，减少调节螺钉的调节力矩。

拆掉外控口螺堵，接上控制油，并且将底盖旋转90°或180°安装，则可用液压系统其他部位的压力对阀进行控制（外控式），其工作原理与上述内控式完全相同，区别仅在于控制柱塞的压力油不是来自进油腔 p_1，而是来自流压系统的其他控制油源。

直动式顺序阀与直动式溢流阀的区别为：顺序阀封油长度长些，出油口 p_2 接执行元件而不一定是接油箱，另外泄油口要单独接回油箱（外泄）。

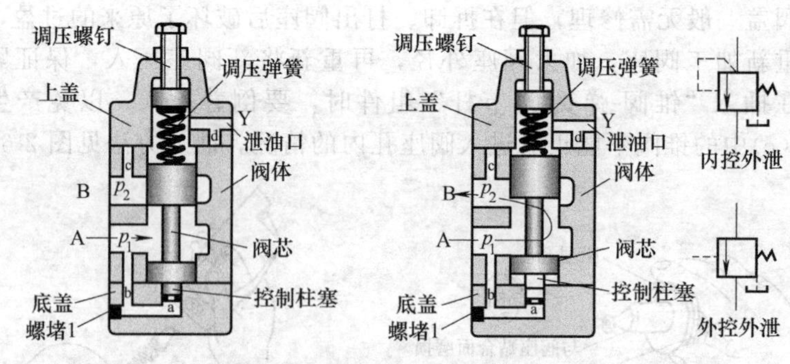

图 2-66　直动式顺序阀的工作原理

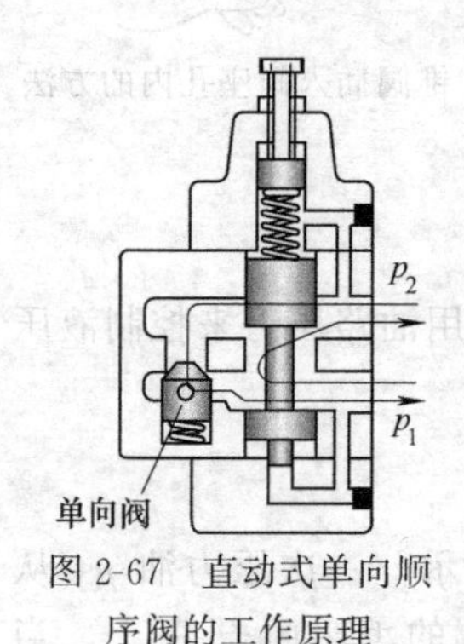

图 2-67　直动式单向顺序阀的工作原理

② 先导式顺序阀的工作原理　先导式顺序阀的工作原理与先导式溢流阀的工作原理基本相同，不同之处为顺序阀的出油口接负载，而溢流阀的出油口接油箱。此处说明从略，会在下面的结构例中作补充说明。

③ 单向顺序阀的工作原理　如图2-67所示，单向顺序阀是单向阀和顺序阀的并联组合。液流 $p_1 \rightarrow p_2$ 正向流动时起顺序阀的作用，工作原理见上述；液流 $p_2 \rightarrow p_1$ 反向流动时起单向阀的作用。

(2) 顺序阀的结构例

图2-68所示为美国伊顿-威格士公司产R（C）G-※-Δ型直动型板式顺序阀的结构例，除可做顺序阀使用外，还可做卸荷阀等使用（表2-3）。

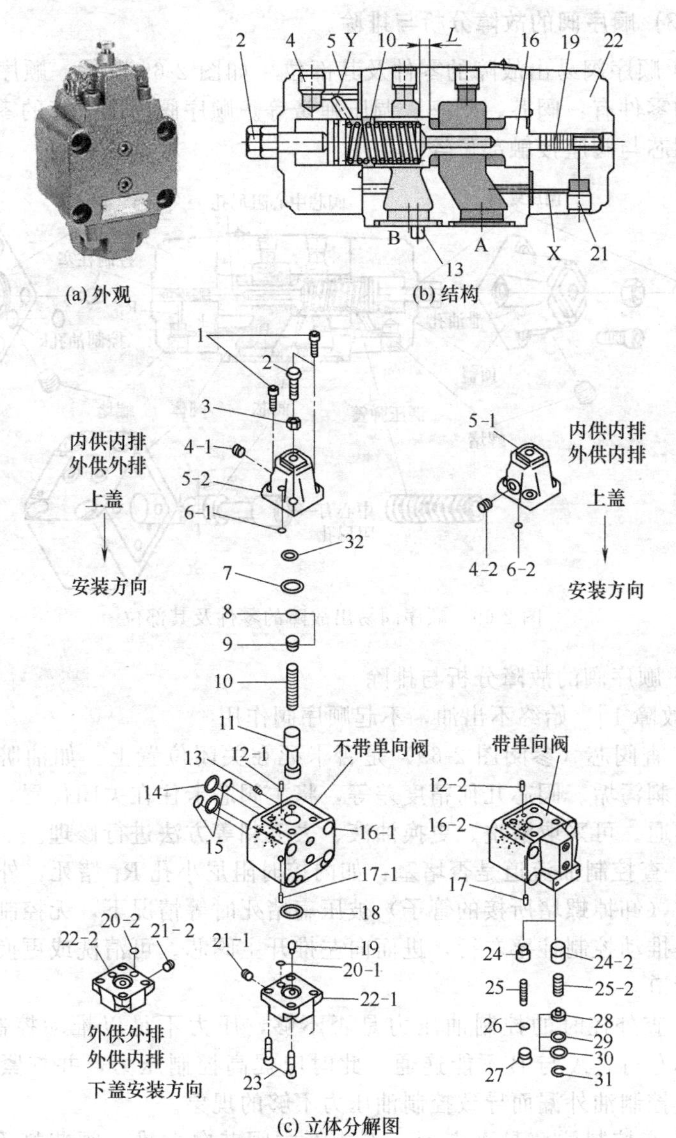

图 2-68　顺序阀的结构例

1,23—螺钉；2—调压螺钉；3—锁母；4,27—螺塞；5—上盖；6～8,14,15,18,20,26,29,30—O 形圈；9—弹簧座；10,25—弹簧；11—阀芯；12,13—定位销；16—阀体；17,19—阻尼；21—螺堵；22—下盖；24,28—塞；31—卡簧

(3) 顺序阀的故障分析与排除

① 顺序阀易出故障的零件及其部位　如图 2-69 所示，顺序阀易出故障的零件有：阀芯、阀座、调压弹簧等。顺序阀易出故障的零件部位有：阀芯与阀座接触部位等。

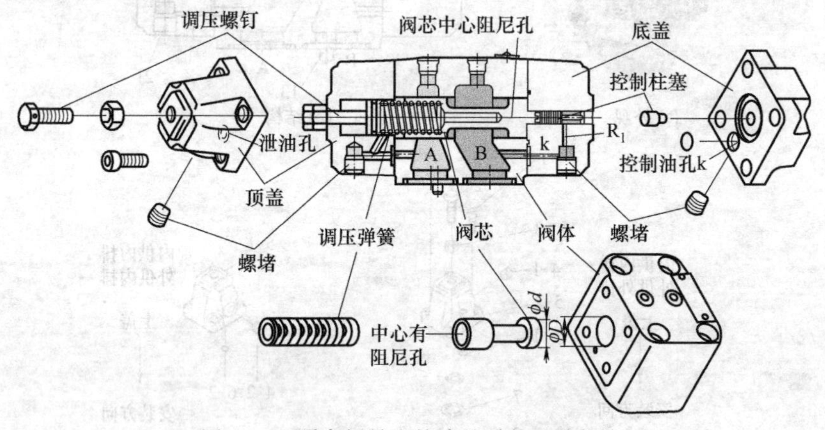

图 2-69　顺序阀易出故障的零件及其部位

② 顺序阀的故障分析与排除

[故障 1]　始终不出油，不起顺序阀作用

a. 查阀芯（参阅图 2-69）是否卡死在关闭位置上：如油脏、阀芯上有毛刺污垢、阀芯几何精度差等，将主阀芯卡住在关闭位置，A 与 B 不能连通。可采取清洗、更换油液、去毛刺等方法进行修理。

b. 查控制油流道是否堵塞：如内控时阻尼小孔 R_1 堵死，外控时遥控管道（卸掉螺堵所接的管子）被压扁堵死时等情况下，无控制油经 K 流道去推动控制柱塞左行，进而向左推开主阀芯。可清洗或更换疏通控制油管道。

c. 查外控时的控制油压力是否不够，压力不足以推动控制柱塞、主阀芯左行，A 与 B 不能连通。此时应提高控制压力，并拧紧端盖螺钉防止控制油外漏而导致控制油压力不够的现象。

d. 查控制柱塞是否卡死，不能将主阀芯向左推，阀芯打不开，A 与 B 不能连通。

e. 泄油管道中背压太高，使滑阀不能移动：泄油管道不能接在回油管道上，应单独接回油箱。

f. 调压弹簧太硬，或压力调得太高：更换弹簧，适当调整压力。

[故障 2] 始终流出油，不起顺序阀作用

a. 因几何精度差、间隙太小；弹簧弯曲、断裂；油液太脏等原因，阀芯在打开或关闭位置上卡死（图 2-70），阀始终流出油或不流出油：此时应进行修理，使配合间隙达到要求，并使阀芯移动灵活；检查油质，若不符合要求应过滤或更换；更换弹簧。

b. 单向顺序阀中的单向阀在打开位置上卡死或其阀芯与阀座密合不良时进行修理，使配合间隙达到要求，并使单向阀芯移动灵活；检查油质，若不符合要求应过滤或更换。

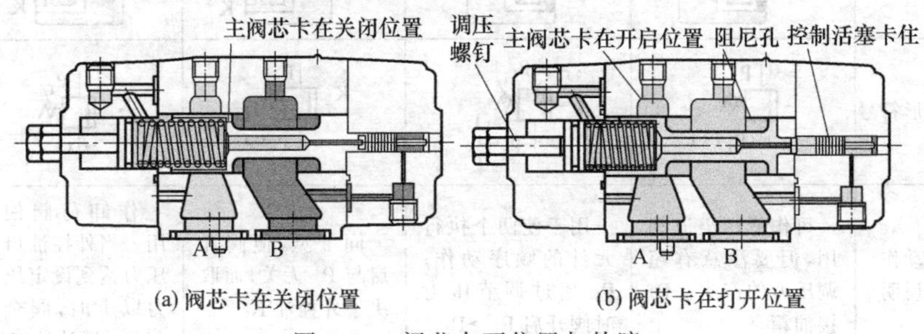

图 2-70 阀芯卡死位置与故障

c. 调压弹簧断裂时更换弹簧。

d. 调压弹簧漏装时补装弹簧。

e. 对于先导式单向顺序阀，未装先导锥阀芯或单向阀的钢球时予以补装。

[故障 3] 当系统未达到顺序阀设定的工作压力时，压力油液却从二次口（P_2）流出

a. 查主阀芯是否因污物与毛刺卡死在打开的位置：主阀芯卡死在打开的位置，顺序阀变为一直通阀 [图 2-70（b）]。此时拆开清洗去毛刺，使阀芯运动灵活顺滑。

b. 主阀芯外圆与阀体孔内圆配合过紧，主阀芯卡死在打开位置，顺序阀变为直通阀。此时可卸下阀盖，将阀芯在阀体孔内来回推动几下，使阀芯运动灵活，必要时研磨阀体孔。

c. 外控顺序阀的控制油道被污物堵塞，或者控制活塞被污物、毛刺卡死。可清洗疏通控制油道，清洗控制活塞。

d. 维修时如果上下阀盖方向装错，外控与内控混淆，则会改变阀的用途：此时可根据不同用途按表 2-5 与图 2-71 纠正上下阀盖安装方向与内控外控方式加以纠正。

e. 单向顺序阀的单向阀芯卡死在打开位置：清洗单向阀芯。

表 2-5　旋转阀盖顺序阀可变换的阀型

阀型	1 型:低压溢流阀	2 型:顺序阀	3 型:顺序阀	4 型:卸荷阀
控排方式	内控内泄	内控外泄	外控外泄	外控内泄
结构原理图	P_2 P_1	L P_2 P_1	L P_2 P_1 K	T P_1 K
图形符号	P_1 P_2 (T)	P_1 L P_2	K P_1 L P_2	P_1 K T
动作说明	可作低压溢流阀用,但要注意有超调压力的产生。P_2 接油箱	用于使两个执行元件的顺序动作。P_1 超过调节压力时阀开启 $P_1 \to P_2$	同 2 型,但阀开启与 P_1 无关,而取决于外控油 K	作卸荷阀使用。当外控油口压力达到设定压力以上时,阀全开,P_1 通油池 T

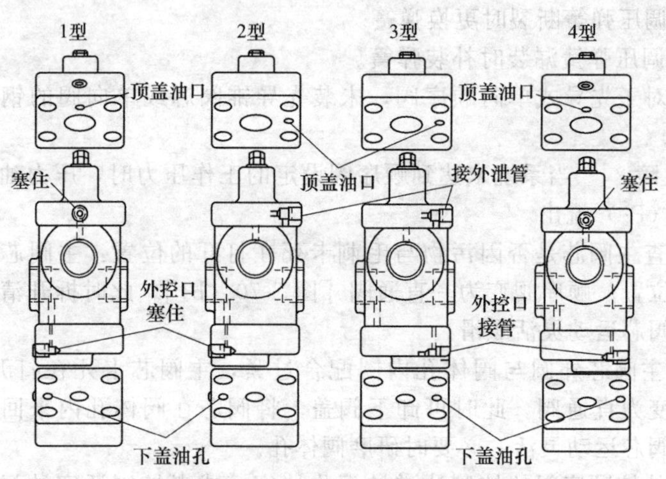

图 2-71　与表 2-5 相对应的上下盖安装方向与控制方式

［故障 4］　振动与噪声大

a. 回油阻力（背压）太高：降低回油阻力。

b. 油温过高：控制油温在规定范围内。

[故障5] 单向顺序阀反向不能回油

单向顺序阀的单向阀卡死打不开或与阀座不密合时检修单向阀。

2.3.3 减压阀的维修

当液压系统只有一个动力源，而不同的油路需不同工作压力时，则需要使用减压阀。

(1) 减压阀的工作原理

① 二通式直动减压阀的工作原理　如图2-72所示，进口压力油 p_1 经减压口减压后压力油降为 p_2 从减压口流出，此为"减压"。p_2 经阀芯底部小孔进入，作用在阀芯下端，产生液压力上抬阀芯，阀芯上端弹簧力 $K(X+X_0)$ 下压阀芯，此二力平衡（稳态）时，$p_2=K(X+X_0)/A$（A—阀芯截面积；K—弹簧预压缩量；X—减压口改变量），由于 $X_0 \gg X$，所以 $p_2 \approx KX_0/A$ 为常数，即为"定值"。如果进口压力 p_1 增大（或减小），p_2 也随之增大（或减小），阀芯上抬的力增大（或减小），减压口开度 X 便减小（或增大），使 p_2 压力下降（或上升）到原来由调节螺钉调定的出口压力 p_2 为止，从而保持 p_2 不变，当出口压力 p_2 变化，也同样通过这种自动调节减压口开度尺寸，维持出口压力 p_2 不变。

② 三通直动减压阀的工作原理　二通直动式减压阀是常见的一种形式，其最大缺点是：如果与二通式减压阀出口所连接的负载（如工件夹紧回路）突然停止运动的情况下，会产生一反向负载，即减压阀出口压力 p_2 突然上升，反馈的控制压力 p_k 也升高，减压阀阀芯上抬，使减压口接近关闭，高压油没有了出路，使 p_2 更加升高，有可能导致设备受损等事故，只有待 p_2 经内泄漏压力下降后减压阀才能开启减压口。为解决这一故障隐患，出现了三通式减压阀。

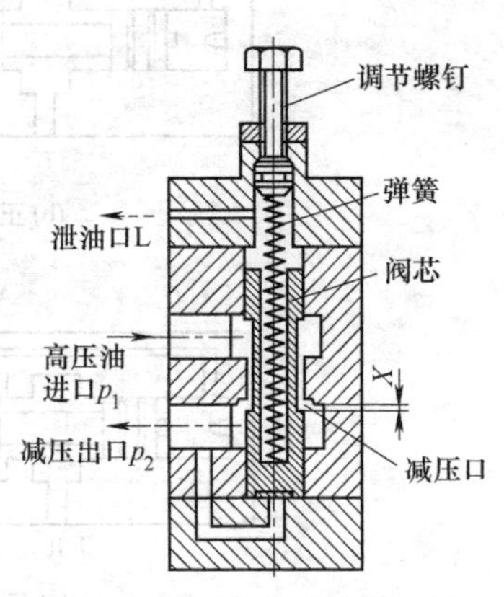

图2-72　二通式直动减压阀的工作原理

所谓三通式减压阀，就是除了像二通式减压阀那样有进、出油口外，还增加了一回油口T，所以叫"三通"。其工作原理如图2-73（a）所示。

当压力油从进油口 P 进入，经减压口从出油口 A 流出时，为减压功能，其工作原理与上述二通式减压阀相同，出口 A 压力的大小由调节手柄 1 调节，并由负载决定其大小［图 2-73（b）］。

当出口压力瞬间增大时，由 A 引出的控制压力油 p_K 也随之增大，破坏了阀芯 2 原来的力平衡而右移，溢流口打开，减压口关闭，A 腔油液经溢流口向 T 通道溢流回油箱，使 A 腔压力降下来，行使溢流阀功能［图 2-73（c）］。

这样三通式减压阀具有减压阀（正向减压）与溢流阀（反向溢流）两个功能。

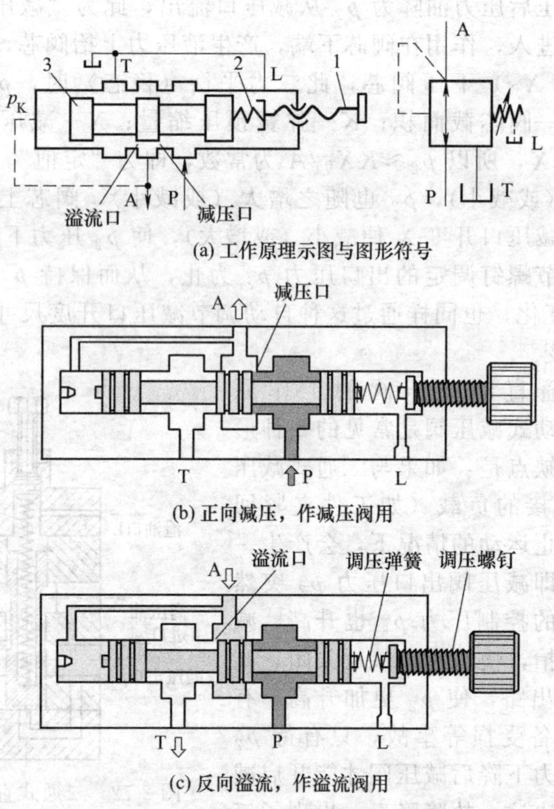

图 2-73　三通式减压阀的工作原理

③ 先导式减压阀的工作原理　在高压大流量时，为解决直动式减压阀出口压力的控制精度较低，因高压大流量产生在阀芯上的液动力、卡紧力、摩擦力较大，导致调压手柄的操作力很大的问题，出现了先导

式减压阀。

先导式减压阀由先导调压阀（小型直动式溢流阀）和主阀组成，主阀阀芯有二台肩和三台肩两种（图 2-74），其工作原理相同。主阀多为常开式，利用节流的方法（节流开口为 y）使减压阀的出口压力 p_2 低于进口压力 p_1。工作时阀开口 y 能随出口压力的变化自动调节开口大小，从而可使出口压力 p_2 基本维持恒定。其工作原理是：

压力油从进油口 p_1 流入，经主阀阀芯 3 和阀体 5 之间的阀口缝隙 y 节流减压后，压力降为 p_2，从出口 p_2 流出。部分出口压力油 p_2 经孔 q、g 作用在阀芯的上下或左右两腔，并经 k 孔作用在先导锥阀芯 1 上。

当出口压力 p_2 低于减压阀的调整压力时，锥阀阀芯 1 在调压弹簧 2 的作用下关闭先导调压阀的阀口。由于孔 g 内无油液流动，主阀芯 3 上下或左右两端的油液压力相等，均为 p_2，主阀芯在右端平衡弹簧力作用下处于最下或左端，这时开口 y 最大，不起减压作用（$p_1 \approx p_2$）。

当出口压力 p_2 因进口压力 p_1 的升高，或者因负载增大而使 p_2 升高到超过调压弹簧 2 调定的压力时，锥阀芯 1 打开，使少量的出口压力油经 g 孔、k 孔和锥阀开口以及泄油孔 L 流回油箱。由于油液在 g 孔中的流动产生压力差，使主阀芯 3 下或左端的压力大于上或右端的压力。当此压力差所产生的作用力大于平衡弹簧 6 的弹力时，主阀芯 3 右移，减小了主阀芯开口量 y，从而又减低了出口压力 p_2，使作用在主阀阀芯上的液压作用力和弹簧 6 产生的弹力在新的位置上达到平衡。

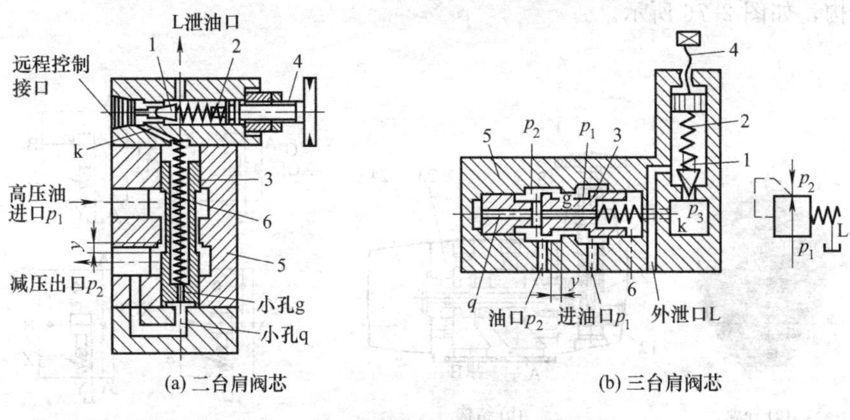

图 2-74 先导式减压阀的工作原理

1—针阀；2—调压弹簧；3—主阀芯；4—调节螺钉；5—阀体；6—平衡弹簧

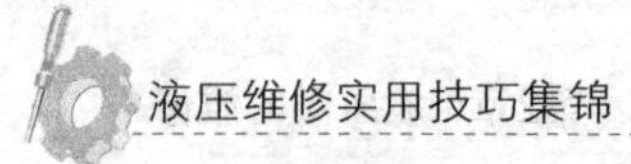

④ 单向减压阀的工作原理　单向减压阀只不过是在普通减压阀上增加了一单向阀而已（图 2-75），因此，正向流动（$p_1 \rightarrow p_2$）时，行使减压阀的减压原理与上述相同；反向（$p_2 \rightarrow p_1$）时，油液大部分经单向阀从 p_1 口流出，而无需非经减压节流口不可，即反向行使单向阀功能，油液可自由流动。

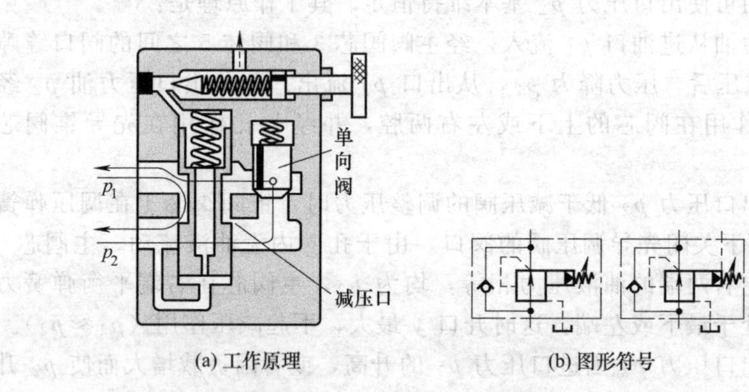

(a) 工作原理　　(b) 图形符号

图 2-75　单向减压阀的工作原理

(2) 减压阀与单向减压阀的结构例

仅以美国伊顿-威格士公司、日本东机美公司产的 XG 型板式、XGL 型中低压板式、XT 型管式、XTL 型中低压管式、XF 型法兰式、XCG 型带单向阀板式、XCT 型带单向阀管式减压阀为例，说明其结构，如图 2-76 所示。

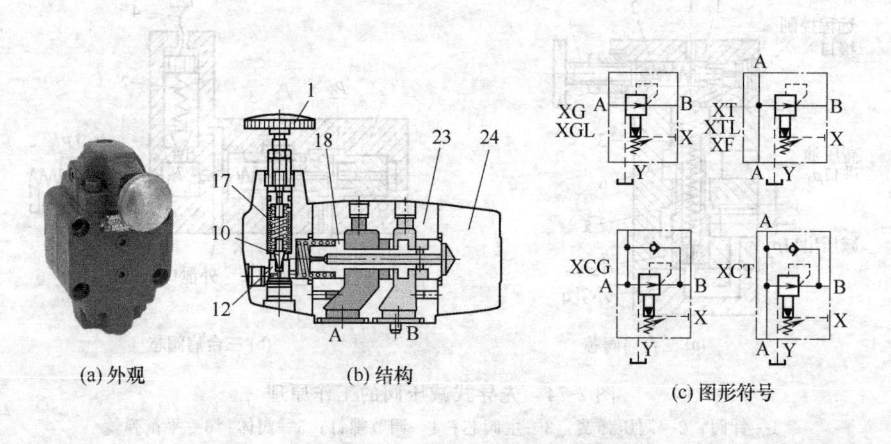

(a) 外观　　(b) 结构　　(c) 图形符号

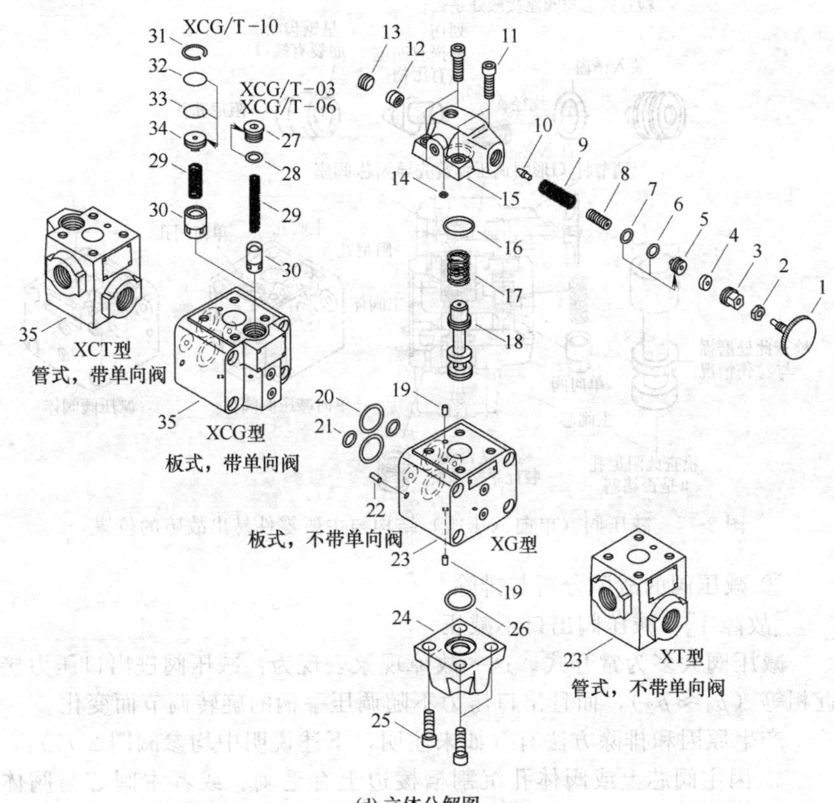

(d) 立体分解图

图 2-76 XG 型板式、XGL 型中低压板式、XT 型管式、XTL 型中低压管式、XF 型法兰式、XCG 型带单向阀板式、XCT 型带单向阀管式减压阀

1—调节手柄；2—螺母；3—螺套；4—垫；5—调节杆；6,32—挡圈；7,14,16,20,21,26,28,33—O 形圈；8,9—调压弹簧；10—先导阀阀芯；11,25—螺钉；12—先导阀阀座；13—堵头；15—先导阀盖；17,29—弹簧；18—主阀芯；19—闷头；22—定位销；23,35—主阀体；24—下盖；27—螺塞；30—单向阀阀芯；31—卡环；34—堵头

(3) 减压阀的故障分析与排除

① 减压阀易出故障的零件及其部位（图 2-77） 减压阀易出故障的零件有：阀芯、阀座、调压弹簧等。

减压阀易出故障的零件部位有：阀芯与阀座接触部位等。

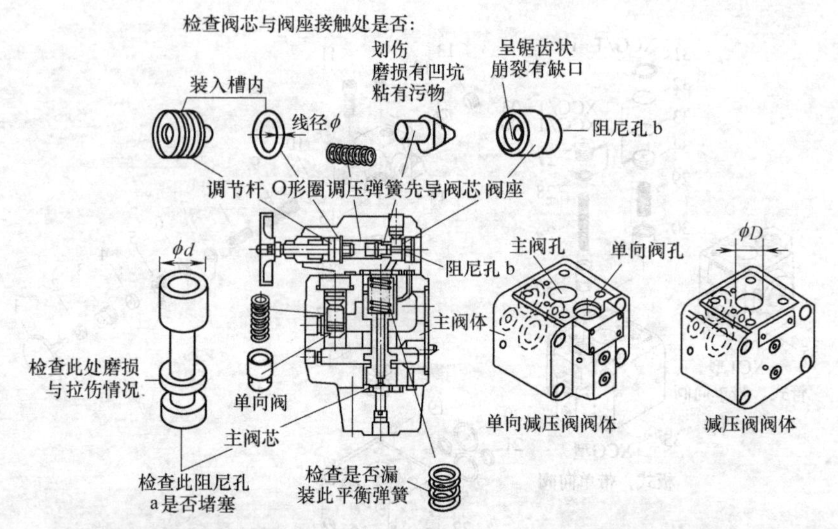

图 2-77　减压阀（单向减压阀）结构与主要零件易出故障的位置

② 减压阀的故障分析与排除

［故障 1］　减压阀出口不减压

减压阀大多为常开式。这一故障现象表现为：减压阀进出口压力接近相等（$p_1 \approx p_2$），而且出口压力不随调压手柄的旋转调节而变化。

产生原因和排除方法有（如未注明，下述说明中均参阅图 2-77）：

a. 因主阀芯上或阀体孔沉割槽棱边上有毛刺、或者主阀芯与阀体孔之间的间隙里卡有污物、或者因主阀芯或阀孔形位公差超差和主阀芯与阀体孔配合过紧等，将主阀芯卡死在最大开度位置上。由于开口大，油液不减压。此时可根据上述情况分别采取去毛刺、清洗、修复阀孔和阀芯精度的方法予以排除。并保证阀孔或阀芯之间合理的间隙，减压阀配合间隙一般为 0.007～0.015mm，配前可适当研磨阀孔，再配阀芯。

b. 主阀芯下端中心阻尼孔 a 或先导阀阀座阻尼孔 b 堵塞，失去了自动调节机能，主阀弹簧力将主阀芯推往最大开度，变成直通无阻，进口压力等于出口压力。可用直径为 1mm 钢丝或用压缩空气吹通阻尼孔，然后清洗装配。

c. 有些减压阀阻尼件是压入主阀芯中的，如国产 J 型，使用中有可能因过盈量不够阻尼件被冲出。冲出后，使进油腔与出油腔压力相等（无阻尼），而主阀芯两端受力面积相等，但另一端有一弹簧推压主阀芯，使主阀芯处于最大开度的位置，减压口因开口过大而不减压，于是

出口压力等于入口压力。此时需重新加工外径稍大的阻尼件重新压入主阀芯。

d. 对于一些管式减压阀，出厂时，泄油孔是用油塞堵住的。当此油塞未拧出接管通油池而使用时，使主阀芯上腔（弹簧腔）困油，导致主阀芯处于最大开度而不减压。对于板式阀如果设计安装板时未使外泄口连通油池，也会出现此现象。

e. 拆修管式或法兰式减压阀时，不注意很容易将阀盖装错方向（错 90°或 180°），使阀盖与阀体之间的小外泄油口堵死（参阅拆装例图），泄油口不通无法排油，造成同上的困油现象，使主阀顶在最大开度而不减压。修理时将阀盖装配方向装正确即可。

[故障 2] 减压阀出口压力很低，压力升不起来

a. 减压阀进出油口接反了：对板式阀为安装反向，对管式阀是接管错误。用户使用时请注意阀上油口附近的标记（如 P_1、P_2、L 等字样），或查阅液压元件产品目录，不可设计错和接错。

b. 进油口压力太低，经减压阀芯节流口后，从出油口输出的压力更低，此时应查明进油口压力低的原因（例如溢流阀故障）。

c. 减压阀下游回路负载太小，压力建立不起来，此时可考虑在减压阀下游串接节流阀来解决。

d. 先导阀（锥阀）与阀座配合面之间因污物滞留而接触不良，不密合；或先导锥阀有严重划伤，阀座配合孔失圆，有缺口，造成先导阀芯与阀座孔不密合。

e. 拆修时，漏装锥阀或锥阀未安装在阀座孔内。对此，可检查锥阀的装配情况或密合情况。

f. 主阀芯上阻尼孔被污物堵塞，B 腔的油液不能经主阀芯 5 上的横阻尼孔 a 流入主阀弹簧腔，出油腔 B 的反馈压力传递不到先导锥阀上，使导阀失去了对主阀出口压力的调节作用；阻尼孔 a 堵塞后，主阀弹簧腔失去了油压的作用，使主阀变成一个弹簧力很弱（只有主阀平衡弹簧）的直动式滑阀，故在出油口压力很低时，便可克服平衡弹簧的作用力而使减压阀节流口关至最小，这样进油口 A 的压力油经此关小的节流口大幅度降压，使出油口 B 压力上不来。

g. 先导阀弹簧（调压弹簧）错装成软弹簧，或者因弹簧疲劳产生永久变形或者折断等原因，造成 B 腔出口压力调不高，只能调到某一低的定值，此值远低于减压阀的最大调节压力。

h. 调压手柄因螺纹拉伤或有效深度不够，不能拧到底而使得压力

不能调到最大。

i. 阀盖与阀体之间的密封不良，严重漏油，造成先导油流量压力不够，压力上不去。产生原因可能是O形圈漏装或损伤，压紧螺钉未拧紧以及阀盖加工时出现端面不平度误差，阀盖端面一般是四周凸，中间凹。

j. 主阀芯因污物、毛刺等卡死在小开度的位置上，使出口压力低。可进行清洗与去毛刺。

[故障3] 不稳压，压力振摆大，有时噪声大

按有关标准的规定，各种减压阀出厂时对压力振摆都有相关验收标准，超过标准中规定值为压力振摆大，不稳压。

a. 对先导式减压阀，因为先导阀与溢流阀通用，所以产生压力振摆大的原因和排除方法可参照溢流阀的有关部分进行；

b. 减压阀在超过额定流量下使用时，往往会出现主阀振荡现象，使减压阀不稳压，此时出油口压力出现“升压—降压—再升压—再降压”的循环，所以一定要选用适合型号规格的减压阀，否则会出现不稳压的现象；

c. 主阀芯与阀体几何精度差，主阀芯移动迟滞，工作时不灵敏时，拆开清洗使其动作灵活；

d. 主阀弹簧太弱，变形或卡住，使阀芯移动困难时可更换弹簧；

e. 阻尼小孔时堵时通，清洗阻尼小孔；

f. 油液中混入空气通时排气。

2.3.4 压力继电器的维修

压力继电器是利用液体压力来启闭电气触点的液压电气转换元件，它在油液压力达到其设定压力时，发出电信号，控制电气元件动作，实现泵的加载或卸荷，执行元件的顺序动作或系统的安全保护和联锁等功能。

压力继电器有薄膜式（如国产DP-63型）、柱塞式（如力士乐HED4型）、弹簧管式（如力士乐HED2型）与波纹管式（如国产DP型等）。

(1) 压力继电器的工作原理

图2-78为柱销式压力继电器的工作原理：当由P口进入的油液压力上升达到由调节螺钉所调节、调压弹簧所决定的开启压力时，作用在

柱塞下端承压面 A 上的液压力克服调压弹簧的弹力，通过顶杆使微动开关动作，发出电信号；反之当 P 口进入的油液压力下降到闭合压力时，柱塞在调压弹簧的作用下复位，顶杆则在微动开关内触点弹簧力的作用下复位，微动开关也随之复位，发出电信号。

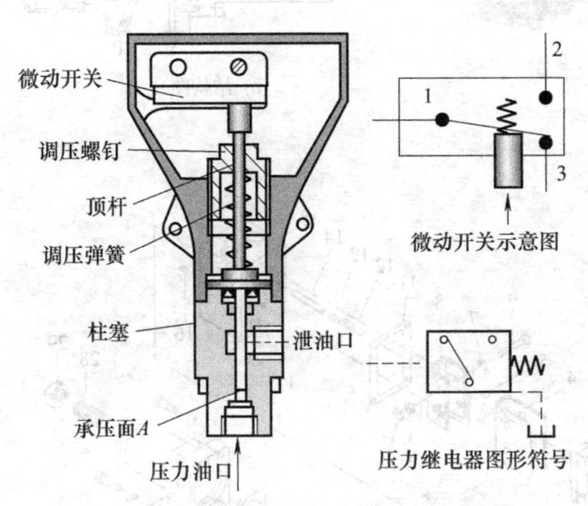

图 2-78　柱销式压力继电器的工作原理

(2) 压力继电器的结构例

① 日本东京计器 SG-3 型压力继电器

② 博世-力士乐公司 HED1 型与 HED4 型压力继电器　如图 2-80所示，HED1 型的工作结构原理是：当由 P 口进入的油液压力上升达到由调节螺钉 4 所调节、调压弹簧 2 所决定的开启压力时，作用在柱塞 1 下端面感压元件上的液压力克服弹簧 2 的弹力，通过推杆 3 使微动开关动作，发出电信号；反之当 P 口进入的油液压力下降到闭合压力时，柱塞 1 在弹簧 2 的作用下复位，推杆 3 则在微动开关 5 内触点弹簧力的作用下复位，微动开关也随之复位，发出电信号。

限位止口 A 起着保护微动开关 5 的触头不过分受压的作用。当需要预先设定开启压力或闭合压力时，可拆开标牌 6，然后松开锁紧螺钉 7，再顺时针方向旋转调节螺塞 4，则动作压力升高，反之则减小压力继电器设定的动作压力，调好后仍然用锁紧螺钉 7 锁紧。

图 2-81 为 HED4 型压力继电器的结构原理图，当从 P 口进入的压

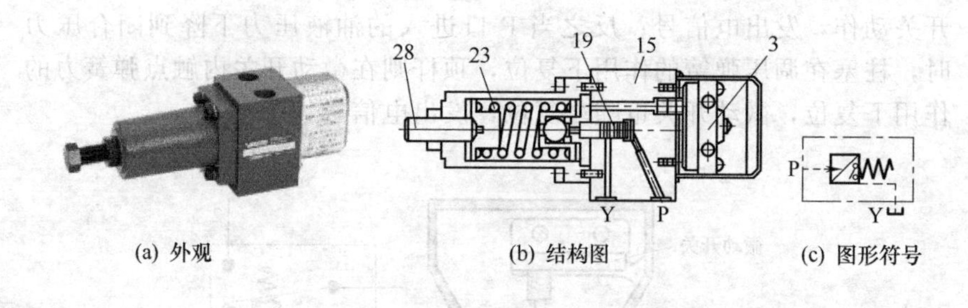

(a) 外观　(b) 结构图　(c) 图形符号

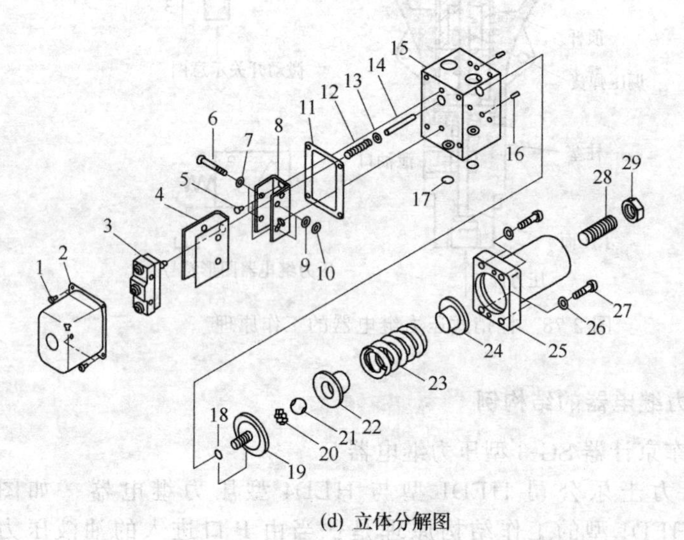

(d) 立体分解图

图 2-79　SG-3 型压力继电器

1,5,6,27—螺钉；2—罩壳；3—微动开关；4—垫板；7,9,13,26—垫圈；8—微动开关安装座；10—螺母；11—垫；12,23—弹簧；14—顶杆；15—阀体；16—定位销；17,18—O 形圈；19—阀芯；20—球轴承；21—钢球；22,24—弹簧垫；25—阀盖；28—调压螺钉；29—锁母

力油的压力超过由动作压力调节件 5 所调的压力值时，作用在柱塞 3 上的液压力推动弹簧座 2（并压缩弹簧）右移，压下微动开关 4，发出电信号，使电器元件动作。图（a）为管式安装（HED4OA 型）的结构，图（b）为底板安装（HED4OP 型）结构，图（c）为作为垂直叠加件（HED4OH 型）的结构。

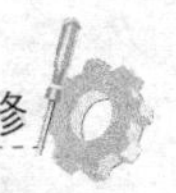

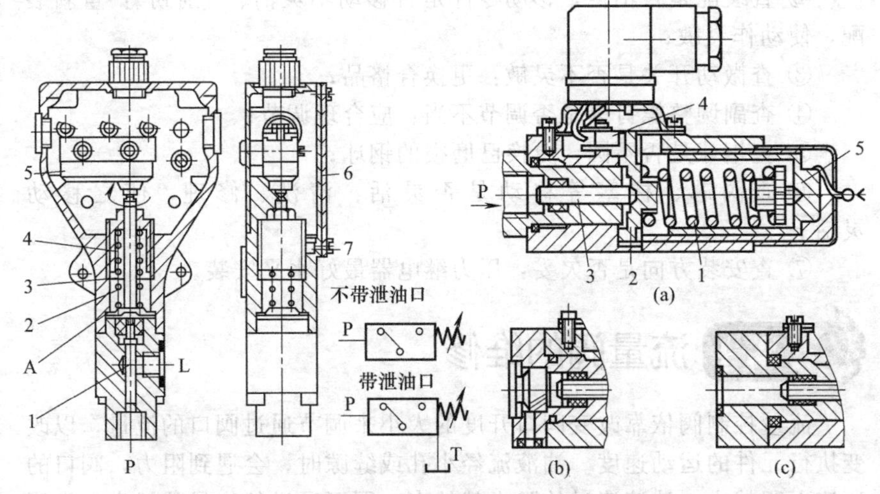

图 2-80 德国力士乐 HED1 型压力继电器
1—柱塞；2—调压弹簧；3—推杆；4—调节螺钉；5—微动开关；6—标牌；7—锁紧螺钉

图 2-81 德国力士乐 HED4 型压力继电器

(3) 压力继电器的故障分析与排除

[故障 1] 不发信号或误发信号

① 查来的压力油压力情况：无压时不发信号，压力不稳定时（如系统冲击压力大）乱发信号；

② 查波纹管（DP-63 型则为薄膜）是否破裂：波纹管或薄膜破裂时不发信号或误发信号，要更换；

③ 查微动开关是否灵敏与损坏：必要时更换微动开关；

④ 查电气线路是否有故障：检查原因，予以排除；

⑤ 查是否错装成太硬或太软的调压弹簧：更换适宜的弹簧；

⑥ 查主调节螺钉是否压力调得过高：按要求调节压力值；

⑦ 查铰轴是否别劲：别劲时杠杆不能灵活摆动，不发信号或误发信号；

⑧ 查柱塞式压力继电器（DP-63 型为滑阀芯）的柱塞是否移动灵活：修复使柱塞或滑阀芯既要在阀体内移动灵活又不产生内泄漏。

[故障 2] 压力继电器灵敏度太差

① 对 DP-63 压力继电器，查是否顶杆柱销处摩擦力过大，或钢球与柱塞接触处摩擦力过大：重新装配，使动作灵敏；

② 查装配是否不良，移动零件是否移动不灵活、“别劲”：重新装配，使动作灵敏；

③ 查微动开关是否不灵敏：更换合格品；

④ 查副调整螺钉等是否调节不当：应合理调节；

⑤ 查钢球是否不圆：更换已磨损的钢球；

⑥ 查阀芯、柱塞等移动是否灵活：清洗、修理，使之移动灵活；

⑦ 查安装方向是否欠妥：压力继电器最好水平安装。

2.4 流量阀的维修

流量控制阀依靠改变阀口开度的大小来调节通过阀口的流量，以改变执行元件的运动速度。油液流经小孔或缝隙时，会遇到阻力，阀口的通流面积越小，油液流过的阻力就越大，因而通过的流量就越小。常用的流量控制阀有普通节流阀、调速阀、溢流节流阀以及这些阀和单向阀的各种组合阀等。

2.4.1 节流阀的维修

(1) 节流阀与单向节流阀的工作原理与结构例

节流阀是流量控制阀中的一种最基本的阀种，其他的流量阀均包含有节流阀的部分。节流阀利用改变阀的通流面积来调节通过阀的流量大小，以实现对执行元件的无级调速。从工作原理讲，节流阀就是一只可开大关小的“水龙头”，通过轴向移动或旋转阀芯来改变节流阀节流口的通流面积 A，控制所通过阀的流量 q 的大小［图 2-82（a）、（b）］，图形符号见图 2-82（e）。

单向节流阀在结构上有两类：一类节流阀阀芯与单向阀阀芯共用一个阀［图 2-82（c）］；另一类为单向阀阀芯与节流阀阀芯各有一个阀芯，为单向阀与节流阀的组合阀［图 2-82（d）］，图形符号见图 2-82（f）。

无论哪一种结构的单向节流阀，其工作原理均为：正向节流时，与上述节流阀相同；反向起单向阀的作用时与单向阀相同。

(2) 节流阀与单向节流阀的故障分析与排除

① 节流阀易出故障的零件及其部位　如图 2-83 所示，节流阀易出故障的零件及其部位主要有阀芯外圆的磨损拉伤，阀体孔磨损变大等。

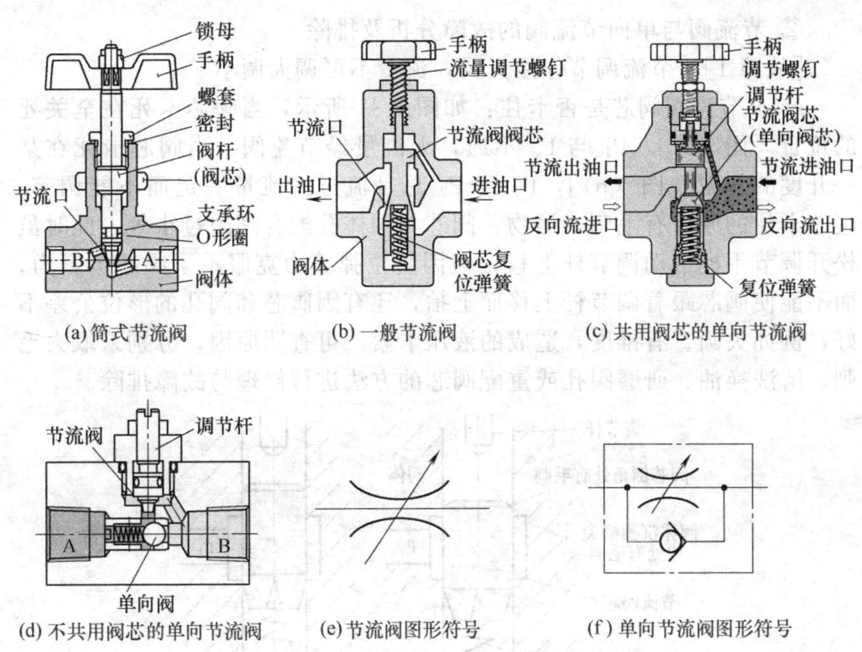

图 2-82 节流阀与单向节流阀的工作原理与图形符号

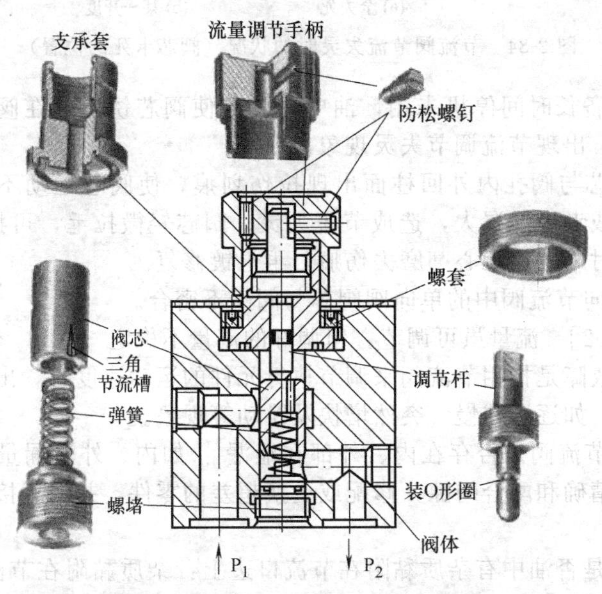

图 2-83 节流阀易出故障的零件及其部位

② 节流阀与单向节流阀的故障分析及排除

[故障 1] 节流调节作用失灵，流量不可调大调小

a. 查节流阀阀芯是否卡住：如图 2-84 所示，当阀芯卡死在全关死的位置［图（a）］，P_1 与 P_2 不通，无流量经节流阀；当阀芯卡死在某一开度的位置［图（b）］，P_1 到 P_2 总是流过的流量一定而不能调节。阀芯卡住的原因有毛刺、污物、阀芯与阀体孔配合间隙过小等，此时虽松开调节手柄带动调节杆上移，但因复位弹簧力克服不了阀芯卡紧力，而不能使阀芯跟着调节杆上移而上抬，还有因阀芯和阀孔的形位公差不好，例如失圆、有锥度，造成的液压卡紧。可查明原因，分别采取去毛刺、清洗换油、研磨阀孔或重配阀芯的方法进行修理与故障排除。

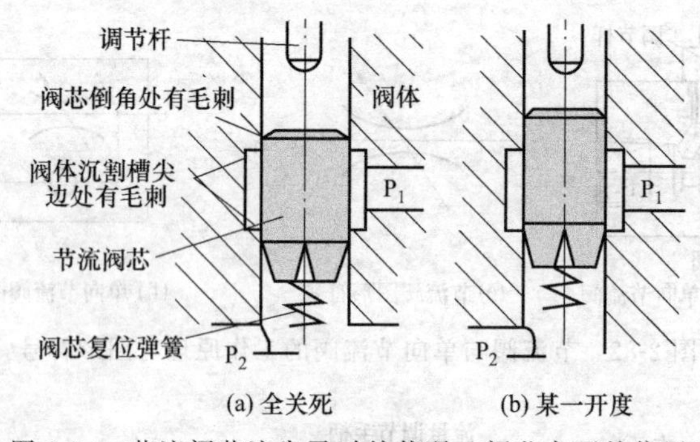

图 2-84 节流阀节流失灵时的状况（阀芯卡死的位置）

b. 设备长时间停机未用，油中水分等使阀芯锈死卡在阀孔内，重新使用时，出现节流调节失灵现象。

c. 阀芯与阀孔内外回柱面出现拉伤划痕，使阀芯运动不灵活，或者卡死，或者内泄漏大，造成节流失灵。阀芯轻微拉毛，可抛光再用，严重拉伤时可先用无心磨磨去伤痕，再电镀修复。

d. 单向节流阀中的单向阀阀芯与阀座不密合。

[故障 2] 流量虽可调节，但调好的流量不稳定

这一故障是指用节流阀来调节执行元件的运动速度时，出现运动速度不稳定：如逐渐减慢、突然增快及跳动等现象。

a. 查节流阀是否存在内、外部在泄漏：如内、外泄漏量大，可检查零件的精确和配合间隙，修配或更换超差的零件，并注意接合处的油封情况。

b. 查是否油中有杂质黏附在节流口边上：杂质黏附在节流口边上，通油截面减小，使速度减慢；时堵时通，速度不稳定。可拆开清洗有关

零件，更换新油，并经常保持油液洁净。

c. 在简式的节流阀中，因系统负荷有变化使速度突变：检查系统压力和减压装置等部件的作用以及溢流阀的控制是否正常。

d. 油温升高，油液的黏度降低，会使速度不稳定：此时要采取增加油温散热的措施。

2.4.2　调速阀与单向调速阀的维修

节流阀虽可通过改变节流口大小的办法来调节流量，但因阀前后压差的影响，以致阀开度调定后并不能保持流量稳定，所以对速度稳定性要求较高的执行机构来说就不能以普通节流阀来作为调速之用。如果把定差减压阀和节流阀串联，或把定差溢流阀和节流阀并联，以使节流阀前后压差近似保持不变，则节流阀的流量即可保持基本稳定，这种组合阀就称之为调速阀。

(1) 调速阀与单向调速阀的工作原理

调速阀与单向调速阀与节流阀与单向节流阀相同之处也是通过改变节流口的通流面积 A 的大小来控制流经阀的流量大小。不同之处是这两类阀利用增设的压力补偿阀可恒定节流口的前后压差 $\Delta p=p_1-p_2$ 不变。因而能维持稳定的流量（通过阀的流量 q 基本不变）。

其工作原理如下。

如图 2-85 所示，调速阀是在节流阀的基础上再加了一个定差减压阀：节流阀调节通过阀的流量（改变 A），减压阀稳定节流阀口前后压差 Δp 基本不变。这样由上述通过节流阀的流量公式可知：A 调节好后不变，Δp 也不变，因而调速阀的通过流量 q 也基本不变。

将节流口的前后压力油 p_2、p_3 分别引到定差减压阀 3 阀芯左右两端。先设进口压力 p_1 不变，如果负载增加，p_3 随之增大，a 腔压力增大，定差减压阀阀芯右移，开大减压阀口，减压口的减压作用减弱，p_2 也就增大，亦即 p_3 增大 p_2 也跟着增大，使节流阀阀口前后压差 $\Delta p=p_2-p_3$ 维持不变；反之当负载减小，p_3 也随之减小，减压阀芯左移，关小减压阀口，减压口的减压作用增强，p_2 也就减小，Δp 也基本不变。

反之设出口压力 p_3（负载压力）一定，当进口压力 p_1 变化时，完全可以做出同上的分析。所以由于定压差减压阀的这种压力补偿作用，无论负载变化也好，进口压力变化也好，均能保证节流阀前后压差 Δp

基本不变，所以通过调速阀的流量 q，只要节流阀节流口的开度调定（A 一定），则通过调速阀的流量基本恒定。

由上述调速阀再组合一单向阀构成单向调速阀，调速部分的原理与上述完全相同。装上单向阀 5 后，其差别仅在于：当反向油流时，油液从 B 口连入经通道 a，再经单向阀（此时单向阀打开）从 A 口流出，少量油经节流阀→定压差减压阀→A 口流出；正向油流时，油液只从 A 口流入，经调速阀部分流道从 B 口流出，起调速作用，此时单向阀关闭。

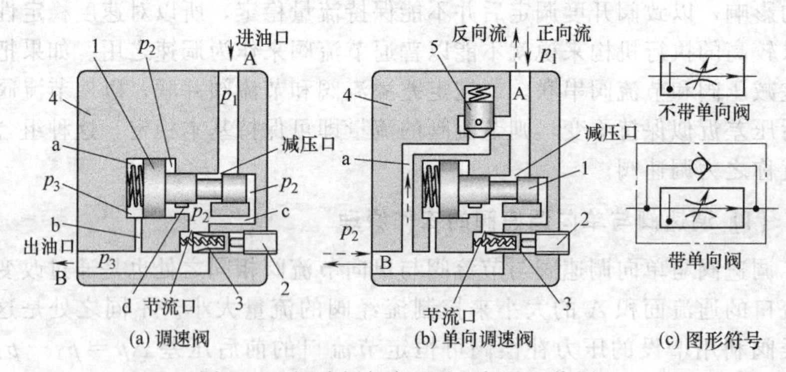

(a) 调速阀　(b) 单向调速阀　(c) 图形符号

图 2-85　调速阀与定差减压阀的工作原理

1—定差减压阀；2—流量调节螺钉；3—节流阀阀芯；4—阀体；5—单向阀阀芯

(2) 结构例

图 2-86 所示为美国伊顿-威格士公司产 LFCG 型单向调速阀结构例。

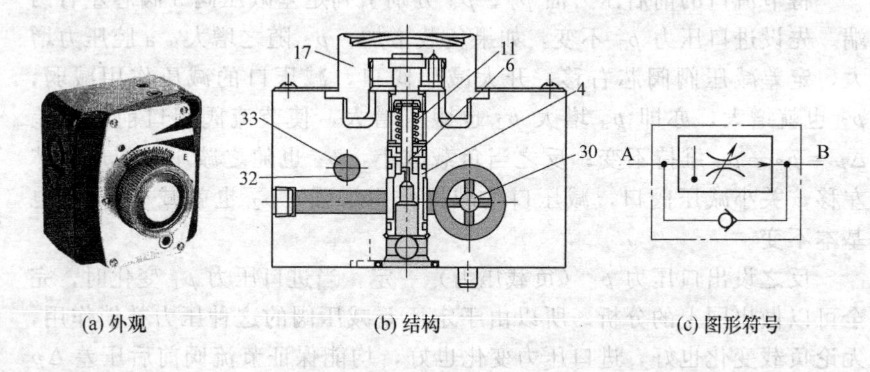

(a) 外观　(b) 结构　(c) 图形符号

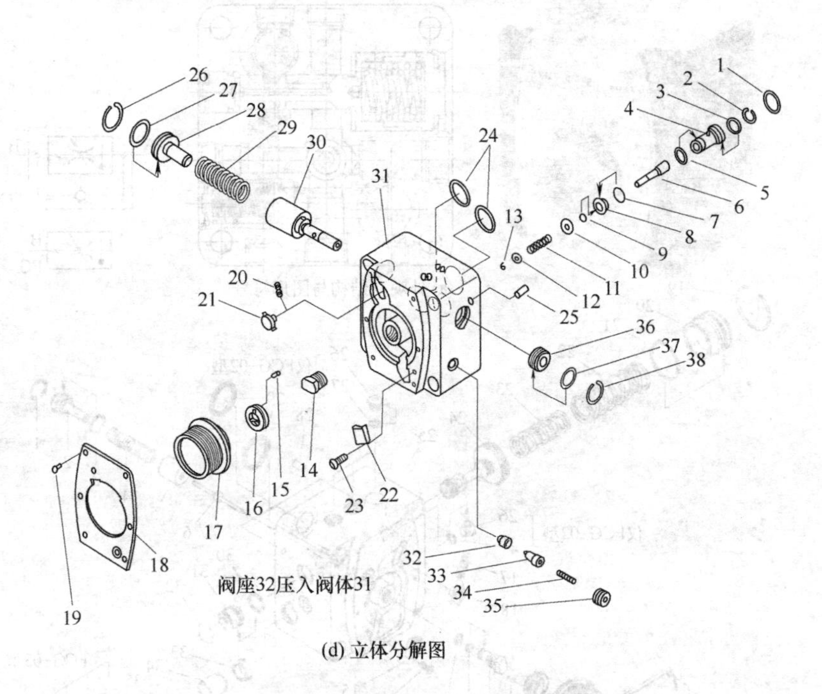

(d) 立体分解图

图 2-86 LFCG-※-◇型单向调速阀

1,3,5,7,9,13,24,27,37—O形圈；2,26,38—弹簧卡圈；4—阀套；6—节流阀阀芯；8—弹簧座；10—垫；11,29,34—弹簧；12—弹簧垫圈；14—挡块；15—小销；16—螺套；17—捏手；18—标牌；19—标牌铆钉；20～23—定位防松组件；25—安装定位销；28,35,36—堵头；30—减压阀阀芯；31—阀体；32—单向阀阀座；33—单向阀阀芯

(3) 调速阀与单向调速阀的故障分析与排除

① 调速阀与单向调速阀易出故障的零件及其部位 维修调速阀时主要查哪些易出故障零件及其部位

如图 2-87 所示，调速阀易出故障的零件有：节流阀阀芯、定压差减压阀芯、阀体、单向阀芯等。调速阀易出故障的零件部位有：阀芯与阀体配合部位、单向阀芯与阀座接触处、节流阀芯节流口等处。

② 调速阀与单向调速阀的故障分析与排除 如前所述，调速阀是由节流阀＋压力补偿装置所组成，而单向调速阀是由节流阀＋压力补偿装置＋单向阀所组成，因而其故障分析与排除方法可参阅本书中的相关内容。此处补充说明如下。

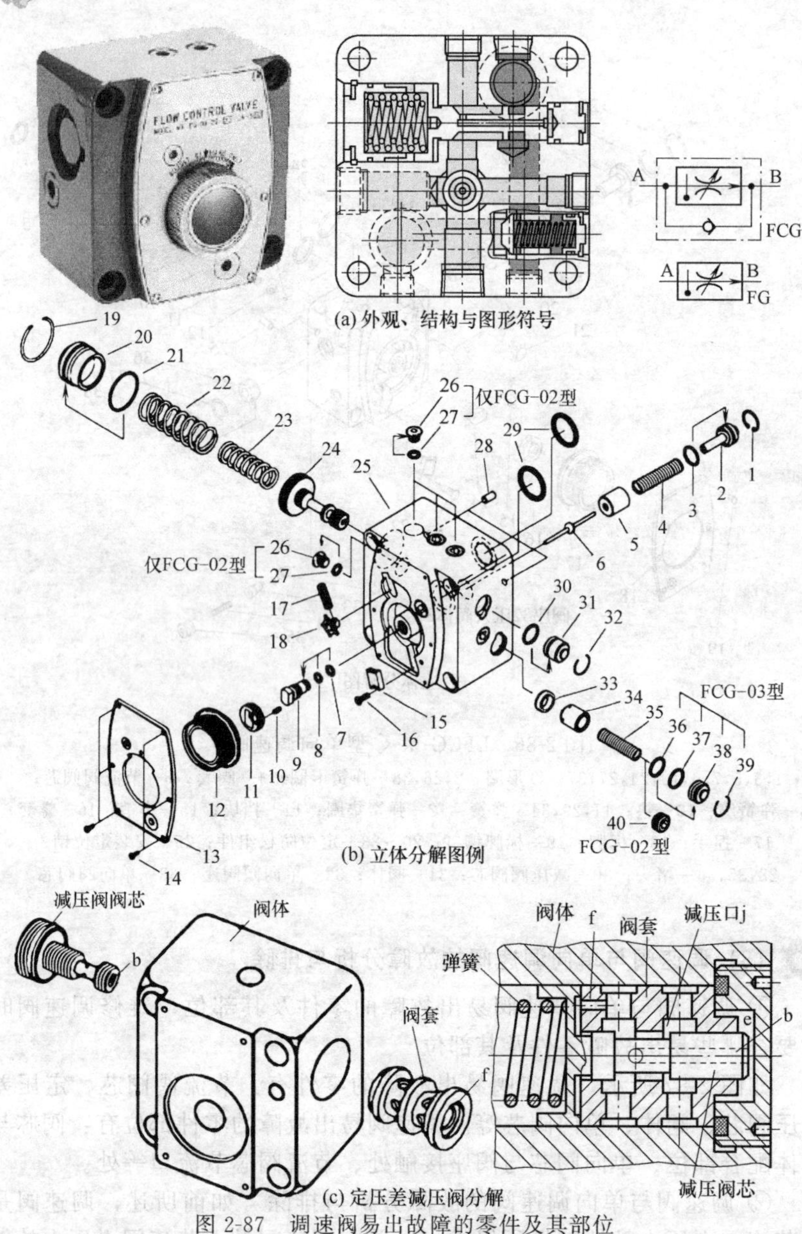

(a) 外观、结构与图形符号

(b) 立体分解图例

(c) 定压差减压阀分解

图 2-87　调速阀易出故障的零件及其部位

1,19,32,39—卡簧；2,20,26,31,38,40—堵头；3,7,8,21,27,29,30,36,37—O 形圈；4,17,22,23,35—弹簧；5　节流阀阀芯；6—温度补偿杆；9—流量调节螺钉；10,14,16—螺钉；11—内方头套；12—手柄；13—标牌；15—定位块；18—异形件；24—压力补偿阀芯；25—阀体；28—安装定位销；33—单向阀阀座；34—单向阀阀芯

[故障 1] 调速阀输出流量不稳定使执行元件速度不稳定

这一故障表现为在使用调速阀的节流调速系统中，一旦负载出现扰动，或者调速阀进油口压力流量一发生变化，执行元件（如液压缸）马上出现速度变化，其产生原因和排除方法有：

a. 定压差减压阀阀芯被污物卡住，减压口 j 始终维持在某一开度上[图 2-87（c)]，完全失去了压力补偿功能，此时的调速阀只相当于节流阀，此时可拆开清洗。

b. 如图 2-87（c）所示，当阀套上的小孔 f 或减压阀阀芯上的小孔 b，因油液高温产生的沥青质物质沉积而被阻塞时，压力补偿功能失效，此时可拆开用细铁丝穿通与清洗。

c. 调速阀进出油口压差 p_1-p_2 过小：国产 Q 型阀此压差不得小于 0.6MPa，QF 型阀此压差不得小于 1MPa，进口调速阀都各有相应规定。

d. 定压差减压阀移动不灵活，不能起到压力反馈作用，而稳定节流阀前后的压差成一定值，而使流量不稳定，可拆开该阀端部的螺塞，从阀套中抽出减压阀芯，进行去毛刺清洗及精度检查，特别要注意减压阀芯的大小头是否同心，不良者予以修复和更换。

e. 漏装了减压阀的弹簧，或者弹簧折断和装错者，可予以补装或更换。

f. 调速阀的内外泄漏量大，导致流量不稳定应治理泄漏。

g. 对于安装面上无定位销的调速阀，出、进油口易接反，使调速阀如同一般节流阀而无压力反馈补偿作用。

[故障 2] 节流作用失灵

这一故障是指：当调节流量调节手柄，阀输出流量无反应不变化，从而所控制的执行元件运动速度不变或者不运动。

a. 定压差减压阀阀芯卡死在全闭或小开度位置，使出油腔（P_2）无油或极小油液通过节流阀，此时应拆洗和去毛刺，使减压阀芯能灵活移动。

b. 调速阀进出油口接反了，会使减压阀阀芯总趋于关闭，造成节流作用失灵。Q 型、QF 型阀由于安装面的各孔为对称的，很容易装错。一般板式调速阀的底面上，在各油口处标有 P_1（进口）与 P_2（出口）字样，仔细辨认，不可接错。

c. 调速阀进口与出口压力差太少，产生流量调节失灵。对于每一种调速阀，进口压力要大于出口压力一定数值（产品说明中有规定）时，方可进行流量调节。

d. 单向调速阀中的单向阀阀芯与阀座不密合。

[故障 3] 调速阀出口无流量输出，执行元件不动作

a. 节流阀阀芯卡住在关闭位置，可拆开清洗。

b. 定压差减压阀阀芯卡住在关闭位置，可拆开清洗。

[故障 4] 最小稳定流量不稳定，执行元件低速时出现爬行抖动现象

为了实现油缸等执行元件的低速进给的稳定性，对流量阀规定了最小稳定流量限界值，但往往在此限界以内，执行元件的低速进给也不稳定，从调速阀的原因分析是其最小稳定流量变化。

影响最小稳定流量的原因是内泄漏量大，具体部位一是节流阀阀芯处，二是减压阀阀芯处。

a. 节流阀阀芯与阀体孔配合间隙过大，使内泄漏量增大。

b. 减压阀阀芯与阀体孔配合间隙过大：由于大多的调速阀的定压差减压阀阀芯为二级同心的大小台阶状，大、小圆柱工艺上很难做到绝对同心，因而只能增大装配间隙来弥补，这样便造成配合间隙过大的问题，所以现在有些调速阀的定压差减压阀阀芯，采用一级同心的结构。

c. 节流阀阀芯三角槽尖端有污物堵塞，当污物有时堵有时又被冲走，造成节流口小开度时的流量不稳定的现象。最好采用薄刃口节流阀阀芯的调速阀，并注意油液的清洁度。

d. 单向阀故障：在带单向调速阀中单向阀的密封性不好。

e. 因液压系统中有空气产生振动使节流阀阀芯调定的位置发生变化，应将空气排净，并用锁紧螺钉锁住流量调节装置。

f. 内泄和外泄使流量不稳定，造成执行元件工作速度不均匀。

(4) 调速阀与单向调速阀的修理

① 如何拆修调速阀

a. 各种型号由于生产厂家的不同，调速阀的外观和内部结构略有差异，图 2-88 中列举了两种调速阀的立体分解图。拆检修理时一定按序拆卸，并将所拆零部件放入干净的油盘内，不可丢失。

b. 修理时 O 形密封圈是必须更换的，例如图 2-88 (a) 中的件 4、8、22、29，图 (b) 中的 5、9、12、20 等。

c. 修理时主要注意几个重要零件的检修：如图 2-88 (a) 中的温度补偿杆 7、减压阀阀芯 20、节流阀阀芯 2、单向阀阀芯 26 等；图 2-88 (b) 中的节流阀阀芯 4、定差减压阀阀芯 17、阀套 18 等。

d. 图 2-88 (a) 中的弹簧 21 和 27，图 2-88 (b) 中的 15 和 16，要检查其是否折断和疲劳，不良者应予以更换，注意装配时不要漏装。

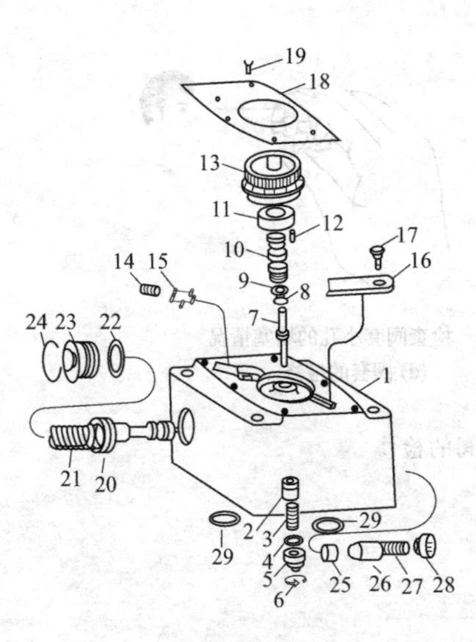

(a) 带压力、温度补偿的单向调速阀

1—阀体；2—节流阀阀芯；3,21,27—弹簧；
4,8,22,24,29—O 形圈；5,25,26—堵塞；
6—卡环；7—温度补偿杆；9—垫；10—调节杆；
11—内套；12—定位销；13—调节手柄；
14—小弹簧；15—卡圈；16—挡块；
17—小螺钉；18—标牌；19—铆钉；
20—减压阀阀芯；23—阀套；28—螺堵

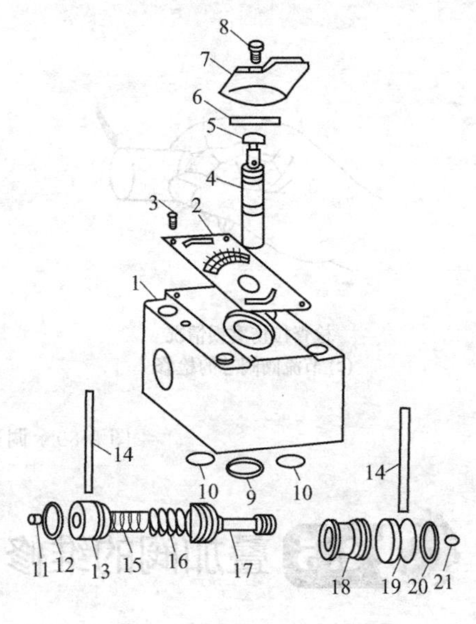

(b) 压力补偿的调速阀

1—阀体；2—标牌；3—铆钉；4—节流阀阀芯；
5,9,10,12,20—O 形圈；6—销；
7—捏手；8—小螺钉；11,21—小螺堵；
13,19—堵头；14—杆；15,16—弹簧；
17—减压阀阀芯；18—阀套

图 2-88 调速阀的拆检

② 几个零件的检修 按图 2-89 所示的方法对重点零件和重点部位进行检查，如外圆拉伤磨损，一般可刷镀修复；阀芯和阀套上的小孔堵塞情况必检，堵塞而产生的故障极为多见。

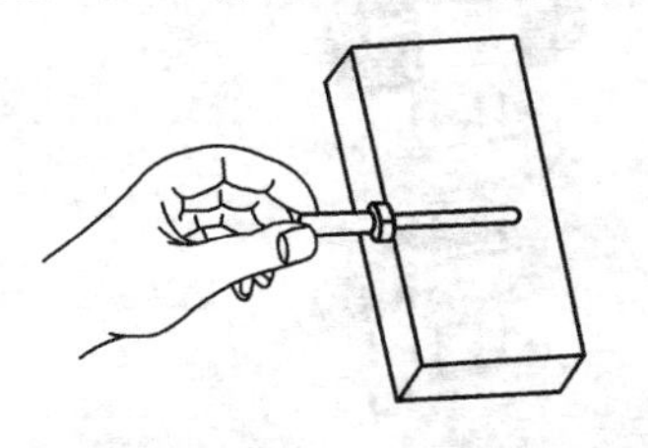

在平板上检查温度补偿杆的弯曲度

(a) 温度补偿杆的检修

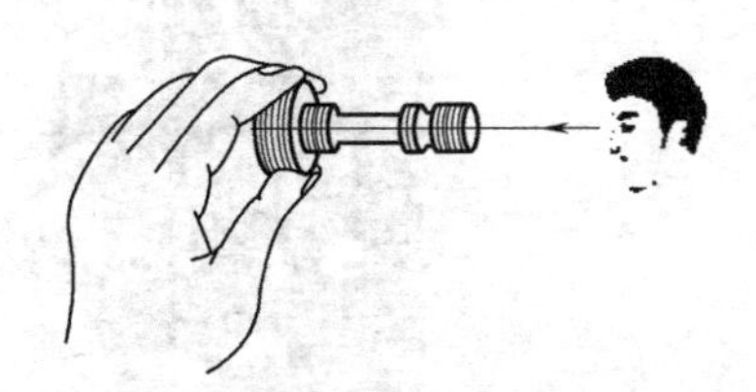

目测减压阀芯小孔的堵塞情况

(b) 定压差减压阀阀芯的检修

图 2-89

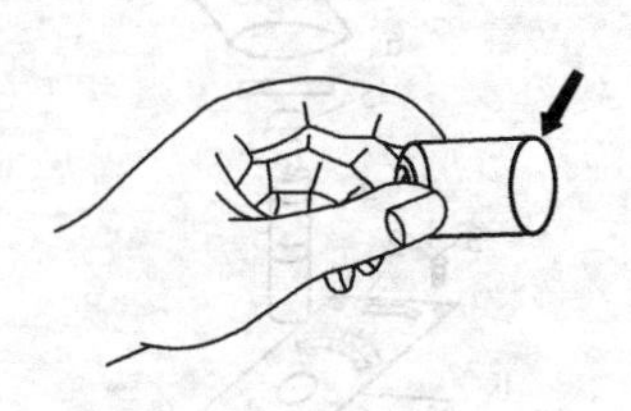

(c) 节流阀阀芯的检修

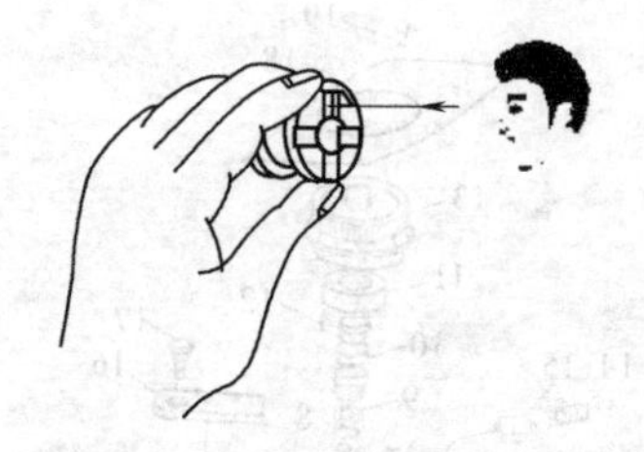

(d) 阀套的检修

图 2-89　调速阀的检修

2.5 叠加阀的维修

叠加阀是一种可以一个个叠装起来的液压阀。它本身的工作原理与内部结构和上述一般常规液压阀相同，不同的是每一只叠加阀均以自身的阀体作为连接体，同一通径的各种叠加阀的结合面上均有连接尺寸相同的P、A、B、T等油口，这样相同通径的叠加阀就可按不同的系统要求选择适合的几个叠加阀，互相用长螺栓串成一串，叠装起来，组成一个完整的液压系统。每个叠加阀既起到控制元件的作用，又起到通油通道的作用（图 2-90），省去许多连接管路，为设计和维修提供了诸多便利。

(a) 外观

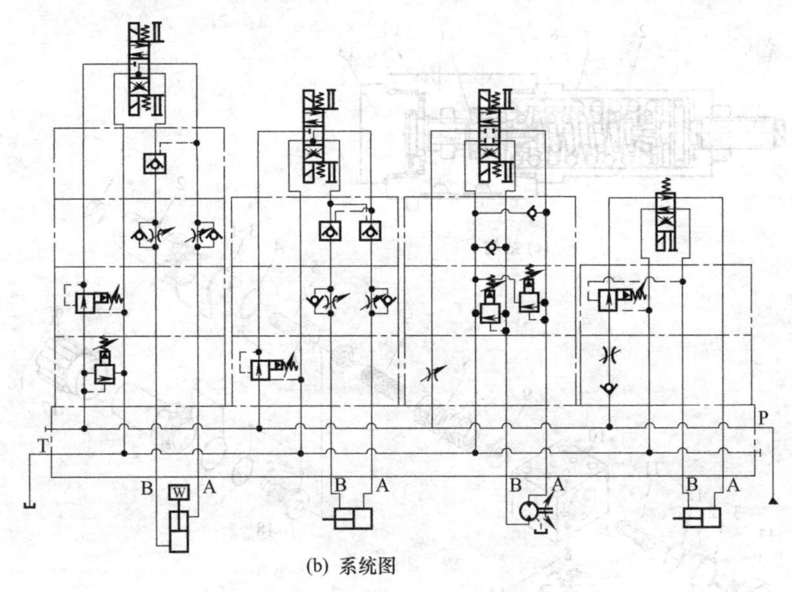

(b) 系统图

图 2-90　叠加阀液压系统例

2.5.1　单只叠加阀的工作原理与结构例

(1) 叠加溢流阀

如图 2-91 所示的 6 通径叠加溢流阀为例，其工作原理与结构和“2.3 压力阀的维修中的 2.3.1 溢流阀的维修”中所述相同。调节调压螺钉 5，可调节系统压力 p 的大小。当压力 p 超过调节压力，阀芯 11 左移，打开 P-T 的通道，溢流降压至调节压力。

不同的是叠加溢流阀的上下均有 P、T、A、B 四个通孔，外加四个穿孔（安装孔），各孔之间的相互位置尺寸与 6 通径的电磁阀相同。

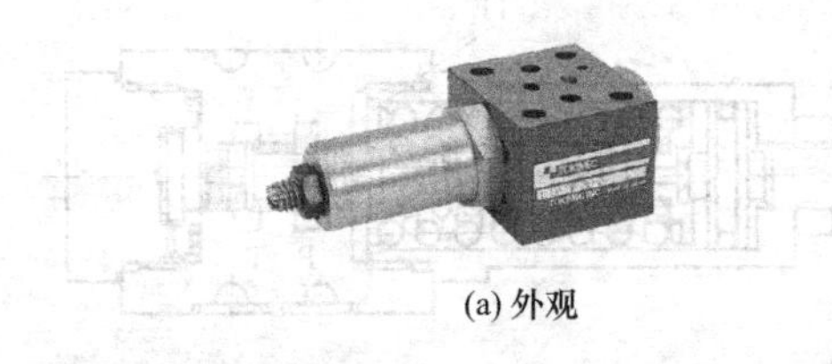

(a) 外观

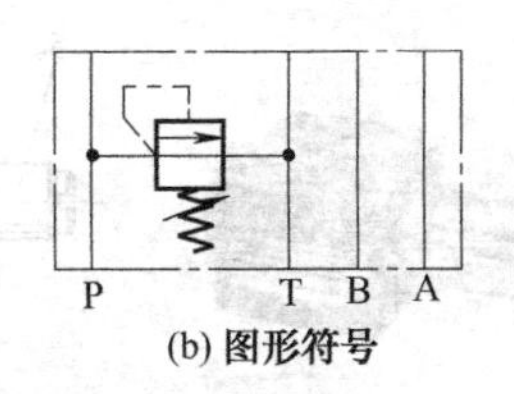

(b) 图形符号

图 2-91

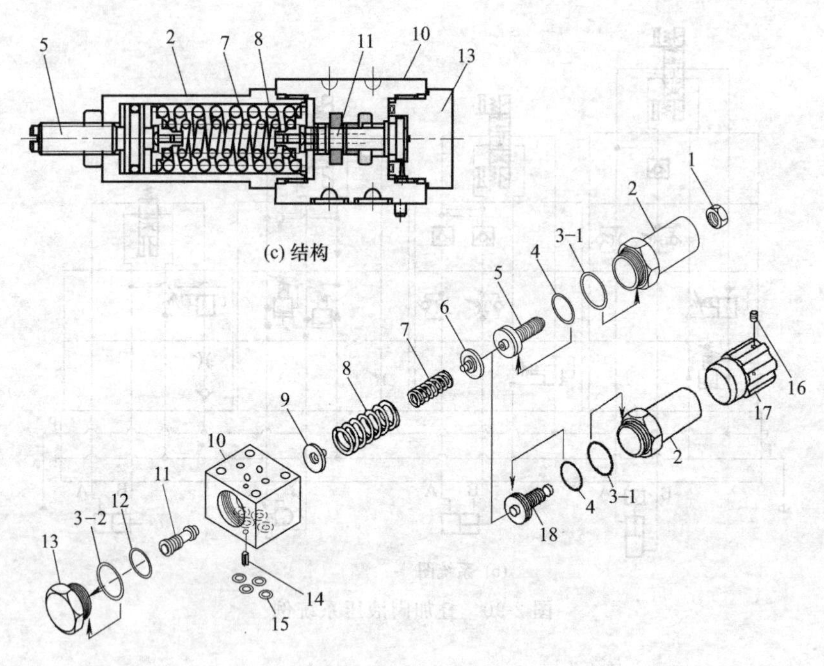

(c) 结构

(d) 立体分解图

图 2-91 叠加溢流阀例

1—锁母；2—螺套；3—挡圈；4,12,15—O形圈；5,18—调压螺钉；6,9—弹簧垫；7,8—调压弹簧；10—阀体；11—阀芯；13—螺盖；14—定位销；16—锁紧螺钉；17—手柄

(2) 叠加溢流减压阀（三通式减压阀）

如图 2-92 所示，正向油流 P→P_1 时为减压功能，反向 P_1→T 为溢流功能。其工作原理与结构与前述（参阅 2.3 压力阀的维修）的非叠加式溢流减压阀相同。

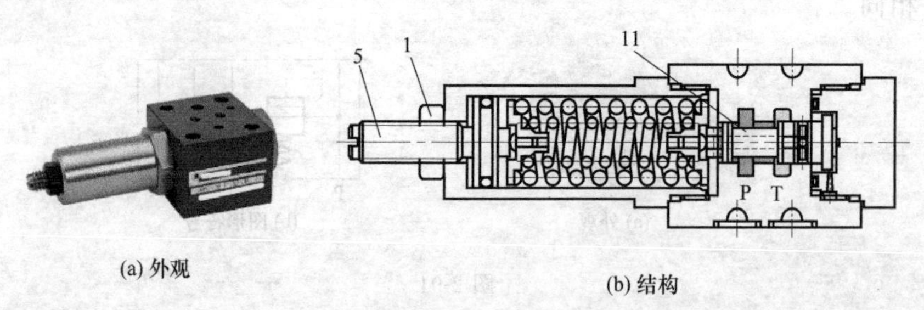

(a) 外观

(b) 结构

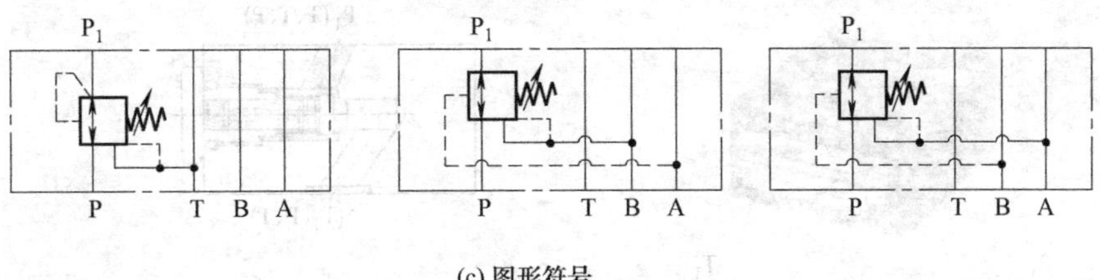

(c) 图形符号

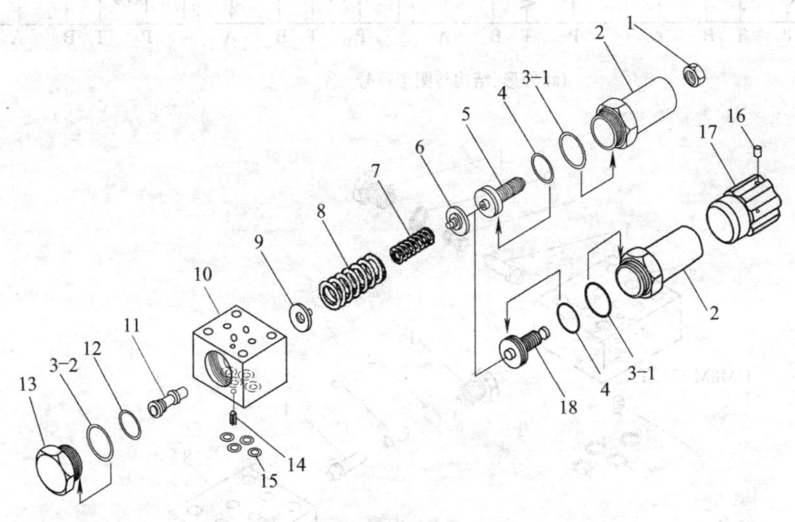

(d) 立体分解图

图 2-92 叠加溢流减压阀

1—锁母；2—螺套；3,4,12,15—O形圈；5—调压螺钉；6—弹簧座；7,8—调压弹簧；9—弹簧座；10—阀体；11—溢流减压阀阀芯；13—螺堵；14—定位销；16—紧固螺钉；17—捏手手柄；18—调压螺钉

(3) 叠加单向阀

如图 2-93 所示，其结构与工作原理均与“2.3 压力阀的维修”中所述的非叠加式普通单向阀相同，可参阅相关内容。

(4) 叠加液控单向阀

图 2-94 所示为叠加双液控单向阀外观、结构及图形符号图。当控制活塞右端通入压力控制油，控制活塞左行，推开左边的单向阀，实现 $B_1 \rightarrow B$ 或 $B \rightarrow B_1$ 正反方向的流动；反之，当控制活塞左端通入压力控

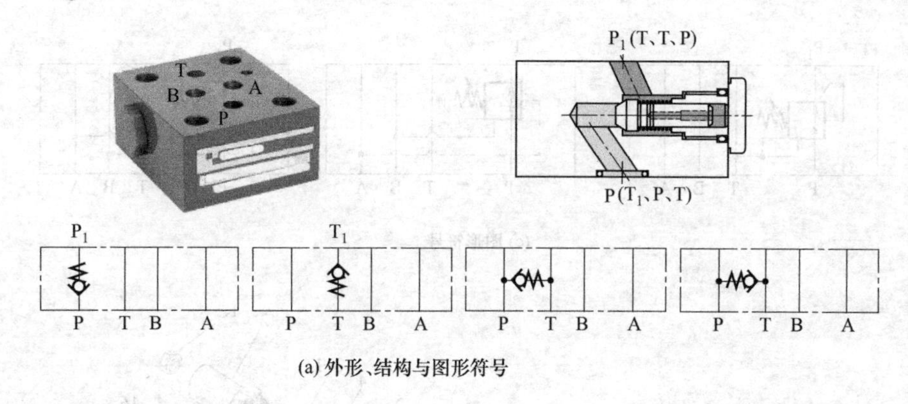

(a) 外形、结构与图形符号

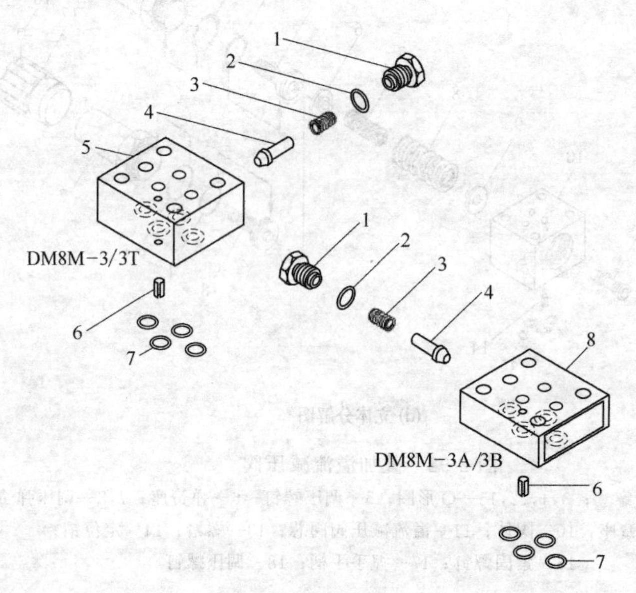

(b) 立体分解图

图 2-93　叠加单向阀

1—螺堵；2,7—O 形圈；3—弹簧；4—单向阀芯；5,8—阀体；6—定位销

制油，控制活塞右行，推开右边的单向阀，实现 $A_1 \rightarrow A$ 或 $A \rightarrow A_1$ 正反方向的流动。

也可以只叠加单液控单向阀。

(5) 叠加单向节流阀

图 2-95 为叠加双单向节流阀，当液流从 $B \rightarrow B_1$ 或从 $A \rightarrow A_1$ 流动

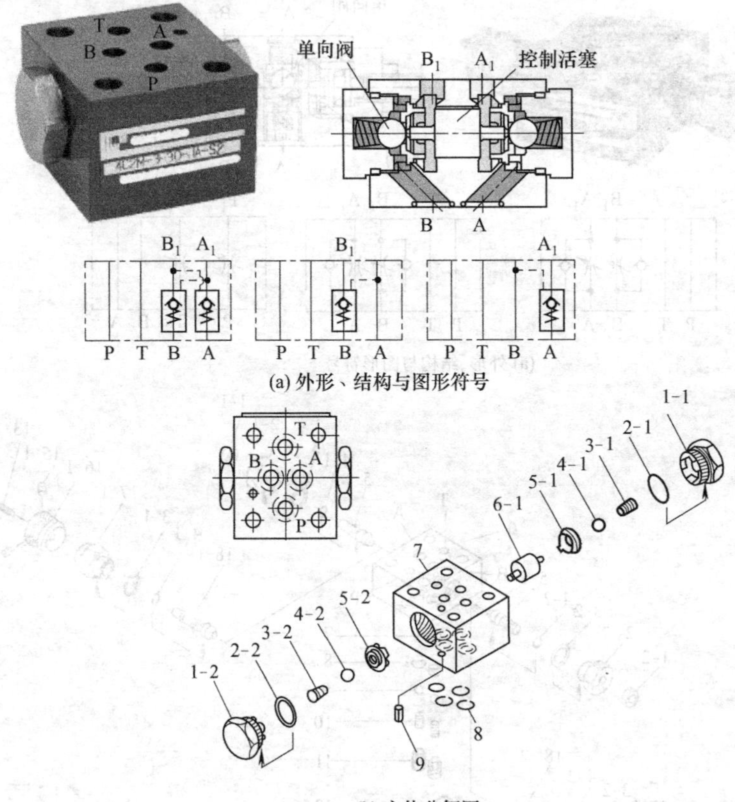

(a) 外形、结构与图形符号

(b) 立体分解图

图 2-94　叠加液控单向阀

1—螺堵；2,8—O 形圈；3—弹簧；4—单向阀芯（钢球）；5—阀座；6—控制活塞；7—阀体；9—定位销

时，单向阀处于关闭状态，液流只能通过节流阀实现从 B→B_1 或从 A→A_1 的流动，实现进油节流；将叠加双单向节流阀换一个面装，实现回油节流。

2.5.2　叠加阀液压系统工作原理例

我们以图 2-90 叠加阀液压系统左边一叠为例，说明其工作原理。

如图 2-96（b）所示，当顶部的电磁阀 1 两电磁铁 1DT 与 2DT 均不通电时，电磁阀中位（Y 型）工作，因而叠加单液控单向阀 2 控制油无压力，因而只起单向阀的作用反向截止，这样防止了液压缸 8 的下

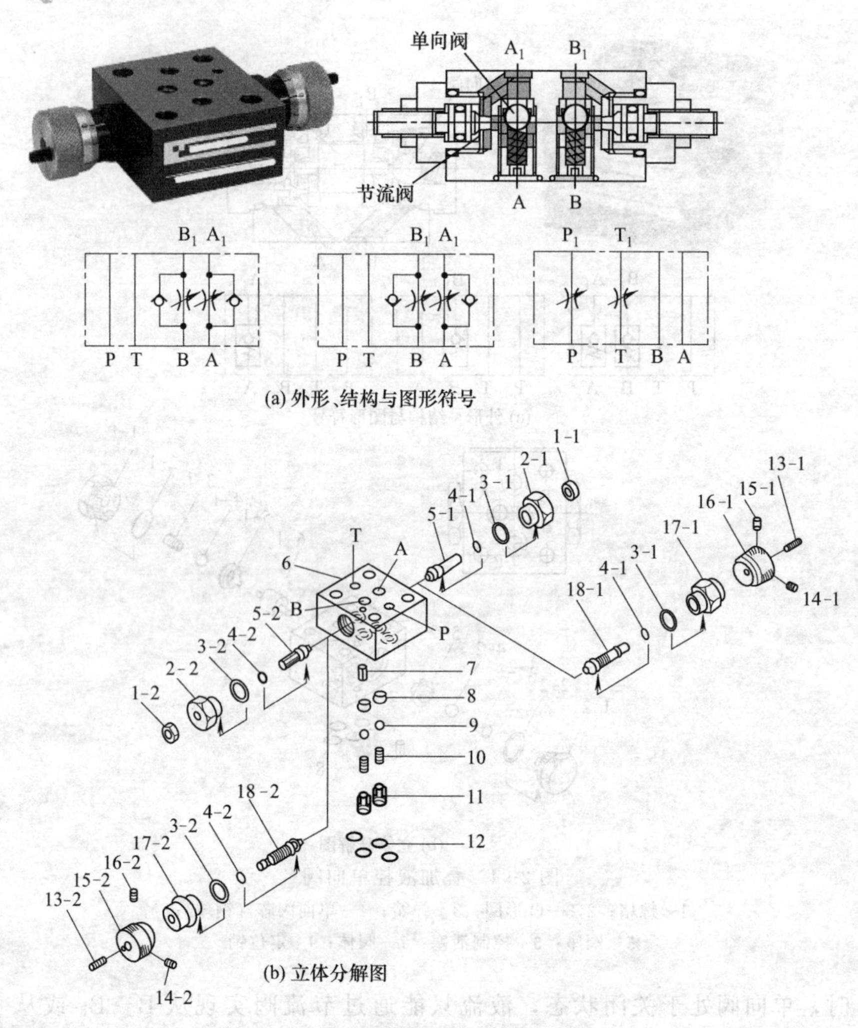

(a) 外形、结构与图形符号

(b) 立体分解图

图 2-95 双单向节流叠加阀

1—锁母；2,17—螺套；3,4,12—O 形圈；5—节流阀芯；6—阀体；7—定位销；8—单向阀阀座；9—单向阀阀芯（钢球）；10—弹簧；11—螺塞；13—紧固螺钉；14,16—侧向导向螺钉；15—捏手；18—节流阀芯

落，起到单向锁紧作用。

如图 2-96（a）所示，当顶部的电磁阀 1 电磁铁 1DT 通电时，电磁阀上位工作，从底板 6 来的压力油 P→叠加溢流阀 5 调压（例如 20MPa)→叠加减压阀 4 减压（例如降为 10MPa)→电磁阀 1 上位→叠

加单液控单向阀 2→叠加双单向节流阀 3 右边单向节流阀的单向阀→叠加减压阀 4 通道→叠加溢流阀 5 通道→液压缸的上腔，缸下行；缸下腔回油→叠加溢流阀 5 通道→叠加减压阀 4 通道→叠加双单向节流阀 3 左边单向节流阀的节流阀（缸下行调速）→叠加单液控单向阀 2（因此时控制油有压力而开启）→电磁阀 1 上位 B 至 T→叠加单液控单向阀 2 通道→叠加双单向节流阀 3 通道→叠加减压阀 4 通道→叠加溢流阀 5 通道→底板 6 的 T→油箱。

如图 2-96（c）所示，当顶部的电磁阀 1 电磁铁 2DT 通电时，电磁阀下位工作，从底板 6 来的压力油 P→叠加溢流阀 5 调压（例如 20MPa）→叠加减压阀 4 减压（例如降为 10MPa）→电磁阀 1 下位→叠加单液控单向阀 2→叠加双单向节流阀 3 左边单向节流阀的单向阀→叠加减压阀 4 通道→叠加溢流阀 5 通道→液压缸的下腔，缸上行；缸上腔回油→叠加溢流阀 5 通道→叠加减压阀 4 通道→叠加双单向节流阀 3 右边单向节流阀的节流阀（缸上行调速）→叠加单液控单向阀 2 通道→电磁阀 1 下位 A 至 T→叠加单液控单向阀 2 通道→叠加双单向节流阀 3 通道→叠加减压阀 4 通道→叠加溢流阀 5 通道→底板 6 的 T→油箱。

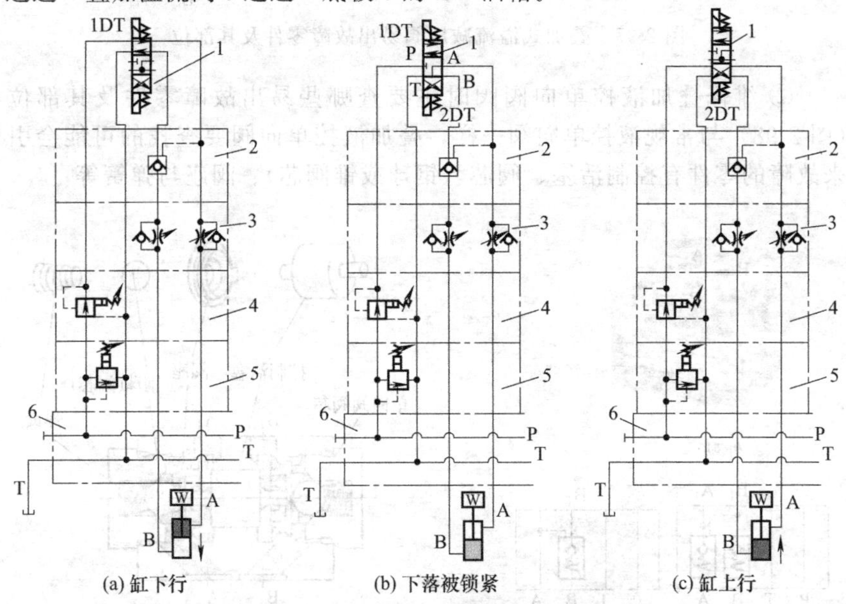

图 2-96 叠加阀液压系统工作原理例

1—电磁阀；2—叠加单液控单向阀；3—叠加双单向节流阀；4—叠加减压阀；5—叠加溢流阀；6—底板

2.5.3 叠加阀液压系统的故障分析与排除例

(1) 叠加阀易出故障的零件及其部位

由于叠加阀内部结构与一般常规液压阀相仿，因而叠加阀维修时，易出故障的零件及其部位与常规液压阀相似。

① 维修叠加式溢流减压阀时主要查哪些易出故障零件及其部位（图 2-97）与常规减压阀一样，叠加减压阀要查找的可能会引来故障的零件有阀芯、调压弹簧与调压螺钉等。

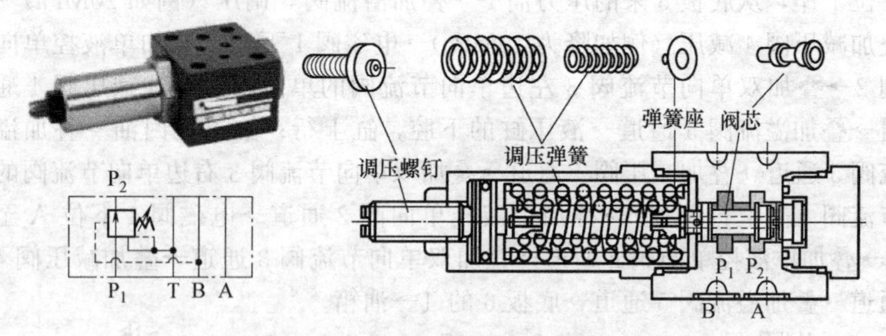

图 2-97 叠加式溢流减压阀易出故障零件及其部位

② 维修叠加液控单向阀阀时主要查哪些易出故障零件及其部位（图 2-98）与常规液控单向阀一样，叠加液控单向阀要查找的可能会引来故障的零件有控制活塞、阀芯（钢球或锥阀芯）、阀座与弹簧等。

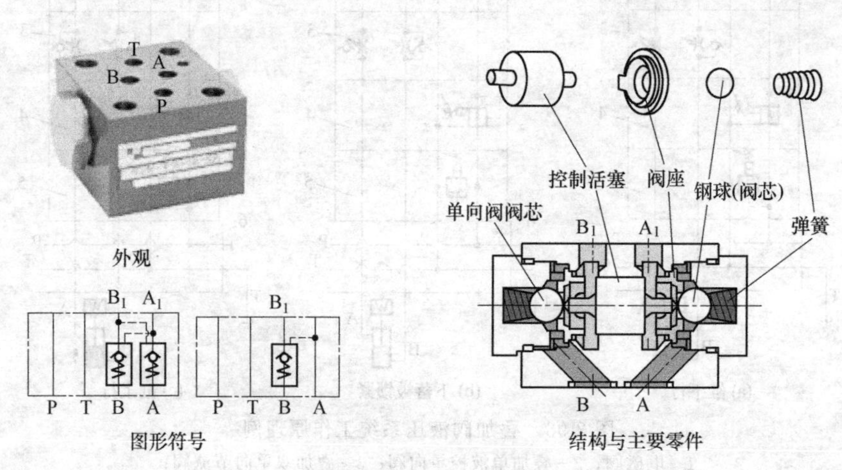

图 2-98 液控单向阀易出故障零件及其部位

③ 维修叠加双单向节流阀时主要查哪些易出故障零件及其部位（图 2-99）　与常规单向节流阀一样，叠加单向节流阀要查找的可能会引来故障的零件有节流阀与单向阀两大部分组成的零件。

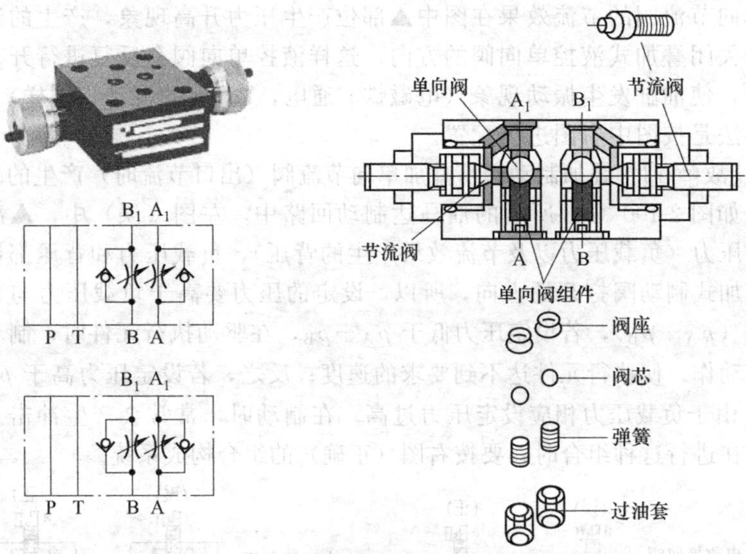

图 2-99　双单向节流阀易出故障零件及其部位

(2) 叠加阀的故障分析与排除

由于叠加阀内部结构与一般常规液压阀相似，因而其故障原因与排除方法与对应的常规液压阀相似，可参阅本书中的前述内容。补充说明如下。

［故障 1］　锁紧回路不能可靠锁紧

如图 2-100（a）所示为双向液压锁回路。图左的回路不能可靠锁定油缸不动，故障原因是由于双液控单向阀块在减压阀块之后，而减压阀为滑阀式，从 B 经减压阀先导控制油路来的控制油会因减压阀的内漏而导致 B 通道的压力降低而不能起到很好的锁定作用。可按图中右边的叠加顺序进行组合构成系统。

［故障 2］　液压缸因推力不够而不动作或不稳定

图 2-100（b）中左边的叠加方式，当电磁铁 a 通电时（P→A，B→T），本应油缸左行，但由于 B→T 的流动过程中，由于单向节流阀 C 的节流效果，在油缸出口 B 至单向节流阀 C 的管路中（图中▲部分）的背压升高，导致与 B 相连的减压阀的控制油压力也升高，此压力使减压阀进行减压动作，常常导致进入油缸 A 腔的压力不够而推不动油

缸左行，或者使动作不稳定，所以应按右图进行组合构成系统。

［故障3］ 油缸产生振动（时停时走）现象

当图2-100（c）左图的电磁铁b通电时（P→B，A→T），由于叠加式单向节流阀的节流效果在图中▲部位产生压力升高现象，产生的液压力为关闭叠加式液控单向阀的方向，这样液控单向阀会反复进行开、关动作，使油缸发生振动现象（电磁铁a通电，B→T的流动也同样）。解决办法是按图中右图进行配置。

［故障4］ 叠加制动阀与叠加单向节流阀（出口节流时）产生的故障

如图2-100（d）所示的油马达制动回路中，左图（误）中，▲部分产生压力（负载压力以及节流效果产生的背压），负载压力和背压都作用于叠加式制动阀打开的方向，所以，设定的压力要高于负载压力与背压之和（p_A+p_B），若设定压力低于p_A+p_B，在驱动执行元件时，制动阀就会动作，使执行元件达不到要求的速度；反之，若设定压力高于p_A+p_B，由于负载压力相应设定压力过高，在制动时，常常会产生冲击。所以，在进行这种组合时，要按右图（正确）的组合构成系统。

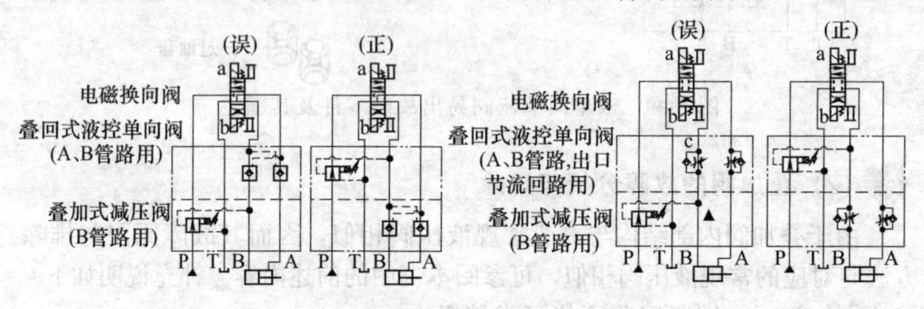

(a) 锁紧回路不能可靠锁紧的处置　(b) 液压缸因推力不够而不动作或不稳定的处置

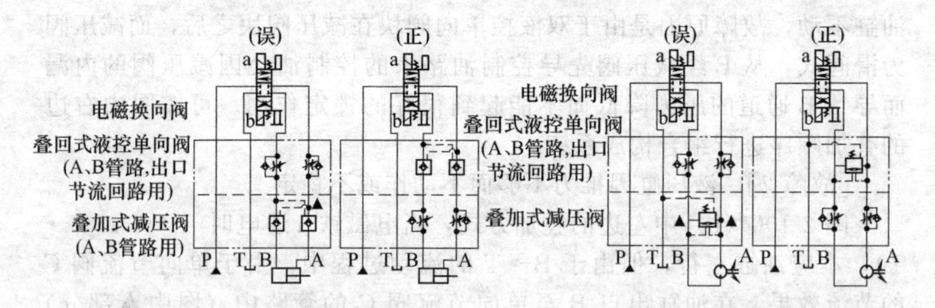

(c) 液压缸产生时停时走的处置　(d) 叠加制动阀与叠加单向节流阀回路

图2-100　叠加阀的故障分析与排除

2.6 插装阀的维修

常规液压阀通径最大至 32mm，要通过大流量非常困难，为了满足大流量和超大流量（数千、上万升/分）液压系统的需要，插装阀（通径 16～160mm）应运而生。插装阀是以标准的插装件（逻辑单元）按需要插入阀体内的孔中，并配以不同的先导阀而形成各种控制阀乃至整个控制系统。它具有体积小、功率损失小、动作快、便于集成等优点，特别适用于大流量液压系统的控制和调节。

2.6.1 插装阀及插装阀液压系统的组成

插装阀有盖板式和螺纹式两类，插装阀由先导部分（先导控制阀和控制盖板）与插装件组成。将若干个插装阀装于通道块内，组成了插装阀液压系统（图 2-101）。

(a) 插装阀外观例　　(b) 插装阀液压系统外观例

图 2-101　插装阀及插装阀液压系统的外观

(1) 插装件

插装件的组成如图 2-102 所示，包括阀套、阀芯、弹簧与 O 形圈等零件。

(2) 控制盖板

插装阀的控制盖板有图 2-103 所示几种类型。

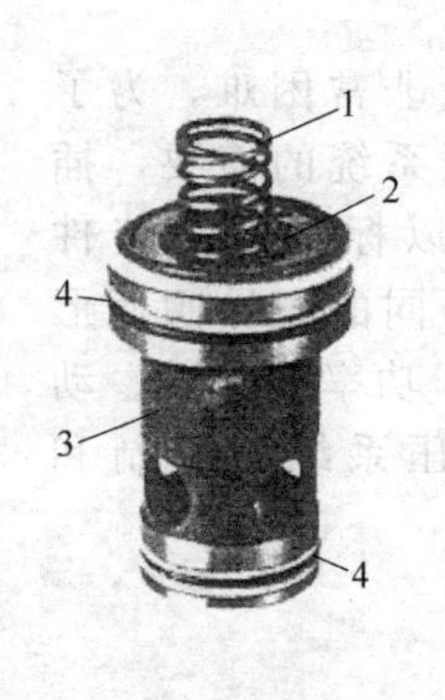

(a) 插装件的组成

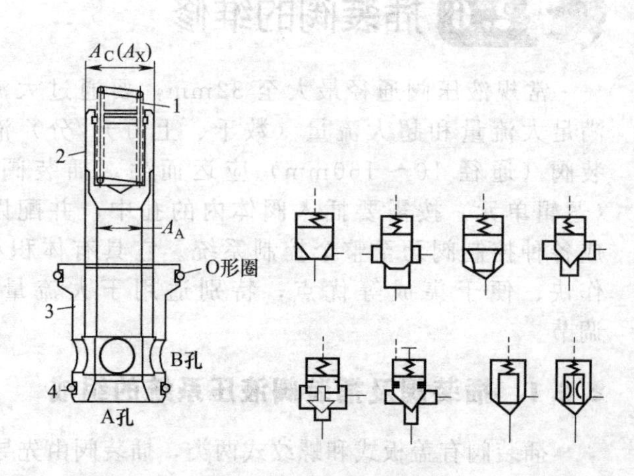

(b) 插装件的图形符号

图 2-102　插装件的组成

1—弹簧；2—阀芯；3—阀套；4—密封件

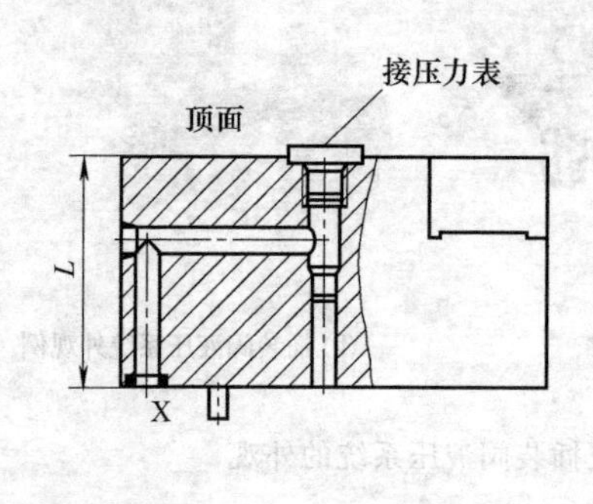

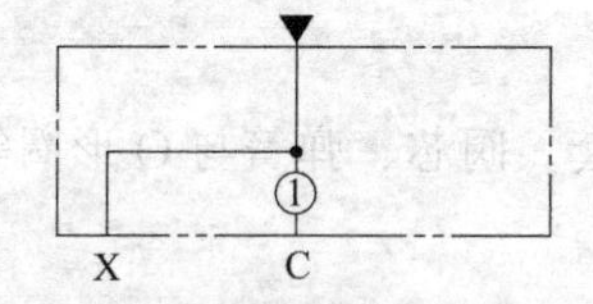

(a) 顶面不装先导阀的盖板(顶面可接压力表)

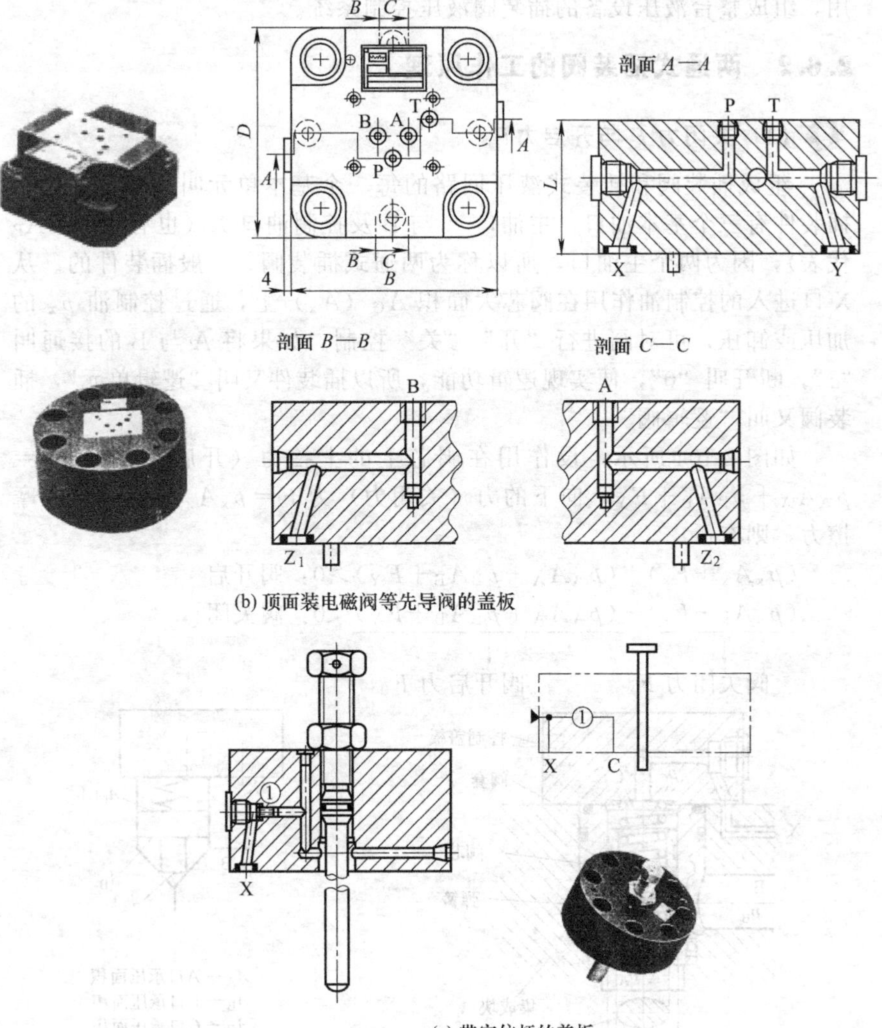

(b) 顶面装电磁阀等先导阀的盖板

(c) 带定位杆的盖板

图 2-103　插装阀的控制盖板的几种类型

(3) 集成块

集成块又叫通道块，是用来安装插装件、控制盖板和其他控制阀，沟通主油路和控制油路的块体。块体上装入若干个插装件、控制盖板和先导控制元件，可构成一些基本的插抽装阀与典型的液压回路。它们可分别起到调压、卸荷、保压、顺序动作以及方向控制和流量调节等作用，组成整台液压设备的插装阀液压控制系统。

2.6.2 两通式插装阀的工作原理

(1) 关闭力 F 与开启力 F_0

组成插装阀和插装式液压回路的每一个基本单元叫插装件。每一插装件有三个基本油口：主油口 A 与 B 及控制油口 X（也有用 C、A_P 代表），因为两个主油口，所以称为两通式插装阀。一般插装件的。从 X 口进入的控制油作用在阀芯大面积 A_C（A_x）上，通过控制油 p_x 的加压或卸压，可对阀进行“开”“关”控制。如果将 A 与 B 的接通叫“1”，断开叫“0”，便实现逻辑功能，所以插装件又叫“逻辑单元”，插装阀又叫“逻辑阀”。

如图 2-104 所示，设作用在阀芯上的上抬力（开启力）为 $F_0=p_AA_A+p_BA_B+F_Y$，向下的力（关闭力）为 $F=p_xA_x+F_s$，略去摩擦力，则有：

$(p_xA_x+F_s)-(p_AA_A+p_BA_B+F_Y)>0$：阀开启

$\underbrace{(p_xA_x+F_s)}_{\text{阀关闭力}F}-\underbrace{(p_AA_A+p_BA_B+F_Y)}_{\text{阀开启力}F_0}<0$：阀关闭

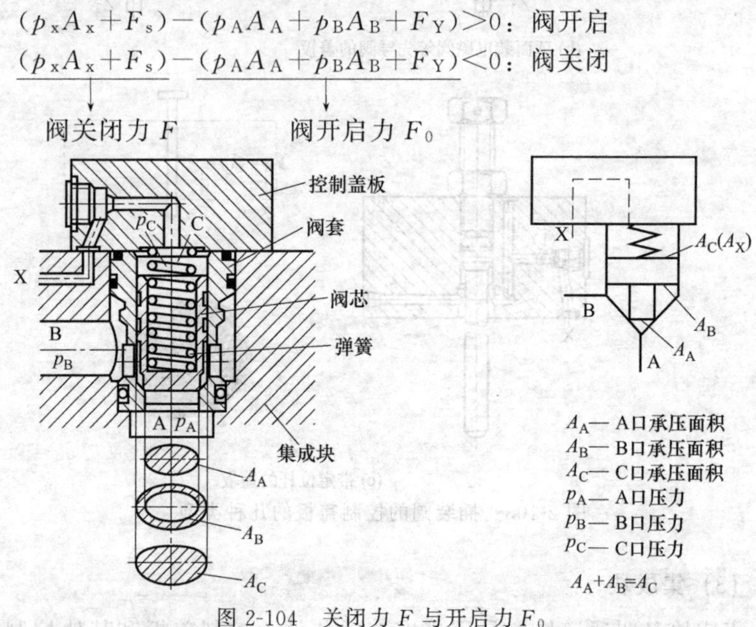

图 2-104 关闭力 F 与开启力 F_0

(2) 开启与关闭原理

一般插装件的弹簧较软，弹簧力 F_s 很小，锥阀阀芯受到的液动力

F_Y 也很小，所以阀的开、闭两个工作状态主要取决于作用在 A、B、X 三个油腔油液相应压力产生的液压力，即决定于各油口处的压力 p_A、p_B、p_x 和对应的作用面积之乘积。

一般插装件的开与关可在盖板或控制油道上装一电磁阀来实现（图 2-105）。

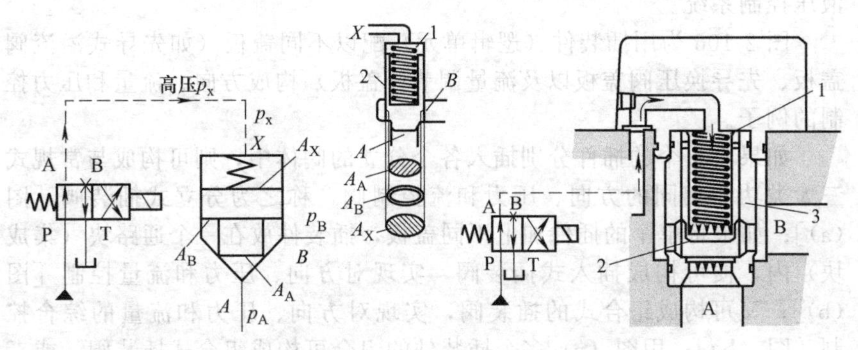

(a) 电磁铁断电，阀关闭，A与B不通($F<F_0$)

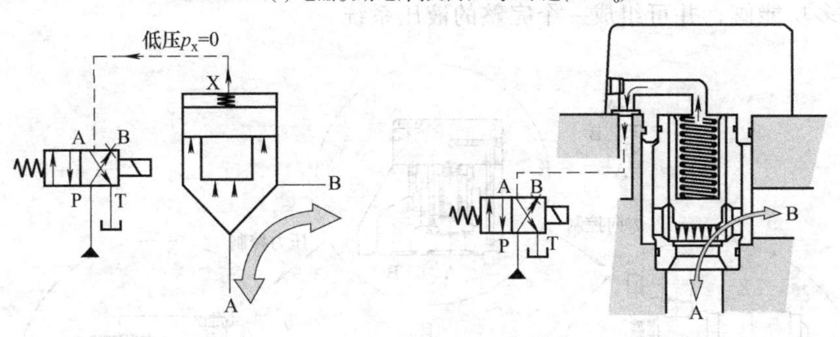

(b) 电磁铁通电，阀打开，A与B连通($F<F_0$)

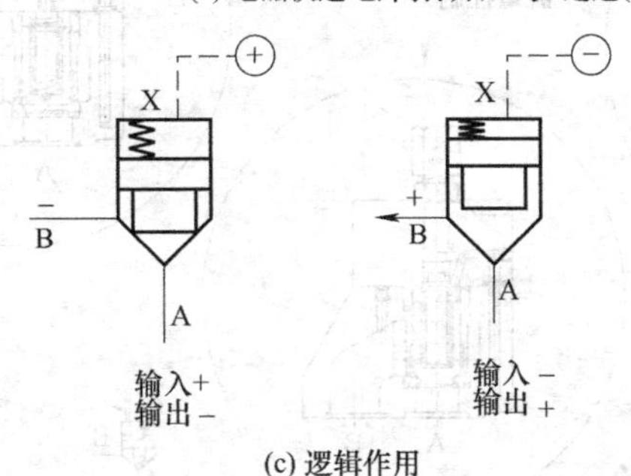

(c) 逻辑作用

图 2-105 两通式插装阀的工作原理

2.6.3 插装阀的方向、流量和压力控制

如上所述，单个插装件能实现接通和断开两种基本功能，通过插件与阀盖（盖板）的组合，可构成方向、流量以及压力控制等多种控制功能阀（多种控制阀与组合阀），也可构成液压控制回路以及独立完整的液压控制系统。

图 2-106 为用插装件（逻辑单元）配以不同盖板（如先导式溢流阀盖板、先导换压阀盖板以及流量调节杆盖板）构成方向、流量和压力控制的例子。

如果将单个的插件分别插入各个分立的阀体中，则可构成与常规式三大类功能相同的方向、压力和流控制阀，称之为分立式插装阀［图(a)］；如果将单个的插件加上不同盖板，插装件放在一个通路块（集成块）内，便可构成插入式插装阀，实现对方向、压力和流量控制［图(b)］；又可构成组合式的插装阀，实现对方向、压力和流量的综合控制［图(b)］；用图(c)多个插装件的组合可构成组合式插装阀，或者叫多功能阀，并可组成一个完整的液压系统。

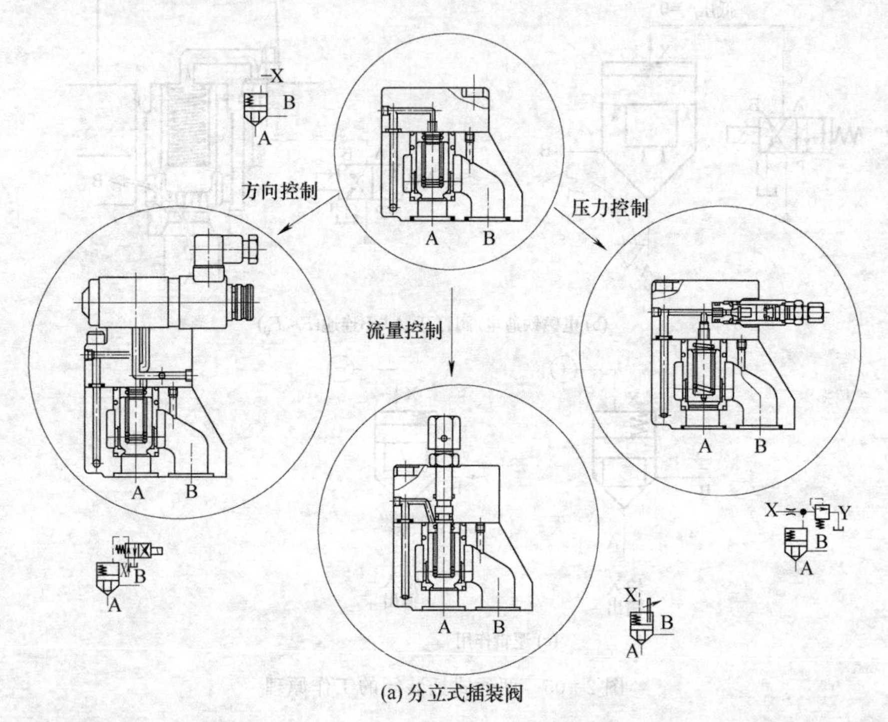

(a) 分立式插装阀

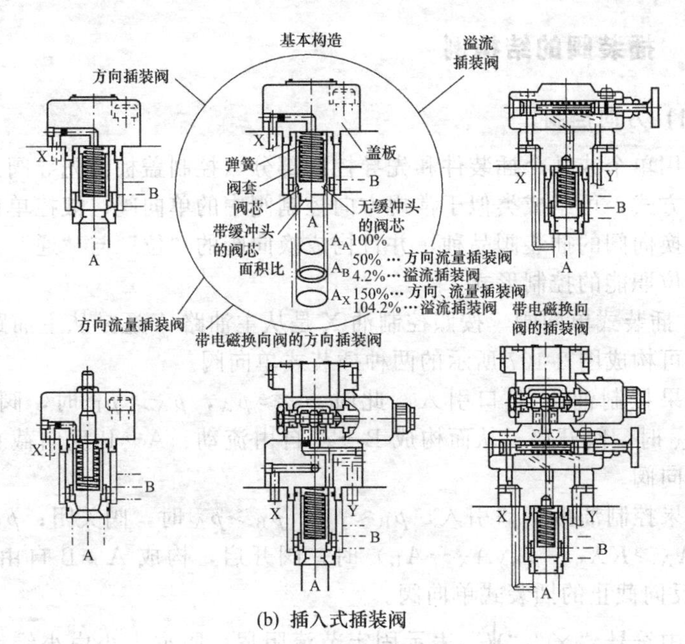

(b) 插入式插装阀

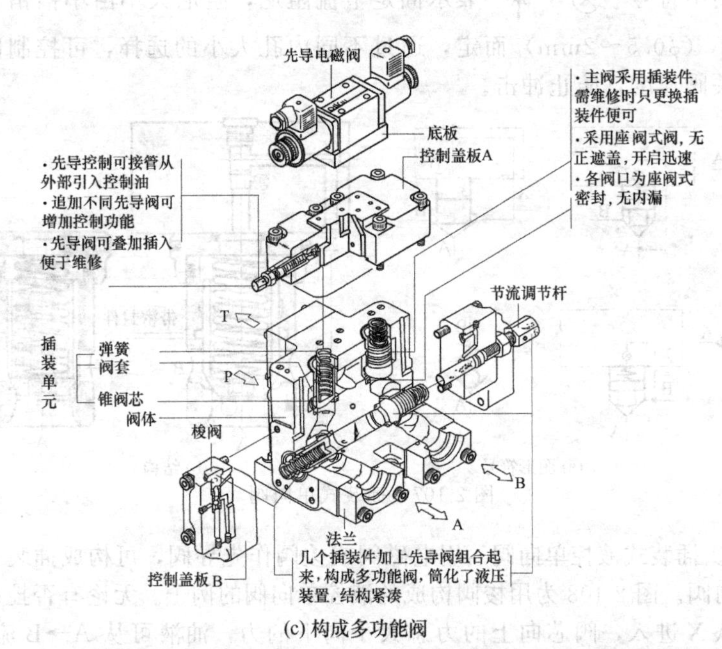

(c) 构成多功能阀

图 2-106　插装阀的方向、流量和压力控制三种类型

2.6.4 插装阀的结构例

(1) 方向控制

利用单个或几个插装件和先导控制部分（控制盖板与先导阀）的不同组合方式，可组成类似于常规方向控制阀中的单向阀、液控单向阀及电液动换向阀的插装阀品种，并且构成换向阀的“位”与“通”及各种不同中位职能的控制形式。

① 插装式单向阀　按照控制油 X 是从主油路 A 还是从主油路 B 引入的，可构成图 2-107 所示的两种插装式单向阀。

如果控制油由 A 口引入，此时 $p_X \approx p_A$，$p_A > p_B$ 时，阀关闭；$p_B > p_A$ 时，阀开启，从而构成 B→A 自由流动、A→B 反向截止的插装式单向阀。

如果控制油由 B 口引入，$p_B \approx p_X$，$p_B > p_A$ 时，阀关闭；$p_B < p_A$ 且 $p_A A_A > K X_0 + p_B (A_X - A_B)$ 时，阀开启，构成 A→B 自由流动、B→A 反向截止的插装式单向阀。

图中符号“⊗”“)|(”表示固定节流阻尼，阻尼大小由小锥销①内孔大小（$\phi 0.5 \sim 2$mm）而定，通过不同内孔大小的选择，可控制阀芯开或关阀速度，防止冲击。

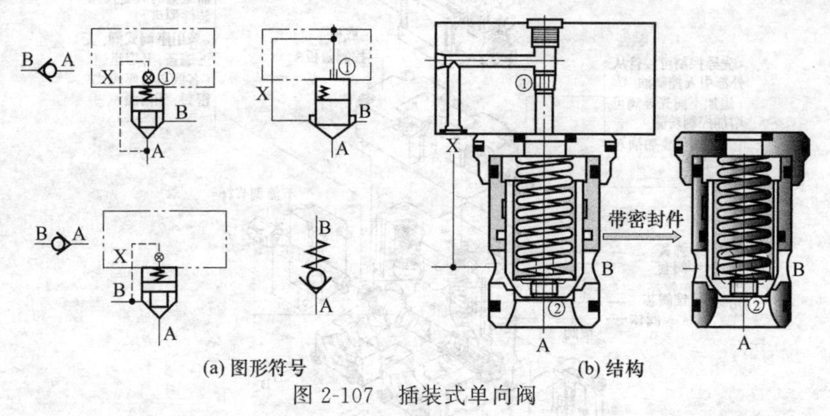

图 2-107　插装式单向阀

② 插装式液控单向阀　用电磁阀或梭阀作先导阀，可构成插装式液控单向阀。图 2-108 为用梭阀构成的液控单向阀的例子。无论有否控制压力油从 X 进入，阀芯向上的力总大于向下的力，油液可从 A→B 流动；但 B→A 的油流，只有从 X 通入控制压力油时，梭阀的钢球被推向右边，

主阀上腔油液经 Y 口流回油箱时，即控时才可实现，否则 B 腔油液经 Z_2、阻尼 4、梭阀（钢球此时在左边）、A 口、阻尼 1 进入主阀上腔，此时阀芯向下的力大于向上的力，因此 B→A 的油流被截止。而且 B 口压力越高，越能无泄漏地封住 B→A 的油口，从而构成液控单向阀。

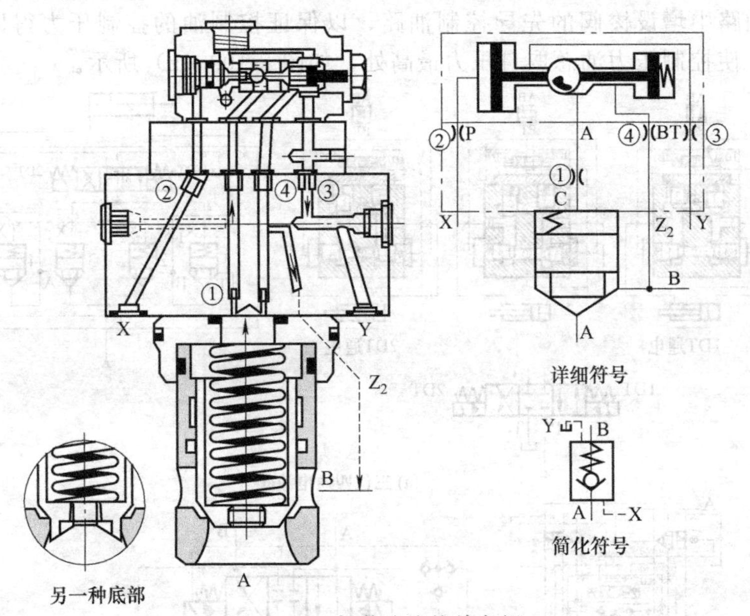

图 2-108　插装式液控单向阀

③ 插装式电液换向阀　由 2～4 个插装单元和先导电磁阀可组成二位二通、二位三通、三位三通、四位三通、三位四通、四位四通与十二位四通等插装式电液动换向阀。

图 2-109（a）为由 4 个插装单元 1、2、3、4 和一先导电磁阀构成的三位四通电液换向阀的结构原理图。当先导电磁阀的电磁铁 1DT 通电，由 P 来的控制压力油经先导电磁阀的左位后分别进入插装件 1、4 的控制腔（弹簧腔），使阀 1、4 关闭，而插装件 2、3 弹簧腔的控制油经先导电磁阀左位后，再经 T 油道流回油箱而泄压，因此阀 2、3 可打开，这样主油路可实现 P→A，B→T 的流动。

当先导电磁阀 2DT 通电，先导电磁阀右位工作，与上述原理相同，插装件 2、3 关闭，1、4 可打开可实现主油流 P→B，A→T 的流动。

当电磁铁 1DT 与 2DT 均不通电，先导电磁阀处于中位，插装件的弹簧腔均通压力油，因而阀 1、2、3、4 均处于关闭状态，油口 P、A、

B、T 均不互通。

改变先导电磁阀的中位职能状况，同样可实现三位四通电液换向插装阀不同的中位职能状况，以适用不同要求的需要。

为了防止液压系统工作过程中对控制压力油出现干扰现象，常在控制油路中增设梭阀的先导控制油路，以保证控制油的控制压力得以确保，使控制压力油总取自压力最高处，如图 2-109（b）所示。

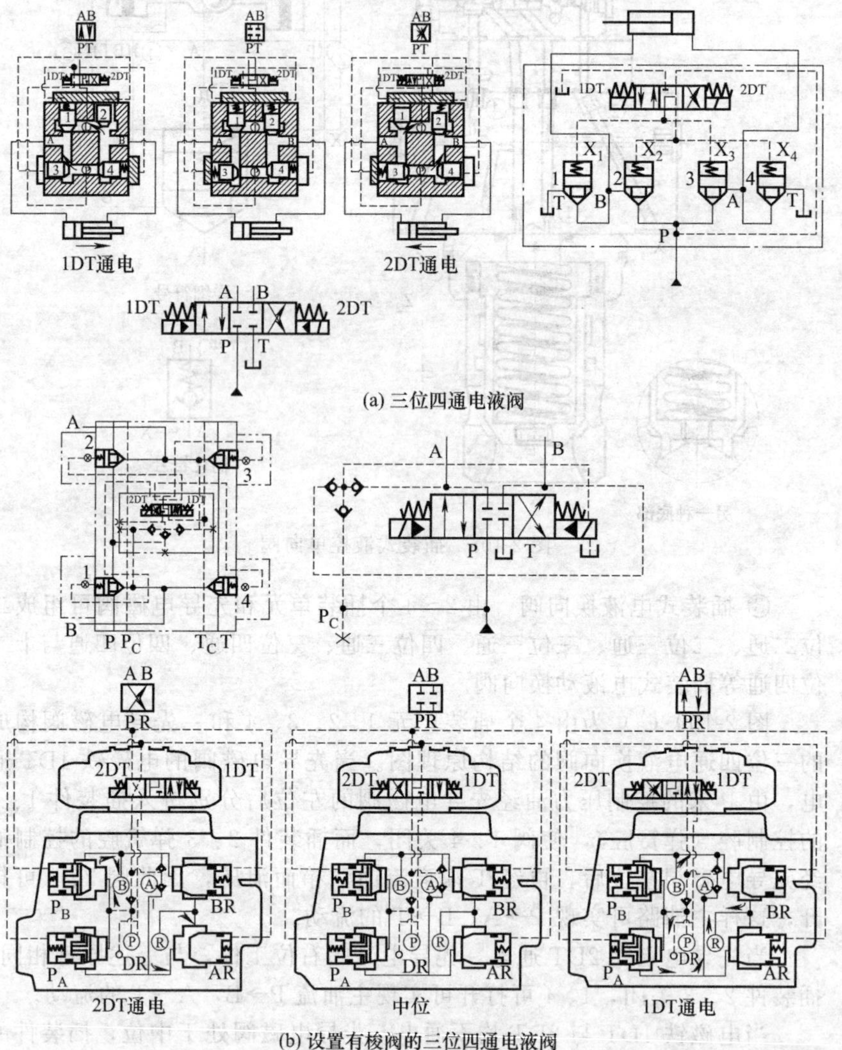

(a) 三位四通电液阀

(b) 设置有梭阀的三位四通电液阀

图 2-109 插装式电液换向阀

(2) 压力控制

① 插装式溢流阀　将小流量常规的先导调压（溢流）阀和插装件相组合，可构成通过大流量的插装式溢流阀，实现对压力的控制。

图 2-110 所示的插装溢流阀的工作原理和“2.3 压力阀的维修”中的普通溢流阀相同，相当于二级（先导＋主阀）溢流阀。上部的先导溢流阀起调压作用，再利用逻辑阀芯上下两端的压力差和弹簧力的平衡原理来进行压力控制，起定压和稳压作用。

插装式溢流阀也可根据不同需要，去设计油路块，构成与普通溢流阀类似的外控外泄、外控内泄、内控外泄和内控内泄等形式。

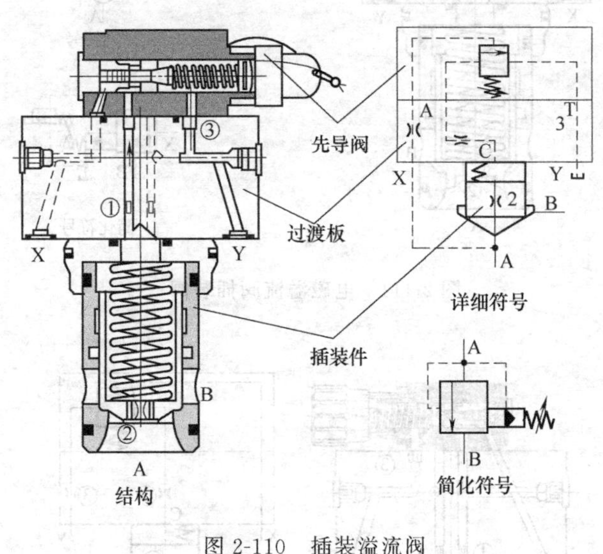

图 2-110　插装溢流阀

② 插装式电磁溢流阀功能　图 2-111 为电磁溢流阀插装阀结构例。其工作原理与前述的普通电磁溢流阀相同，先导电磁阀也有常开与常闭两种，决定是通电卸压还是断电卸压由此而定。图中图形符号表通电升压，为常开式。

③ 插装式卸荷阀　图 2-112 为插装式卸荷阀结构例。泵的出口与 A 口相连，B 口与油箱相连，控制油从 X 口进入；当控制油压力大于先导调压阀调压手柄预先调定的压力时，先导球阀打开，控制回油从 Y 口经一单独的回油管流回油箱，泵卸荷。

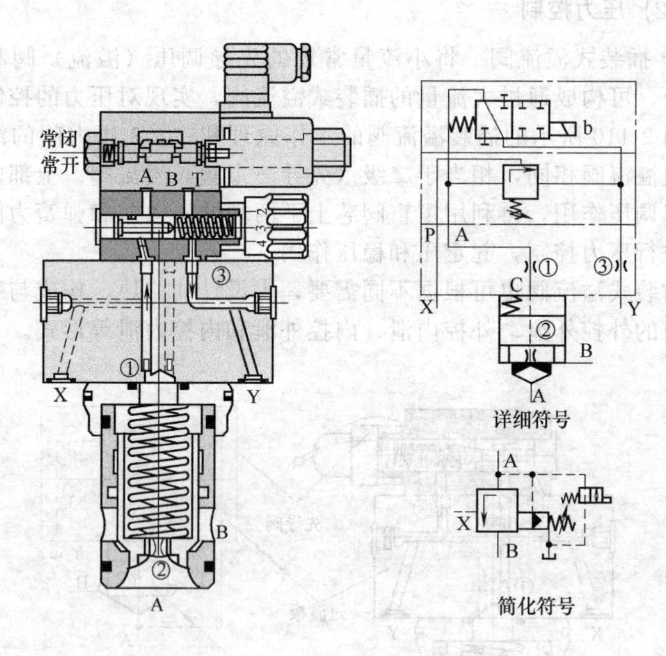

图 2-111 电磁溢流阀插装阀

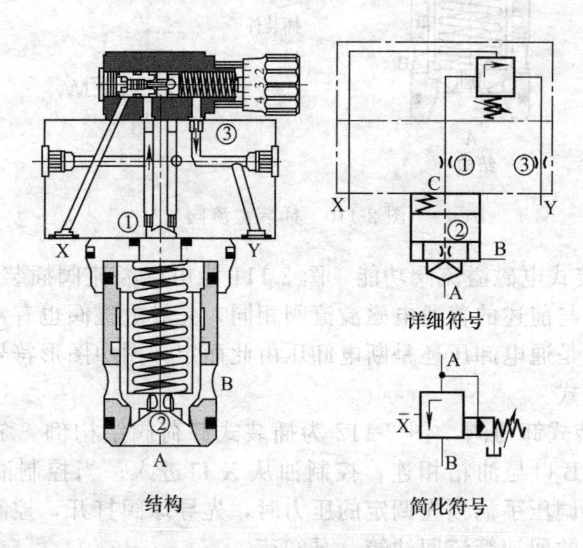

图 2-112 插装式卸荷阀

(3) 流量控制

在插装阀的控制盖板上安装调节螺钉，对阀芯的行程开度大小进行控制，达到改变由A→B通流面积的大小，从而可对流经插装阀的流量大小进行控制，成为插装式节流阀。图2-113为常见的插装式节流阀的结构例及图形符号。

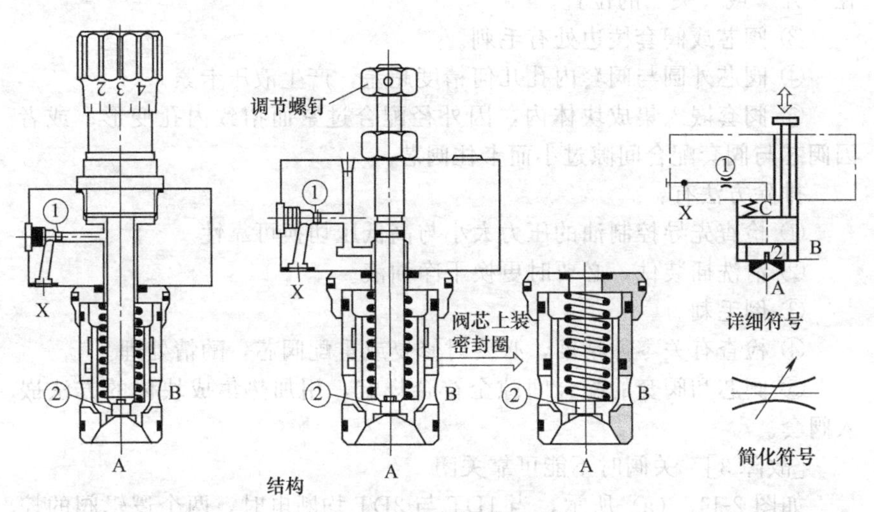

图 2-113　插装式节流阀

2.6.5　插装阀的故障分析与排除

由于插装阀包括盖板上的常规先导控制阀与插装件的单向阀两部分，因而插装阀易出的故障也来自这两部分。

[故障1]　锥阀反向泄漏大

① 阀芯锥面与阀套接触处因磨损拉伤而不密合（图2-114）；

② 阀套变形，阀芯被卡住；

③ 基本插件密封被切破；

④ 控制盖板上先导阀（如电磁阀、梭阀）密封不严，不能保证插装阀的主阀芯在无控制信号时可靠地处于关闭状态而造成系统内泄，执行机构位置不稳定等。

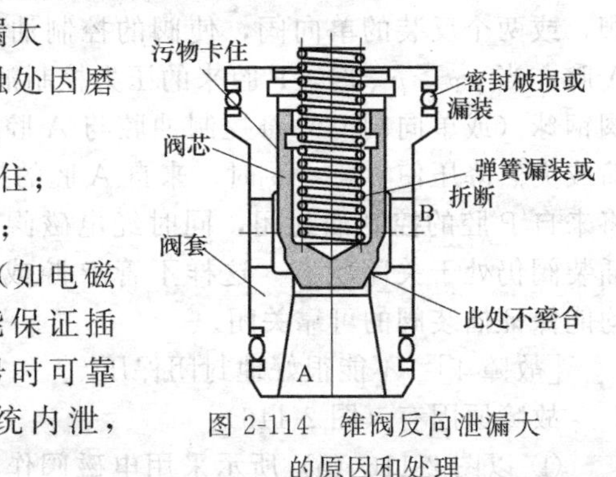

图 2-114　锥阀反向泄漏大的原因和处理

[故障 2] 丧失“开”或“关”的逻辑功能，阀不动作

故障原因有：

① 先导控制阀与控制盖板来的控制腔油的输入有故障：如没有控制油输入或者输入的控制油过高或过低。

② 油中污物楔入插装阀芯与阀套之间的配合间隙，将主阀芯卡死在“开”或“关”的位置。

③ 阀芯或阀套棱边处有毛刺。

④ 阀芯外圆与阀套内孔几何精度超差，产生液压卡紧。

⑤ 阀套嵌入集成块体内，因外径配合过紧而招致内孔变形；或者因阀芯与阀套配合间隙过小而卡住阀芯。

排除方法有：

① 检查先导控制油的压力大小与高低压切换可靠性。

② 清洗插装件，必要时更换干净油液。

③ 倒毛刺。

④ 检查有关零件精度，必要时修复或重配阀芯，酌情处理。

⑤ 阀芯和阀套的配合间隙全符合规定，用加热集成块体的方法嵌入阀套。

[故障 3] 关阀时不能可靠关闭

如图 2-115（a）所示，当 1DT 与 2DT 均断电时，两个逻辑阀的控制腔 X_1 与 X_2 均与控制油接通。此时两插装阀均应关闭。但当 P 腔卸荷或突然降至较低的压力，A 腔还存在比较高的压力时，阀 1 可能开启，A、P 腔反向接通，不能可靠关闭，而阀 2 的出口接油箱，不会有反向开启问题。

采用图中（b）所示的方法，在两个控制油口的连接处装一个梭阀，或两个反装的单向阀，使阀的控制油不仅引自 P 腔，而且还引自 A 腔，当 $p_P > p_A$ 时，P 腔来的压力控制油使插装阀 1 处于关闭，且梭阀钢球（或单向阀 I_2）将控制油腔与 A 腔之间的通路封闭。当 P 腔卸荷或突然降压使 $p_A > p_P$ 时，来自 A 腔的控制油推动梭阀钢球（或 I_1）将来自 P 腔的控制油封闭，同时经电磁阀与插装阀的控制腔接通，使插装阀仍处于关闭状态。这样不管 P 腔或 A 腔的压力发生什么变化，均能保证插装阀的可靠关闭。

[故障 4] 不能很好地封闭保压

故障原因有（图 2-116）：

① 以图 2-116（a）所示采用电磁阀作先导阀的插装式液控单向阀

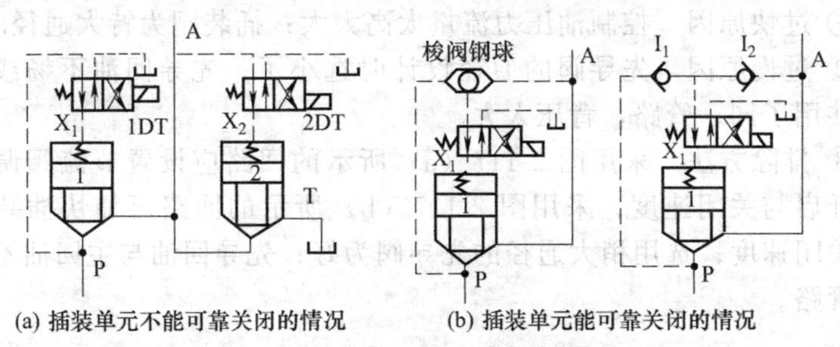

(a) 插装单元不能可靠关闭的情况 (b) 插装单元能可靠关闭的情况

图 2-115 关阀时不能可靠关闭的处理

进行保压时，由于滑阀式电磁阀不可避免存在内泄漏而不能很好地封闭保压；

② 阀芯与阀套配合锥面不密合，导致 A 与 B 腔之间的内泄漏；

③ 阀套外圆柱面上的 O 形密封圈密封失效；

④ 阀体或集成块体内部铸造质量（例如气孔、裂纹、缩松等）不好造成的渗漏以及集成块连接面的泄漏。

排除方法有：

① 采用图 2-116（a）所示座阀式电磁阀或者使用带外控的液控单向阀作先导阀的插装式液控单向阀［图 2-116（b）］；

② 查明配合锥面不密合的原因予以排除；

③ 更换成合格密封；

④ 检查阀体或集成块体的质量，采取对策。

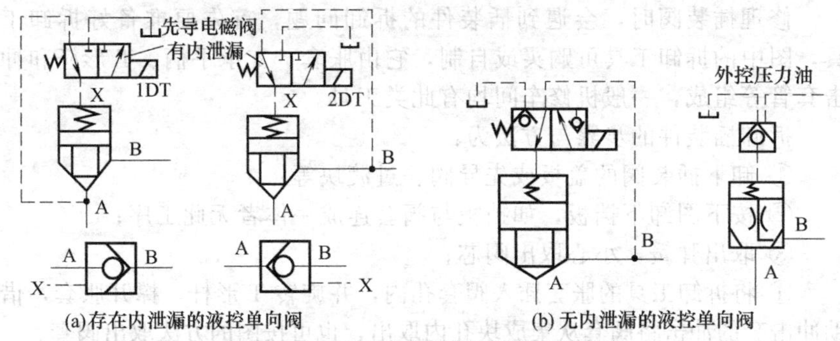

(a)存在内泄漏的液控单向阀 (b) 无内泄漏的液控单向阀

图 2-116 不能很好地封闭保压的处理

［故障 5］ 插装阀“开”或“关”的速度过快或者过慢

过快造成冲击，过慢造成动作迟滞，系统各元件不能协调动作（图 2-117）。

① 过快原因　控制油压力流量太高太大；插装阀为特大通径时。

② 过慢原因　先导阀的通径设计时选小了；先导回油不畅或与主回油共用了同一管路，背压太大。

③ 排除方法　采用图 2-117（a）所示的回路应设置节流阀调节插装阀开启与关闭速度；采用图 2-117（b）所示的回路可加快插装阀开启与关闭速度；选用稍大通径的先导阀为好；先导回油与主回油不共用同一管路。

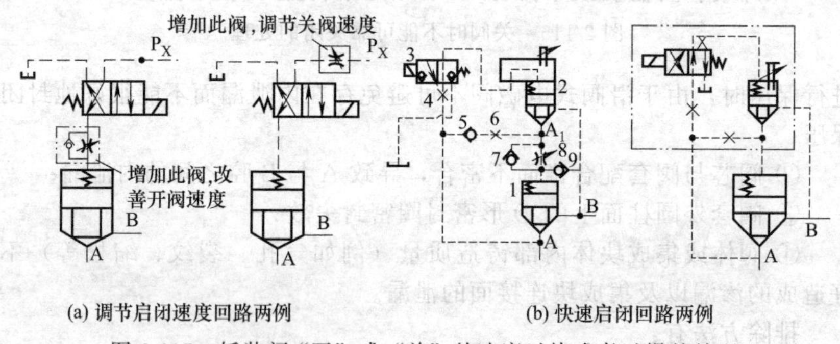

图 2-117　插装阀“开”或“关”的速度过快或者过慢的处理

2.6.6　插装阀的修理

同样道理在修理插装阀时，也可参阅本章前述单向阀与相应的先导阀的有关内容。此处仅介绍修理中如何拆卸插装件（图 2-118）。

修理插装阀时，会遇到插装件的拆卸问题，首先要准备好拆卸工具，图中的拆卸工具可购买或自制，它由胀套、支承手柄、T 形杆和冲击套管等组成，一般机修车间均有此类工具。

拆卸插装件的步骤与方法为：

① 卸下插装阀的盖板或先导阀、过渡块等；

② 按下图卸下挡板，如挡板与阀套连成一体者无此工序；

③ 取出弹簧，小心取出阀芯；

④ 将拆卸工具的胀套插入阀套孔内，并旋转 T 形杆，撑开胀套，借助冲击套的冲击将阀套从集成块孔内取出，也可按图的方法取出阀套。

必须注意的是：拆卸前须设法排干净集成块体内的油液，并注意与油箱连接回油管不要因虹吸现象发生油箱油液流满一地的现象。

阀芯的修理可参阅本章 2.2 中的单向阀芯的修理，阀套与阀芯相接触面有两处：一为圆柱相接触的内孔圆柱面，一为阀套底部的内锥面，

修理时重点修复阀芯与阀套圆柱配合面的间隙，阀套内锥面的修理比较困难，只能采取与阀芯对研，更换一套新的插装件价钱较贵。

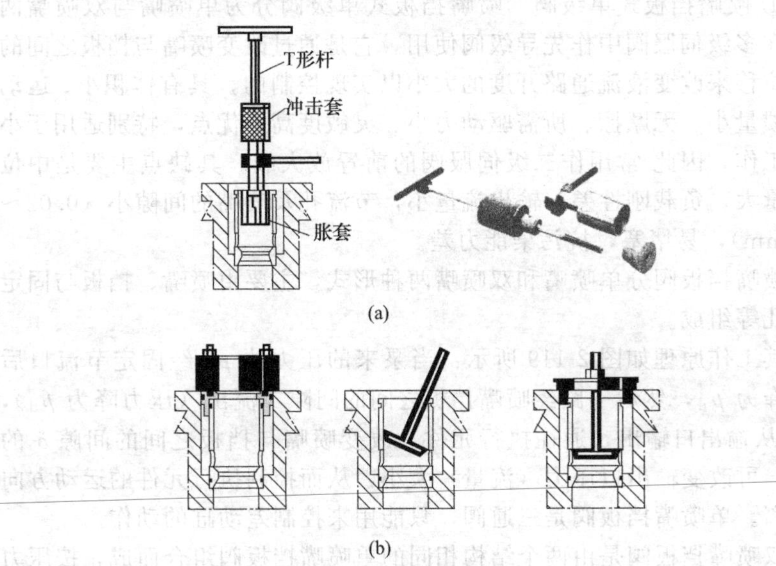

图 2-118　插装件的拆卸

2.7 伺服阀的维修

液压控制系统基本上由执行元件（液压马达或油缸）、电液控制阀（电液伺服阀、电液比例阀和数字阀）、传感器及伺服放大器组成。

液压伺服控制系统中使用电液伺服阀进行控制。电液伺服阀作为一种自动控制阀，既是电液转换元件，又是功率放大元件。

伺服阀主要由电—机械转换器、液压放大器（前置放大级的先导阀和功率放大级的主阀）及检测反馈元件等组成。伺服阀有多种，本节内容仅涉及喷嘴挡板式电液伺服阀。

2.7.1　伺服阀的工作原理

伺服阀分为单级、双级与三级三种类型。单级伺服阀主要有喷嘴挡板式、射流管式与滑阀式三类，单独使用的多为滑阀式，单级阀常作为双级或三级伺服阀的先导级使用。双级与三级伺服阀的主级（功率级）多为滑阀式。

(1) 单级伺服阀的工作原理

① 喷嘴挡板式单级阀　喷嘴挡板式单级阀分为单喷嘴与双喷嘴两种，在多级伺服阀中作先导级阀使用。它是通过改变喷嘴与挡板之间的相对位移来改变液流通路开度的大小以实现控制的，具有体积小、运动部件惯量小、无摩擦、所需驱动力小、灵敏度高等优点，特别适用于小信号工作，因此 常用作二级伺服阀的前置放大级。其缺点主要是中位泄漏量大，负载刚性差，输出流量小，节流孔及喷嘴的间隙小（0.02～0.06mm），易堵塞，抗污染能力差。

喷嘴挡板阀分单喷嘴和双喷嘴两种形式，主要由喷嘴、挡板与固定节流孔等组成。

其工作原理如图 2-119 所示：当泵来的压力油 p_s 经固定节流口后压力降为 p_n，然后一路经喷嘴挡板之间的间隙二流出（压力降为 p_d），一 路从输出口输出，通往执行元件。改变喷嘴与挡板之间的间隙 δ 的大小，可改变输出口压力（流量）大小，从而控制执行元件的运动方向和距离。单喷嘴挡板阀是三通阀，只能用来控制差动缸的动作。

双喷嘴挡板阀是由两个结构相同的单喷嘴挡板阀组合而成，按压力差动原理工作的。在挡板 1 偏离零位时，一个喷嘴腔的压力升高（如 p_1）另一个喷嘴腔的压 力降低（如 p_2），形成输出压力差 $\Delta p = p_1 - p_2$，而使执行元件工作。

这种阀常可作为多级伺服阀的前置放大级使用，它与滑阀式功率级可构成双级伺服阀，乃至三级伺服阀。

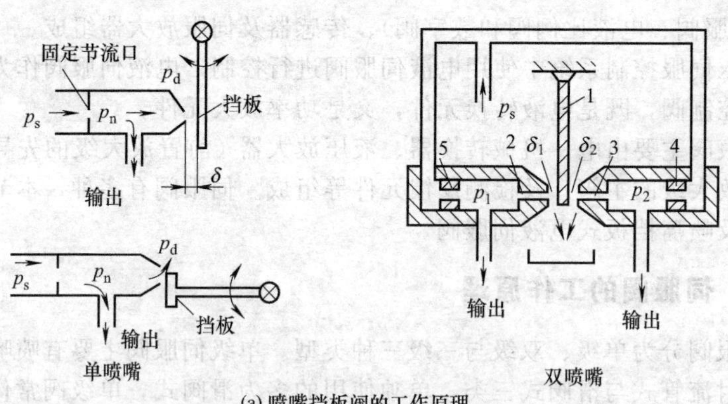

(a) 喷嘴挡板阀的工作原理

1—挡板；2,3—喷嘴；4,5—固定节流孔；p_s—输入压力；p_d—喷嘴处油液压力；p_n—控制输出压力

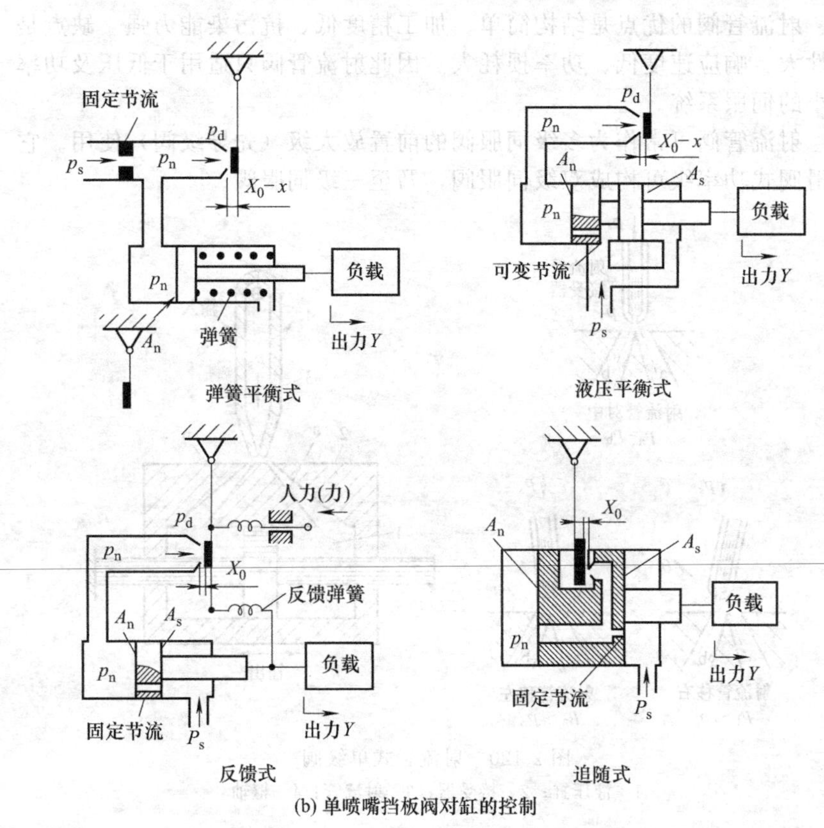

(b) 单喷嘴挡板阀对缸的控制

图 2-119 喷嘴挡板式单级阀

② 射流管式单级阀　如图 2-120 所示，它由射流管 3、接受器 2 组成。射流管 3 由枢轴 4 支承，并可绕枢轴摆动。压力油 p_s 通过枢轴引入射流管，从射流管射出的射流冲到接收器 2 的两个接收孔 a、b 上，a、b 分别与液压缸的两腔相连。喷射流的动能被接收孔接收后，又将其动量转变为压力能。使液压缸 1 能产生向左或向右的运动。当射流管处于两接收孔的中间对称位置时，两接收孔 a、b 内的油液压力 $p_a=p_b$ 相等，液压缸 1 不动作；如果射流管绕枢轴 4 的中心反时针方向摆动一个小角度 θ 时，进入孔道 b 的油液压力 p_b 大于进入孔道 a 的油液压力 p_a，液压缸 1 便在两端压差作用下向右移动（缸体动）；反之则向左运动。由于接受器 2 和缸 1 刚性连接形成负反馈。当射流管恢复对称位置，活塞两端压力又平衡时，液压缸又停止运动。

射流管阀的优点是结构简单、加工精度低、抗污染能力强。缺点是惯性大、响应速度低、功率损耗大。因此射流管阀只适用于低压及功率较小的伺服系统。

射流管阀可常作为多级伺服阀的前置放大级（先导级阀）使用。它与滑阀式功率级可构成双级伺服阀，乃至三级伺服阀。

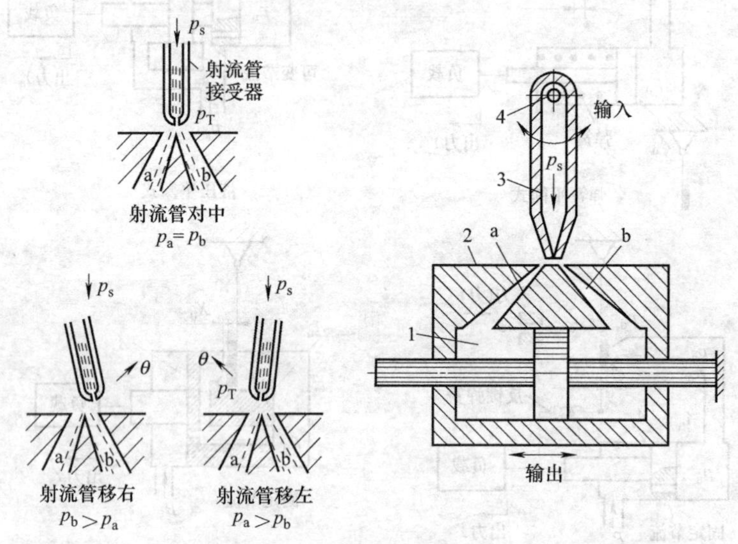

图 2-120　射流管式单级阀

1—液压缸；2—接受器；3—射流管；4—枢轴

③ 滑阀式单级伺服阀　滑阀式阀可以作单级伺服阀用，也可作多级（两级与三级）伺服阀的先导级用，且多级伺服阀的主级（功率放大级）多为滑阀式，靠节流原理进行工作，即借助阀芯与阀体（套）的相对运动改变节流口通流面积的大小，对液体流量或压力进行控制。滑阀的结构及特点如下。

a. 阀芯零位的开口形式

• 阀芯凸肩与阀体（或阀套）孔沉割槽的配合零位　阀芯凸肩宽度 t 与阀体（或阀套）孔沉割槽宽度 h 的配合叫阀的零位，见图 2-121。

• 滑阀的零位开口形式　滑阀在零位（平衡位置）时，有图 2-122 中零遮盖（零开口）、正遮盖（正开口）和负遮盖（负开口）三种开口形式。零开口的滑阀，阀芯的凸肩宽度 t 与阀套（体）的阀口宽度 h 相等；正开口的滑阀，阀芯的凸肩宽度 t 大于阀套（体）的阀口宽度 h；负开口的滑阀，阀芯的凸肩宽度 t 小于阀套（体）的阀口宽度 h。滑阀

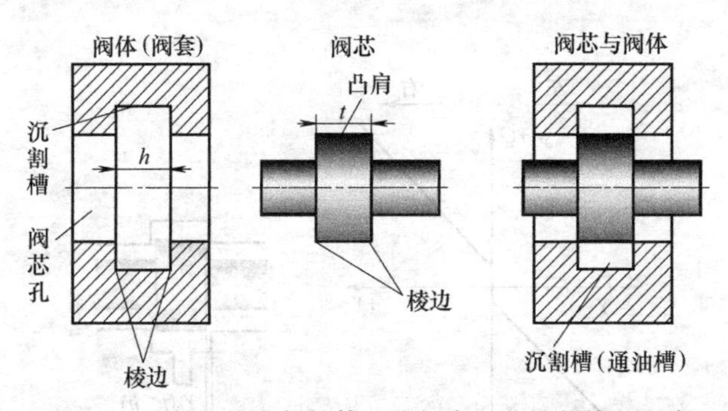

图 2-121 阀芯凸肩与阀体（或阀套）孔沉割槽的配合

的开口形式对其零位附近（零位的特性）具有很大影响：零遮盖滑阀的特性较好，无论阀芯向左或向右运动，马上导通，无死区。而正遮盖开启时或负遮盖关闭时均有死区。伺服阀常用零遮盖，零遮盖时加工困难，价格昂贵。

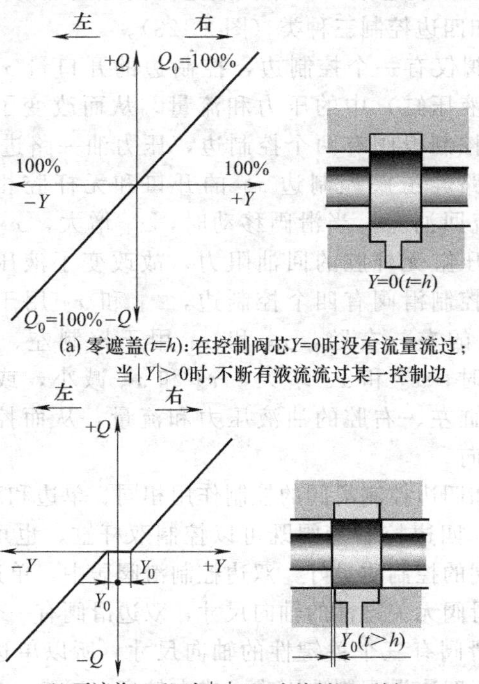

图 2-122

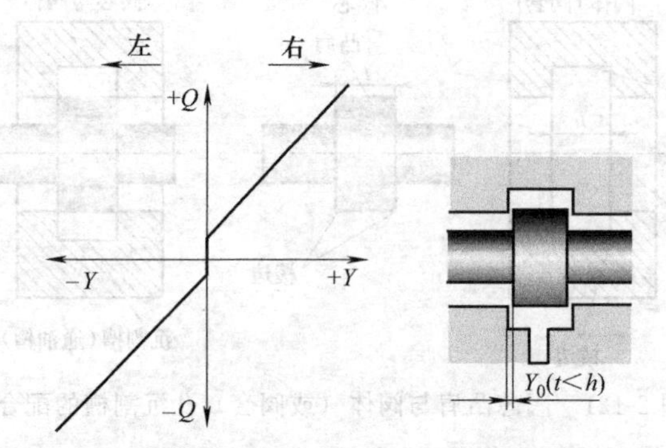

(c) 负遮盖($t<h$)：当Y=0时，有液流流过两个控制边；当$|Y|\geqslant 0$时，只有一个控制边流过连续液流

图 2-122　滑阀的零位开口形式

b. 滑阀式阀的控制边数　根据控制边数的不同，滑阀式阀有单边控制、双边控制和四边控制三种类（图 2-123）。

单边控制滑阀仅有一个控制边，控制边的开口量 x 控制了执行器（此处为单杆液压缸）中的压力和流量，从而改变了缸的运动速度和方向；双边控制滑阀有两个控制边，压力油一路进入单 杆液压缸有杆腔，另一路经滑阀控制边 x_1 的开口和无杆腔相通，并经控制边 x_2 的开口流回油箱，当滑阀移动时，x_1 增大，x_2 减小，或相反，从而控制液压缸无杆腔的回油阻力，故改变了液压缸的运动速度和方向；四边控制滑阀有四个控制边，x_1 和 x_2 用于控制压力油进入双杆液压缸的左、右腔，x_3 和 x_4 用于控制左、右腔通向油箱，当滑阀移动时，x_3 和 x_4 增大，x_2 和 x_3 减小，或相反，这样控制了进入液压缸左、右腔的油液压力和流量，从而控制了液压缸的运动速度和方向。

单边、双边和四边控制滑阀的控制作用相同。单边和双边滑阀用于控制单杆液压缸，四边控制滑阀既可以控制双杆缸，也可以控制单杆缸。四边控制滑阀的控制质量好，双边控制滑阀居中，单边控制滑阀最差。但是，单边滑阀无关键性的轴向尺寸，双边滑阀有一个关键性的轴向尺寸，而四边滑阀有三个关键性的轴向尺寸，所以单边滑阀易于制造、成本较低，而四边滑阀制造困难、成本较高。通常，单边和双边滑阀用于一般控制精度的液压系统，而四边滑阀则用于控制精度及稳定性要求较高的液压系统。

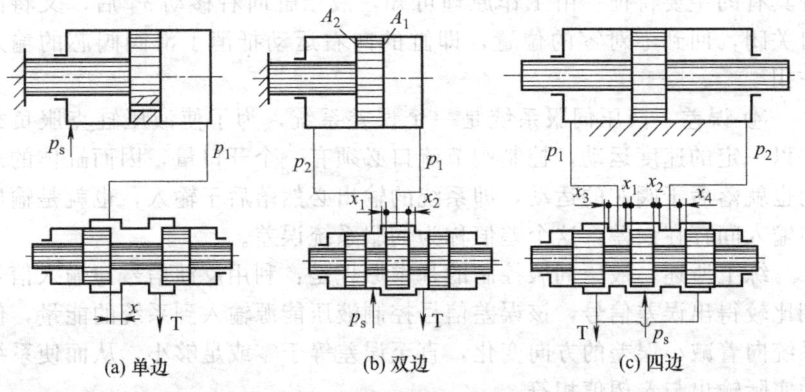

图 2-123 主级滑阀式阀的控制边数

(2) 多级伺服阀的工作原理

多级伺服阀分为两级或三级两种。先导级为上述的喷嘴挡板式、射流管式与滑阀式阀三种，主级为功率放大级，多采用滑阀式阀。先导级的工作原理见上述，主级阀的工作原理见下述。

2.7.2 伺服阀在控制系统中的工作原理与作用特点

由伺服阀构成的控制系统的作用特点如图 2-124 所示。

① 迅速跟踪 伺服系统是一个位置迅速跟踪系统：缸体 4 的位置完全由伺服阀阀芯（滑阀阀芯）3 的位置来确定。当阀芯 3 向右或向左一个距离 x_i 时，因活塞杆固定，又由于是零遮盖，所以缸体 4 几乎同时也跟踪向右或向左移动相同的距离 x_i；当间断或连续向左或向右拉动阀芯 3，缸体 4 也间断或连续向左或向右移动。即缸体迅速跟踪阀芯的运动。

② 放大作用 伺服系统是一个力放大系统，执行元件输出的力或功率远大于输入信号的力或功率，可以多达几百倍甚至几千倍。如下图中，移动阀芯 3 的力 f 可很小，但缸体 5 产生的输出力 F 却很大 [$F=p_sA$，$A=\pi(D^2-d^2)/4$]，因为可以用较高的泵压力 p 与较大的面积 A 将输入力放大很多倍。

③ 反馈 伺服系统是一个负反馈系统，所谓反馈是指输出量的部分或全部按一定方式回送到输入端，回送的信号称为反馈信号。若反馈信号不断地抵消输入信号的作用，则称为负反馈。负反馈是自动控制系

统具有的主要特征。由工作原理可知，液压缸向右移动 x_i 后，又将阀口关闭，回到零对零的位置，即缸的向右运动抵消了滑阀阀芯的输入作用。

④ 误差　液压伺服系统是一个误差系统，为了使液压缸克服负载并以一定的速度运动，控制阀节流口必须有一个开口量，因而缸体的运动也就落后于阀芯的运动，即系统的输出必然落后于输入，也就是输出与输入间存在误差，这个差值称为伺服系统误差。

综上所述，液压伺服控制的基本原理是：利用反馈信号与输入信号相比较得出误差信号，该误差信号控制液压能源输入到系统的能量，使系统向着减小误差的方向变化，直至误差等于零或足够小，从而使系统的实际输出与希望值相符。

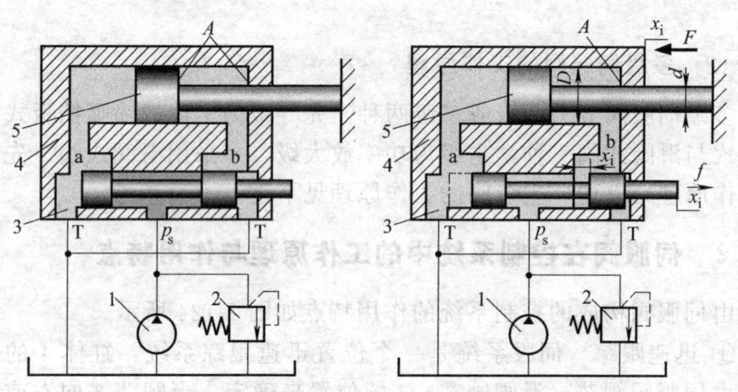

图 2-124　伺服阀在控制系统中的工作原理与作用特点

1—液压泵；2—溢流阀；3—伺服阀阀芯；4—阀体（缸体）；5—伺服缸活塞

2.7.3　机-液伺服控制

 (1) 机-液伺服系统的工作原理

机-液伺服系统的工作原理如图 2-125 所示。

给操纵杆一个向右的输入运动，使 a 点移至 a' 位置，这时伺服缸活塞因负载阻力较大暂时不移动，因而差动杆上的 b 点就以 c 支点右移至 b' 点，同时使随动滑阀的阀芯右移，阀口 δ_1 和 δ_3 增大，而 δ_2 和 δ_4 则减小，从而导致伺服缸的右腔压力增高而左腔压力减小，活塞向左移动；活塞的运动通过差动杆又反馈回来，使滑阀阀芯向左移动，这个过程一直进行到 b' 点又回到 b 点，使阀口 δ_1 和 δ_3 与 δ_2 和 δ_4 分别减小与增

大到原来的值为止。这时差动杆上的 c 点运动到 c' 点。系统在新的位置上平衡。若拉动操纵杆 2 使差动杆 1 上端的位置连续不断地变化，则伺服缸活塞的位置也连续不断地跟随差动杆上端的位置变化而移动。

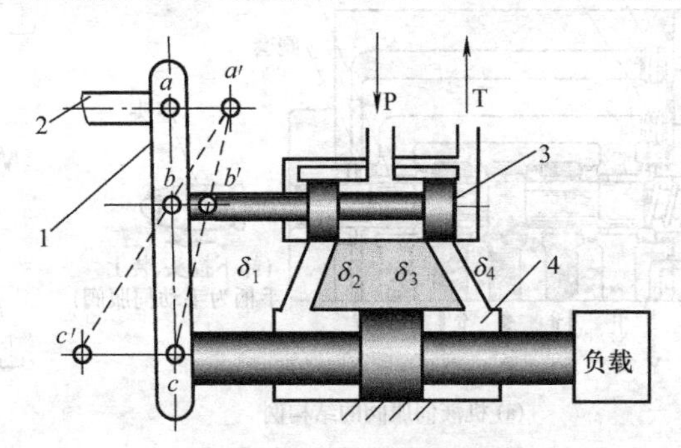

图 2-125 机-液伺服系统的工作原理

1—差动杆；2—操纵杆；3—伺服阀阀芯；4—伺服缸

(2) 机-液伺服阀结构与应用例

机-液伺服阀的结构如图 2-126（a）所示，图 2-126（b）所示为靠模机床液伺服系统（机液伺服）。

由机液伺服阀构成的机液伺服系统还广泛应用于飞机舵面控制、火炮瞄准机构操纵、车辆转向控制以及伺服变量泵等处。

2.7.4 电液伺服控制

电液伺服阀由两大部分即力矩马达部分与阀部分所组成，是一种电气和液压联合控制的多级液压伺服元件，可以发挥电气和液压两方面的优点，把很小的输入电信号放大为功率很大的液压能量输出，放大倍数高、快速性好、灵敏度高、体积小、精度高，因而成为液压伺服系统的核心元件，得到非常广泛的应用和发展。

(1) 力矩马达的结构原理例

① 动铁式力矩马达 动铁式力矩马达如图 2-127 所示。它由马蹄形的永磁铁、可动衔铁、扼铁、控制线圈、扭力弹簧（扭轴）以及固定在衔铁上的挡板所组成。通过动铁式力矩马达，可以将输入力矩马达的电信号，变为挡板的角位移（位移）输出。可动衔铁由扭轴支承，处于气隙间。永磁铁产生固定磁通 Φ_{p}。

永磁铁使左、右轭铁产生 N 与 S 两磁极。当线圈上通入电流时，

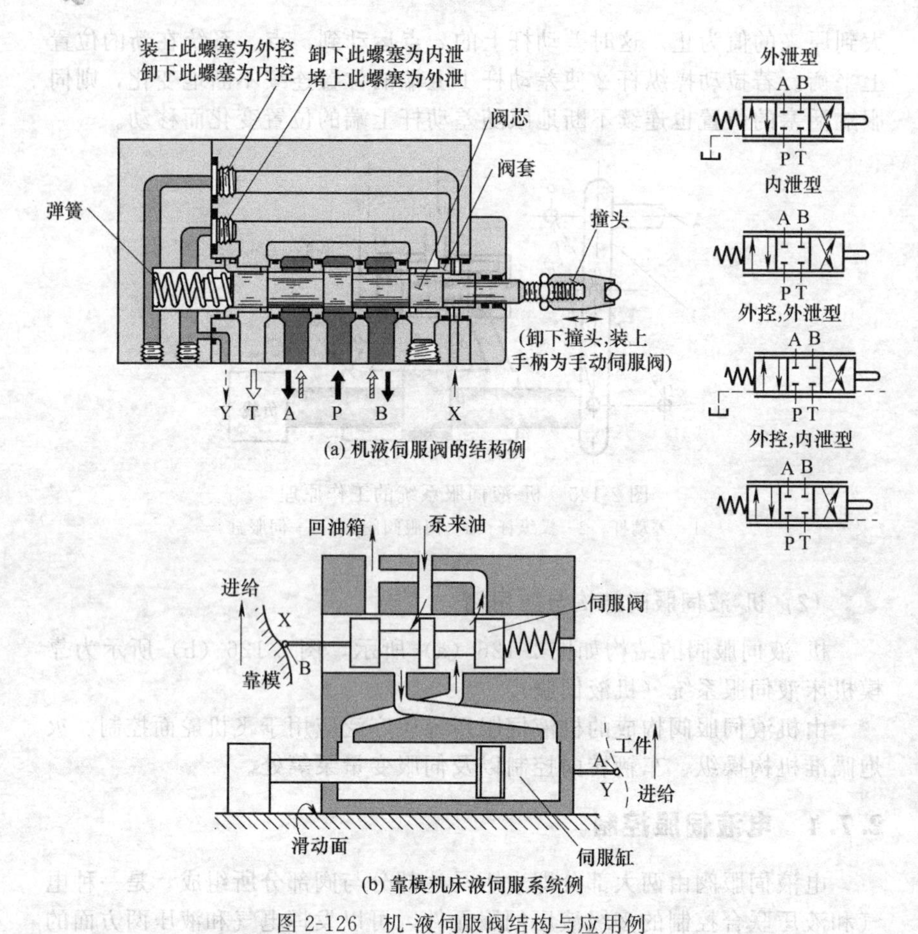

(a) 机液伺服阀的结构例

(b) 靠模机床液伺服系统例

图 2-126　机-液伺服阀结构与应用例

将产生控制磁通 Φ_c，其方向按右手螺旋法则确定，大小与输入电流成正比。气隙 A、B 中磁通为 Φ_p 与 Φ_c 之合成：在气隙 A 中为二者相加，在气隙 B 中为二者相减。衔铁所受作用力与气隙中磁通成正比，因而产生一与输入电流成正比的逆时针方向力矩。此力矩克服扭轴的弹性反力矩使衔铁产生一逆时针角位移。电流反向则衔铁产生一顺时针方向的角位移。亦即当通入电流时，衔铁两端也产生如图 2-127（b）所示的磁极，在气隙 A，衔铁与轭铁之间由于磁极相反产生吸引力；而在气隙 B，衔铁与轭铁之间由于磁极相同，产生排斥力，因而衔铁上端向左偏斜，衔铁下端向右偏斜，这样便产生一逆时针方向的力矩。因为此力矩，衔铁以扭力弹簧（扭轴）为转心，产生角位移，一直转到衔铁产生

的扭矩与扭力弹簧产生的反力扭矩相平衡的位置时为止。力矩马达产生的扭矩 M 与流经线圈的电流大小 i 和线圈的安培匝数 T 成比例，即 $M=iT$。

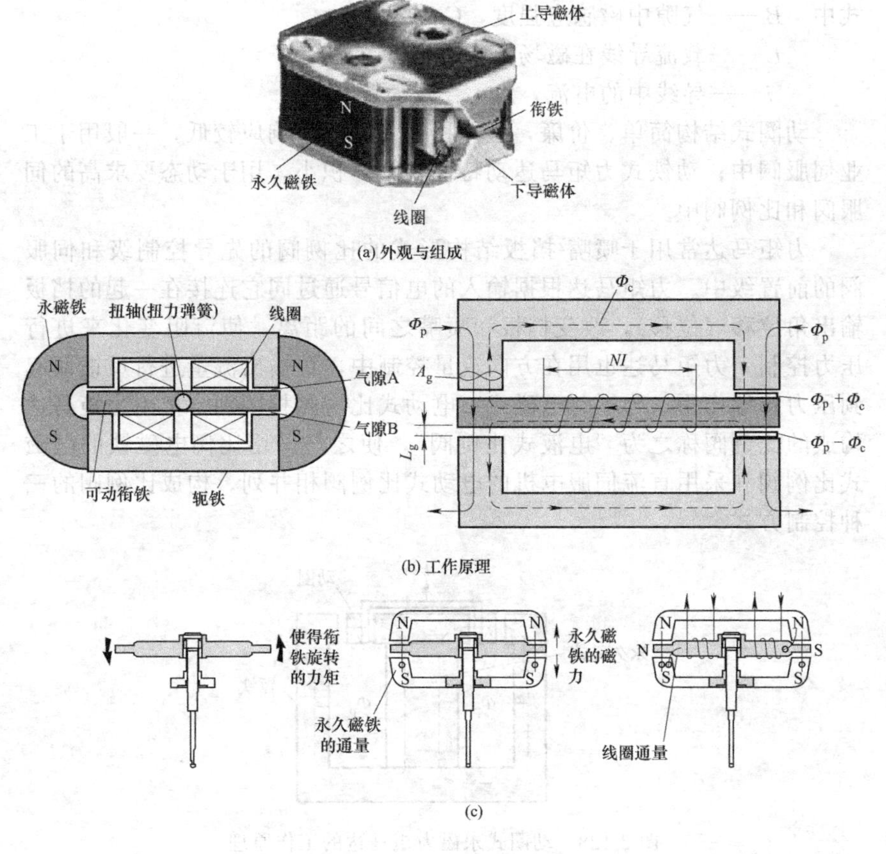

图 2-127　动铁式力矩马达

力矩马达的线圈一般有两组。两组线圈的连接方式有并联、串联和差动连接以及 PUSH-PULL 等连接方式。采用何种连接，都必须与线圈前的比例放大电路相配合。

② 动圈式力矩马达　动圈式永磁力矩马达是按载流导线在磁场中受力的原理工作的。如图 2-128 所示。它由永久磁铁、扼铁和动圈组成。永久磁铁在气隙中产生一固定磁通。当导线中有电流通过时，根据

电磁作用原理，磁场给载流导线一作用力，其方向根据电流方向和磁通方向按左手定则确定，其大小为：

$$F = 10.2\times10^{-8}BLi$$

式中 B——气隙中磁感应强度，G；

L——载流导线在磁场中的总长度，cm；

i——导线中的电流，A。

动圈式结构简单、价廉，但体积较大，频率响应较低，一般用于工业伺服阀中；动铁式力矩马达动特性好，体积小，用于动态要求高的伺服阀和比例阀中。

力矩马达常用于喷嘴-挡板结构形式的比例阀的先导控制级和伺服阀的前置级中。力矩马达根据输入的电信号通过同它连接在一起的挡板输出角位移（位移），改变挡板和喷嘴之间的距离，使流阻变化来进行压力控制。力矩马达也用在方向流量控制中，用输出流量进行反馈而起到压力补偿作用。为了与电磁式、电动式比例阀相区别，把由力矩马达构成的比例阀称之为“电液式比例阀”，使之与采用比例电磁铁的电磁式比例阀和采用直流伺服电机的电动式比例阀相并列，构成比例阀的三种控制方式。

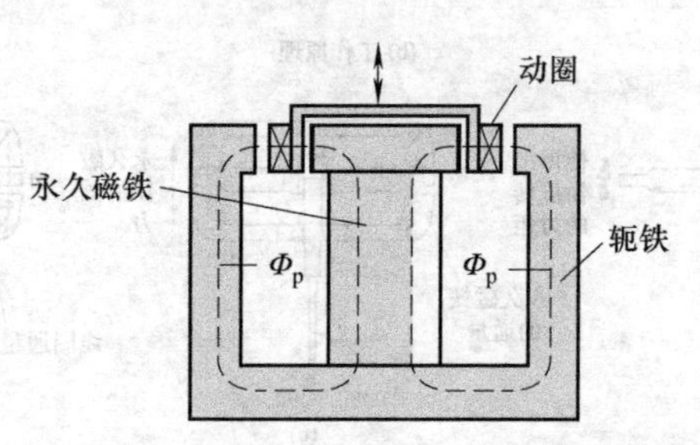

图 2-128　动圈式永磁力矩马达的工作原理

③ 线性力马达　直动式电液伺服阀由线性力马达部分与阀部分组成。线性力马达是永磁铁式微分马达，马达包括线圈、一对高能稀土磁铁、衔铁和对中弹簧，对中弹簧有碟形与螺旋形两种（图 2-129）。

在线圈内没有电流时，永磁铁磁力和弹簧力平衡，使衔铁静止不动[图 2-129 (a)]；当线圈内通有一种极性的电流时，磁铁周围一个气隙内的磁通增加，另一个气隙内的磁通减小，这种不平衡使得衔铁向磁通

强的方向移动［图 2-129（b）］。

改变线圈内电流的极性，衔铁就朝相反的方向移动。图 2-130 为线性力马达的工作原理。

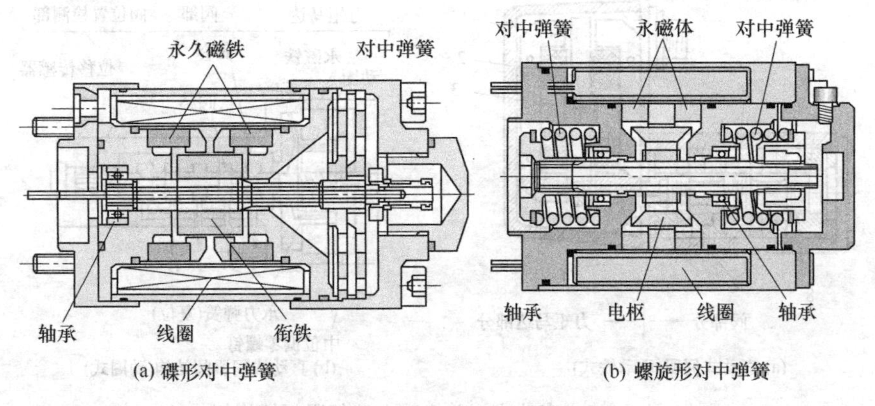

(a) 碟形对中弹簧　(b) 螺旋形对中弹簧

图 2-129　线性力马达的两种类型

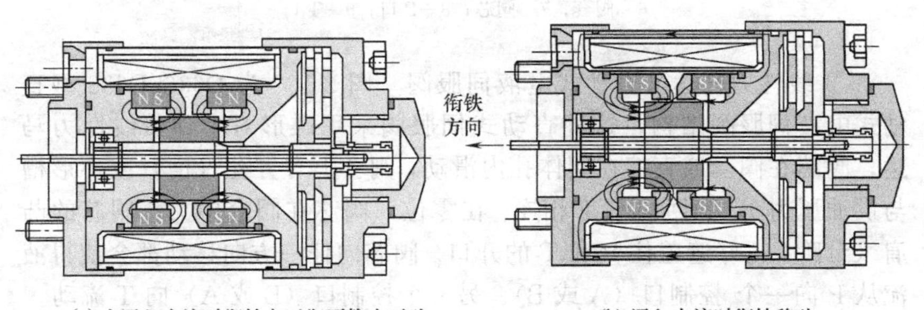

(a) 未通入电流时衔铁力平衡而静止不动　(b) 通入电流时衔铁移动

图 2-130　线性力马达的工作原理

(2) 直动式（单级）电液伺服阀结构原理例

① 动铁式力矩马达型直动式电液伺服阀　图 2-131（a）所示为动铁式力矩马达型直动式电液伺服阀，这种伺服阀在线圈 2 通电后衔铁 1 产生受力略为转动，通过连接杆 4 直接推动阀芯 7 移动并定位，扭力弹簧 3 作力矩反馈。这种伺服阀结构简单。但由于力矩马达功率一般较小，摆动角度小，定位刚度也差，因而一般只适用于中低压（7MPa 以下）、小流量和负载变化不大的场合。

② 动圈式力矩马达型直动式电液伺服阀　图 2-131（b）所示为动

圈式力矩马达型直动式电液伺服阀，永磁铁产生一磁场，动圈通电后在该磁场中产生力，驱动阀芯运动，阀芯承力弹簧作力反馈。阀芯右端设置的位移传感器，可提供控制所需的补偿信号。

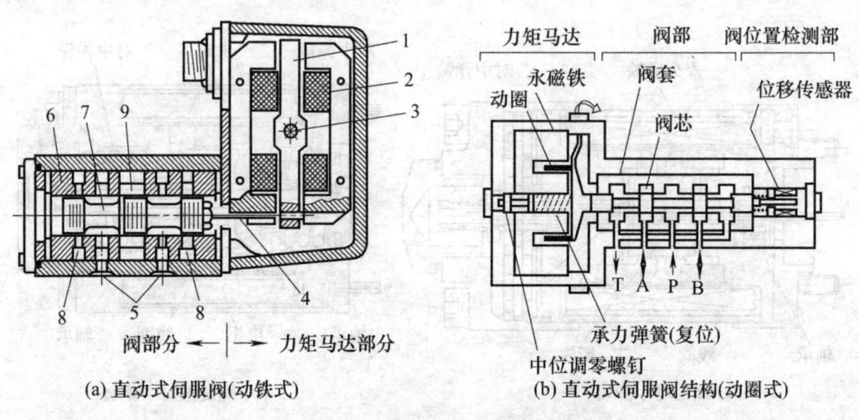

(a) 直动式伺服阀(动铁式)

(b) 直动式伺服阀结构(动圈式)

图 3-131 直动式（单级）电液伺服阀结构例

1—衔铁；2—线圈；3—扭力弹簧（扭轴）；4—连接杆；5—负载接口（AB 口）；6—阀套；7—阀芯；8—P 口；9—T 口

③ 线性力马达型直动式电液伺服阀 图 2-132 为 D636/D638 型直动式电液伺服阀结构，这种直动式伺服阀采用碟形对中弹簧线性力马达，阀芯在阀套或直接在阀体孔内滑动，阀套上有方孔（槽）或环形槽与供油压力 p_s 和回油口 T 相连。在零位，阀芯在阀套中央，阀芯的凸肩（台阶）正好遮盖住 P 和 T 的开口。阀芯向任一方向移动都会使得液流从 P 向一个 控制口（A 或 B）、另一个控制口（B 或 A）向 T 流动。

电信号与阀芯期望位置相对应，作用于积分电子设备上，在线性力马达线圈内产生脉宽调制电流。电流使得衔铁运动，衔铁随之触发阀芯运动。阀芯运动打开了压力口 P 和一个控制口（A 或 B），同时使另一个控制口（B 或 A）与回油口 T 连通。机械附着于阀芯上的位置传感器（LVDT）通过产生与阀芯位置成正比的电信号来测量阀芯位置。解调的阀芯位置信号与控制信号相比较，产生的误差电信号驱动电流流向力马达线圈。因此，阀芯的最终位置与控制电信号成正比。

(3) 先导式（多级）电液伺服阀工作原理与结构例

① 工作原理 仅以先导级为双喷嘴挡板的二级伺服阀为例说明其工作原理。

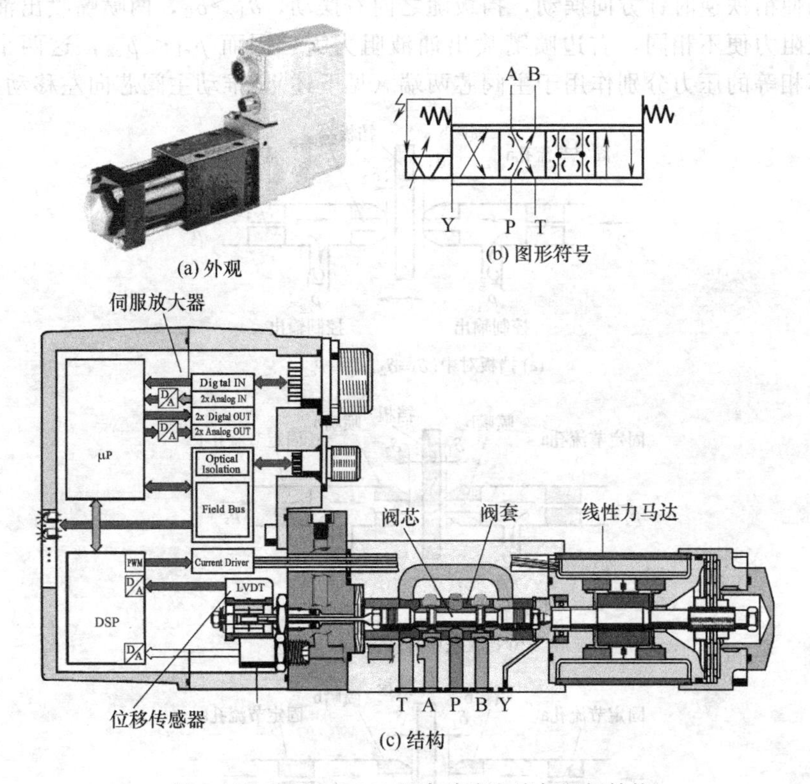

图 2-132 D636/D638 型直动式电液伺服阀结构

a. 先导级的工作原理 图 2-133（a）中，如上所述，当无控制电流通入线圈时，衔铁因处在调整好的中间位置（水平位置）上，四个气隙相等，通过气隙的磁通也相等，因此衔铁所受到的电磁合力矩为零，因而挡板不摆动而处于两喷嘴之间的对称位置上，挡板对中，$\delta_1=\delta_2$，两喷嘴喷出油液阻力相同，因而 $p_{c1}=p_{c2}$，油压相等，与主阀芯两端控制腔相通的油压 p_{c1} 与 p_{c2} 也相等，这两个压力分别作用于主阀芯两端（见下述），所以主阀芯在原位不动。

图 2-133（b）中，当通入线圈控制电流时，线圈产生磁场使衔铁顺时针方向摆动，挡板随之向左摆动，$\delta_1<\delta_2$，两喷嘴喷出油液阻力便不相同，左边喷嘴喷出油液阻力大，因而 $p_{c1}>p_{c2}$，这两个不相等的压力分别作用于主阀芯两端（见下述），推动主阀芯向右移动。

图 2-133（c）中，当通入线圈极性相反的控制电流时，线圈产生磁

场使衔铁逆时针方向摆动，挡板随之向右摆动，$\delta_1>\delta_2$，两喷嘴喷出油液阻力便不相同，右边喷嘴喷出油液阻力大，因而 $p_{c1}<p_{c2}$，这两个不相等的压力分别作用于主阀芯两端（见下述），推动主阀芯向左移动。

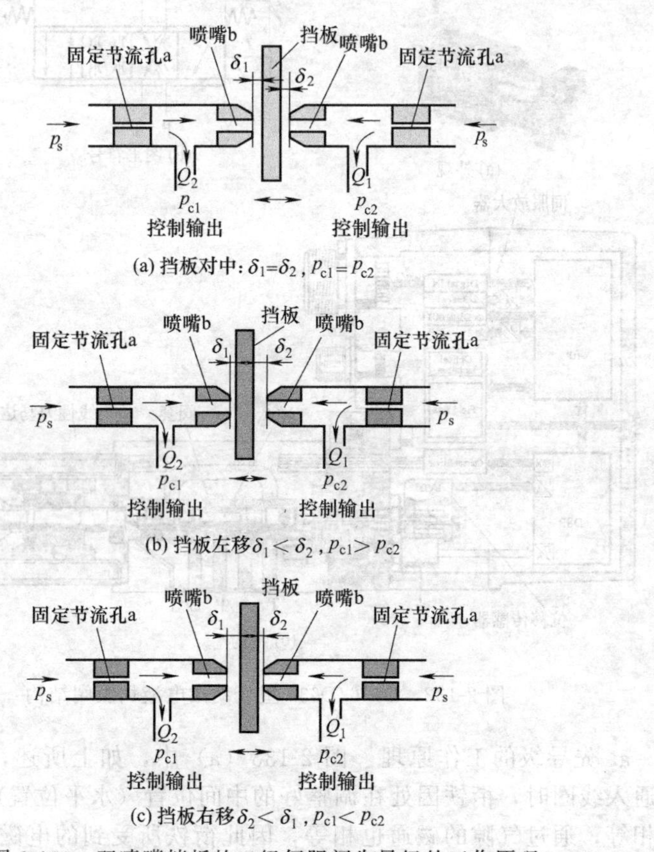

图 2-133　双喷嘴挡板的二级伺服阀先导级的工作原理

b. 主级阀的工作原理　主级为滑阀式伺服阀。其工作原理如图 2-134所示，阀顶部的动铁式力矩马达可参阅图 3-131（a）及其文字说明。

图 2-134（a）中，当线圈未通电时，力矩马达的衔铁处于水平平衡位置，挡板停在两喷嘴中间，高压油自油口 P 流入，经油滤后分四路流出。其中两路经内流道进入 P 腔，止步于主阀芯左、右两凸肩盖住的窗口处，而不能流入负载油路 A、B；两路流经左、右固定节流孔 R 到阀芯左、右两端，再经左、右喷嘴喷出，汇集后从回油口 T 流出，

此时由于挡板与两喷嘴处于对称位置，$p_s=p'_s$，主阀芯对中，P、A、B、T 均互不相通。

当有控制信号线圈通电时，衔铁根据输入线圈电流的大小和极性逆或顺时针方向转动对应角度，图 2-134（b）为力矩马达衔铁顺时针方向偏转一个角度，带动反馈杆向左偏斜，挡板与左喷嘴之间的间隙小，挡板与右喷嘴之间的间隙大，因喷嘴阻力不同使 $p_s>p'_s$，致使主阀芯偏离中间位置向右移动，阀芯的移动打开了供油压力口 P 和一个控制油口 A，同时也连通了回油口 T 和另一个控制油口 B，形成 P→A 与 B→T 相通，使与 A、B 相连的执行元件动作。改变电流大小，可控制执行元件动作的速度大小，改变电流的极性，可控制执行元件动作的方向。

阀芯的运动在悬臂弹簧上作用了力，在衔铁/挡板部件上产生回复力矩，当回复力矩等于电磁力矩时，衔铁/挡板部件就回到中间位置，阀芯就又保持着平衡的状态，直到控制信号再一次改变。

总之，阀芯位置与输入电流成正比，在通过阀的压降恒定时，负载流量与阀芯位置成正比。

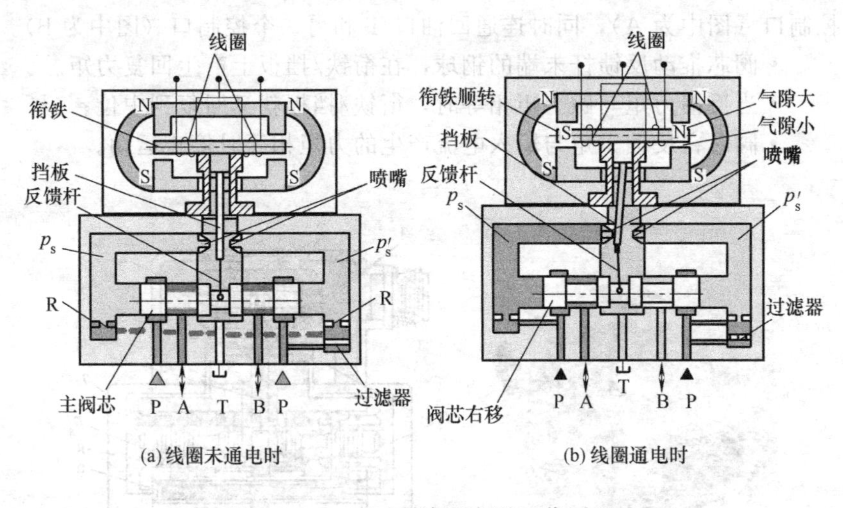

图 2-134 二级电液伺服阀的工作原理

② 结构例

a. 前置级 本例中的二级电液伺服阀，由力矩马达、前置级（喷嘴挡板）与主级（滑阀）所组成，图 2-135 为前置级结构图。

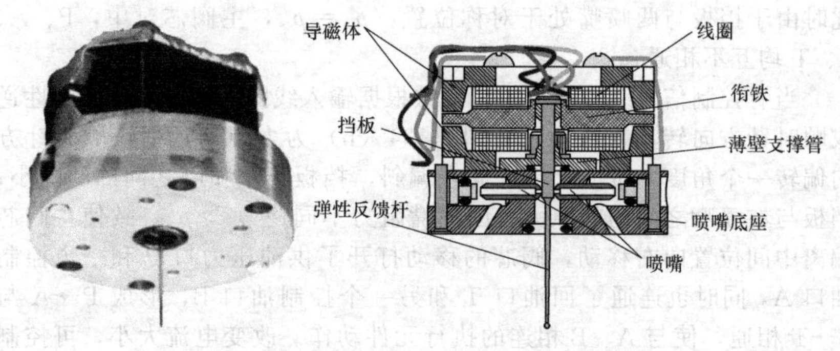

图 2-135 动铁式力矩马达外观与结构图

b. 主级 主级为放大级，为滑阀式结构。前置级与主级构成的二级电液伺服阀的结构如图 2-136 所例，它按照下述步骤工作：

- 力矩马达线圈内的电流在衔铁两端产生磁力。
- 衔铁和挡板组件绕着支撑它们的弹簧管（薄壁支撑管）旋转。
- 挡板关闭一侧的喷嘴，使得该侧的压力 p_s 大于另一侧的压力 p_s'。
- 主滑阀芯两端因受力差（例如 $p_s > p_s'$）而移动，连通 P 和一个控制口（图中为 A），同时连通回油口 T 和另一个控制口（图中为 B）。
- 阀芯推动反馈杆末端的钢球，在衔铁/挡板上产生回复力矩。
- 当反馈力矩与磁力矩相等时，衔铁/挡板就又回复到中位。
- 阀芯在反馈力矩与输入电流产生的力矩相等时停止运动。

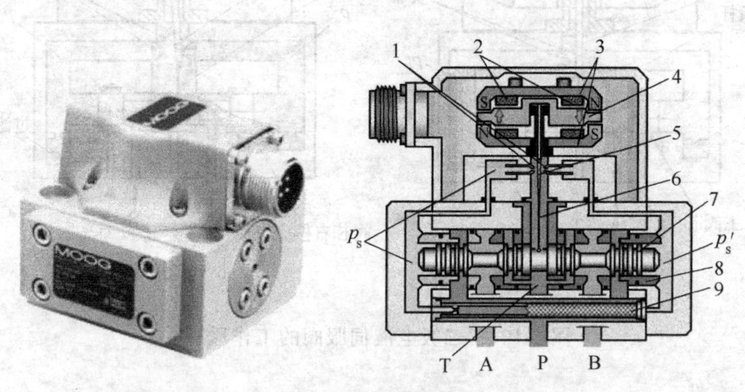

图 2-136 二级电液伺服阀的结构例

1—喷嘴挡板（先导级）；2—线圈；3—永磁铁；4—衔铁；5—反馈杆；6—主阀芯；7—过滤器；8—阀套；9—过滤器

• 阀芯位置与输入电流成正比。

• 在压力恒定的情况下，负载流量与阀芯位置成正比。

图 2-137 所示为 BD 型双喷嘴挡板式力反馈伺服阀的结构例，参阅图 2-137（b）可拆装此类伺服阀。

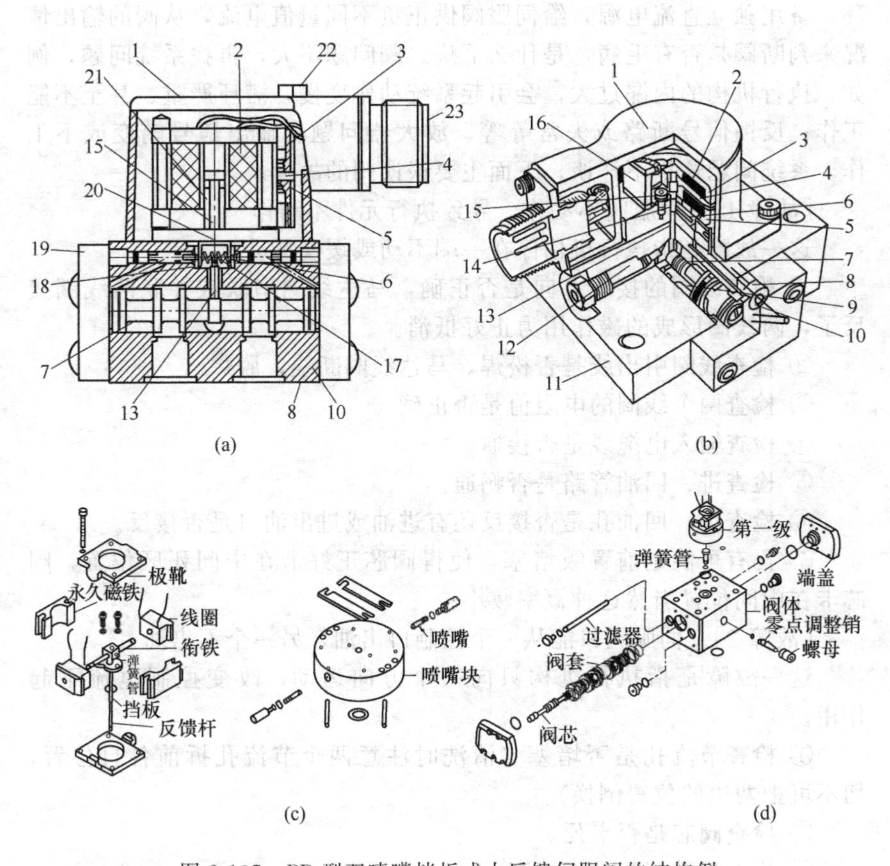

图 2-137　BD 型双喷嘴挡板式力反馈伺服阀的结构例

1—力矩马达；2—线圈；3—上极靴；4—衔铁；5—下极靴；6—喷嘴；7—阀芯；8—过滤器；9—阀套；10—固定节流口；11—阀体；12—机械零点调整；13—反馈弹簧；14—挡板；15—挠性管；16—磁铁；17—机械反馈；18—U 形架腔；19—端盖；20—U 形架；21—支承管；22—零位调整罩；23—电气插头

2.7.5　伺服阀故障的分析与排除

伺服阀的故障常常是在电液伺服系统调试或工作不正常情况下发现

的。所以这里有时是系统问题包括放大器、反馈机构、执行机构等故障，有时确是伺服阀问题。所以首先要搞清楚是系统问题、还是伺服阀问题。解决这疑问的常用办法是：①有条件时将阀卸下，上实验台复测一下即可；②大多数情况无此条件，这时一个简单的办法是将系统开环，备用独立直流电源，给伺服阀供正负不同量值电流，从阀的输出情况来判断阀是否有毛病，是什么毛病。阀问题不大，再找系统问题，例如，执行机构的内漏过大，会引起系统动作变慢，滞环严重、甚至不能工作；反馈信号断路或失常等等，放大器问题有输出信号畸变或不工作，系统问题这里不详谈，下面主要谈谈阀的故障。

[故障 1]　伺服阀不动作，导致执行元件不动作

这一故障是指执行机构停在一端不动或缓慢移动。

① 检查线圈的接线方向是否正确，马达线圈串联或并联两线圈接反了，两线圈形成的磁作用力正好抵消。

② 检查线圈引出线是否松焊，马达线圈断线，脱焊。

③ 检查两个线圈的电阻值是否正确。

④ 检查输入电缆线是否接通。

⑤ 检查进、回油管路是否畅通。

⑥ 检查进、回油孔是否接反还有进油或进出油口是否接反。

⑦ 再有可能是前置级堵塞，使得阀芯正好卡在中间死区位置，阀芯卡在中间位置当然这种概率较小。

[故障 2]　伺服阀只能从一个控制口出油，另一个不出油

这一故障是指执行机构只向一个方向运动，改变控制电流不起作用。

① 检查节流孔是否堵塞（清洗时注意两个节流孔拆前各自位置，切不可把两边的位置倒换）。

② 检查阀芯是否卡死。

③ 检查喷嘴挡板是否堵塞。

④ 检查弹簧片是否断裂。

[故障 3]　流量增益下降

表现为执行机构速度下降，系统振荡。

① 用 500V 兆欧表检查线圈是否短路（如果需要更换线圈，阀要重新调试）。

② 检查阀内滤油器是否堵塞（堵塞的要更换虑油器）。

③ 检查油源是否正常供油。

[故障 4] 只输出最大流量

表现为系统振荡，闭环后系统不能控制。

① 检查阀芯是否卡死。

② 检查阀套上各个密封环是否损坏。

③ 节流孔或喷嘴是否堵死。

[故障 5] 系统响应差

这一故障是指伺服阀零偏电流增大，动作慢，输出滞后。

① 检查伺服阀的控制油路的各处小孔有无局部堵塞。

② 对一级座、节流孔、滤油器、端盖、阀芯、阀套各部件逐项拆卸、清洗、更换所有密封环，重新装配调试。

[故障 6] 零偏太大

这一故障是指伺服阀线圈输入很大电流才能维持执行某一稳定位置。

① 检查一级座紧固螺钉是否松动。

② 检查力矩马达导磁体螺钉是否松动。

③ 伺服阀在试验台上进行空载运行冲洗，如果运行后检查零点变化较大，则应拆卸伺服阀，彻底清洗。

[故障 7] 阀有一固定输出，但已失控

原因：前置级喷嘴堵死，阀芯被脏物卡着及阀体变形引起阀芯卡死等，或内部保护滤器被脏物堵死。要更换滤芯，返厂清洗、修复。

[故障 8] 阀反应迟钝、响应变慢

有系统供油压力降低，保护滤器局部堵塞，某些阀调零机构松动及马达零部件松动，或动圈式伺服阀的动圈跟控制阀芯之间的连接松动。系统中执行动力元件内漏过大，是原因之一。此外油液太脏，阀分辨率变差，滞环增宽也是原因之一。

[故障 9] 系统出现频率较高的振动及噪声

油液中混入空气量过大，油液过脏；系统增益调得过高，来自放大器方面的电源噪声，伺服阀线圈与阀外壳及地线绝缘不好，似通非通，颤振信号过大或与系统频率关系引起的谐振现象，再则相对低的系统而选了过高频率的伺服阀。

[故障 10] 阀输出忽正忽负，不能连续控制，成“开关”控制

伺服阀内反馈机构失效，或系统反馈断开，不然是出现某种正反馈现象。

[故障 11] 漏油

原因：

• 安装座表面加工质量不好、密封不住。

• 阀口密封圈质量问题，阀上堵头等处密封圈损坏。马达盖与阀体之间漏油的话，可能是弹簧管破裂、内部油管破裂等。

伺服阀故障排除，有的可自己排除，但许多故障最好将阀送到生产厂，放到实验台上返修调试，初学者不要轻易自己拆阀，如操作石当很容易损坏伺服阀零部件。用伺服阀较多的单位可以自己装一个简易实验台来判断是系统问题还是阀的问题。如果是阀的问题，搞清楚阀有什么问题，可否再使用。

2.8 比例阀的维修

前面讲述的伺服阀，满足了液压技术向高速、高精度、大功率、高度自动化方向发展的要求。在响应速度要求快、控制精度要求高的液压系统（液压伺服系统）中，使用电液伺服阀的电液伺服系统兼有液压传动的输出功率大、反应速度快的优点和电气控制的操作性、控制性良好的优点。因此，它广泛用于要求控制准确、响应迅速和程序灵活的场合。

但电液伺服阀虽是一种理想的电子-液压“接口”装置，实现电信号-机械位移量-液压信号的转换，并经放大能输出与电控信号“连续比例”的液压功率，但是伺服阀加工精度高，加工难度大，因而价格昂贵，成本高，并且对液压系统有严格的污染控制要求，闭环系统的反馈要求使电气控制装置较复杂，维修困难，限制了它的应用。

于是在20世纪六七十年代出现了比例阀，它加工难度和维护保养基本上同一般的开关式阀（2.2～2.4所述的三大类阀），但兼有伺服阀的一些优点，足够地满足了一大批介于开关阀与伺服的之间的液压系统的需求。

2.8.1 比例电磁铁

比例电磁铁分为力控制型、行程控制型和位置调节型三种基本类型。

(1) 力调节型比例电磁铁的工作原理与结构例

如图2-138（a）所示，力调节型比例电磁铁的工作原理是：由电位器设定某一电流后，通过比例控制放大器放大，通入比例电磁铁线圈，

电磁场产生力，推动衔铁运动并产生力 F，通过推杆输出力。力调节型电磁铁在一段较短行程内具有线性的力—电流特性关系，通过改变电流 I 来调节其输出的电磁力。由于其行程小，可用于比例方向阀和比例压力阀的先导级，将电磁力转换为液压力。这种比例电磁铁是一种可调节型直流比例电磁铁，衔铁腔中处于油浴状态。

图 2-138（b）为力调节型比例电磁铁的典型结构例，主要由衔铁、导套、极靴、壳体、线圈、推杆等组成。导套前后二段由导磁材料制成，中间用一段非导磁材料（隔磁环）。导套具有足够的耐压强度，可承受 35MPa 静压力。导套前段和极靴组合，形成带锥形端部的盆型极靴；隔磁环前端斜面角度及隔磁环的相对位置，决定了比例电磁铁稳态特性曲线的形状。导套和壳体之间，配置同心螺线管式控制线圈。衔铁前端装有推杆，用以输出力或位移；后端装有弹簧和调节螺钉组成的调

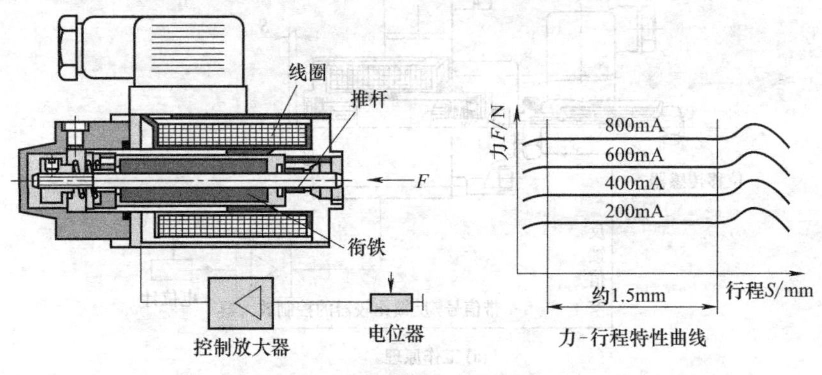

(a) 工作原理与力-行程曲线

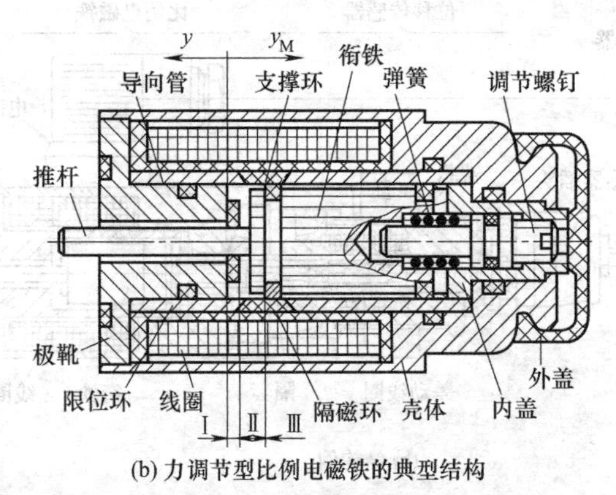

(b) 力调节型比例电磁铁的典型结构

图 2-138 力调节型比例电磁铁

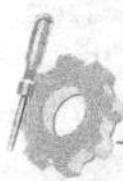

零机构，可在一定范围内对比例电磁铁，乃至整个比例阀的稳态控制特性曲线进行调整。

(2) 行程调节型比例电磁铁的工作原理与结构例

图 2-139（a）为行程调节型比例电磁铁的工作原理：由电位器设定某一电流后，通过比例控制放大器放大，通入比例电磁铁线圈，电磁场产生力，衔铁运动推动推杆并产生行程 S。只要电磁铁运行在允许的工作区域内，其衔铁就保持与输入电信号相对应的位置不变，而与所受反力无关，它的负载刚度很大。如果位移传感器接受的信号说明衔铁运动推动推杆并产生的实际行程与电位器设定的行程 S 有误差时，通过反馈信号也输入到比例放大器，与电位器设定的输入信号进行比较与修

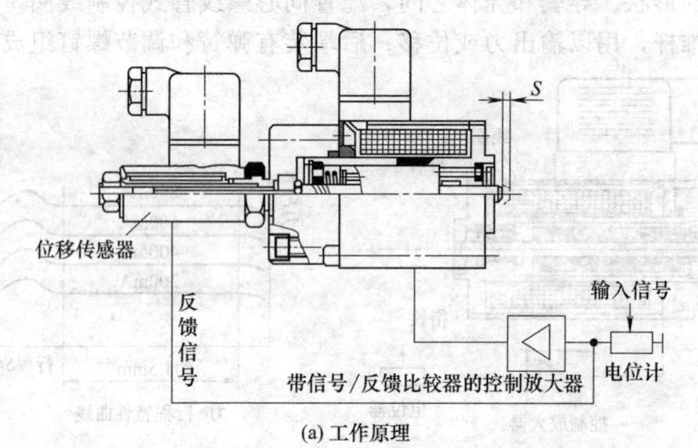

(a) 工作原理

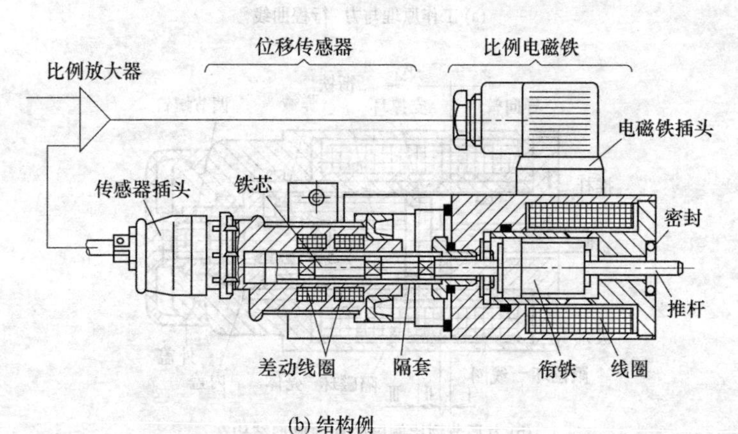

(b) 结构例

图 2-139　行程调节型比例电磁铁

正，使实际行程重回 S，构成闭环调节。即在行程调节型电磁铁中，衔铁的位置由一个闭环回路来控制。衔铁位置，即为其推动的阀芯行程的位置。这类比例电磁铁多用于控制精度要求较高的直接控制式比例阀上。

图 2-139（b）为行程调节型比例电磁铁的典型结构例。在结构上，除了衔铁的一端接上位移传感器（位移传感器的动杆与衔铁固接）外，其余与力控制型比例电磁铁相同。

比例式电磁铁具有一个在其行程上（工作行程内），电磁力很大程度上保持不变的特性，以此区别于普通开关式电磁铁。这一吸力特性，通过工作气隙的特殊造型和导磁体磁力的引导而形成。开关式和比例式电磁铁的差别并不完全取决于电磁铁本身，比例电磁铁通入最大电流时相当于开关式电磁铁。

电磁铁的外特性主要表现为电阻。最常见的 24V NG6 电磁阀线圈阻值一般在 16～26Ω 之间，24V 插装阀线圈阻值一般在 20～38Ω 之间，24V 比例阀线圈阻值一般在 21～26Ω 之间。理论上，电磁吸力与电流的平方成正比，所以 12V 线圈阻值一般为对应 24V 线圈的 1/4 左右。

比例电磁阀一般要求电流达到某一范围。如 REXROTH（力士乐公司）系列泵用 24V 比例电磁阀一般要求电流 200～600mA，12V 的要求电流 400～1200mA。LINDE（林德公司）系列泵用 24V 比例电磁阀要求电流 220～405mA 或 175～360mA。SAUER（萨-澳公司）系列泵用 24V 比例电磁阀要求电流 13～85mA。

(3) 位置传感器（位移传感器）

位置传感器又叫位移传感器，是一种常用于阀芯反馈的位置传感器，它为图 2-140 所示的非接触线性可变差动变压器（LVDT）。LVDT 由绕在与电磁铁推杆相连的软铁铁芯上的一个初级线圈和两个次级线圈组成。初级线圈由一个高频交流电源供电，它在铁芯中产生变化磁场，该磁场通过变压器作用在两个次级线圈中感应出电压。如果两个次级线圈对置连接，则当铁芯居中时，两个线圈中的感生

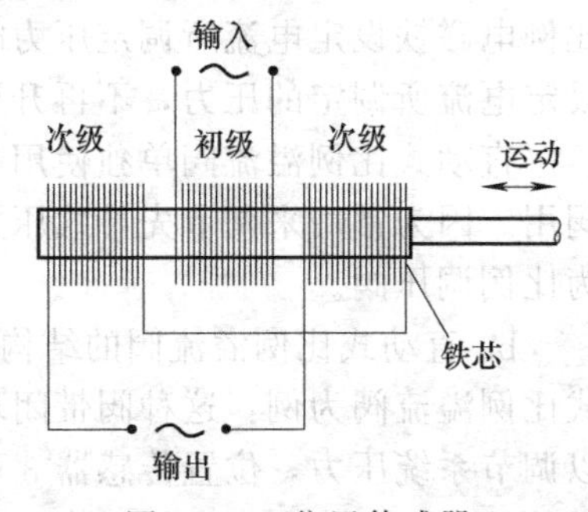

图 2-140 位置传感器

电压将互相抵消，而产生的净输出为零。随着铁芯离开中心移动，一个次级线圈中的感生电压提高而另一个中降低，于是这产生一个净输出电压，其振幅与运动量成比例，而相位移指示运动方向，即可测出位移量和运动方向。该输出可供至一个相敏整流器（解调器），该整流器将产生一个与运动成比例且极性取决于方向的直流信号。

2.8.2 比例压力阀

(1) 比例溢流阀

① 直动式比例溢流阀的工作原理和结构例

a. 工作原理　无论是直动式比例溢流阀还是先导式比例溢流阀，其工作原理均与普通溢流阀相似。其区别仅在于用来调节压力的调压手柄在此处改为比例电磁铁而已，用手旋转手轮调节压力在此处改为通过输入比例电磁铁大小不同的电流，调节所控制的压力大小。

图 2-141 (a) 为直动式比例溢流阀的工作原理图。从比例电磁铁的工作原理可知，它的吸力 F 与通入的电流 i 成正比，即 $F=ai$（a 为比例常数）。当给比例电磁铁线圈通入电流 i，产生的吸力 F，通过传力弹簧或直接作用在锥阀芯上，系统来的压力油 P 也从另一反方向作用在锥阀芯上，根据针阀的力平衡方程有：$pA=F_{弹}$（KX），所以 $p=ai/A$（A 为针阀承受压力油的面积）。由式中可知改变通入电磁铁的电流 i 的大小，便可改变调压阀的调节压力，这就是先导比例调压阀的工作原理。

图 2-141 (b) 所示为直动式比例溢流阀工作时两种工况，图中左当系统压力未超过比例溢流阀的比例电磁铁设定电流所调定压力时，阀芯关闭不溢流，泵供油继续升压；图中右当系统压力超过比例溢流阀的比例电磁铁设定电流所调定压力时，阀芯打开溢流，泵维持比例电磁铁设定电流所调定的压力，不再升压。

直动式比例溢流阀单独使用的情况不多，常作先导式压力阀的先导阀用。因为常用来调节先导式压力阀的工作压力的大小之用，所以又称为比例调压阀。

b. 直动式比例溢流阀的结构例　以图 2-142 所示的 DBETR 型直动式比例溢流阀为例：这种阀带闭环位置反馈，通过电控器上的指令值可以调节系统压力，位置传感器 3 可根据传感器上的信号来修正调节压缩弹簧的位置。图中在锥阀和阀座之间的附加弹簧 8 有助于稳压和保证一

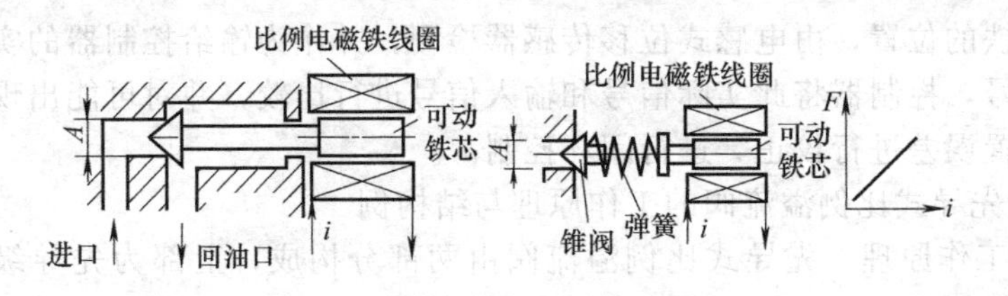

(a) 直动式比例溢流阀的工作原理

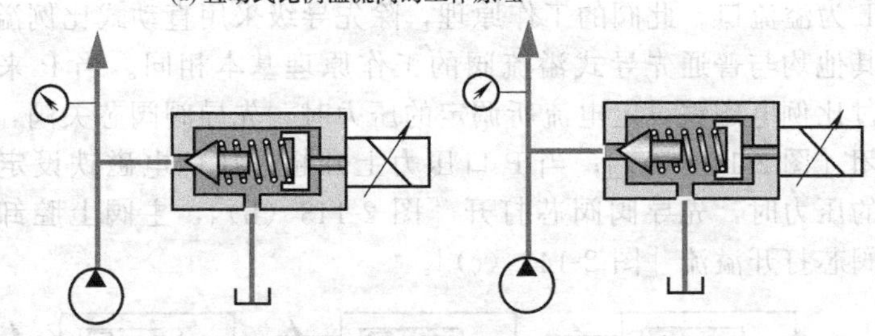

(b) 直动式比例溢流阀的两种状态

图 2-141 直动式比例溢流阀的工作原理

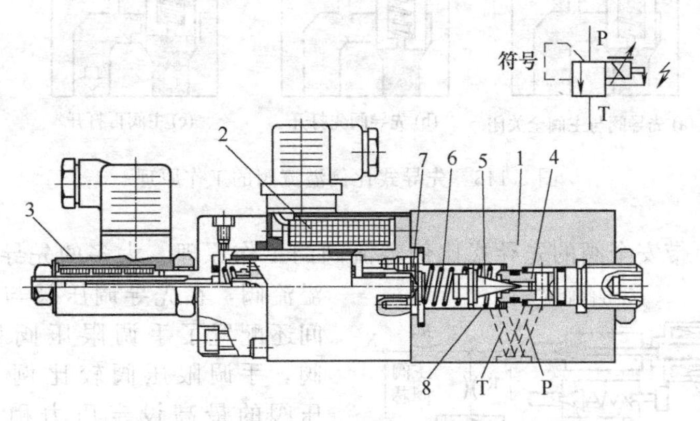

图 2-142 DBETR 型直动式比例溢流阀的结构

1—阀体；2—比例电磁铁线圈；3—电感式位移传感器；4—阀座；5—锥阀芯；6—传力弹簧；7—推杆；8—阻尼弹簧

个最小的开启压力，并防止阀芯与阀座之间的撞击。

电磁铁的衔铁，通过推杆 7 对传力弹簧 6 施加和电输入信号成比例的力，此力将锥阀芯 5 压在阀座 4 上，或改变阀座与锥阀间的开度（通流面积）。

衔铁的位置，由电感式位移传感器检测，并作为输给控制器的实际位移信号，控制器将此实际信号和输入信号进行比较，并对可能出现的衔铁位置误差进行校正，进行闭环控制。

② 先导式比例溢流阀的工作原理与结构例

a. 工作原理　先导式比例溢流阀由两部分构成，上部为先导级的直动式比例调压阀，下部为功率级主阀组件（二节同心结构）。

如图 2-143 所示，先导式比例溢流阀的工作原理是：P 为压力油口，T 为溢流口。此阀的工作原理，除先导级采用直动式比例溢流阀之外，其他均与普通先导式溢流阀的工作原理基本相同。当 P 来压力油未超过比例电磁铁设定电流所调定的压力时，先导阀阀芯关阀，主阀芯也关闭［图 2-143（a）］；当 P 口压力上升超过比例电磁铁设定电流所调定的压力时，先导阀阀芯打开［图 2-143（b）］，主阀上腔卸压，于是主阀芯打开溢流［图 2-143（c）］。

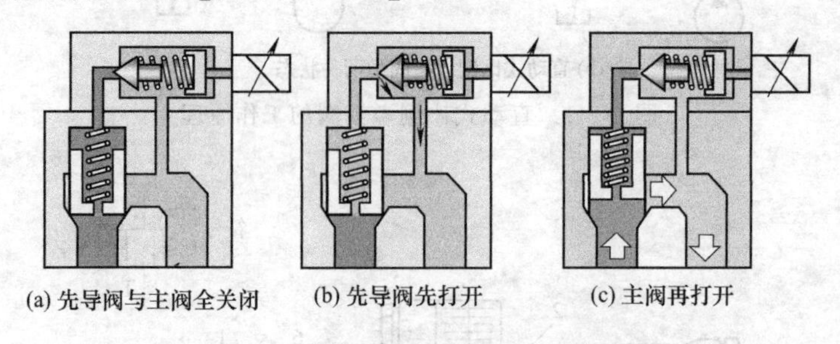

图 2-143　先导式比例溢流阀的工作原理

b. 带安全阀的先导式比例溢流阀的工作原理　大多的先导式比例溢流阀，在先导调压阀与主阀之间还配置了手调限压阀做安全阀，手调限压阀较比例先导调压阀的最高设定压力稍高，用于防止系统过载（图 2-144）。手调限压阀（安全阀）与主阀一起构成一个普通的先导式溢流阀，如果放大板出现故障，电磁铁电流 i 则会在不受控的情况下超过指定的范围时，手调限压阀能立即开启使系统卸压，

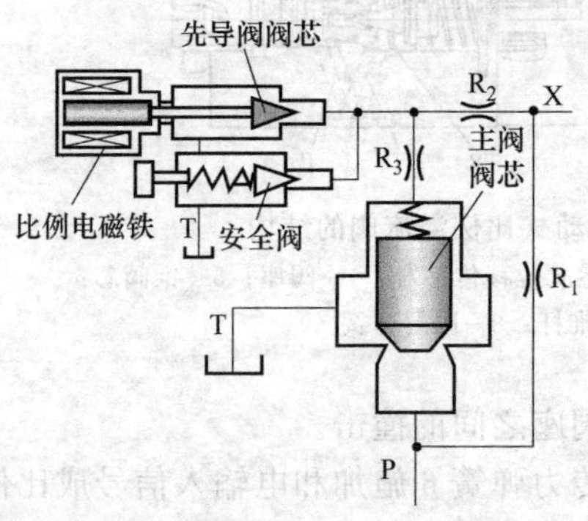

图 2-144　带安全阀的先导式比例溢流阀的工作原理

限制了系统最高安全性的压力，以保证液压系统的安全，比例调压时工作原理同上。

c. 结构例　以图 2-145 所示的德国力士乐（北京华德）公司生产的 DBE 型（不带安全阀）与 DBEM 型（带安全阀 4）先导式比例溢流阀的结构图及图形符号例。这种阀由比例电磁铁 2 的先导阀和内装有主阀芯（锥阀、二级同心式）的主阀组成。

根据输入比例电磁铁 2 的电流设定值来调节压力，A 口压力作用于主阀芯 4 的底部，同时，此压力也通过控制管路 8 通过阻尼孔（5、6、7）作用于主阀芯 4 的弹簧加载面。液压力还通过阀座 9 作用于先导锥阀 10 来平衡比例电磁铁 2 的力。当液压力克服电磁力时，先导锥阀 10 打开，先导油通过油口 Y 流回油箱，在节流器处产生压降，主阀芯因此克服弹簧反力而提升，A 口及 B 口油路接通，从而压力不会再升高。

油口 X 封死，且螺塞有阻尼孔通油时，为先导油内供；油口 X 打开从外部引入先导油，用无阻尼孔的螺塞拧上，叫外供。

油口 Y 封死，且螺塞有阻尼孔通油时，为先导油内排；油口 Y 打开，用无阻尼孔的螺塞拧上，先导油独立零压回油箱，叫外排。

(2) 比例减压阀

① 直动式比例减压阀的工作原理与结构例

a. 工作原理　如图 2-146 所示，与普通减压阀一样，比例减压阀也有直动式和先导式、二通式与三通式之分。无论是先导式还是直动式，无论是二通式还是三通式，比例减压阀的工作原理与普通减压阀均相同。不同之处仅在于比例减压阀用比例电磁铁代替普通减压阀的调节手柄而已。

其工作原理也是油液以一个较高的输入压力 p_1 从一次油口进入，通过减压口的节流作用减压，产生一定的压差 Δp，减压后变成二次压力 p_2 以二次油口（出口侧）流出，有 $p_2=p_1-\Delta p$。

两通式的缺点为：当出口压力油因某种原因导致压力突然异常升高，升高的压力油经 K 油道推动阀芯左行，可能全关减压口，造成 p_2 更升高而可能发生危险。

而三通式没有这种危险，同样的情况如果出现在三通式减压阀中，阀芯的左移虽然关小了减压口，但却打开了溢流口，出口压力油 p_2 可经溢流口流回油箱而降压，不会再产生事故。即三通式减压阀具有减压

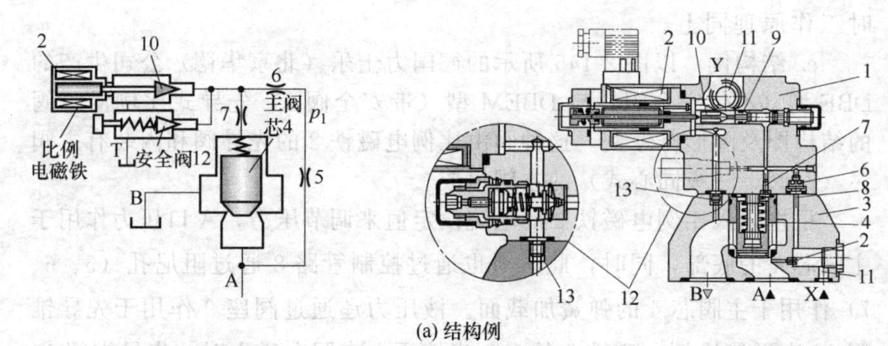

(a) 结构例

1—先导比例调压阀；2—比例电磁铁；3—主阀；4—主阀芯；5～7—阻尼；8—流道；9—阀座；10—先导锥阀芯；11—外控口；12—安全阀；13—外泄口

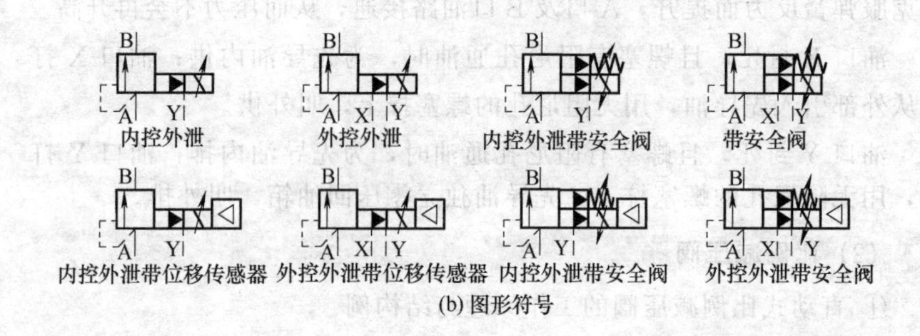

(b) 图形符号

图 2-145 DBE 型（不带安全阀）与 DBEM 型（带安全阀 4）先导式比例溢流阀的结构图及图形符号

与溢流双重功能。

b. 单三通直动式比例减压阀的结构例

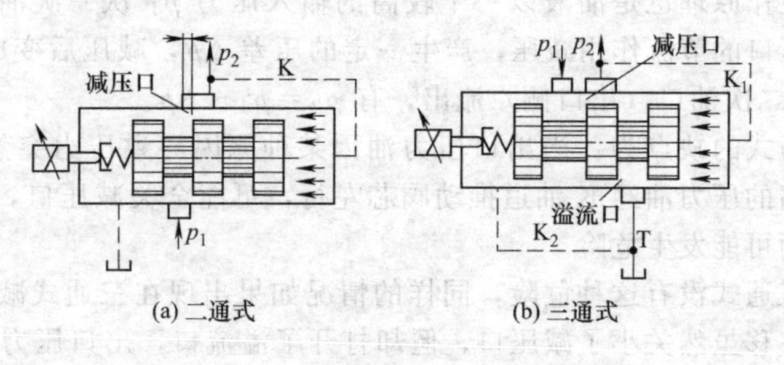

(a) 二通式　　(b) 三通式

图 2-146 直动式比例减压阀的工作原理

• DBE 和 ZDBE 型单三通直动式比例减压阀　如图 2-147 所示，这种阀主要由比例电磁铁 1、阀体 2、阀组件 3、阀芯 4 和先导锥头 8 组成，系统压力的设定根据给定值通过比例电磁铁 1 来完成。

在系统中的 P 通道中的压力作用在阀芯 4 的右侧，同时系统压力通过带喷嘴 5 的控制油路 6 作用在阀芯 4 的弹簧加载侧。系统压力通过另一个喷嘴 7 相对比例电磁铁 1 的机械力作用在先导锥头 8 上。当系统压力达到给定的数值时，先导锥阀芯 8 从阀座上被抬起，控制油经油口 A（Y）外部返回油箱，或者内部返回油箱，由此而限制了受弹簧力作用

外观

型号DBE 6…　型号DBE 6…Y…

T　P　T　P Y

内控内泄　内控外泄

型号DBEE6…　型号DBEE6…Y…

T　P　T　P Y

内控内泄带位移传感器　内控外泄带位移传感器

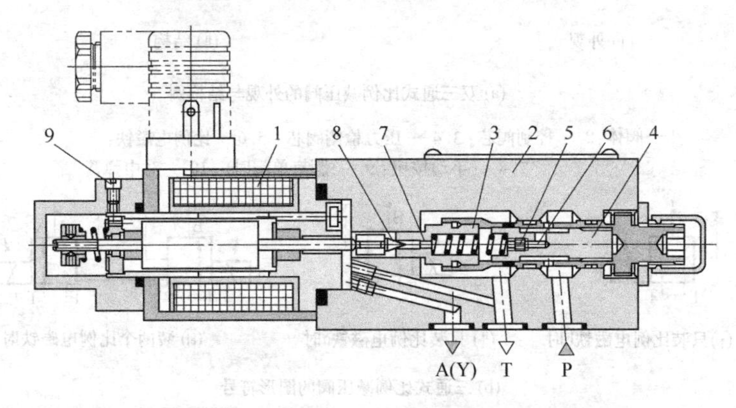

图 2-147　单三通直动式比例减压阀的结构与图形符号

1—比例电磁铁；2—阀体；3—阀组件；4—阀芯；5—喷嘴；6—控制油路；7—喷嘴；8—先导锥阀芯；9—放气螺钉

的阀芯 4 侧的压力。如果系统压力继续稍微升高，在右侧的较高的压力将阀芯向左推到控制位置 P 溢流到 T。在最小控制电流时，相应于给定值为零，这时设定在最低的 设置压力上。

在刚投入使用时，须取下放气螺钉 9 先放气，当不再有气泡溢出时再拧紧。

• 双三通直动式比例减压阀的结构例 图 2-148 (a) 为 3DREP 型双三通直动式比例减压阀的结构例，当电磁铁 5 和 6 均断电，控制阀芯 2 通过对中弹簧 10 保持在其中位；当一个电磁铁通电时，控制阀芯 2 被直接驱动。例如当比例电磁铁 5 通电时，压力测量阀芯 3 和控制阀芯 2 与电气输入信号成比例地向右移动，从油口 P 至 B 和 A 至 T 的连接通过带有渐进流量特性的节流截面而减压；当电磁铁 5 断电时，控制阀芯 2 通过弹簧 10 返回到其中间位置。在中间位置，A 和 B 至 T 的连接打开，因此压力油能够自由流回油箱，可选的手动控制按钮 (7 和 8)，使得可以电磁铁不通电就能够移动控制阀芯 2。

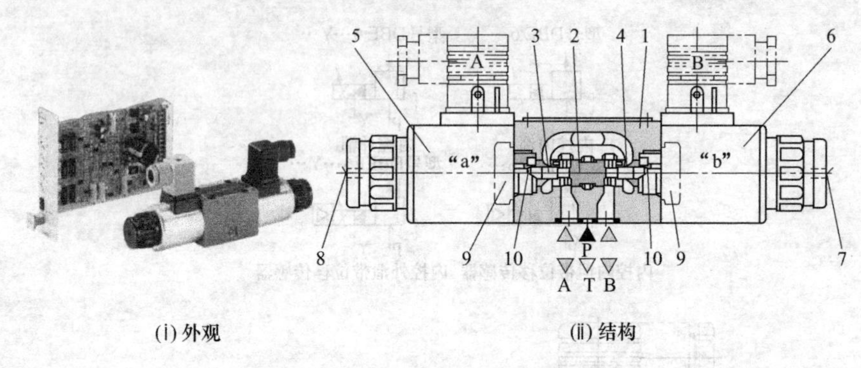

(i) 外观　　(ii) 结构

(a) 双三通式比例减压阀的外观与结构例

1—阀体；2— 控制阀芯；3，4 —压力检侧阀芯；5，6— 比例电磁铁；
7，8— 手动按钮；9— 螺堵(单阀时)；10— 对中弹簧

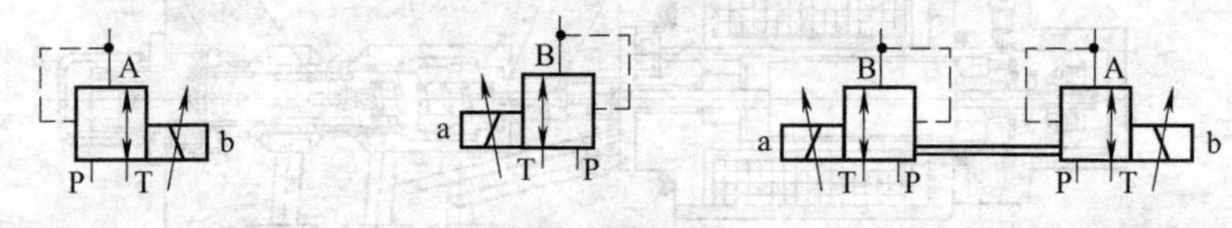

(i)只装比例电磁铁b时　　(ii) 只装比例电磁铁a时　　(iii) 装两个比例电磁铁时

(b) 三通式比例减压阀的图形符号

图 2-148　双三通式比例减压阀的结构与图形符号

比例电磁铁 6 通电时的工作原理相同。

图 2-148（b）为双三通式比例减压阀的图形符号。

② 三通先导式比例减压阀的工作原理与结构例

a. 工作原理　如图 2-149 所示，这种阀有三个油口：一次油口（进油口）p_1，二次出油口 p_2，回油口 T。当负载增大，二次压力 p_2 过载时能产生溢流，防止二次压力异常增高。其工作原理是：一次侧压力 p_1 经减压口 B 减压变成 p_2 后从二次压力出口流出，p_2 的大小由比例调压阀设定。

当二次侧压力 p_2 上升到先导调压阀 1 设定压力时，先导调压阀 1 动作，即针阀打开，节流口 A 产生油液流动，因而在固定节流口 A 前后产生压力差，从而主阀芯 2 左右两腔 C 与 D 也产生压力差，主阀芯 2 向左移动，关小减压口 B，使出口压力 p_2 降下来至先导调压阀调定的压力为止。另外，当出口压力 p_2 因执行元件碰到撞块等急停时，会产生大的冲击压力，此冲击压力也会传递到 C、D 腔，由于固定节流口 A 传往 D 腔的速度比传往 A 腔的速度要慢，因此主阀芯 2 产生短时的左移，使出口 p_2 腔与溢流回油口也有短时的导通，可将二次侧的冲击压力（p_2）消解。同时附加溢流功能对提高减压阀的响应性也大有好处。

b. 结构例　图 2-150 所示为 DRE 和 DREM 型先导控制型比例三通

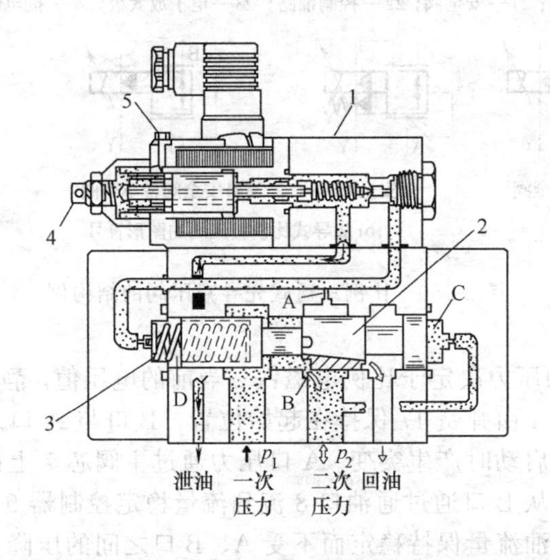

图 2-149　三通先导式比例减压阀的工作原理

1—比例先导阀；2—主阀芯；3—弹簧；4—手调螺钉；5—放气塞

式减压阀的结构例。

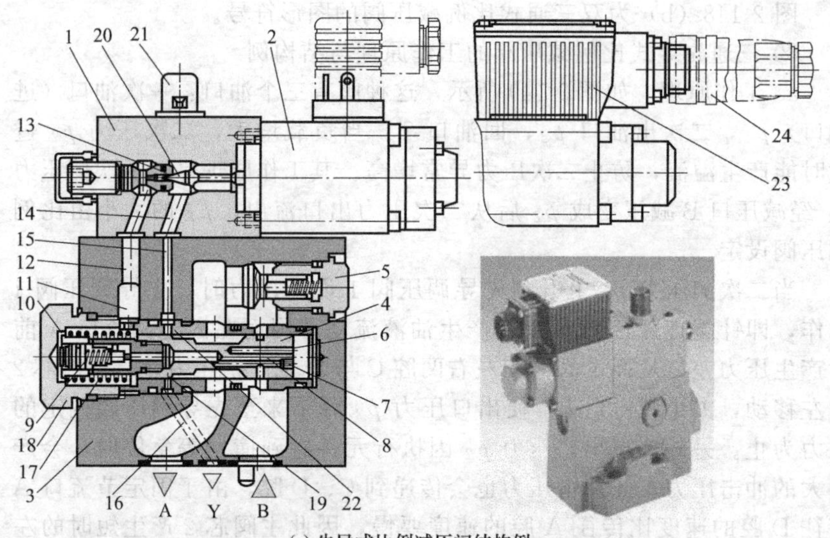

(a) 先导式比例减压阀结构例

1— 比例先导调压阀；2— 比例电磁铁；3—主阀体；4—主阀芯；5— 单向阀；
6,11,12,20—油道； 7— 主阀芯端面；8—油口；9— 流量稳定控制器；
10 — 弹簧腔；13 —阀座；14~16 — 通 Y 口流道；17— 弹簧；18—螺堵；
19 — 控制边；21—安全阀；22— 控制油路；23— 电子放大板；24— 接电端子

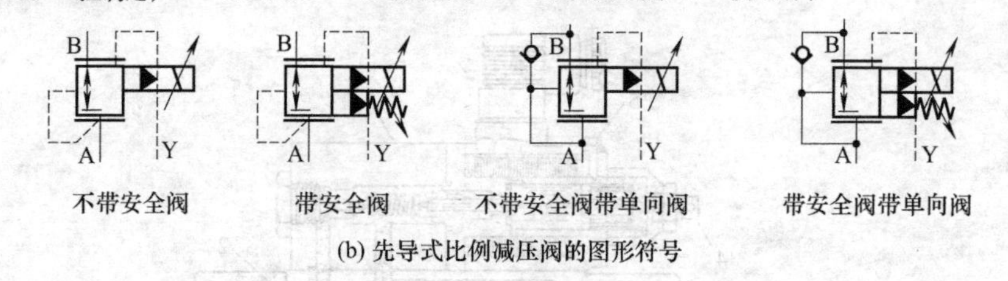

(b) 先导式比例减压阀的图形符号

图 2-150 比例三通式先导减压阀的结构例

油口 A 的压力决定于比例电磁铁 2 当前的电压值。静止时，B 口无压力，主阀芯 4 由弹簧 17 保持在起始位置，B 口与 A 口之间的油路被切断，避免在启动时产生突变。A 口压力通过主阀芯 7 上的通油道 6 起作用，先导油从 B 口通过通油口 8 流到流量稳定控制器 9，流量稳定控制器可使先导油流量保持稳定而不受 A、B 口之间的压降影响。先导油从流量稳定控制器 9 进入弹簧腔 10，通过通油道 11、12 和阀座 13 流入 Y 口（14~16），然后进入排油管。A 口所需压力由相关放大器来控

制，比例电磁铁推动锥阀压向阀座13，以限制弹簧腔10的压力达到调节值。

如果A口压力低于设定值，弹簧腔10的压差推动主阀芯到右边，从而接通B口到A口的油路。当A口达到所需压力时，主阀芯受力平衡，保持在工作位置。A口压力×阀芯面积（7）＝10腔压力×阀芯面积－弹簧力17。如果要降低A口由受压液柱（例如液压缸活塞制动时）建立的压力，则要在相关放大器中调节设定电位器到低值，低压就会在弹簧腔10中建立。A口高压作用于主阀芯端面7并推动主阀芯移向螺堵18，关闭A、B之间的油路并连通A口与Y口。弹簧17力用来平衡作用于主阀芯端面7上的液压力，在此主阀芯位置时，来自A口的油液通过控制边19流到Y口并进入回油管路。当A口压力降为弹簧腔10的压力加上弹簧17上的压力差Δp时，主阀芯关闭A口到Y口的控制油路。相对于A口设定压力的大约10bar的保留压差只能通过控制油路22卸荷，这样就可达到无压力突变的完善的瞬态响应性能。

要使油液无阻挡地从A口流到B口，可选用单向阀5，来自A口的部分油液将通过主阀芯的控制边19同时流入Y口进入回油管路。

DREM型为防止由于比例电磁铁的控制电流意外增加从而引起A口压力增加，影响液压系统安全，加装了安全阀21，以对系统进行最高压力保护。

2.8.3 比例方向阀

(1) 直动式比例方向阀的工作原理与结构例

① 通入电流大小与阀芯移动量　直动式比例方向阀中，推杆连接着电磁铁和阀芯，移动阀芯压缩右边的弹簧。电磁铁产生的力的大小决定着阀芯移动量的大小。

当比例电磁铁不通入电流时，阀芯被弹簧顶在左边位置［图2-151(a)］；当比例电磁铁通入小电流时，压缩弹簧的力小，阀芯压缩弹簧的位移便小［图2-151(b)］；增大线圈电流将加大电磁的力，因此推动阀芯压缩弹簧产生一个更大的位移［图2-151(c)］。因此比例方向阀中阀芯移动距离与通入比例电磁铁的电流大小有关。

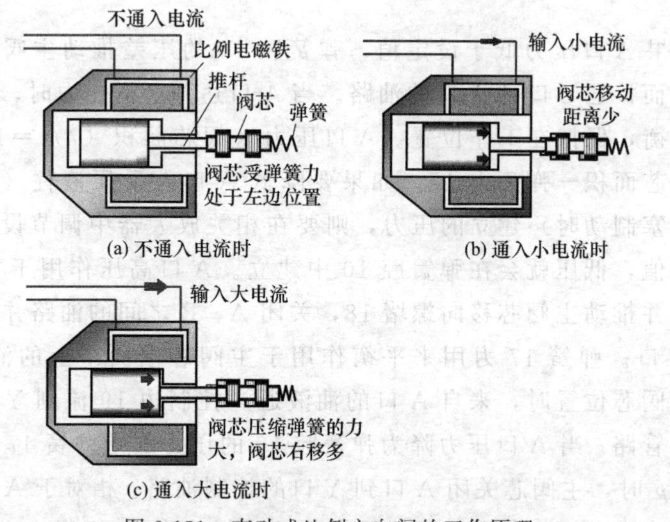

图 2-151 直动式比例方向阀的工作原理

② 双比例电磁铁直动式比例方向阀（比例方向节流阀）的工作原理 直动式比例方向阀的基本组成部分有：阀体 1，两个比例电磁铁 2（或 1 个，有的比例电磁铁还带有电感式位移传感器），阀芯 3，1～2 个复位弹簧 4。

在图 2-152（a）中，两个电磁铁不工作时，阀芯 3 在复位对中弹簧作用下保持在中位，P、A、B 和 T 之间，互不相通。

如果电磁铁 a（左）通电，阀芯向右移动，虽 P 与 B，A 与 T 分别相通，但通入的电流小，通过的流量少。

如果由控制器来的控制信号越大，即通入比例电磁铁 a 的电流增大，控制阀芯向右的位移也越大，仍然是 P 与 B，A 与 T 分别相通，但行程增大，阀口通流面积和流过的体积流量也越大。

所以比例方向阀除了具有方向控制功能外，还具有流量调节功能，因此比例方向阀又叫比例方向节流阀。

电磁铁 b（右）通电的情况与上类似。

③ 直动式比例方向的结构例 图 2-153 所示为直动式电液比例方向节流阀的结构例，它主要由阀体 1、比例电磁铁 5 和 6、阀芯 2、推杆 3 和对中弹簧 4 组成。当比例电磁铁 5（a）和 6（b）不带电时，推杆 3 和对中弹簧 4 将控制阀芯 2 保持在中位；当比例电磁铁 6 通电时，

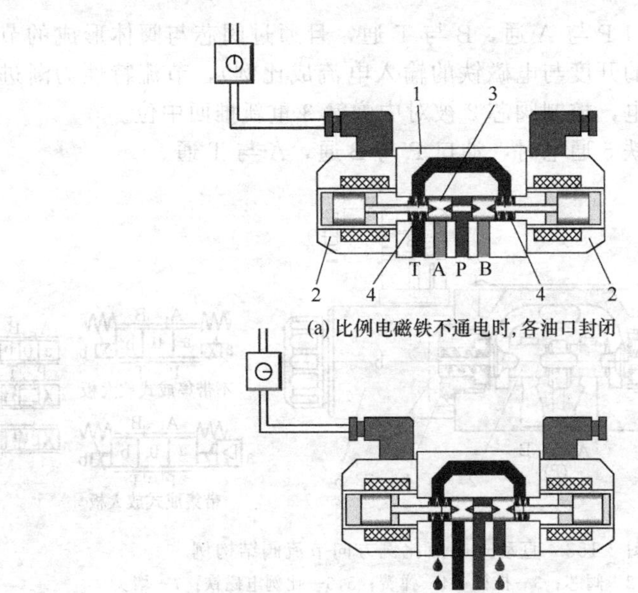

(a) 比例电磁铁不通电时，各油口封闭

(b) 通入小电流，阀口打开小开度，流过的流量少

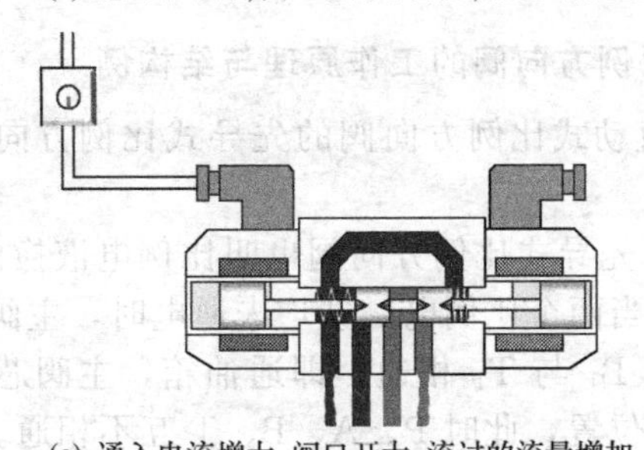

(c) 通入电流增大，阀口开大，流过的流量增加

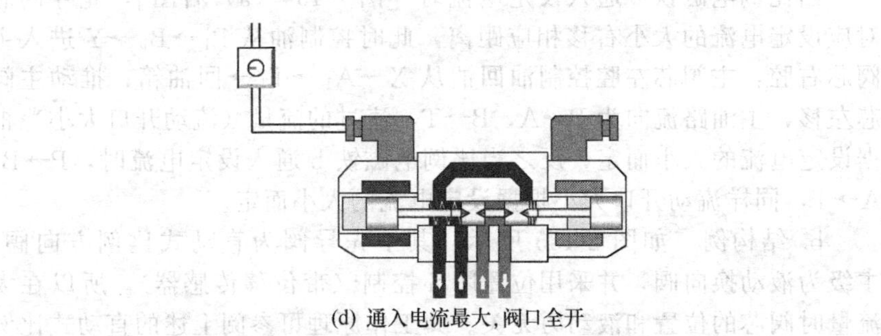

(d) 通入电流最大，阀口全开

图 2-152 双比例电磁铁直动式比例方向阀（比例方向节流阀）的工作原理

1—阀体；2—比例电磁铁；3—阀芯；4—复位弹簧

阀芯 2 左移，油口 P 与 A 通，B 与 T 通，且通过阀芯与阀体形成的节流孔接通（阀口的开度与电磁铁的输入电流成比例），节流特性为渐进式。电磁铁 6 失电，控制阀芯 2 被对中弹簧 3 重新推回中位。

当比例电磁铁 5 通电时，油口 P 与 B 通，A 与 T 通。

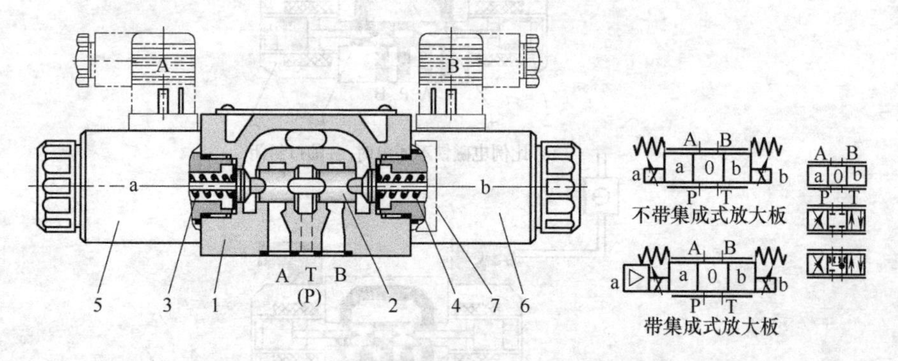

图 2-153　直动式电液比例方向节流阀结构例

1—阀体；2—阀芯；3—推杆；4—弹簧；5,6—比例电磁铁；7—堵头

(2) 先导式比例方向阀的工作原理与结构例

① 先导阀为直动式比例方向阀的先导式比例方向阀的工作原理与结构例

a. 工作原理　先导式比例方向阀也叫比例电液换向阀。如图 2-154 (a) 中左图所示，当两个比例电磁铁均未通电时，主阀芯两端 X、Y 均分别通过流道 A_1、B_1 与 T_1 相通，即通油箱，主阀芯在两端对中弹簧的作用下处于对中位置，此时 P、A、B、T 互不相通。

当比例电磁铁 a 通入设定电流时 [图 2-154 (a) 右图]，先导阀芯对应设定电流的大小右移相应距离，此时控制油从 $P_1 \to B_1 \to Y$ 进入主阀芯右腔，主阀芯左腔控制油回油从 $X \to A_1 \to T_1 \to$ 回油箱；推动主阀芯左移，主油路流向为 P→A，B→T，流过的流量（流动开口大小）根据设定电流的大小而定；反之当比例电磁铁 b 通入设定电流时，P→B，A→T，同样流动开口大小根据设定电流的大小而定。

b. 结构例　如图 2-155 所示，其中先导阀为直动式比例方向阀，主级为液动换向阀，并采用位置闭环控制（带位移传感器），所以在大流量时阀芯的位置和液动力无关。其工作原理可参阅上述的直动式比例方向阀，主阀的工作原理可参阅 3.2 中相应内容。

阀的基本组成：先导控制阀 1，阀体 8，主阀芯 7，端盖（5 和 6），

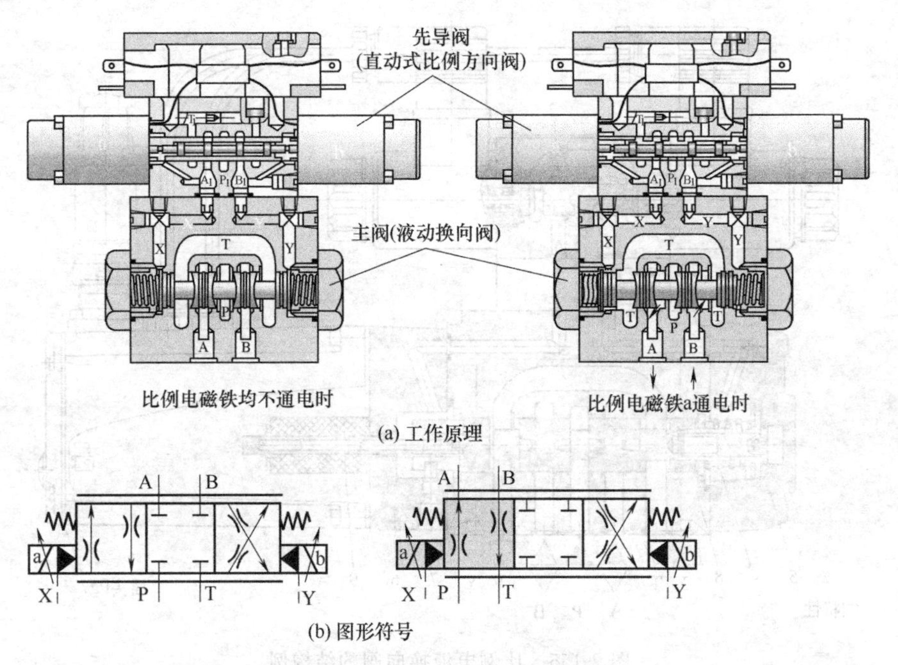

(a) 工作原理

(b) 图形符号

图 2-154　比例电液换向阀的工作原理

对中弹簧 4，位移传感器 9 和减压阀 3。如果没有输入信号，则主阀芯 7 在对中弹簧 4 的作用 下保持在中位。端盖（5 和 6）内的两个控制腔通过阀芯 2 与油箱连通。主阀芯 7 通过感应位移传感器 9 与相应电子放大器相 连，主阀芯 7 位置随着指令值在放大器加法点产生的差动电压的变化而变化。

通过电子放大器得到指令值和实际值比较后的控制偏差，并产生电流输入先导阀比例电磁铁 1。电流在电磁铁内感应电磁力，传递到电磁铁推杆并推动控制阀芯。通过控制阀口的液流使主阀芯运动。带磁芯感应位移传感器 9 的主阀芯 7 一直运动，直到实际值和指令值相等。在闭环控制条件下，主阀芯 7 处 于力平衡，并保持在控制位置。阀芯行程和控制阀口开度的变化与指令值成比例，电子控制放大器内置于阀内，通过阀和电子放大器匹配。必须避免回油管路中的油全部排空，必要时在回油路中安装背压阀（背压约 2bar）。

② 先导阀为比例减压阀的电液比例方向阀的工作原理与结构例

该阀主要由下列部分先导控制阀（双比例直动式减压阀）与主阀（液动

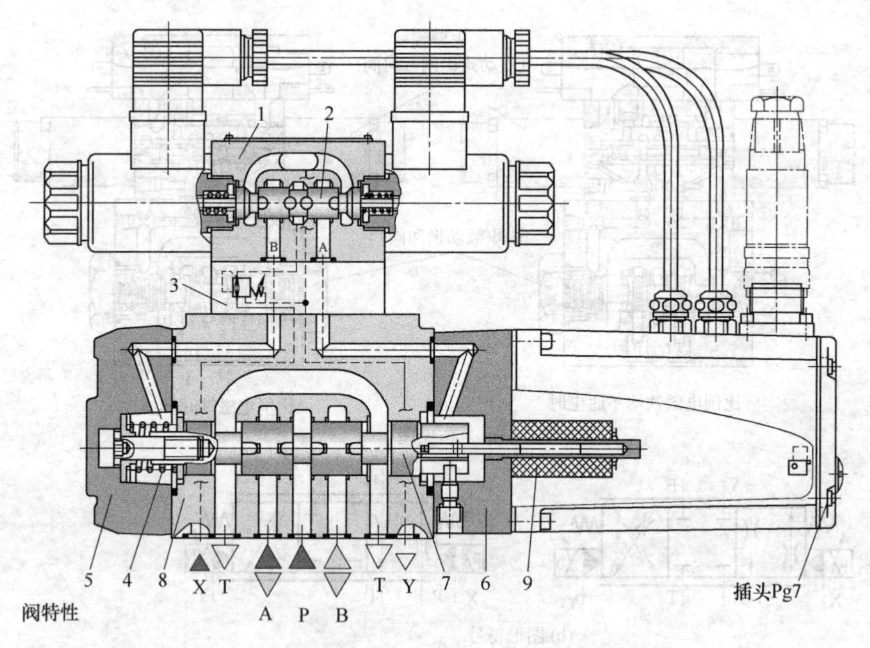

图 2-155 比例电液换向阀的结构例

1—先导控制阀；2—先导阀阀芯；3—减压阀；4—对中弹簧；5，6—端盖；7—主阀芯；8—主阀体；9—位移传感器

换向阀）组成，主阀芯的动作由先导阀来控制。

先导控制阀可参阅上述的双比例直动式减压阀的相关内容，主阀的工作原理可参阅 2.2 中相关的内容。具体如下。

如图 2-156 所示，当电磁铁 5 和 6 断电时，先导阀在对中弹簧 7 的作用下处于中位；A_1 口、B_1 口均和 T 口相通，主阀对中弹簧 10 将主阀芯保持在中位。

当比例电磁铁 6 通电，控制阀芯 2 和压力测量活塞 4 被推向右侧，位移与输入的电信号成比例，这时 P 口与 A_1 口通，B_1 口与 T 口通，于是控制油经过先导阀 1→A_1→进入控制腔 11，并与输入信号成比例地推动主阀芯，主阀芯左侧 14 的回油经 B_1→T 回油箱。这时主阀 P 口与 B 口及 A 口与 T 口通过阀芯与阀体形成的节流通道相通，节流特性为渐进式。

反之，当比例电磁铁 5 通电，控制阀芯 2 和压力测量活塞 3 被推向左侧，位移与输入的电信号成比例，这时 P 口与 B_1 口通，A_1 口与 T

口通，于是控制油经过先导阀 1→B_1→进入控制腔 14，并与输入信号成比例地推动主阀芯，主阀芯右腔 11 的回油经 A_1→T 回油箱。这时主阀 P 口与 A 口及 B 口与 T 口通过阀芯与阀体形成的节流通道相通，节流特性为渐进式。

先导阀所需的控制油液可通过 P 口内供或 X 口外供。

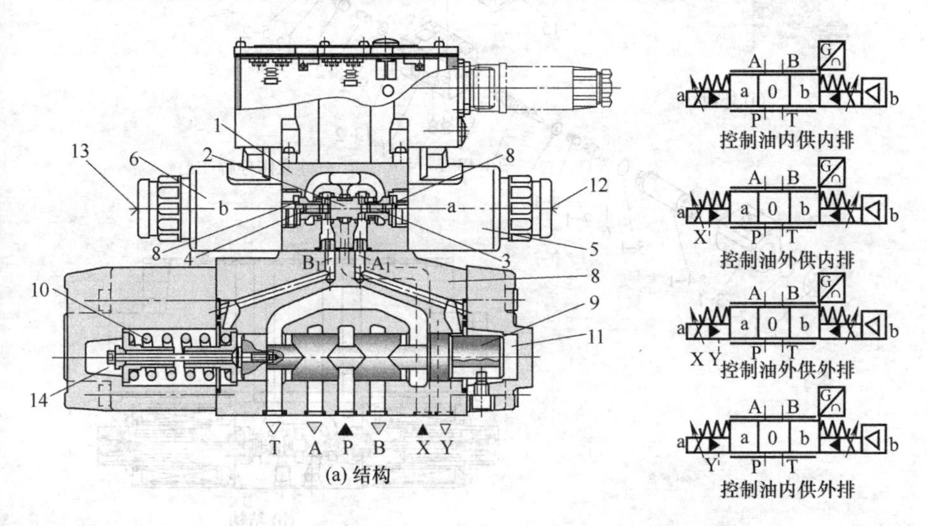

(a) 结构

(b) 先导控制油的供排油方式

1—先导阀；2—控制阀芯；3，4—压力测量活塞；5，6—比例电磁铁；7—先导阀对中弹簧；8—主阀；9—柱塞；10—主阀对中弹簧；11—主阀芯右腔；12，13—手动推销；14—控制腔

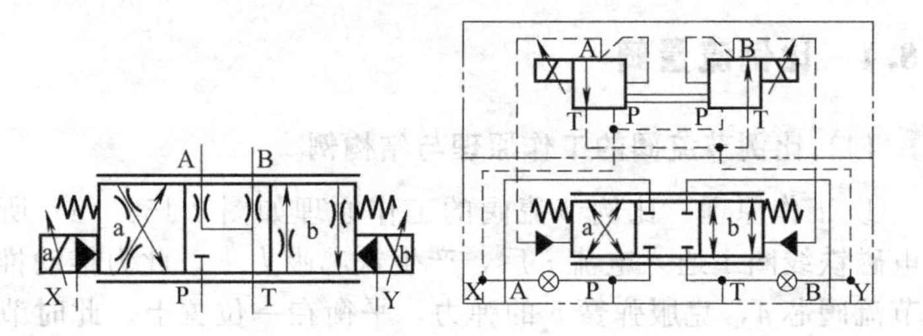

(c) 图形符号

图 2-156　先导级为减压阀的电液比例方向阀的工作原理与结构例

（3）比例方向阀的拆装例

图 2-157 所示为直动式比例方向阀外观、结构与拆卸图例。

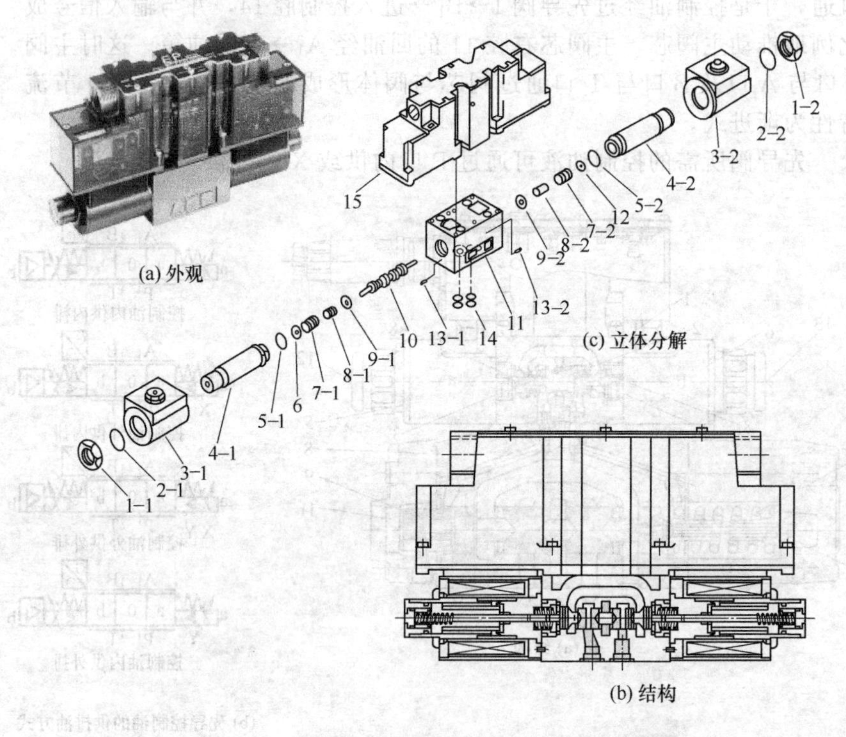

图 2-157　比例方向流量阀外观、结构与拆卸图例

1—螺母；2,5,14—O 形圈；3—比例电磁铁体壳线圈；4—衔铁；6,9,12—垫；7,8—弹簧；10—阀芯；11—阀体；13—定位销；15—搭载比例放大器

2.8.4　比例流量阀

(1) 比例节流阀的工作原理与结构例

① 工作原理　比例节流阀的工作原理如图 2-158 (a) 所示。当比例电磁铁线圈 1 通入电流 i 后，产生铁芯吸力 F，此力推动推杆 3 再推动节流阀芯 4，克服弹簧 5 的弹力，平衡在一位置上，此时节流口开度 X（也为弹簧变形量）由流量公式 $Q=CX(p_1-p_2)^{1/2}$ 与 $KX=ai$ 可得：

$$Q=Ca/b(p_1-p_2)^{1/2}i$$

式中，K 为弹簧刚性系数；i 为电流值；C 为流量系数；a 为比例常数。

图 2-158（b）表示当通入比例电磁铁的电流小，开口小，通过阀口的流量少；反之当通入比例电磁铁的电流大，开口大，通过阀口的流量多。

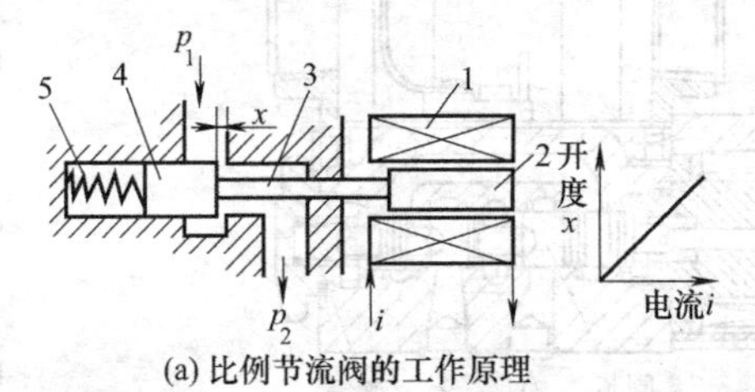

(a) 比例节流阀的工作原理

1—比例电磁铁线圈；2—衔铁；3—推杆；4—阀芯；5—弹簧

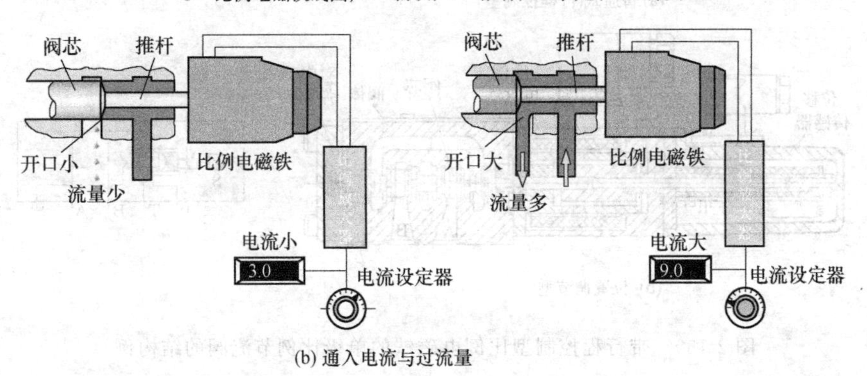

(b) 通入电流与过流量

图 2-158　比例节流阀的工作原理

② 直动式结构例　如图 2-159（a）所示为带行程控制型比例电磁铁的单级比例节流阀的结构例。阀芯的位移与输入的电信号成比例，而改变节流口开度，进行流量控制，没有阀口进、出口压差或其他形式的检测补偿，所以控制流量受阀进出口压差变化的影响。这类阀一般采用方向阀阀体的结构形式。

图 2-159（b）所示为位置调节型的比例节流阀结构，与图 2-159（a）的主要区别在于配置了位移传感器，可检测阀芯的轴向位移量，并通过电反馈闭环控制，消除了其他干扰力的影响，使阀芯位移更精确地与输入电信号成比例，因而可提高控制精度。

由于比例电磁铁的功率有限，所以直动式只能用于小流量系统的控制，更大流量的比例节流阀须采用先导多级控制。

(2) 比例调速阀（比例流量阀）的工作原理与结构例

上述比例节流阀可连续按比例地调节通过阀的流量，但所调流量受

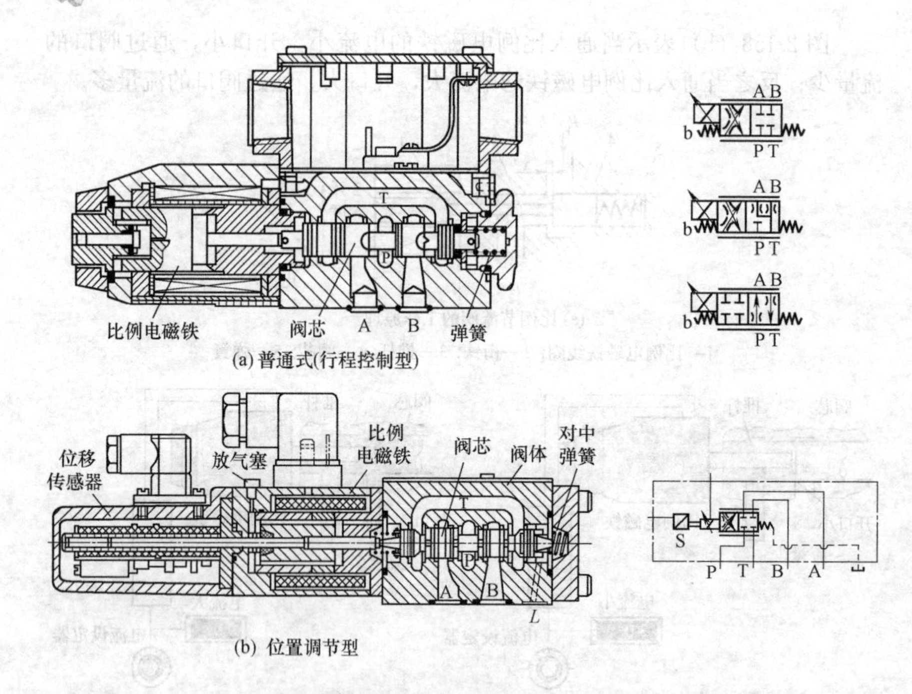

图 2-159　带行程控制型比例电磁铁的单级比例节流阀的结构例

节流口前后压差变化的影响，为此出现了比例调速阀，比例调速阀常被称为比例流量阀。

① 工作原理　在图 2-160 所示的比例调速阀工作原理与 2.4 中所述的普通调速阀基本相同，只不过此处的节流阀改手柄调节换成比例电磁铁通电调节而已。

与普通调速阀一样，比例调速阀在节流阀阀口或前或后串联一个定差减压阀（压力补偿装置），产生的压力补偿作用可使通过节流口前后压差基本保持恒定，从而使通过比例流量阀的流量不会受压差变化的影响。因而比例调速阀除了用比例电磁铁 4 代替原来为调节手柄用来调节节流阀 2 的节流口 h 开口大小的区别外，其他结构方面和工作原理，完全与普通调速阀相似，此处不再重复。

② 结构例

a. 比例调速阀的结构例　现在比例调速阀多称为比例流量阀，图2-161 所示为国产直动式比例调速阀的结构例，它与普通调速阀的区别仅在于将原来的调节节流阀阀口开度大小的手柄在此处改为比例电磁铁而已。

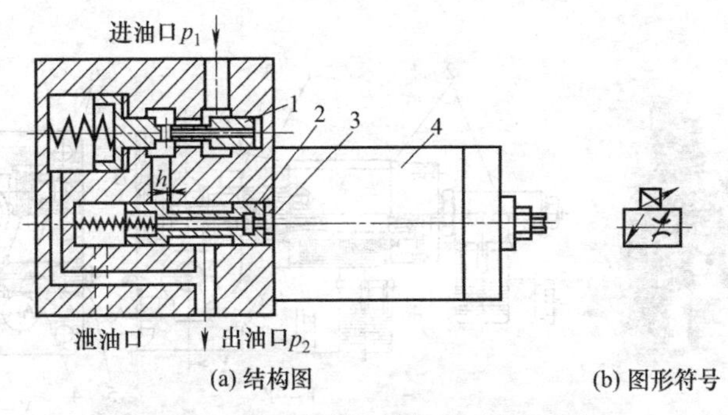

(a) 结构图　　(b) 图形符号

图 2-160　比例调速阀的工作原理

1—定压差减压阀阀芯；2—节流阀阀芯；3—推杆；4—比例电磁铁

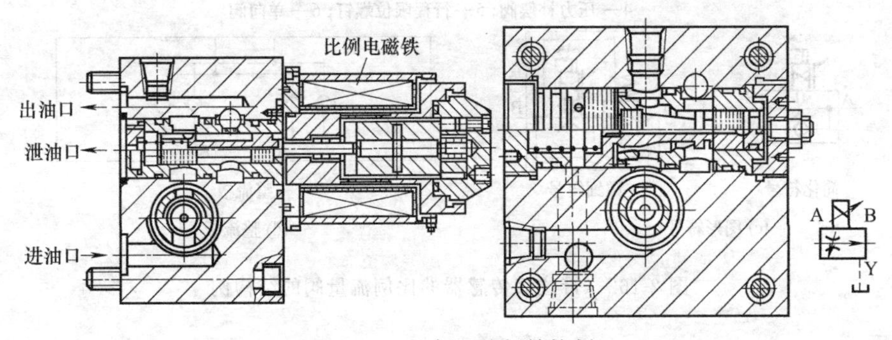

图 2-161　比例调速阀结构例

b. 带位移传感器的比例流量阀的结构例　这种阀使用定电流比例放大器，当比例放大器输入有指令信号电流时，可无级设定阀的流量。其构成如图 2-162 所示。

当向比例电磁铁输入指令信号电流，比例电磁铁产生的力使节流阀芯开口 3 由中位向开阀的方向移动，同时位移传感器 2 将位置检测信号反馈到比例放大器，比例放大器输出指令信号与反馈的位置检测信号相等的电信号，对节流阀芯位置进行控制。因此，通过指令信号可控制节流口的开口大小，从而控制流量。

压力反馈阀 4 控制节流开口的前后压差为一定值，以得到与指令信号相符的稳定的控制输出流量。指令信号为零时，节流口部关闭。

通过行程限位螺钉 5 的适当调节，可防止突跳现象；单向阀 6 实现 B→A 反向油流的自由流动；正反两方向油流均需控制流量时，可在比例流量阀与底板之间加装整流板。

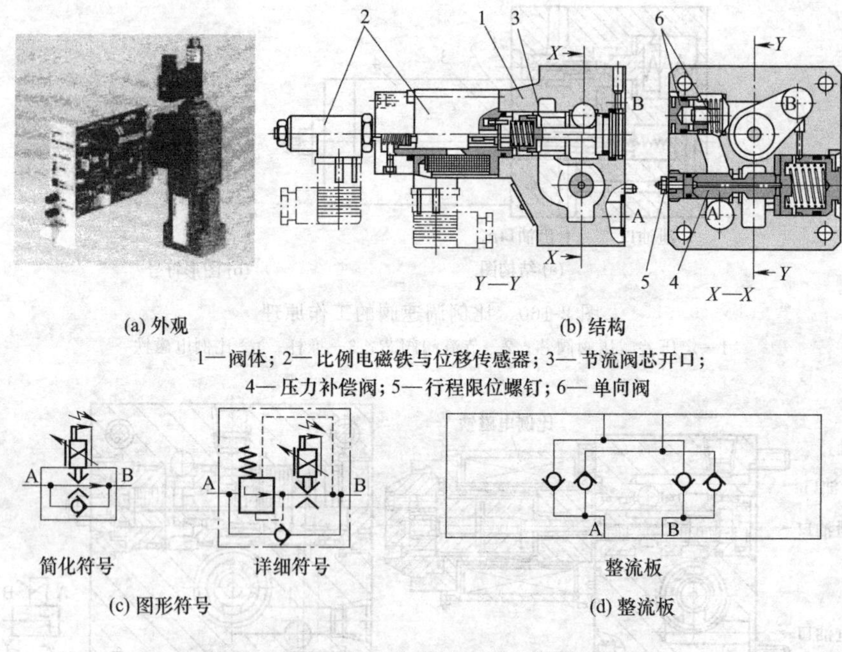

(a) 外观　　(b) 结构

1—阀体；2—比例电磁铁与位移传感器；3—节流阀芯开口；
4—压力补偿阀；5—行程限位螺钉；6—单向阀

简化符号　　详细符号　　整流板

(c) 图形符号　　(d) 整流板

图 2-162　带位移传感器的比例流量阀的结构例

(3) 比例调速阀的拆装

以图 2-163 所示美国伊顿-威格士公司的 EPFG 型比例调速阀为例，图中包括这种比例调速阀的外观、二维结构、图形符号与立体分解图，参阅这些图一定不难得出它的拆卸与装配方法。

2.8.5　比例阀的故障分析与排除

由上述可知，比例阀由两部分组成：比例电磁铁与阀本体部分。因此其故障排查也包括这两部分的内容。另外比例压力阀和比例流量阀仅是改原来的手调为比例电磁铁控制调节而已，比例方向阀也仅是将普通方向阀中的开关式电磁铁换成比例电磁铁而已，因此，有关比例阀的故障分析与排除可参考前述普通阀以及伺服阀中的有关内容。其中阀本体部分产生的故障排查可参阅 2.2～2.4 中相对应的相关内容。现补充说明如下。

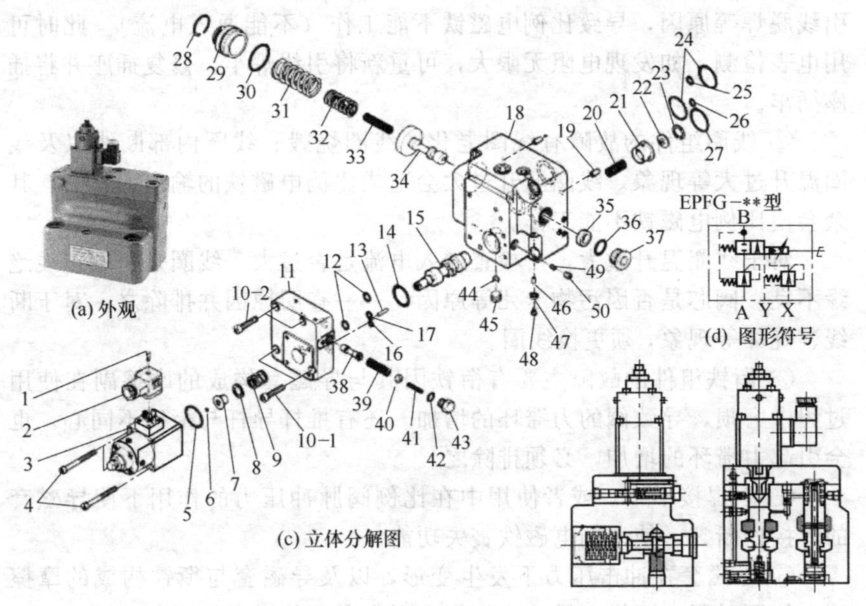

图 2-163　美国伊顿-威格士公司的 EPFG 型比例调速阀的拆装图

1,4,10—螺钉；2—接线端子；3—比例电磁铁；5,12,14,16,17,23～27,30,36,42—O形圈；6—小塞；7,21,35—套；8,22,40,47—垫；9,20,31,32,39—弹簧；11—阀盖；13—推杆；15—阀芯；18—阀体；19—定位销；28—卡环；29，45,48,50—堵头；33,41—定位杆；34—压力补偿阀阀芯；37—螺塞；38—减压阀芯；43—螺堵；44,46,49—小塞

(1) 比例式电磁铁

电磁铁有开关式和比例式两种，开关式电磁铁只安装在换向阀上，用来控制阀的换向、系统的卸荷和加载等；比例式电磁铁则安装在各类比例阀上，用来控制液流的方向、压力和流量。还有不少比例阀还安装在变量泵上，可以以电控方式控制泵的压力、流量和方向。

比例电磁铁的接线一般参照 ISO 4400/DIN 43650 标准。插片 1、2 即为线圈的两端，不管哪一端为正极，线圈都会对衔铁产生吸力，所以接线不分正负。但习惯上一般 1 为正，2 为负。少量的开关式电磁阀和部分比例阀采用推拉式电磁铁，其接线一般符合 ISO 4401 标准，插片 1、2 为正极，3 为共用负极。

比例电磁铁故障与排除方法有：

① 由于插头组件的接线插座（基座）老化、接触不良以及电磁铁

引线脱焊等原因，导致比例电磁铁不能工作（不能通入电流）。此时可用电表检测，如发现电阻无限大，可重新将引线焊牢，修复插座并将插座插牢。

② 线圈组件的故障有线圈老化、线圈烧毁、线圈内部断线以及线圈温升过大等现象。线圈温升过大会造成比例电磁铁的输出力不够，其余会使比例电磁铁不能工作。

对于线圈温升过大，可检查通入电流是否过大，线圈是否漆包线绝缘不良，阀芯是否因污物卡死等原因，一一查明原因并排除之。对于断线、烧坏等现象，须更换线圈。

③ 衔铁组件的故障主要有衔铁因其与导磁套构成的摩擦副在使用过程中磨损，导致阀的力滞环的增加。还有推杆导杆与衔铁不同心，也会引起力滞环的增加，必须排除之。

④ 因焊接不牢，或者使用中在比例阀脉冲压力的作用下使导磁套的焊接处断裂，使比例电磁铁丧失功能。

⑤ 导磁套在冲击压力下发生变形，以及导磁套与衔铁构成的摩擦副在使用过程中磨损，导致比例阀出现力滞环的增加的现象。

⑥ 比例放大器有故障，导致比例电磁铁不工作。此时应检查放大器电路的各种元件情况，消除比例放大器电路故障。

⑦ 比例放大器和电磁铁之间的连线断线或放大器接线端子接线脱开，使比例电磁铁不工作。此时应更换断线，重新连接牢靠。

⑧ 不用万用表判断比例电磁铁有否通电的方法

用铁丝或小螺丝刀等工具靠近电磁铁，看是否有被吸的现象，如果被吸，则证明比例电磁铁通电，否则为不通电。且可根据被吸的吸力大小，初步判断所通入的电流大小。

⑨ 当比例阀没有动作时，可以用万用表测量比例电磁铁线圈接线插片1、2之间电阻，如果阻值无穷大说明内部断路，如果阻值很小说明内部短路，需要更换线圈。断路和短路都常常由线圈发热引起。液压元件厂家为减少阀卡死的概率，都会降低线圈阻值，以增大推力。但这样一来，线圈发热就非常厉害，在连续通电几分钟之后内部温度就可能超过100℃。所以在应用上，除了要注意电磁阀的散热之外，还要尽可能地减少通电时间和通断电频率，二者都可能导致比例电磁阀线圈的烧毁。

(2) 比例压力阀的故障分析与排除

① 比例压力阀易导致故障出现的零件与部位　我们以比例溢流阀为例。

a. 直动式比例溢流阀　图 2-164 为典型的直动式比例溢流阀的外观

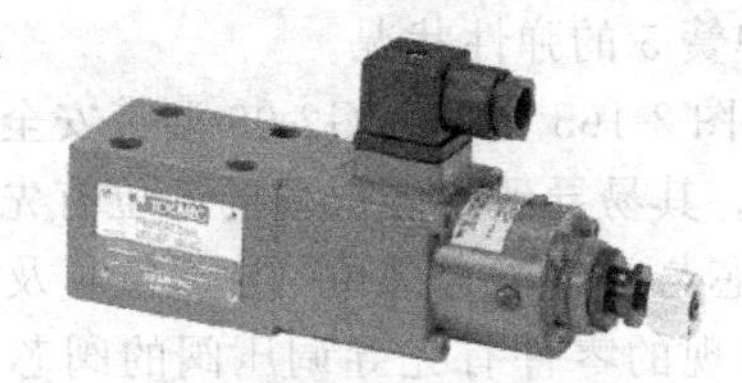

(a) 外观

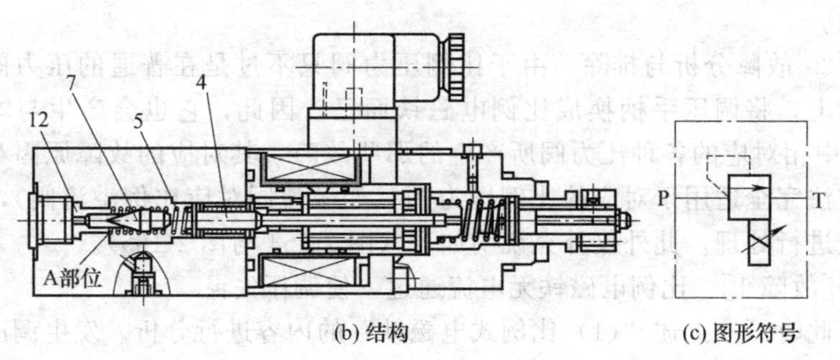

(b) 结构　　(c) 图形符号

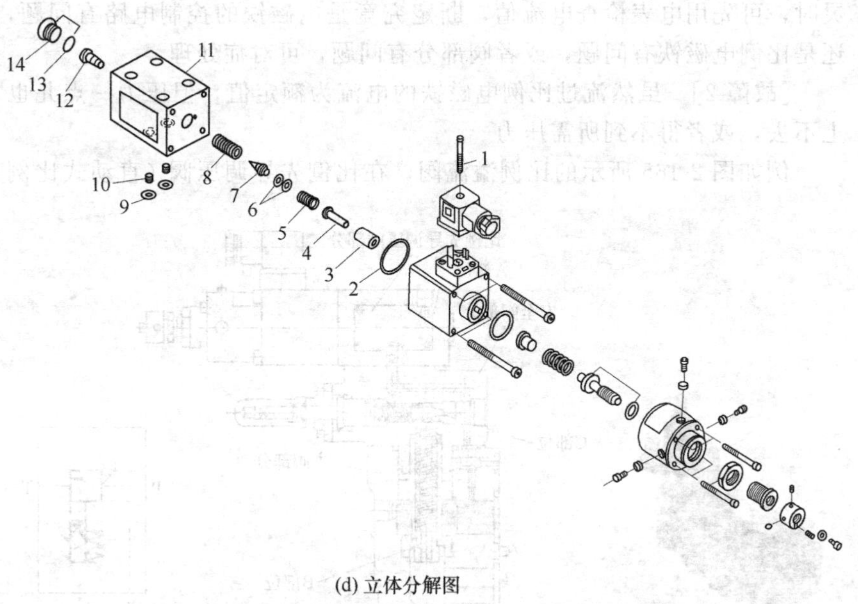

(d) 立体分解图

图 2-164　直动式比例溢流阀易导致故障出现的零件与部位

1—螺钉；2,9,13—O形圈；3—耐压套；4—传力杆；5—调压弹簧；6—垫；7—阀芯；8—阻尼弹簧；10—螺塞；11—阀体；12—阀座；14—堵头

与结构例。其易导致故障出现的部位与零件有 A 部位，即阀芯 7 与阀座 12 的配合部位以及调压弹簧 5 的弹性状况。

b. 先导式比例溢流阀　图 2-165 为 EPCG2-06 型带安全阀的先导式比例溢流阀的外观与结构图。其易导致故障出现的部位有先导调压阀的阀芯与阀座配合部位、主阀芯与阀座配合部位（B 部位）及安全阀配合部位（C 部位）；导致故障出现的零件有先导调压阀的阀芯与阀座（图 2-164），主阀芯与主阀座，安全阀的阀芯与阀座，以及调压弹簧的弹性状况。

② 故障分析与排除　由于比例压力阀只不过是在普通的压力阀的基础上，将调压手柄换成比例电磁铁而已。因此，它也会产生与本章 2.3 中相对应的各种压力阀所产生的那些故障，其对应的故障原因和排除方法完全适用于对应的比例压力阀（如溢流阀对应比例溢流阀），可参照进行处理，此外仅补充说明如下（图 2-164 与图 2-165）。

[故障 1]　比例电磁铁无电流通过，使调压失灵

此时可按上述“(1) 比例式电磁铁”的内容进行分析。发生调压失灵时，可先用电表检查电流值，断定究竟是电磁铁的控制电路有问题，还是比例电磁铁有问题，或者阀部分有问题，可对症处理。

[故障 2]　虽然流过比例电磁铁的电流为额定值，但压力一点儿也上不去，或者得不到所需压力

例如图 2-165 所示的比例溢流阀，在比例先导调压阀（直动式比例

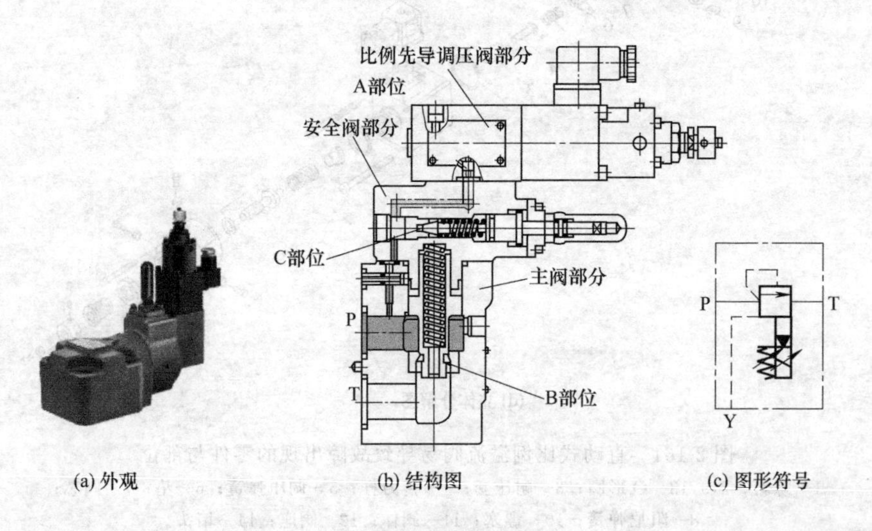

(a) 外观　(b) 结构图　(c) 图形符号

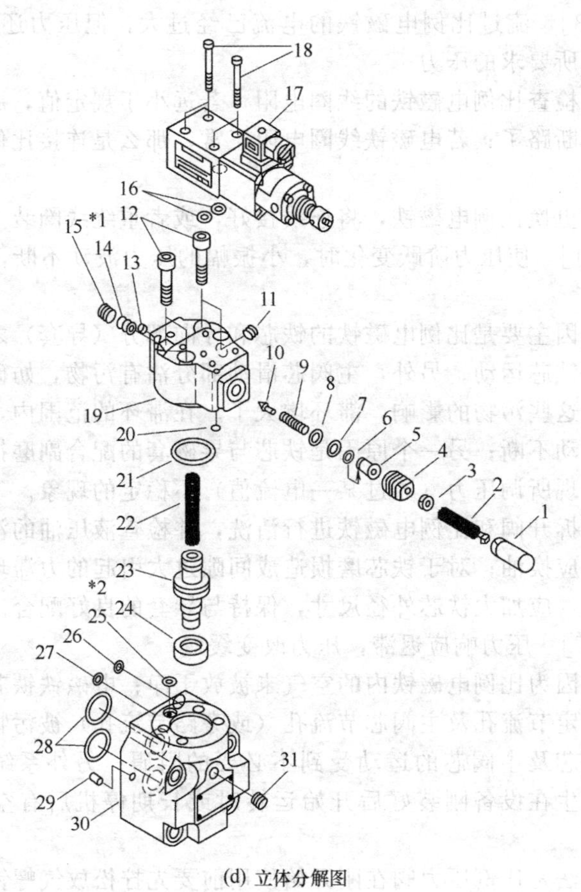

(d) 立体分解图

图 2-165 EPCG2-06 型先导式比例溢流阀

1～16—安全阀组件；17,18—比例先导调压阀总成；19—安全阀阀体；20～30—主溢流阀组件

溢流阀）和主阀之间，仍保留了普通先导式溢流阀的先导手调调压阀，在此处起安全阀的作用。当安全阀调压压力过低时，虽然比例电磁铁 3 的通过电流为额定值，但压力也上不去。此时相当于两级调压（比例先导调压阀为一级，安全阀为一级）。若安全阀的设定压力过低，则先导流量从安全阀流回油箱，使压力上不来。

此时应将安全阀调定的压力比比例先导调压阀的最大工作压力要调高 1MPa 左右。

[故障 3] 流过比例电磁铁的电流已经过大，但压力还是上不去，或者得不到所要求的压力

此时可检查比例电磁铁的线圈电阻，若远小于规定值，那么是电磁铁线圈内部断路了；若电磁铁线圈电阻正常，那么是连接比例放大器的连线短路。

此时应更换比例电磁铁，将连线接好，或者重绕线圈装上。

[故障 4] 使压力阶跃变化时，小振幅的压力波动不断，设定压力不稳定

产生原因主要是比例电磁铁的铁芯和导向部分（导套）之间有污物附着，妨碍铁芯运动。另外，主阀芯滑动部分沾有污物，妨碍主阀芯的运动。由于这些污物的影响，滞环增大了。在滞环的范围内，压力不稳定，压力波动不断；另一个原因是铁芯与导磁套的配合副磨损，间隙增大，也会出现所调压力（通过某一电流值）不稳定的现象。

此时可拆开阀和比例电磁铁进行清洗，并检查液压油的污染度。如超过规定就应换油；对于铁芯磨损造成间隙过大引起的力滞环增加引起的调压不稳，应加大铁芯外径尺寸，保持与导套的良好配合。

[故障 5] 压力响应迟滞，压力改变缓慢

产生原因为比例电磁铁内的空气未被放干净；电磁铁铁芯上设置的阻尼用的固定节流孔及主阀芯节流孔（或旁路节流孔）被污物堵住，比例电磁铁铁芯及主阀芯的运动受到不必要的阻碍；另外系统中进了空气，通常发生在设备刚装好后开始运转时或长期停机后有空气混入的场合。

解决办法是比例压力阀在刚开始使用前要先拧松放气螺钉，放干净空气，有油液流出为止。对于污物堵塞阻尼孔等情况要拆开比例电磁铁和主阀进行清洗；并在空气容易集中的系统油路的最高位置，最好设置放气阀放气，或者拧松管接头放气。

此时应更换比例电磁铁，将连线接好，或者重绕线圈装上。

(3) 比例流量阀的故障分析与排除

图 2-166 为比例流量阀的组成结构例，由图可知比例调速阀除了用比例电磁铁代替本章中如前所述的普通调速阀的流量调节手柄，调节节流阀的开口大小以外，其他部分的结构均基本相同。所以其故障产生原因和排除方法除了可参阅 2.4 中所述的相关内容外，另补充如下。

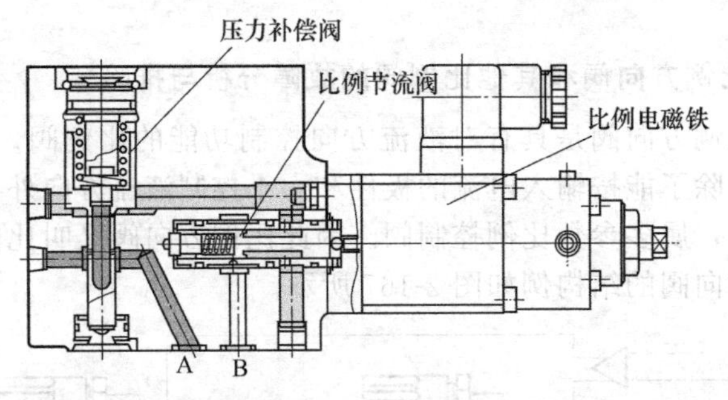

图 2-166 比例流量阀

[故障 1] 流量不能调节，节流调节作用失效

① 比例电磁铁未能通电：产生原因有：a. 比例电磁铁插座老化，接触不良；b. 电磁铁引线脱焊；c. 线圈内部断线等，可参照上述（1）中的方法进行故障排除。

② 比例放大器有毛病。

[故障 2] 调好的流量不稳定

比例流量阀流量的调节是通过改变通入其比例电磁铁的电流决定的。当输入电流值不变，调好的流量应该不变。但实际上调好的流量（输入同一信号值时）在工作过程中常发生某种变化，这是力滞环增加所致，滞环是指当输入同一信号（电流）值时，由于输入的方向不同（正、反两个方向）经过某同一电流信号值时，引起输出流量（或压力）的最大变化值。

影响力滞环的因素主要是存在径向不平衡力及机械摩擦所致。那么减小径向不平衡力及减小摩擦系数等措施可减少机械摩擦对滞环的影响。滞环减小，调好的流量自然变化较小。具体可采取如下措施：a. 尽量减小衔铁和导磁套的磨损。b. 推杆导杆与衔铁要同心。c. 注意油液清洁，防止污物进入衔铁与导磁套之间的间隙内而卡住衔铁，使衔铁能随输入电流值按比例地均匀移动，不产生突跳现象。突跳现象一旦产生，比例流量阀输出流量也会跟着突跳而使所调流量不稳定。d. 导磁套衔铁磨损后，要注意修复，使二者之间的间隙保持在合适的范围内。这些措施对维持比例流量阀所调流量的稳定性是相当有好处和有效的。另外一般比例电磁铁驱动的比例阀滞环滞环为 3%～7%，力矩马达驱动的比例阀滞环为 1.5%～3%，伺服电机驱动的比例阀滞环为 1.5%左右，亦即采用伺服电机驱动的比例流量阀，流量的改变量相对

要小一些。

(4) 比例方向阀和其他比例阀的故障分析与排除

所谓比例方向阀是具有对液流方向控制功能的比例阀。如前所述，比例方向阀除了能按输入电流的极性和大小控制液流方向外，还能控制流量的大小，属多参数比例控制阀。因此比例方向阀又叫比例方向流量阀。比例方向阀的结构例如图 2-167 所示。

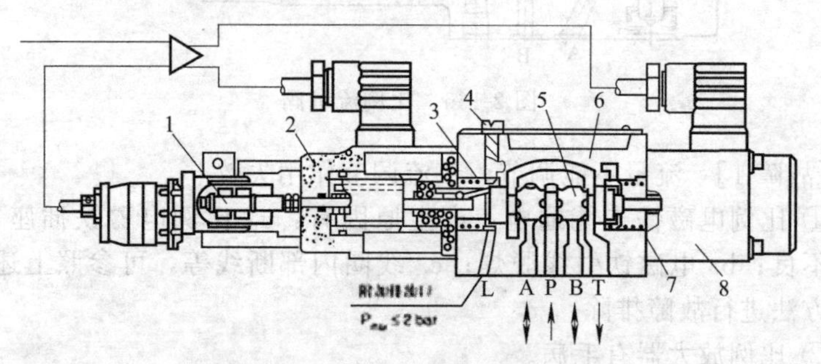

图 2-167　比例方向阀

1—位移传感器；2—比例电磁铁；3,7—弹簧；4—节流螺钉；5—阀芯；6—阀体；8—比例电磁铁

比例方向阀故障可参照上述比例压力阀和比例流量阀的思路和方法进行故障分析与排除。补充如下。

故障：比例方向阀产生振荡。

① 故障原因　阀两端压差 Δp 太高；比例电磁铁室内有空气；电磁铁与阀内零件磨损，或有污物进入；先导控制压力不足；电磁干扰；比例增益设定值太高。

② 排除方法　降低压差；松开放气螺钉，排除比例电磁铁内空气；修复磨损零件，清洗换油；调高先导控制压力；排除电磁干扰；调低比例增益设定值。

第3章 液压缸与液压马达的维修

3.1 液压缸的维修

液压缸也叫油缸，煤炭行业叫千斤顶，航空工业称为作动筒。液压缸在液压系统中是用来实现往复运动并输出直线力的执行元件。

3.1.1 液压缸的工作原理

(1) 单作用活塞式液压缸的工作原理

只有一个油口的液压缸叫单作用液压缸。分为活塞式与柱塞式两种。

活塞式单作用液压缸的工作原理如图 3-1 所示，当压力油从 A 口流入，缸向右输出单方向的力和速度（直线运动），反方向退回运动要依靠外力（如重力及外负载力）或弹簧力实现，返回力须大于无杆腔背压力和液压缸各部位的摩擦力。

活塞式单作用液压缸的结构中，注意放气孔的存在［图 3-1（b)］，

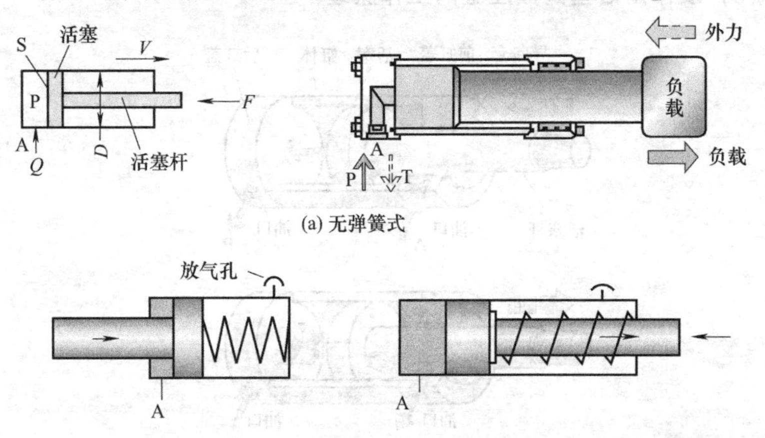

图 3-1　单作用活塞式液压缸的工作原理

否则缸不能换向。

(2) 单作用柱塞式液压缸的工作原理

当活塞式液压缸行程较长时，缸体孔的加工难度大，使得制造成本增加。此时可采用柱塞式液压缸，这种缸只需加工缸盖或导向套上很短的与柱塞外径相配合的孔便行，而缸体孔无需加工，毛坯面便行。属单作用缸。

柱塞式单作用液压缸的工作原理如图 3-2（a）所示，压力油从油口A进入缸筒时，柱塞受液压力作用向左运动，反方向（向右）的运动要依靠外力（如重力、弹簧力）来实现。

压力油从油口进入缸筒时，柱塞受液压力作用向右运动，反方向（向左）的运动要依靠外力（如重力）来实现。如需双向运动，则应两个柱塞缸对装，各管一个方向的运动［图 3-2（b）］。

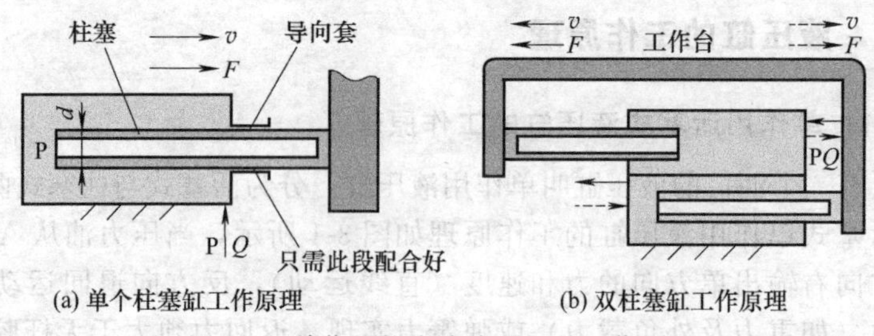

图 3-2　单作用柱塞式液压缸的工作原理

(3) 双作用活塞式液压缸的工作原理

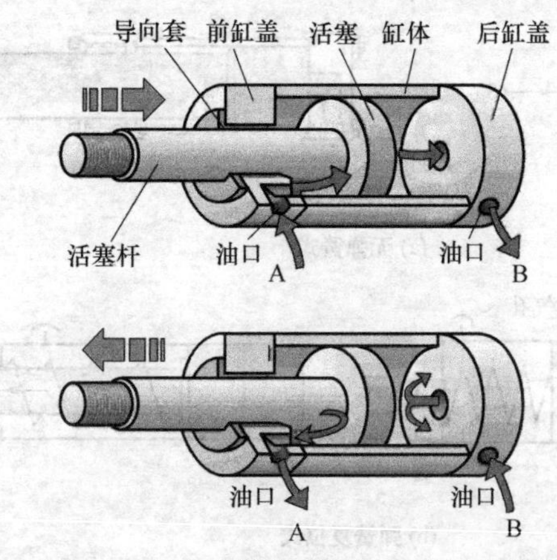

图 3-3　双作用活塞式液压缸的工作原理

有两个主油口的液压缸叫双作用液压缸。

如图 3-3 所示，液压缸主要由缸体、两端的封闭端盖、活塞杆以及与活塞杆相连接的可移动活塞组成。缸体的两端各有一个油口，其中一端油口 A（或 B）为进油，另一端油口 B（或 A）则为回油。当缸体固定时，从油口 A 进油，由油口 B 回油，则活塞与活塞相连接的活塞杆向右运动，反之则向左运动，并由活塞杆推动负载；当活塞杆固定时，从油口 A 进油，由油口 B 回油，则缸体向右运动，反之则向左运动，并由缸体推动负载。

3.1.2 液压缸的结构例

(1) 单作用液压缸的结构例

① 活塞式 图 3-4 为单作用活塞式液压缸的结构例。

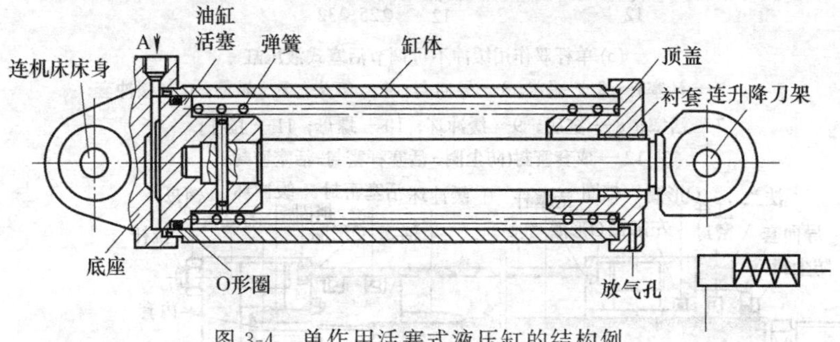

图 3-4 单作用活塞式液压缸的结构例

② 柱塞式 图 3-5 为单作用柱塞式液压缸的结构例。

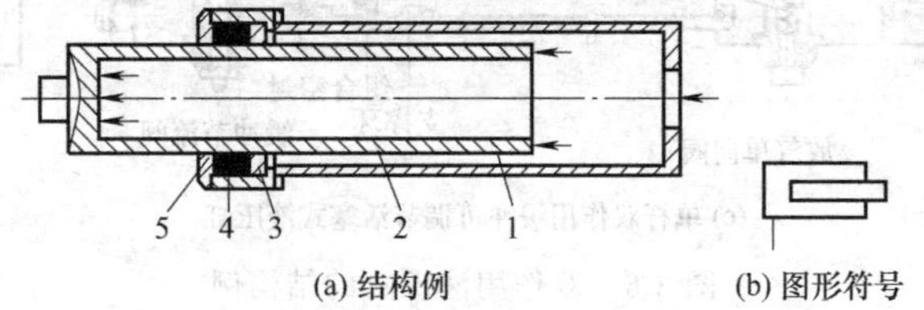

图 3-5 单作用活塞式液压缸的结构例

1—缸体；2—柱塞；3—导向套；4—V 形密封圈；5—压盖

(2) 双作用液压缸的结构例

图 3-6 为双作用液压缸的结构例。

3.1.3 液压缸的故障分析与排除

(1) 液压缸易出故障的零件及其部位

液压缸易出故障的主要零件有（图 3-7）：活塞、活塞杆、缸体、

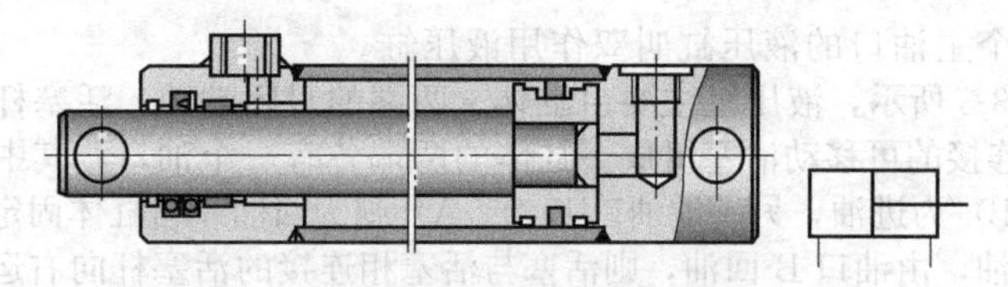

(a) 单杆双作用活塞式液压缸(不带缓冲)

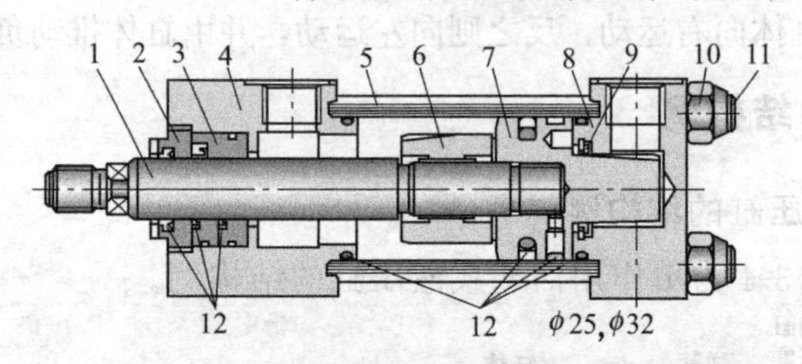

(b) 单杆双作用缓冲不可调节活塞式液压缸

1— 活塞杆；2— 端盖；3— 导向套；4— 缸头；5— 缸筒；6— 缓冲套；

7— 活塞；8— 缸底；9— 缓冲环；10— 螺母；11— 拉杆；

12 — 成套密封(防尘圈-活塞杆密封-活塞密封)

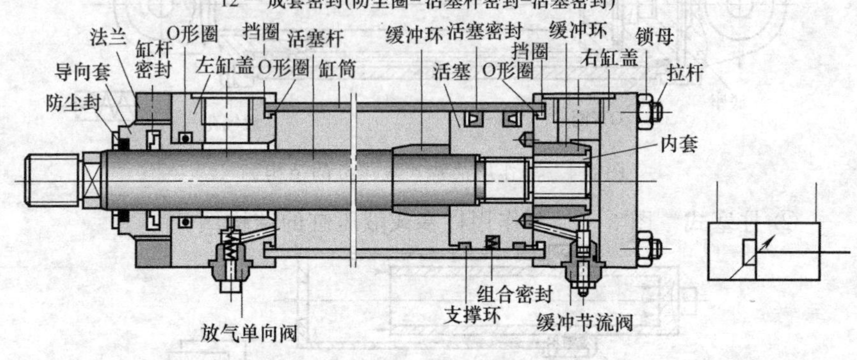

(c) 单杆双作用缓冲可调节活塞式液压缸

图 3-6　双作用液压缸的结构例

导向套、活塞与活杆密封等。

液压缸易出故障的主要零件部位有：①活塞与活塞杆配合面的磨损拉伤；②活塞杆和导向套配合面的磨损拉伤；③活塞密封破损；④其他密封破损等。

(2) 液压缸的故障分析与排除

［故障 1］　液压缸不动作

① 查有没有压力油进入液压缸　无压力油进入液压缸原因和排除

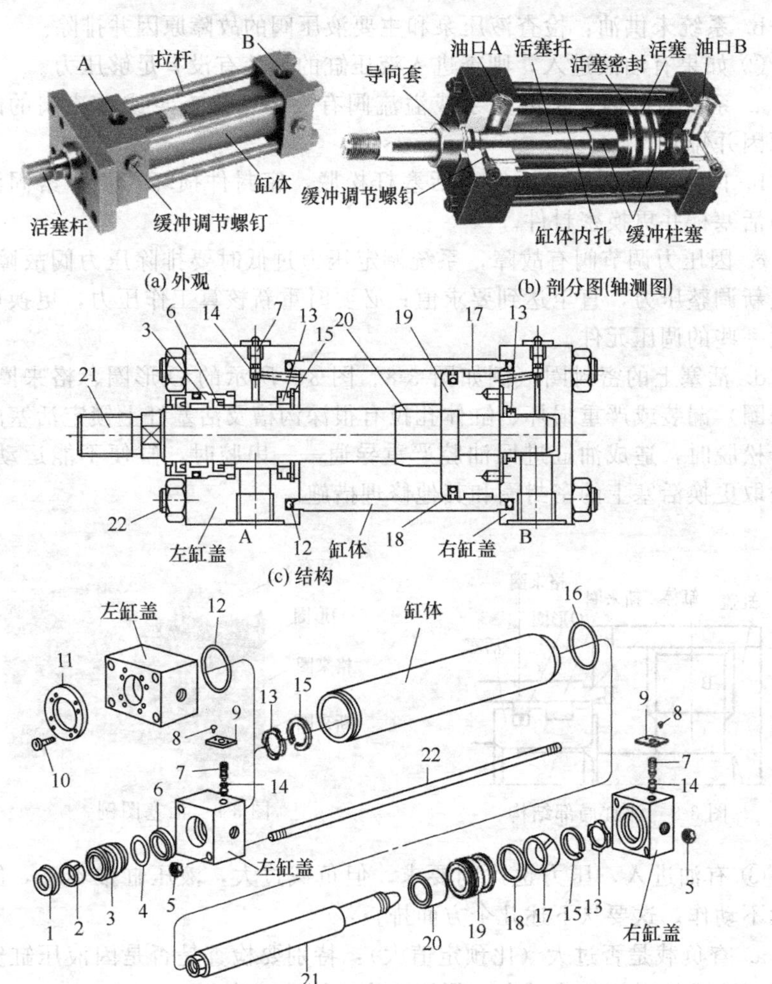

图 3-7　液压缸易出故障的零件及其部位

1—防尘密封；2—磨损补偿环；3—导向套；4,12,14,16—O 形圈；5—螺母；6—密封圈；7—缓冲节流阀；8,10—螺钉；9—支承板；11—法兰盖；13—减震垫；15—卡簧；17—活塞磨损补偿环（斯来圈）；18—活塞密封（格来圈＋O 形圈）；19—活塞；20—缓冲套；21—活塞杆；22—双头螺杆

方法有：

a. 液压缸前的换向阀未换向，无压力油进入液压缸时检查换向阀未换向的原因并排除；

b. 系统未供油：检查液压泵和主要液压阀的故障原因并排除。

② 如果有油液进入，则查进入液压缸的油液有没有足够压力。

a. 系统有故障，主要是泵或溢流阀有故障：检查泵或溢流阀的故障原因并排除。

b. 内部泄漏严重，活塞与活塞杆松脱，密封件损坏严重：紧固活塞与活塞杆并更换密封件。

c. 因压力调节阀有故障，系统调定压力过低时要排除压力阀故障，并重新调整压力，直至达到要求值；必要时重新核算工作压力，更换可调大一些的调压元件。

d. 活塞上的密封圈（例如图 3-8、图 3-9 所示的 O 形圈、格来圈、斯来圈）漏装或严重损坏、缸体孔拉有很深沟槽及活塞杆上锁定活塞的螺母松脱时，造成油缸进回油腔严重导通——串腔时，缸便不能运动。可采取更换活塞上的密封圈和其他修理措施。

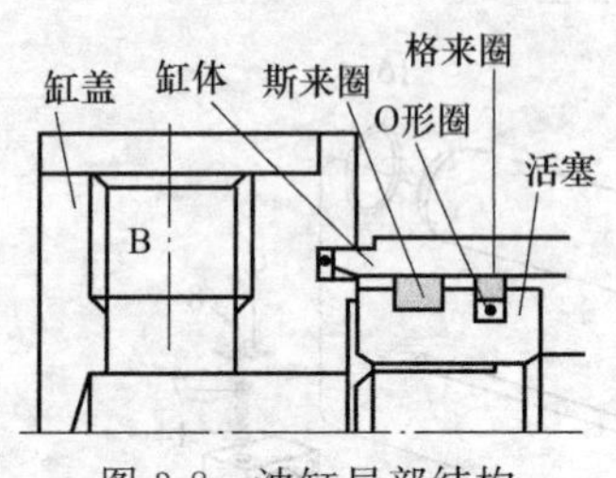

图 3-8 油缸局部结构

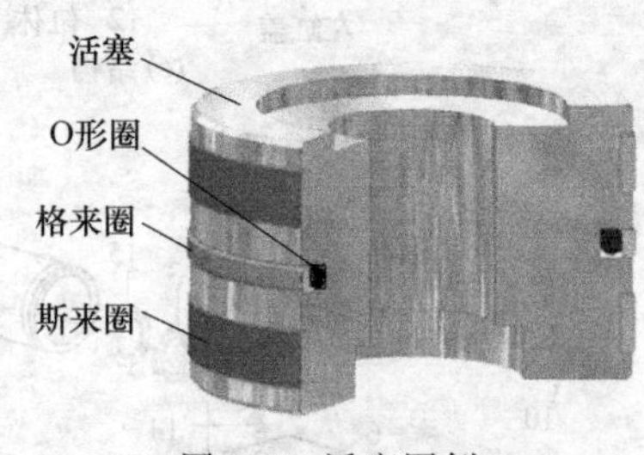

图 3-9 活塞图例

③ 有油进入，压力也达到要求，但负载过大，液压缸推不动，缸仍然不动作。这要从下述几个方面排查：

a. 查负载是否过大（比预定值大）：特别要检查是否是因液压缸安装不好造成的附加负载过大，须校正将油缸装正确。

b. 查液压缸与负载的连接：负载的连接方式不正确时造成缸移动时别劲，可改刚性固定连接为活动关节式连接或球头连接，且最好为球面（图 3-10）。

c. 液压缸结构上存在问题：如图 3-11（a）中活塞端面与缸筒端面紧贴在一起，启动时活塞承力面积不够，故不能推动负载；图 3-11（b）具有缓冲装置的缸筒上单向阀回路被活塞堵住时，采用图 3-11（c）、（d）的方法排除。

d. 液压缸装配不良（如活塞杆、活塞和缸盖之间同轴度差，液压

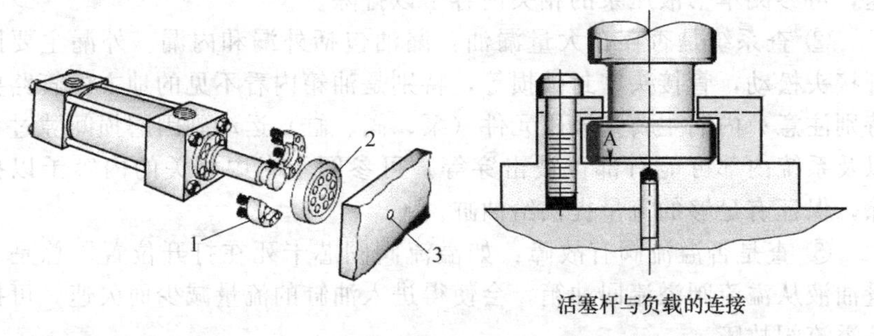

图 3-10　缸与负载的活动关节式的连接方式

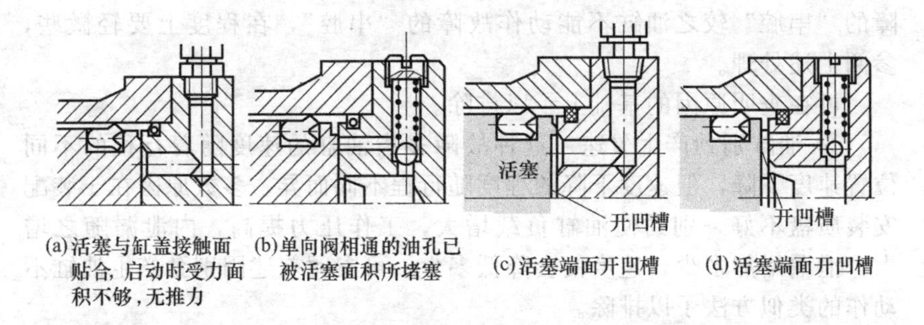

图 3-11　液压缸结构上存在问题引起的不动作

缸与工作台平行度差，导向套与活塞杆配合间隙过小等）导致活塞杆移动“别劲”，别住不能动。

e. 液压回路引起的原因，主要是液压缸背压腔油液未与油箱相通，连通回油的换向阀未动作，截止阀未打开、节流阀关死等，造成回油受阻，可酌情处理。

f. 脏物进入滑动部位，卡住缸活塞或活塞杆，使之不能动时，须拆开清洗。

g. 活塞杆上镀的硬铬脱落卡住活塞杆，此时须立即停机处理，以免积瘤堆集，更加难办。

［故障 2］　液压缸运动速度达不到规定的调节值——欠速

这种故障是指即使全开流量调节阀，油缸速度也快不起来，欠速。这种故障的原因和排除方法有：

① 查液压泵的供油量是否不足，压力不够　例如因液压泵内部零件磨损而使泵的容积效率下降造成泵输送给油缸的流量减少而导致欠

速，可参阅本书液压泵的相关内容予以排除。

② 查系统是否存在大量漏油：漏油包括外漏和内漏。外漏主要因管接头松动，管接头密封破损等，特别是油箱内看不见的地方的管路要特别注意；内漏主要是液压元件（泵、阀、缸）运动副因磨损间隙过大以及系统内部可能有部位被击穿等。可参阅本书中相关的内容予以排除，保证有足够的流量提供给油缸。

③ 查是否溢流阀有故障：如溢流阀阀芯卡死在打开位置，总是大量油液从溢流阀溢流回油箱，会使得进入油缸的流量减少而欠速，可排除溢流阀故障。

④ 油缸内部两腔（工作腔与回油腔）是否串腔：产生油缸欠速故障的“串腔”较之油缸不能动作故障的“串腔”，在程度上要轻微些，参阅上述处理。

可在查明原因的基础上予以排除。

⑤ 油缸别劲产生欠速　这种故障多指油缸的速度随着行程的不同位置速度下降，但速度下降的程度随行程不同而异。多数原因在于装配安装质盘不好，别劲使油缸负载增大，工作压力提高，内泄漏随之增大，泄漏增加多少，速度便会降低多少。可参阅前述因别劲产生油缸不动作的类似方法予以排除。

[故障 3]　液压缸运行时，中途变慢或停下来

一般对长油缸而言，当缸体孔壁在某一段区域内拉伤厉害、发生胀大或磨损严重时，会出现油缸在该段局部区域慢下来（其余位置正常），此时须修磨油缸内孔，重配活塞。

[故障 4]　油缸在行程两端或一端，缸速急剧下降

为吸收运动活塞的惯性力，使其在油缸两端进行速度交换时，不致因过大的惯性力产生冲缸振动，常在油缸两端设置缓冲机构（加节流装置增大背压）。但如果缓冲过度会使缸在缓冲行程内速度变得很慢。如果通过加大缓冲节流阀的开启程度还不能使速度增快，则应适当加大节流孔直径或加大缓冲衬套与缓冲柱塞之间的间隙，不然会导致油缸两端欠速。

[故障 5]　液压缸产生爬行

所谓爬行，是指液压缸在低速运动中，出现一快一慢、一停一跳、时停时走、停止和滑动相互交替的现象。爬行现象的原因，既有液压缸之外的原因，也有液压缸自身的原因：

① 查缸内是否进入空气：

a. 如果是油液中混入空气、从液压泵吸进空气，可先排除液压泵进气故障。

b. 对新液压缸、修理后的液压缸或设备停机时间过长的液压缸，缸内与管道中均会进有空气。可通过液压缸的放气塞排气，对于未设置有专门排气装置的油缸，可先稍微松动油缸两端的进出口管接头，并往复运行数次让油缸进行排气。如从接头位置漏出的油由白浊变为清亮后，说明空气已排除干净，此时可重新拧紧管接头。对用此法也难以排净空气的油缸，可采用加载排气和往缸内灌油排气的方法排掉空气。

c. 对缸内会形成负压而易从活塞杆吸入空气的情况，要注意活塞杆密封设计的合理性。例如图 3-12 中采用活塞杆密封（如 Y 形），从唇缘里侧加压，则唇部张开有密封效果。但若缸内变成负压，唇部不能张开，反方向大气压（为正）反而压缩张开唇部，使空气进入缸内。必要时可增设一反向安装密封。

d. 开机后先让油缸以最大行程和最大速度运动 10min，迫使气体排出。

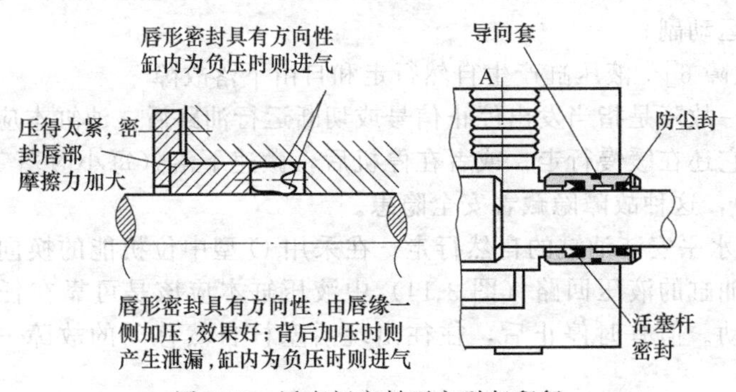

图 3-12　活塞杆密封不良引起爬行

② 查是否因液压缸装配精度差：应提高液压缸的装配质量。如活塞杆与活塞不同心时校正二者同心度；活塞杆弯曲时校直活塞杆，活塞杆与导向套的配合采用 H8/f8 的配合，应严格按尺寸标准和质量标准使用正规厂家合格的密封圈、采用 V 形密封圈时，应将密封摩擦力调整到适中程度。

③ 查液压缸是否安装精度差：如 a. 负载与活塞杆连接点尽量靠近导轨滑动面；b. 活塞杆轴心线与载荷中心线力求一致；c. 与导轨的接触长度应尽量取长些；d. 载荷与油缸的连接位置应以油缸的推力不使载荷发生倾斜为准；e. 导向要好，加工精度与装配精度要好，并注意

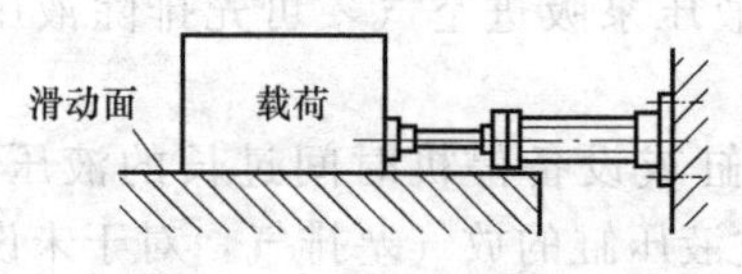

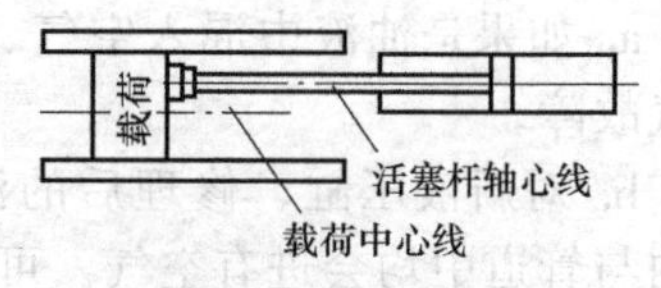

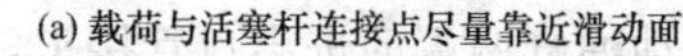

(a) 载荷与活塞杆连接点尽量靠近滑动面

(b) 活塞杆轴心线与载荷中心线不重合，会产生一阻力矩，应二者重合

图 3-13 液压缸安装注意事项

润滑（图 3-13）。

④ 查液压缸端盖密封是否压得太紧或太松：调整密封圈使之不紧不松，导向套装同心，保证活塞杆能用手（或仅用榔头轻敲）便可来回移动，而活塞杆上稍挂一层油膜。

⑤ 查是否导轨的制造与装配质量差、润滑不良等：如果是则使摩擦力增加，受力情况不好，出现干摩擦，阻力增大，导致爬行。可采取清洗疏通导轨润滑装置、重新调整润滑压力和润滑流量、在导轨相对运动表面之间涂一层防爬油（如二硫化钼润滑油）等措施，必要时重新铲刮导轨运动副。

［故障 6］ 液压缸产生自然行走和自由下落故障

这一故障是指当发出停止信号或切断运行油路后，油缸本应停止运动，但它还在缓慢行走；或者在停机后，微速下落（每小时落 1mm 至数毫米），这种故障隐藏着安全隐患。

① 水平安装油缸的自然行走 在采用 O 型中位机能的换向阀控制的单杆油缸的液压回路（图 3-14）中液压缸本应该是可靠在任意位置停止运动。但有时停止后，往往出现活塞杆自然移动的故障——自然行走。

是由于换向阀阀芯与阀孔之间因磨损而间隙增大所致。当配合间隙增大后，P 腔的压力油通过此间隙泄漏到 A 腔与 B 腔，由于阀芯处于中位，封油长度 L 大致相等，所以 A、B 腔产生大致相等的压力，又由于是差动缸，无杆腔（左边）活塞承压面积大于有杆腔活塞承压面积，产生的液压力不相等，所以活塞杆右移。这样又使得有杆腔的压力上升使油液通过阀芯间隙泄漏到 T 腔，更促使活塞向右移动，产生自然行走的故障。

解决办法是重新配磨阀芯使间隙减少或使用间隙小、内泄漏小的新阀；或者使用锥阀式换向阀；另外也可改用 Y 型中位职能的换向阀（A、B、T 连通）。

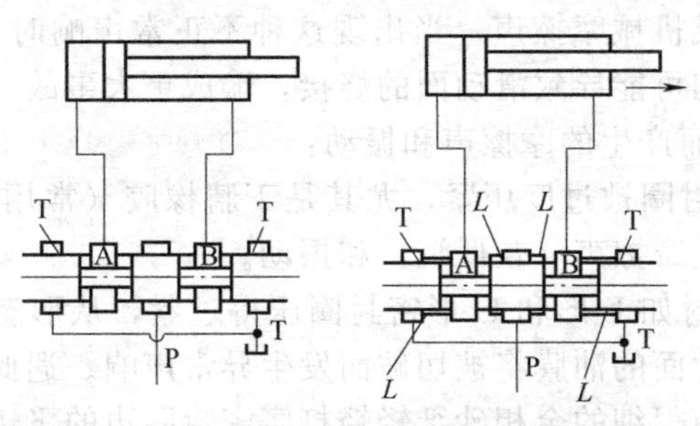

图 3-14 液压缸产生自然行走的故障与排除

② 垂直立式安装油缸的自由下落（图 3-15） 如立式注塑机、油压机等的油缸多为垂直安装，停机后往往出现活塞以每小时或数小时下降数毫米的微速自然下落的故障。这将危及安全，导致损坏塑料模具和机件的事故性故障。

引起立式油缸自由下落的主要原因还是泄漏。泄漏来自两个方面：一是油缸本身（活塞与缸孔间隙）；二是控制阀。图 3-15（a）所示的平衡支撑回路，虽然使用了顺序阀进行调节，以保持油缸下腔适当的压力，支撑重物 *W*（活塞、活塞杆及塑料模具），不使其下落；而且换向阀也采用了 M 型，封闭了油缸两腔油路。但由于油缸活塞杆的泄漏和重物 *W* 的联合作用，以及单向顺序阀的泄漏，会导致油缸下腔压力缓慢降低，而出现支撑力不够而导致油缸活塞杆（*W*）的自由下落。

解决办法是，使上述产生泄漏的元件（油缸、控制阀等）尽力减少泄漏，但实际上这些泄漏或多或少不可避免。最好的办法是采用图3-15（b）所示的液控单向阀，液控单向阀为座阀式阀，较之圆柱滑阀式的顺序阀，内泄漏可以说小得多。当然如果液控单向阀的阀芯与阀座之间有污物或因其他原因导致不密合时，同样会引起泄漏产生自由下落。

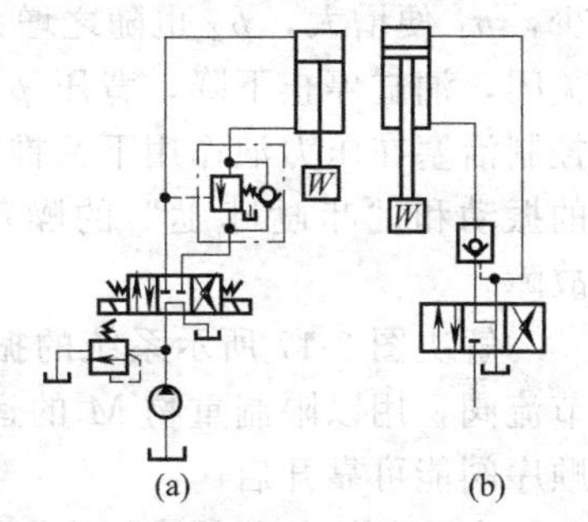

图 3-15 立式安装油缸的自由下落故障与排除

［故障 7］ 液压缸运行时剧烈振动，噪声大

① 查油缸是否进了空气：油缸进了空气，会带来噪声、振动和爬行等多种故障。

② 滑动金属面的摩擦声：当滑动面配合过紧，或者因拉毛拉伤，会出现接触面压过高，油膜被破坏，造成干摩擦

声，拉伤则造成机械摩擦声。当出现这种不正常声响时，应立即停车，查明原因。否则可能导致滑动面的烧接，酿成更大事故。

③ 因密封而产生的摩擦声和振动：

a. V形密封圈被过度压紧，尤其是丁腈橡胶（常用）制造的V形圈会因此而产生摩擦声（较低沉）和振动。

b. 防尘密封如L形和U形密封圈压得过紧，从形态上看，具有刮削污物的则滑动面的油膜将被切破而发生异常声响。遇此情况，可适当减少调节力，用很细的金相砂纸轻轻打磨密封唇边的飞边和活塞杆的外圆面，旋转打磨，不要直线打磨，打磨时注意勿使唇边和活塞杆受伤，否则解决了噪声，引来了漏油。必要时可更换唇边光洁无飞边的密封圈。支承环外径过大要减小。

④ 内部泄漏也会产生异常声响：因缸壁胀大，活塞密封损坏等，压油腔的压力油通过缝隙高速泄往回油腔，常发出带“咝咝”声的不正常声音，应予以排除。

⑤ 查油缸剧烈振动是否与回路有关：如图3-16所示的回路中，油缸下降时产生剧烈振动，并伴有“咔哒咔哒”的噪声。

图3-17所示的回路中，重物M越过中间位置后，油缸的负载突然改变（由正值负载变为负值负载），在负值负载的作用下高速前进，使A点（或B点）压力下降，甚至可能变成真空，于是液控顺序阀b（或a）关闭，油缸停止运动，接着A点压力又上升，又打开液控顺序阀b（或a），周而复始，造成振动。

解决图3-16回路振动故障可选用图中（c）的外泄式液控单向阀，而不要使用图（b）的内泄式液控单向阀。因为油缸下降时油液经单向阀流回油箱时，节流缝隙（单向阀阀芯开度）将因油缸活塞下落而减少，p_1便增大，p_2也随之增大，控制活塞下落，有可能使单向阀阀芯关闭，油缸停止下降，背压p_2（通油池）也下降，p_2下降到某值时，控制活塞在压力油作用下又推开单向阀，油缸又开始下落，产生下落时的振动和“咔哒咔哒”的噪声。采用外泄式液控单向阀，可排除此故障。

解决图3-17所示系统的振动，可在顺序阀出口处A、B各增设一节流阀，用以限制重物M的运动速度，使控制压力维持一定值，保证顺序阀能可靠开启。

在有负值负载的液压设备中，为排除此类故障，宜采用回油节流调速，而不应采用进油节流调速。回油节流调速回路中，背压可较大，外

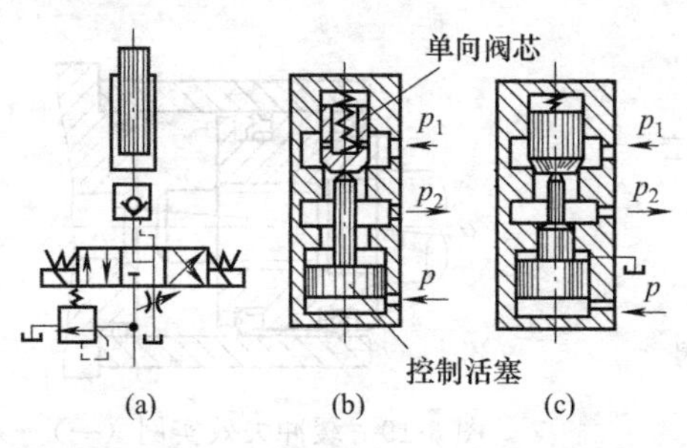

图 3-16　油缸剧烈振动故障与排除

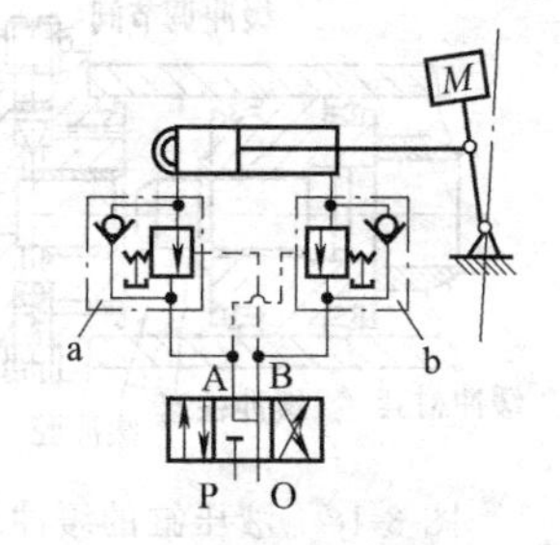

图 3-17　油缸振动故障与排除

加负值负载增大时，此背压也增大，因而油缸速度稳定，不会出现上述情况。

[故障 8]　缓冲作用失灵，缸端冲击

缓冲装置设置的目的是为了防止惯性大的活塞冲击缸盖，一般缓冲柱塞与活塞杆做成一体。由它堵住工作油液（或回油）的主要通路，在与此主通路相并联的回路上装有缓冲调节螺钉（节流阀），实现对缓冲速度的调节（图 3-18），缓冲失灵的故障如下。

① 缓冲过度　所谓缓冲过度是指缓冲柱塞从开始进入缸盖孔内进行缓冲到活塞停止运动时为止的时间间隔太长，另外进入缓冲行程的瞬间活塞将受到很大的冲击力。此时应适当调大缓冲调节阀的开度。

另外，采用固定式缓冲装置（无缓冲调节阀）时，当缓冲柱塞与衬套的间隙太小，也会出现过度缓冲现象，此时可将缸盖拆开，磨小缓冲柱塞或加大衬套孔，使配合间隙适当加大，消除过缓冲。

② 无缓冲作用　指的是在活塞行程末端，活塞不缓冲减速，给缸盖很大冲击力，产生所谓“撞击”现象。严重时，活塞猛然撞击缸盖，使缸盖损坏、油缸底座断裂，其原因如下。

a. 如图 3-19 所示，因活塞倾斜，使缓冲柱塞不能插入缓冲孔内所致。

b. 缓冲调节阀（缓冲调节螺钉）未拧入而处于全开状态。

c. 缓冲装置设计不当，惯性力过大：当活塞惯性力大时，如关小缓冲节流阀，则进入缓冲行程瞬间的冲击力就大；反之如开大缓冲节流阀，冲击力虽下降，但缓冲速度又降不下来。要解决好此矛盾，须重新设计合理的缓冲机构。

d. 缓冲节流阀虽关死，但不能节流，缓冲腔与排油口仍然处于连通，无缓冲作用。此时首先可检查单向阀是否失灵而不能关闭造成缓冲腔与排油口连通。另外则是属于图 3-20 的情况，节流调节螺钉因与排

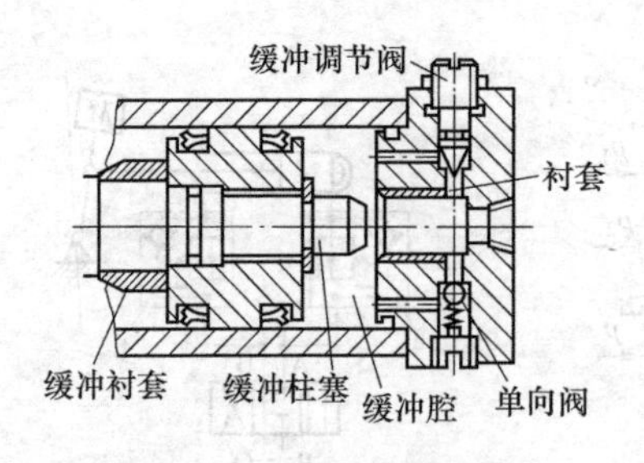

图 3-18　液压缸的缓冲故障

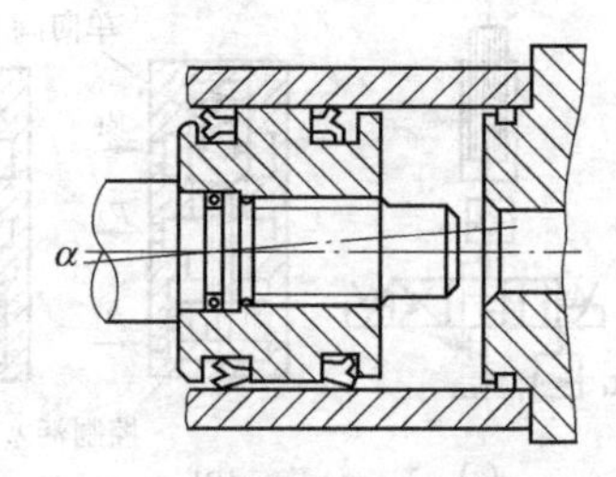

图 3-19　缓冲失效实例（一）

油口不同心或者孔口破裂，不与节流锥面密合，此时可照图用修正钻模予以修正同心，修正后的排油口会比原来孔径大些，所以要加大缓冲节流阀锥面的直径。

e. 油缸密封破损，存在内泄漏，特别是采用活塞环密封的活塞，内泄漏量大。如果载荷减少，而缓冲腔内背压增高，此时会从活塞环反向泄漏，设泄漏量为 Q_1，缓冲速度流量 $Q=Q_1+Q_2$，Q_1 为活塞内泄漏的流量，Q_2 为从缓冲节流阀流出的流量。当 Q_1 大，Q 也就大，则缓冲行程的速度也就大，从而失去缓冲效果。尤其当缓冲行程处于增压作用较大的活塞杆一侧，这种情况更为常见。这时可以采用加多道活塞环或改用其他的密封方式来解决（图 3-21）。

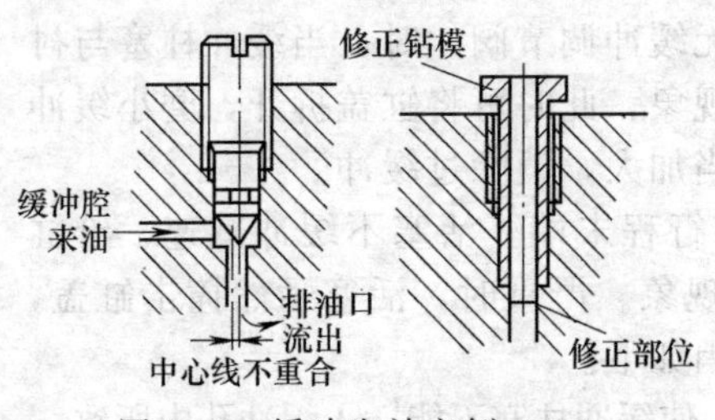

图 3-20　缓冲失效实例（二）

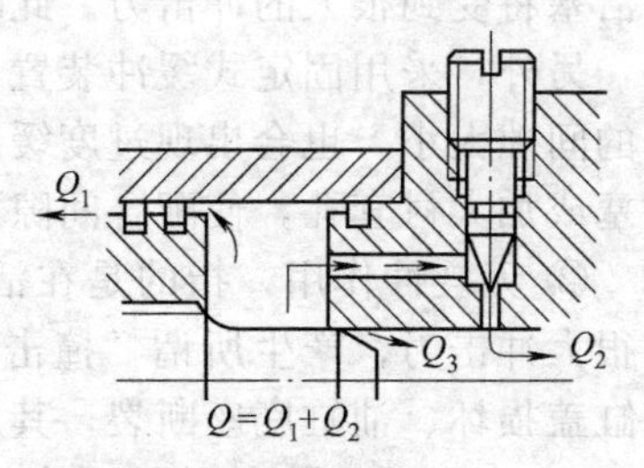

图 3-21　缓冲失效实例（三）

f. 缓冲装置中的单向阀因钢球（或阀芯）与阀座之间夹有异物或钢球阀座密合面划伤而不能密合时，阻止不了缓冲行程时，缓冲腔内的油液向排油口排走，而使缓冲失效，可排除单向阀故障，使之在缓冲行程中能闭合。

g. 活塞密封失效：此情况同上述。缓冲腔内的油液压力要吸收惯性力，因此缓冲腔压力往往超过工作腔压力。当活塞密封发生破坏时，油液将从缓冲腔倒漏向工作腔（左腔），使活塞不减速（类似差动），缓

冲失效。

h. 缓冲柱塞或衬套（缸盖）上有伤痕或配合过松：此时从缓冲腔流向排油口的流量增加了这一渠道（本来只经缓冲节流阀），使缓冲流量增大，这样便不能实现缓冲减速。

i. 镶装在缸盖上的衬套脱落：因活塞杆弯曲倾斜，缓冲柱塞与衬套不同心以及衬套与缸盖孔配合过松等原因，缓冲柱塞与衬套接触压力增高，衬套承受轴心力，衬套便有脱落的危险。衬套脱落后，缓冲失效，而且会发生“撞缸”事故。设计时需考虑好衬套的受力情况，并用骑马螺钉将衬套固连在缸盖上（参见图3-18）。

③ 缓冲行程段出现“爬行” 故障原因有：a. 加工不良，如缸盖，活塞端面的垂直度不合要求，在全长上活塞与缸筒间隙不匀，缸盖与缸筒不同心；缸筒内径与缸盖中心线偏差大，活塞与螺帽端面垂直度不合要求造成活塞杆挠曲等。b. 装配不良，如缓冲柱塞与缓冲环相配合的孔有偏心或倾斜等。

排除方法有：a. 对每个零件均仔细检查，不合格的零件不准使用；b. 重新装配确保质量。

[故障9] 液压缸外泄漏

① 查密封件是否装配不良导致破损：

a. 密封件装配时，往往要经过螺纹、花键、键槽与锐边等位置，稍不注意便容易造成密封唇部被尖角切破，因而要采取好的装配方法和一些专用装配工具，避免切破密封唇部现象的发生。

b. 液压缸装配时端盖装偏，活塞杆与缸筒不同心，使活塞杆伸出困难，加速密封件磨损。可拆开检查，重新装配。

c. 密封件安装差错：例如密封件装错或漏装，密封压盖未装好，不能压紧，如压盖安装有偏差、紧固螺钉受力不匀、紧固螺钉过长等。应按对角顺序拧紧各螺钉，各螺钉拧紧力要一致，受力均匀，按螺孔深度合理选配螺钉长度。

② 查密封件质量是否有问题：当多次更换新密封圈均解决不了漏油问题时，可能属于这种情况。此时应确认密封圈是否购自非正规厂家，密封材质尺寸有否问题，密封件是否保管不善自然老化变质。

③ 查密封部位的加工质量是否不合符要求：如沟槽尺寸及精度不符合要求、密封表面粗糙、未倒角等。

应按有关标准设计加工沟槽尺寸，不符合要求的要修正到要求的尺寸，修正并去毛刺。

④ 查密封件的使用条件：如油不清洁、黏度过低、油温过高、周围环境温度太高等，分别采取更换适宜的干净油液、查明温升原因，采取隔热设置油冷却装置等措施。

3.1.4 液压缸的修理

(1) 修缸时拆卸前的几个要点

[要点 1] 拆液压缸前，先对活塞密封破损或缸体孔拉是否拉有沟槽进行确认，再决定是否拆卸缸。

① 对立式缸最简单的方法是把立式液压缸（如挖掘机的动臂缸）升起，看其是否有明显的自由下降。若下落明显则说明液压缸活塞密封破损，需拆卸油缸修理，密封圈如已磨损应予更换。

② 对水平缸将缸活塞杆运动到一端（如右端）极限位置，然后逐步拆松或拆掉缸右端的管接头，观察右侧油口，如果总有流出，说明液压缸活塞密封破损，需拆卸油缸修理。

[要点 2] 油缸只一个方向能运动，必须拆缸

如果出现油缸只一个方向能运动的故障，不拆缸也能断定出此一故障的原因：均是因为活塞与活塞杆的紧固连接松脱，例如图 3-22 中的锁紧螺母从活塞杆上松脱。当然修理时要拆缸。

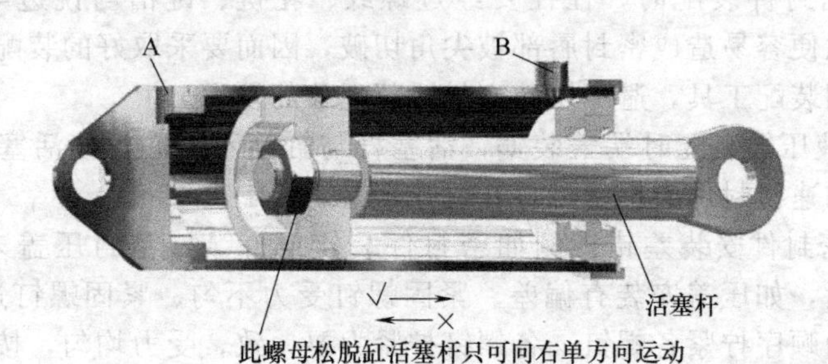

图 3-22 液压缸的剖分图

[要点 3] 卸难拆的螺钉或螺栓的方法

长久未拆的油缸，由于螺钉锈蚀、螺纹碰伤等原因，修理时螺钉或螺栓往往很难拆卸。可参阅图 3-23 拆前先用三角锉修正螺纹，再用喷灯烤热（千万注意不可烤熔化），然后灌点煤油，轻轻敲打缸盖，使螺纹振松，一般可拆卸下螺钉。如果是内六角头螺钉，要用新的合格内六角扳手拆卸，千万不要用批了的旧内六角扳手。

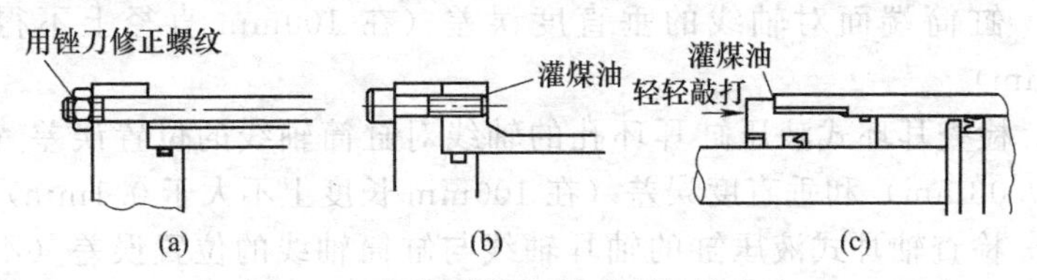

图 3-23 拆卸难拆螺栓或螺钉的方法

［要点 4］ 油缸装配时，慎防密封唇部被切破的方法

① 用图 3-24 所示的导引套将导向套装入活塞杆可防止密封唇部被切破；

② 用图 3-25 示的导引套将活塞组件装入缸体孔可防止密封唇部被切破。

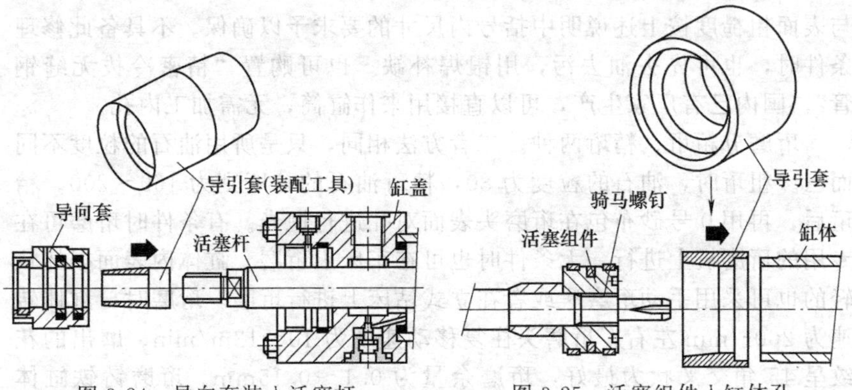

图 3-24 导向套装入活塞杆　　图 3-25 活塞组件入缸体孔

(2) 拆卸后的零件的检查和修理

油缸各部分拆卸后，应检查下述重点零件和重要部位，以确定哪些零件可以再用，哪些需要经修理后再用，哪些应予以更换。

① 缸体（缸筒）的修理　拆卸后的缸筒应进行的检查有：

a. 缸孔的尺寸及公差（一般为 H8 或 H9，活塞环密封时为 H7，间隙密封时为 H6）。

b. 内孔表面粗糙度（*Ra*0.8～0.2）。

c. 缸孔的几何精度（参考值为圆度与圆柱度误差应小于直径尺寸公差的 1/2～1/3）。

d. 缸孔轴线直线度误差（应为 500mm 长度上不大于 0.03mm）。

e. 缸筒端面对轴线的垂直度误差（在 100mm 直径上不得大于 0.04mm）。

f. 检查耳环式液压缸耳环孔的轴线对缸筒轴线的位置误差（参考值为 0.03mm）和垂直度误差（在 100mm 长度上不大于 0.1mm）。

g. 检查轴耳式液压缸的轴耳轴线与缸筒轴线的位置误差（不大于 0.1mm）和垂直度误差（在 100mm 长度上不大于 0.1mm）。

h. 缸孔表面伤痕检查　用户在经过上述检查后可对液压缸缸筒进行如下的修理：对于内孔拉毛、局部磨损及因冷却液进入缸筒孔内而产生的锈斑，或者出现较浅沟纹，即便是较深线状沟纹，但此沟纹是圆周方向而非轴向长直槽形，均可用极细的金相砂纸或精油石砂磨，或者进行抛光，可参阅图 3-26。但如果是轴向较深的长沟槽，深度大于 0.1mm 且长度超过 100mm，则应镗磨或珩磨内孔，并研磨内孔。精度与表面粗糙度按上述说明中括号内尺寸的要求予以确保。不具备此修理条件时，也可先去油去污，用银焊补缺。也可购置“精密冷拔无缝钢管”，国内已有厂家生产，可以直接用来作缸筒，无需加工内孔。

珩磨分粗珩、精珩两种。二者方法相同，只是所用油石的粒度不同而已。粗珩时，油石的粒度为 80，精珩油石的粒度则为 160～200。精珩后，再用 0 号砂布包在珩磨头表面对孔进行抛光。有条件时珩磨可在专用的珩磨机上进行，无条件时也可在车床上珩磨。缸体内表面损坏较轻的也可采用手动珩磨法或者在立式钻床上进行珩磨。珩磨时，缸体转速为 200r/min 左右，珩磨头往复移动速度为 10～12m/min。磨出的花纹呈 45°角交叉状为最好，珩磨余量为 0.1～0.15mm。珩磨铸铁缸体时，采用煤油或柴油润滑。珩磨钢制缸体时，冷却润滑采用混合液（煤油占 80%，猪油占 18%，硫黄占 2%），若钢件硬度较高，可再加入 10%左右的油酸。修复后的缸体，两端面对轴线的垂直度误差为 0.04mm，缸体内孔的圆度和圆柱度误差不得超过内孔直径公差的一半，缸体内孔的表面粗糙度应为 Ra0.4～0.2 μm。

② 活塞杆的修理

拆卸后的活塞杆应检查的项目主要有：

a. 活塞杆外径尺寸及公差（f7～f9）；

b. 与活塞内孔的配合情况（H7/f8）；

c. 外圆的表面粗糙度（Ra0.32μm 左右）；

d. 活塞杆外径各台阶及密封沟槽的同轴度（允差 0.02mm）；

e. 活塞杆外径圆度及圆柱度误差（不大于尺寸公差的 1/2）；

f. 螺纹及各圆柱表面的拉伤情况；

g. 镀硬铬层的剥落情况；

h. 弯曲情况（直线度≤0.02/100）。

活塞杆的修理视情况而定：

a. 径向的局部拉痕和轻度伤痕，对漏油无多大影响，可先用榔头轻轻敲打，消除凸起部分，再用细砂布或油石砂磨，如图 3-27 所示，再用氧化铬抛光膏抛光；当轴向拉痕较深或者超过镀铬层时，须先磨去(磨床）镀铬层后再电镀修复或重新加工，中心孔破坏时，磨前先修正中心孔。镀铬层单边镀厚 0.05～0.08mm，然后精磨去 0.02～0.03mm，保留 0.03～0.05mm 厚的硬铬层，最好采用“尺寸镀铬法”，即直接镀成尺寸，不再磨削，抛光抛光便可，这样更确保所镀硬铬层不易脱落。

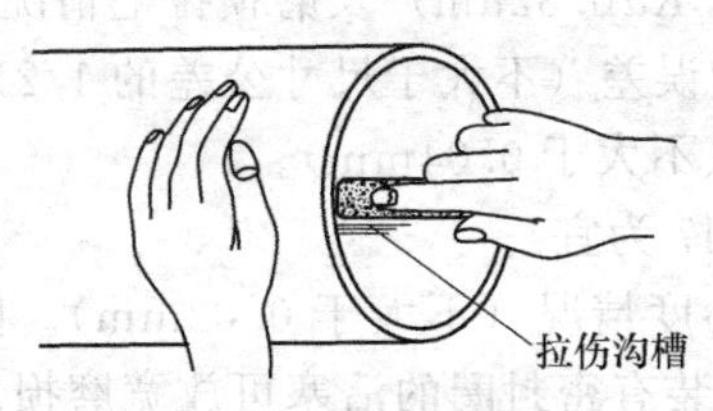

图 3-26　缸筒的修理

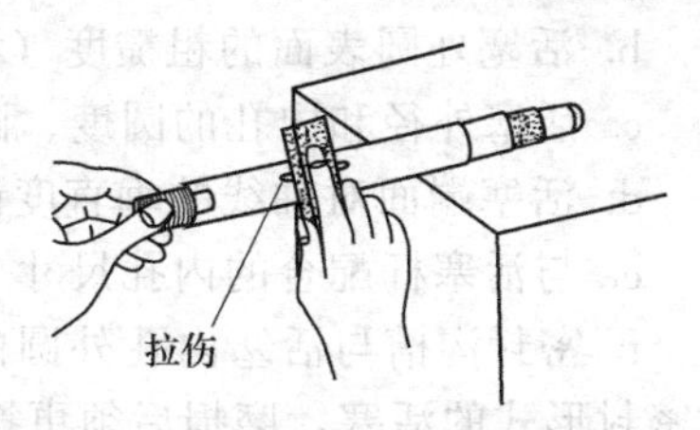

图 3-27　活塞杆的修理

b. 设备上使用的油缸活塞杆，材料各异，更换修理重新加工时一般可采用 45、40Cr、35CrMo 等材料，并且在粗加工后进行调质。其硬度在 229～285HB 之间，根据需要可经高频淬火至符合要求。加工精度可参阅上述检查项目括号内数值。一般活塞杆外径对轴线的径向跳动不得大于 0.02mm，活塞杆外径的圆度和圆柱度误差不得大于直径公差的一半。活塞杆长 500mm 以上时，外圆的直线度误差不得大于 0.03mm(活塞杆过长时可适当放宽）。活塞杆装活塞处的台肩端面对轴线的垂直度误差，不得大于 0.04mm。活塞杆弯曲时应校直（控制在 0.08mm/min 以内）。

c. 活塞杆弯曲时的修理方法为：首先在 V 形架上用千分表检查，然后在校直机上进行校直，也可用手动压机人工校直。修复后的活塞杆的直线度误差在 500mm 长度上不得超过 0.03mm，活塞杆的圆度和圆柱度误差不得大于其自身直径公差的一半。

d. 活塞杆与活塞的同轴度超差的修理：首先将活塞杆放在 V 形架上，用千分表检查，如发现同轴度超差，可将活塞杆与活塞拆开，进一步查明原因，如果是活塞杆本身的精度问题，则应更换。一般为保证活塞杆与活塞的同轴度，二者要先装配成一体后再进行精加工。

③ 导向套的修理

活塞杆的导向套拆检的内容有：

a. 内孔尺寸与公差（公称尺寸与活塞杆一致，公差为 H8 左右）。

b. 导向套外径尺寸。

c. 内孔磨损情况　导向套修理时，一般宜更换。但轻度磨损（在 0.1mm 以内）可不更换，只需用金相砂纸砂磨掉拉毛部位。对水平安装的油缸，导向套一般是下端的单边磨损，磨损不太严重时，可将导向套旋转一个位置（如 180°）重新装配后再用。

④ 活塞的修理　活塞拆检的项目有：

a. 活塞外径尺寸及公差（f7～f9）。

b. 活塞外圆表面的粗糙度（不低于 $Ra0.32\mu m$）及磨损拉毛情况。

c. 活塞外径和内孔的圆度、圆柱度误差（不大于尺寸公差的 1/2）。

d. 活塞端面对轴线的垂直度误差（不大于 0.04mm）。

e. 与活塞杆配合的内孔尺寸（以 H7 为宜）。

f. 密封沟槽与活塞内孔外圆的同心度情况（不大于 0.02mm）。间隙密封形式的活塞，磨损后须更换。但装有密封圈的活塞可放宽磨损尺寸限度。活塞装在活塞杆上时，二者同心度不得大于活塞直径公差的 1/2，活塞与缸孔配合一般选用 H8/f7 为好。一般修理时更换活塞时外径的精加工应在与活塞杆配装后一起磨削。

⑤ 修理时如何处理密封　油缸修理时，原则上密封应全部换新，换新前应先查明原来的密封破损原因，以免再次以同样原因损坏密封。

(3) 油缸几种具体修理方法

① 电刷镀结合钎焊修复拉伤液压缸　电刷镀结合钎焊的工艺步骤如下：

a. 清洗油污　将工件（如活塞杆）固定在工作台上，用金属清洗剂洗掉工件上的油污，采用三角刮刀或其他方法彻底刮掉工件上被拉伤沟槽内的油污和杂质；用丙酮将液压缸内表面擦洗干净，再用电净液进行电化学清洗，电压为 12～15V，工件接负极，清污时间为 60～90s；电化学清洗后，用清水冲洗干净。

b. 活化　用 2 号活化液作电化学除污，目的是清除工件上的氧化物。工件接正极，电压为 10～12V，时间控制为 40～60s；待工件呈黑

色或灰黑色时再用清水冲洗干净，然后用活化液进行电化学清洗，目的是彻底清除工件组织中的杂质，机件接正极，电压为16～20V，时间为50～90s；待工件表面呈银白色后，再用清水冲洗干净。

c. 刷镀快速镍　在处理好的工件表面闪镀快速镍，电压为18V，工件接负极，镀笔快速摆动；闪镀3～5s后，待机件表面呈现淡黄色的镀层时将电压降至12V，刷镀速度为9～11m/min，继续刷镀；当快速镍镀层厚度达到1～3μm时，用清水冲洗干净。

d. 刷镀碱铜层　快速镍层镀好后，再刷镀碱铜层。镀碱铜溶液时，电压为6～8V，工件接负极，刷镀速度为9～14m/min；待碱铜层厚度增至20～50μm后，用清水冲洗干净。

e. 钎焊合金　将刷镀好的工件表面用净绸布擦干，在需焊补的部位涂氧化锌焊剂，再用300～500W电烙铁将钎焊合金依次焊补到拉伤的部位，直至要求的尺寸；然后，先用刮刀削钎焊合金层至所需形状，再用油石将其打磨光滑。

f. 清洗　用电净液清洁刮削后的钎焊层表面，并清除油污与杂质；用2号活化液清除其表面的氧化物；电化学清洗的时间要严格控制，以防合金表面变黑；先用3号活化液清除杂质，再进行钎焊表面碱铜的快速热刷镀。

g. 刷镀碱铜　目的是增强钎焊表面的强度。刷镀电压为6～8V，机件接负极，刷镀速度为9～14m/min，碱铜厚度为30～50μm。用清水清洗后再刷镀快速镍，刷镀电压为12V，机件接负极，刷镀速度为9m/min，刷镀快速镍的厚度为60μm；用清水冲洗机件，并用净绸布擦干后即可装配使用。

② 柱塞缸的修复

a. 柱塞外圆的修复　采用如下工艺修复柱塞外圆：拆卸—校直—磨外圆—除油、除锈—镀铁—镀硬铬—磨外圆至尺寸（表面粗糙度Ra1.6μm）—质检—装配。

b. 柱塞油缸缸体的修复　由于柱塞油缸缸体孔与柱塞外径相配长度不长，因而可用镶嵌内套的方法修复。所镶内套选用耐磨损材料，例如锡青铜、耐磨铸铁、不锈钢等。不锈钢耐酸碱、耐腐蚀，用它做衬套可免去所镶套的内孔表面处理问题。工艺：拆卸—两端分别平头倒内、外角—粗镗油缸内孔（尺寸与所镶内套的外径尺寸，保证为轻压配）—镶套—镗床镗内孔、滚压至尺寸（尺寸与柱塞外径滑配，表面粗糙度Ra0.8μm）—质检—装配。

③ FJY电刷镀修复技术　电刷镀修复技术已逐渐成为修复液压元件的主要方法。特别是在西北工业大学研制成功FJY系列环保、快速、超厚、多功能刷镀技术以后，用超厚刷镀法修复局部缺陷非常方便。此法已大量成功修复液压缸活塞杆，FJY系列电刷镀技术已表现出替代常规修复技术的潜力。西北工业大学的FJY电刷镀修复技术简介如下。

a. 镀铬液压杆电刷镀工艺流程　机械整形（用电动磨头将缺陷处拓展至适合镀笔良好接触）—电净—水洗—去氧化膜（各种活化处理）—铬面活化—铬面底镍—水洗—高速厚铜填坑（镀厚能力3mm以上）—机械修磨（修磨至平滑过渡）—电净—水洗—铬面活化—铬面底镍—水洗—耐磨面层—水洗—机械修磨—表面抛光。

b. 修复工艺说明　均匀磨损的液压杆很容易修理，比较有效的方法是先磨去表面的电镀层（主要是磨去镀铬层。如果直接在镀铬表面电镀，结合力难以保证。虽然有人采用阳极刻蚀的办法活化镀铬层，但常常因难以确保活化效果，修复可靠性不高），然后按常规电镀修复工艺进行电镀修复。

对于在工作现场出现的点坑破坏、电击伤破坏、碰伤破坏等深度大(毫米级)、面积小的局部损坏的修复（如图3-28所示），不适合采用电镀修复法。FJY系列快速超厚电刷镀修复技术是解决这类问题的最佳选择，其工艺说明如下。

• 机械整形：用电动磨头打磨待修部位至弧形平滑过渡，保证镀笔能够接触到凹坑的底部（图3-29）。

图3-28　局部破坏照片

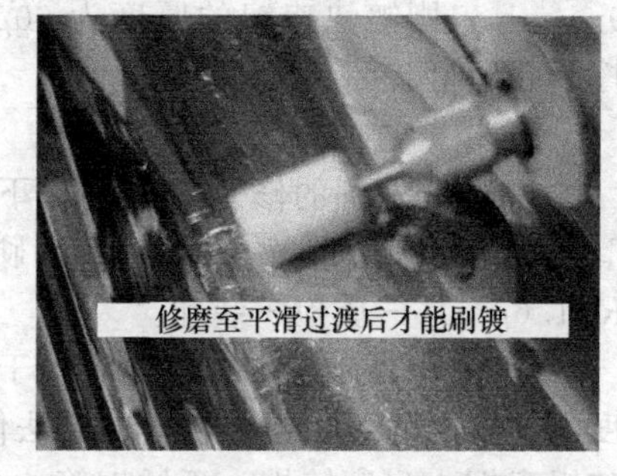

图3-29　机械整形

• 电净：电净的作用是除去工件表面的油污。为了防止油污污染镀液，镀液可能流过的地方都应该进行电净处理。电净的面积可以大一些、次数可以两次以上，确保经过此步骤后，工件上的油污能够彻底除尽。

• 活化：液压杆的材质多为经调质处理的碳素结构钢。一般用 2 号活化和 3 号活化去除钢铁表面的氧化膜、渗碳体和游离碳（过饱和碳）。用 FJY 全能铬面活化液去除镀铬层表面的氧化膜。如果不用铬面活化液处理镀铬面，铬面上的镀层与镀铬层结合不牢，镀后修磨时难以实现平滑过渡。使用时毛糙的边界会刮伤油封。

• 铬面底镍：镀铬面底镍的作用是在修复部位刷镀出结合牢固的底层（其作用与盖楼房时打地基的作用相似，只有把地基打牢了，楼房才能稳固），镀铬面底镍的时间不宜太长，以施镀面呈均匀的亮白色为宜。如果底层呈灰色（或暗灰色），应磨去底层，重新进行镀前处理和镀底镍工序。

• 高速厚铜填坑：液压杆的局部破坏深度一般在 0.5～3mm 之间，用 FJY 系列快速超厚高堆积厚铜填坑，刷镀时间 0.5～1h（一般情况下，1mm 的深度可以在 15～20min 内填平）。图 3-30 为刷镀快速厚铜照片。

• 机械修磨：用仿形磨具修磨刷镀面，按照由粗到细的顺序修磨至平滑过渡并符合公差要求。

• 镀耐磨面层：镀耐磨面层是为了提高表面硬度和耐腐蚀性，一般选用镍及其合金作面层。因面层是覆盖在铜层和铬层之上的，所以在镀面层之前，仍需要进行铬面活化、铬面底镍工序。

• 表面抛光：表面抛光的作用是精修刷镀面，用细砂纸蘸抛光膏抛磨刷镀面，使表面达到镜面光泽。表面抛光有双重作用：其一是提高密封性能，其二是防止磨伤油封。按照本文推荐的刷镀方法修复镀铬液压杆、油缸，使用效果与新件相当。图 3-31 为修复后的活塞杆照片。

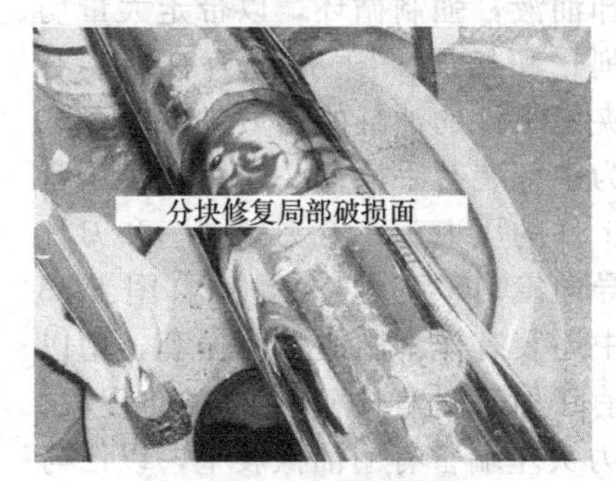

图 3-30　速厚铜填坑

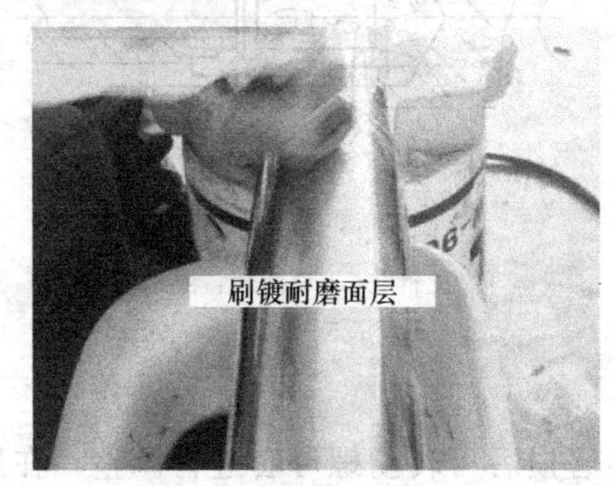

图 3-31　修复后的工件

采用 FJY 系列电刷镀修复工艺现场修复镀铬油缸活塞杆局部损伤，

可以克服其他修复方法存在的种种问题，修复后工件的使用寿命与新件相当，是一种修复成本低、操作简便、生产效率高的新型维修方法，该技术特别适合修复镀铬零部件的局部缺陷。

(4) 油缸缸体孔的加工（修复）方法简介

① 油缸缸体的粗加工　缸体孔的加工一般在专门的深孔加工机床（钻镗床）上进行，如 T2110～T2150 型钻镗床，也可在普通车床上进行。机床主轴上装有夹具（图 3-32）夹持缸体一端，主轴通过夹具将旋转运动和转矩传递给工件，工件另一端靠压力头（受油器）顶住。刀杆夹紧于溜板的刀夹内，并用跟刀架支承，工件也可用中心架支承（图中未画出），加工时工件作旋转主运动，刀具作送进运动，对实心坯件，采用后排屑（图 3-33）。

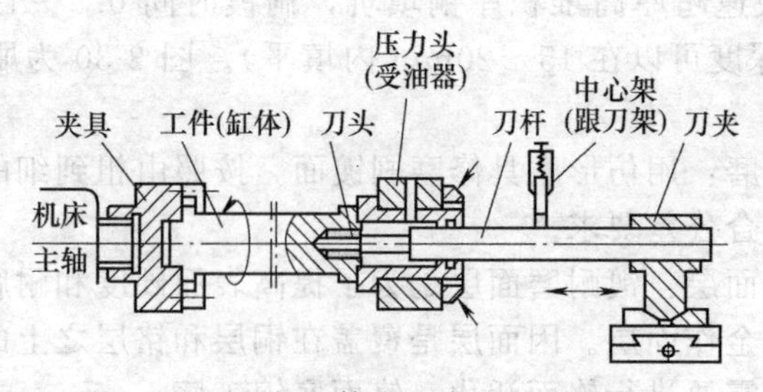

图 3-32　工件缸体在机床主轴上的夹持

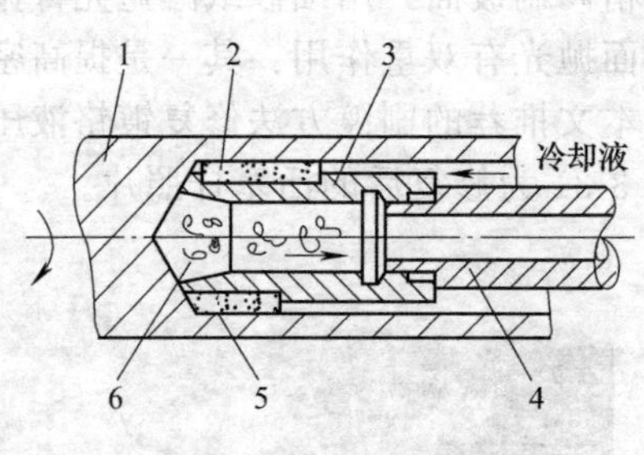

图 3-33　后排屑方式

1—工件；2—导向块；3—刀体；4—刀杆；5—刀刃；6—切屑

压力头（受油器）左端用来夹持工件右端，并且用来夹承刀杆，引导刀杆与刀头，而且由此通入冷却油液，强制循环，以带走大量切削热和切屑。图 3-34 为右端装有夹紧工件的油缸的压力头，图 3-35 为中部装有手柄盘 8 的用螺旋压紧工件的压力头。刀头导向套和刀杆导向套作为引导刀具用。图 3-35 中还装有柞木制成的消振套，用以消除加工过程中产生的振动现象。磨损后可转动螺母套进行调整，在压力头左端备有耐油橡胶垫，以便与工件端面紧密接触，防止冷却液外漏，转动手柄套可使受油轴向左移，带动有关零件紧靠工件，压紧零件端面。

当缸体内孔直径较小而毛坯又是实心材料时，则先要钻孔或用套料刀加工。加工前先用钻头和镇刀加工一个较精确的浅孔，供深孔钻削作导向用。

孔的粗镗刀具可参阅有关刀具设计手册，在镗削加工过程中，保证工件、夹具和机床中心线相一致，是保证后续精镗和整个加工质量的关键。其中，工件定位是靠压力头和夹具定位，并对准机床中心线的。因此镗刀刀头尺寸及导向块的调整，是影响中心线对准的一个重要因素。

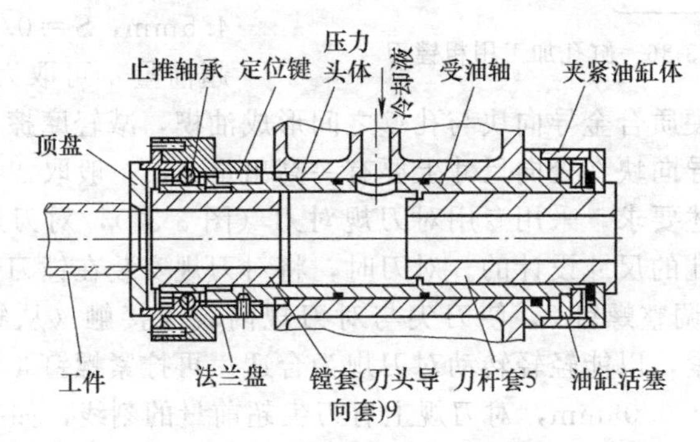

图 3-34 右侧装有夹紧工件液压缸的压力头

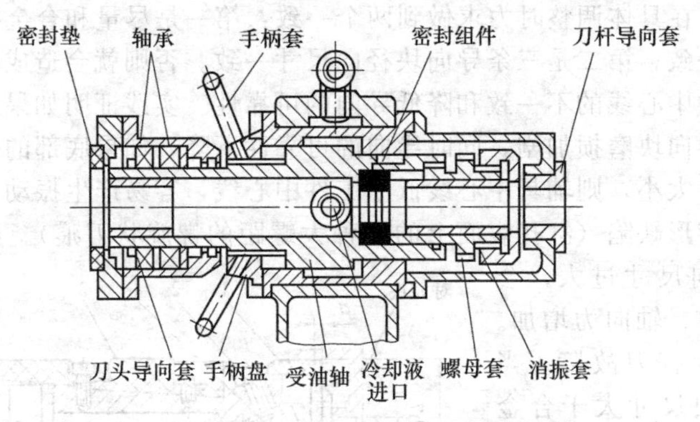

图 3-35 中部装有手柄盘用螺旋压紧工件的压力头

粗镗刀头的前导向块是硬质合金的，后导向块是夹布塑料的，它们是相互关联的。当开始切削时，合金导向块起不到导向作用，中心线的对准是靠塑料导向块和压力头的导套来保证的。当走刀至一定长度后，合金导向块才完全起作用，它能减少塑料导向块的磨损，但起主导作用的还是塑料导向块，有关刀头，导向块的尺寸调整如下。由图 3-36 可知，粗镗刀刀尖对合金导向块在轴向位且必须有一个超前量，以免导向

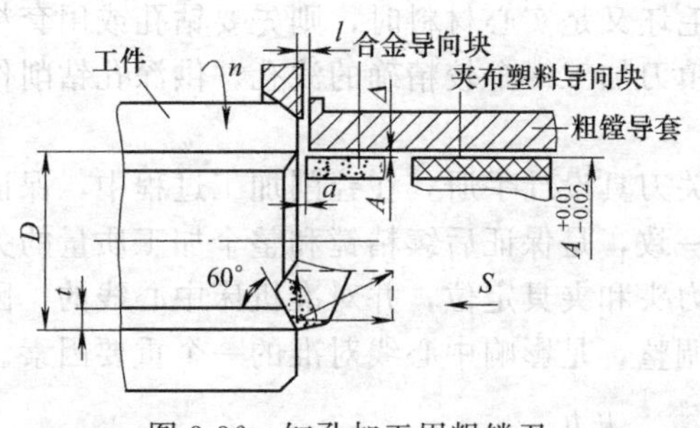

图 3-36 缸孔加工用粗镗刀

块在送进时干涉，超前量大，径向力平衡不好，会引起镗刀头偏斜，易使导向块与孔壁局部摩擦，低加工表面质量。导向块磨损加剧，所以超前量要正确选取，如加工余量为4.5mm，$S=0.2$mm/r时，超前量a可取为1.5mm。

为了使硬质合金导向块与孔壁之间形成油楔，减轻摩擦，因此刀尖比硬质合金导向块在径向尺寸上要有一高出量Δ，一般取$\Delta=0.02$mm。为了保证上述要求，采用专用对刀规对刀（图 3-37），对刀规的公称尺寸是按粗镗孔的尺寸设计的。对刀时，将对刀规安装在镗刀体前定位轴颈ϕCh上，调整螺钉2，使刀尖与对刀规内表面接触（从缺口可见）。不要顶得太紧，以能轻轻转动对刀规为合适。再拧紧螺钉4即可，对刀精度达0.01～0.03mm，对刀规上有刀尖超前量的刻线，如果不合适则应重磨镗刀，夹布塑料后导向块，尺寸是可以调整的，其调整尺寸取$A^{+0.01}_{-0.02}$。在具体调整时力求做到两个一致：第一是尽量和合金导向块的尺寸相一致；第二是三条导向块径向尺寸一致。否则就会造成辅具中心线和工件中心线的不一致和降低导向的可靠性。实践证明如果后导向块比合金导向块磨损加剧，同时导向的可靠性下降，如果底部的后导向块径向尺寸太小，则辅具中心线低于工件中心线，容易产生振动、啃刀而造成螺旋形缺陷（缸孔表面上的一种大螺距的螺旋状刀痕）。如后导向块的径向尺寸过大，会使径向力、轴向力增加。容易发生打刀故障。当后导向块尺寸大于合金导向块尺寸0.15mm以上时容易发生闷车。因此，后导向块的调整应尽可能做到两个一致。

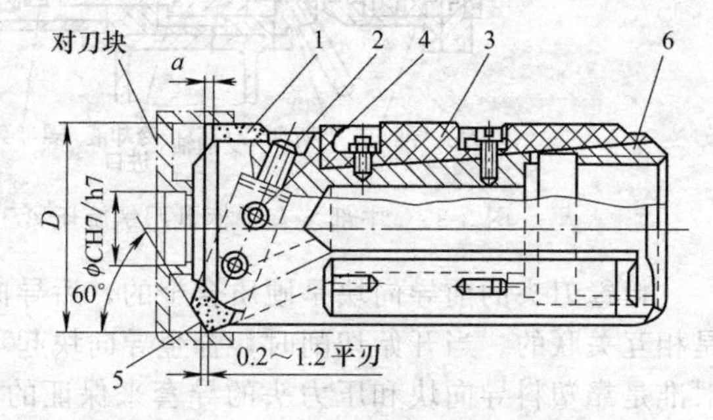

图 3-37 用专用对刀规对刀

1—硬质合金导向块；2—调节螺钉；3—夹布塑料导向块；4—压紧螺钉；5—刀片；6—本体

② 油缸缸体的精加工　缸体的精加工一般采用精镗滚、滚压、珩

磨、强力珩磨及磨削等方法。

a. 精镗 可采用图 3-38 所示的精镗刀头进行。较之粗镗，精镗时刀头的夹布塑料导向块的调整要求做到三个一致，第一是导向块的前半部要和粗镗后的孔径一致；第二是后半部要和精镗后的孔径一致，第三是几条导向块的径向尺寸要一致，这样才能保证精镗质量。

一般，精镗目前广泛采用浮动镗刀的形式，图 3-39 所示的刀块可以在刀杆孔中滑动而作微量的径向移动，自动调整使两刀刃的切削用量相等，因此可减少因刀杆弯曲或安装不准确引起的误差。浮动镗刀的加工余量一般在 0.1～0.2mm 为宜，一般可达 H7（DE）的精度和 $Ra1.2\mu m$ 的表面粗糙度，浮动镗刀加工的缺点是不能改善孔的直线性和相互位置精度。

排屑和散热是深孔加工中非常重要的问题。一般采用后排屑，适当加大冷却液量（300L/min），冷却液压力 0.8MPa 左右。

b. 滚压 这种方法不但用于加工缸体，而且常用来修复缸体。

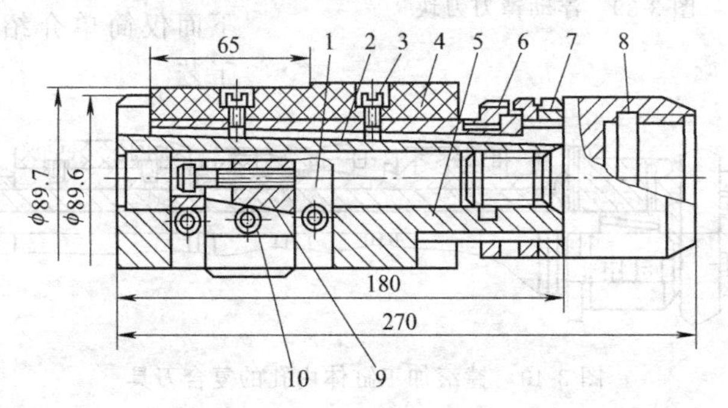

图 3-38 精镗刀头

1—夹刀；2—楔形铁；3—螺钉；4—导向块；5—刀头体；6—调整螺母；7—锁紧螺母；8—接头；9—楔形压铁；10—固刀螺钉

滚压时走刀量一般愈小愈好。一般可取 0.25～0.3mm/r，切削速度对粗糙度影响不显著，一般可用 80～100m/min，滚压走刀次数一般以两次为宜。滚压前孔的表面粗糙度在 $Ra1.6\sim0.8\mu m$ 为宜。

滚压头中的滚柱，增大其圆弧半径，一般可降低粗糙度，但滚压表面冷硬层的深度就会减少，一般可用 $R=2mm$，滚柱常用合金钢如 CrMoV、GCr9～GCr15 等制成，经淬火（最好氮化）其表面硬度为 60～65HRC。表面抛光后，表面粗糙度为 $Ra0.4\sim0.2\mu m$，使用配比为 1∶1 的硫化油和煤油作切削液。

图 3-40 为镗滚加工油缸内孔工艺的复合刀具，在一次走刀中进行粗镗、精镗和滚压，因此生产率高，精度可达 H10～H7，表面粗糙度 $Ra0.4\sim0.6\mu m$。

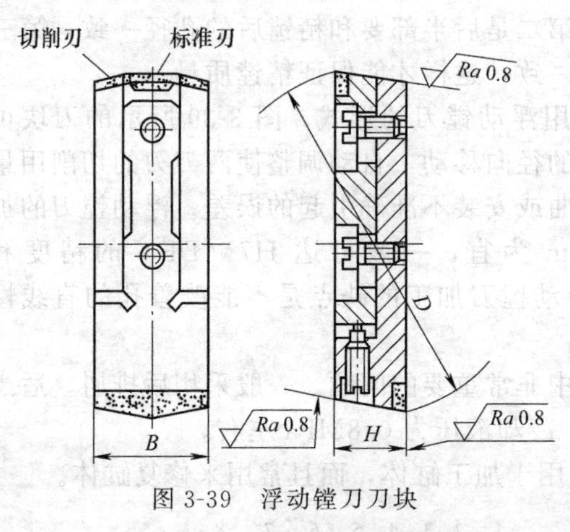

图 3-39 浮动镗刀刀块

c. 珩磨及强力珩磨 珩磨是油缸孔精加工的又一种普遍采用的方法，是磨削加工的特殊形式，是一种提高油缸孔尺寸几何精度和降低表面粗糙度的有效方法。后来又出现了强力珩磨工艺，与普通珩磨相比它的特点是：工作压力高，加工余量大，磨削效率高，加工质量好，下面仅简单介绍强力珩磨工艺。

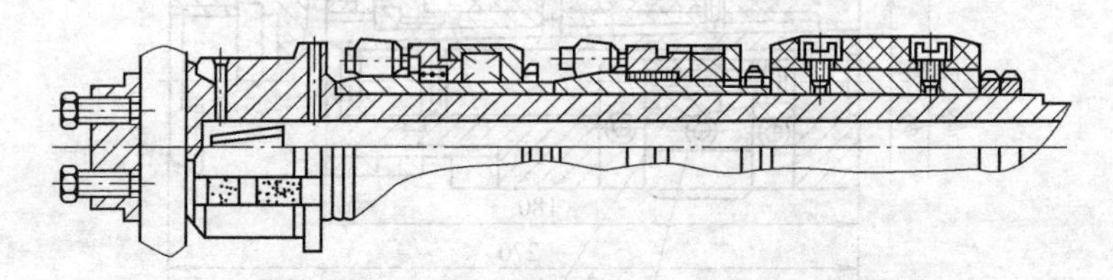
图 3-40 镗滚加工缸体内孔的复合刀具

• 强力珩磨油石的选择 强力珩磨油石磨料的选择主要按缸体材料不同进行：白刚玉（GB）用于钢件类，例如 20、35、45、20Cr、40Cr、27SiMn、30CrMnSiA、38CrMoAlA 及铬镍合金钢（淬火与未淬火）等，绿碳化硅（TL）用于铸铁件及铝合金，黑碳化硅（TH）用于铜件类。

油石的粒度可按表 3-1 选取，一般油石粒度越粗，切削效率越高。但表面粗糙度相应加大，反之油石粒度越细得到的粗糙度越低，但珩磨效率较低。油石硬度、可按表 3-2 选取，主要根据机床类型、工件材料、硬度、孔径的变化来选择。

油石的硬度还与缸径大小尺寸有关（表 3-3）。还有，卧式珩磨机比立式珩磨机所用油石硬度低 1 小级左右。机械扩张式磨头比液压扩张

式磨头所用油石硬度低1～2小级。

表 3-1　粒度、工件材料与表面粗糙度关系

油石粒度	表面粗糙度	
	钢	铸铁
$120^{\#}\sim150^{\#}$	$\sqrt{Ra\,1.6}$	$\sqrt{Ra\,3.6}$
$180^{\#}\sim240^{\#}$	$\sqrt{Ra\,1.6}\sim\sqrt{Ra\,0.8}$	$\sqrt{Ra\,1.6}$
$320^{\#}\sim$W40	$\sqrt{Ra\,0.8}$	$\sqrt{Ra\,0.8}$
W28～W20	$\sqrt{Ra\,0.8}\sim\sqrt{Ra\,0.4}$	$\sqrt{Ra\,0.4}$ 以下

表 3-2　不同材料与油石硬度关系

工件材料	粗珩油石硬度	精珩油石硬度
淬硬(合金钢)	$CR\sim R_2$	$CR\sim R_1$
未淬硬合金钢	$R_1\sim R_3$	$R_1\sim R_2$
铸铁类	$ZR_1\sim ZY_2$	$ZR_1\sim Z_2$

油石与油石座的结合方式有：机械夹固式；粘接式。

其中粘接式用虫胶片、树脂剂或“914”黏结剂粘接。“914”黏结剂有A、B两组，按A∶B=6∶1（质量比）或5∶1（体积比）将两组分挤在干净容器内调匀，立即黏合，油石座要先洗干净，并施加适当接触压力，室温放置1h可固化，三小时完全固化，加热到264℃，又可取下旧油石。

强力珩磨液一般使用煤油（80%）加机油（15%）再加锭子油（5%）的混合液。工件转速60～200r/min，往复速度4～20cpm(3～7m/min)，珩磨余量每次一般为0.2mm。精珩余量0.01～0.02mm；油石总宽度占被珩磨孔周长25%左右，液压珩磨头的珩磨压力为0.4～0.8MPa。

• 珩磨头　珩磨头的结构分为机械扩张式与液压扩张式两大类。

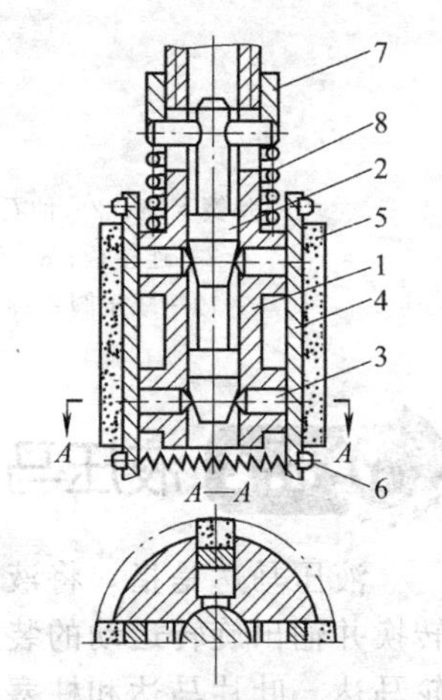

图 3-41　机械扩张式珩磨头

图3-41中为机械扩张式珩磨头，本体1通过浮动联轴器和机床主轴连接，磨条5用

黏结剂和磨条座 4 固结在一起装入本体 1 的槽中，磨条座两端由弹簧箍 6 箍住，使磨条经常自内收缩，珩磨头工作尺寸的调节靠调节锥 2 实现。当旋转螺母 7 向下时，推动调节锥向下移动，通过顶块 3 使磨条径向张开，当磨条与孔表面接触后，继续旋转螺母 7 便可获得工作压力；反之将螺母 7 拧向上时，压力弹簧 8 便把调整锥向上移，磨条便因弹簧箍 6 而收缩。

图 3-42 为液压珩磨头，油石的涨缩由调节的液压压力大小而定，其他同机械式珩磨头。

表 3-3　缸径与油石硬度关系

缸径/mm	油石硬度
≥ϕ195	R_3～ZR_1
ϕ195～155	ZR_3～ZR_2
ϕ155～130	ZR_2～Z_1
≤ϕ130	Z_1～Z_1

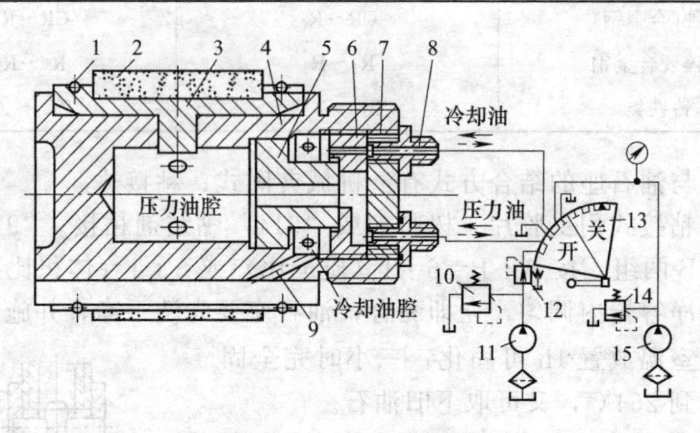

图 3-42　液压珩磨头

1—弹簧卡座；2—油石；3—油石座；4—本体；5—隔油套；6—导流板；7—连接板；8—管接头；9—通油孔；10—溢流阀；11—泵；12—减压阀；13—换向阀；14—冷却泵安全阀；15—冷却泵

3.2 液压马达的维修

液压马达是指，将液压泵提供的液体的压力能转变为机械能的能量转换并输出旋转运动的装置。液压马达简称油马达，按结构主要分为齿轮马达、叶片马达和柱塞马达几类。另外液压马达有高速、中速、低速的区别，输出扭矩分别对应小扭矩、中扭矩、大扭矩。

3.2.1 齿轮式液压马达（齿轮马达）

(1) 齿轮式液压马达（齿轮马达）的工作原理

如图 3-43 所示。设两齿轮的中心分别为 O 与 O'，输出轴与 O 同心，齿顶圆为 R_2，齿根圆为 R_1，两齿轮中心 O 与 O'到啮合点的距离分别为 R_c 与 R_c'，基圆半径为 R_g，齿宽为 b，齿轮的啮合角为 α。

如齿轮转角为 θ 时，则压力油作用于齿轮 O 与 O'的齿面产生的转矩分别为 T_1 与 T_2：

$$T_1=\Delta pb[R_2^2-R^2-R_g^2\theta(\theta+2\tan\alpha)]/2$$

$$T_2=\Delta pb[R_2^2-R^2-R_g^2\theta(\theta-2\tan\alpha)]/2$$

式中 R——齿轮的节圆半径；

Δp——进出口油液压力差（p_1-p_2）。

则齿轮马达的瞬时理论转矩为 $T_t=T_1+T_2$

$$T_t=\Delta pb(R_2{}^2-R_g^2\theta^2)$$

齿轮马达的转矩在 $\theta=-\pi/2\sim+\pi/2$ 之间产生周期性的脉动，增加齿数，可减小脉动区间，使脉动变化减小并均匀变化。

为了减少内泄漏，齿轮马达也采用齿轮泵相同的浮动侧板与浮动轴套之类的结构，补偿内泄漏的方法相同。

① 启动油马达之前，壳体要注满油。壳体始终要充满油，提供内部润滑，否则将拉坏油马达，铸成大错。

② 泄漏连接：壳体泄漏管必须全口径，不受节流，并且从泄油口直接连到油箱，使壳体保持充满油液。泄漏管的配管必须避免虹吸现象，泄油管要使它在油箱液面以下终结，其他管路不得连接该泄油管。

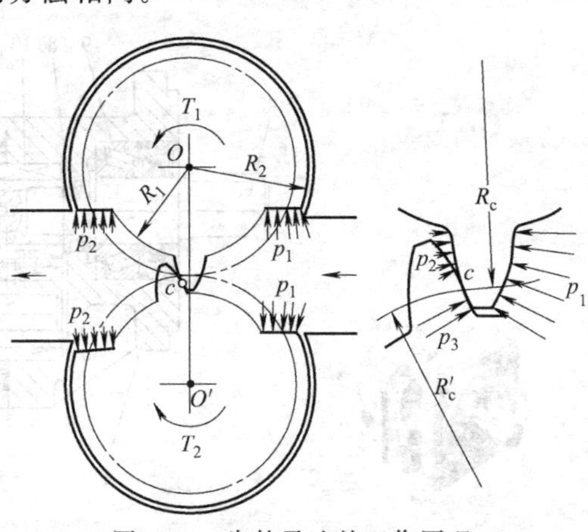

图 3-43 齿轮马达的工作原理

(2) 齿轮式液压马达（齿轮马达）的结构例

① 国产 CM-F 型齿轮马达 国产 CM-F 型齿轮马达的结构如图

3-44所示。

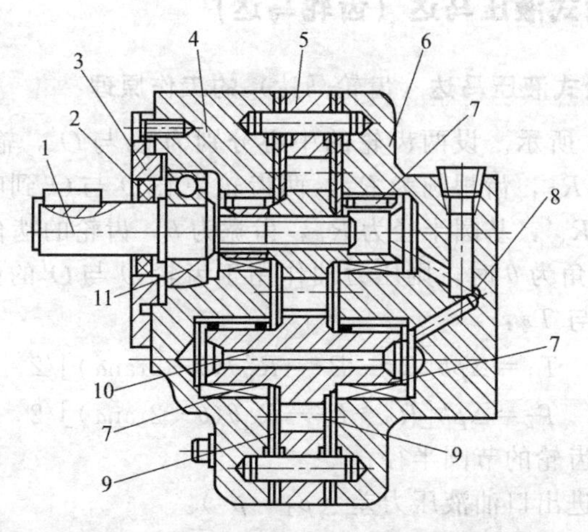

图 3-44　国产 CM-F 型齿轮马达的结构图

1—输出轴；2—轴封；3—法兰盖；4—前盖；5—体壳；6—后盖；7—滚针轴承；8—泄油道；9—侧板；10—短齿轮轴；11—滚珠轴承

② 德国博世-力士乐公司 GPM 系列齿轮马达　德国博世-力士乐公司 GPM 系列齿轮马达的结构如图 3-45 所示。额定压力 17.2MPa，排量 31.2～202.7mL/r，最大转矩 85.4～442.1N·m。

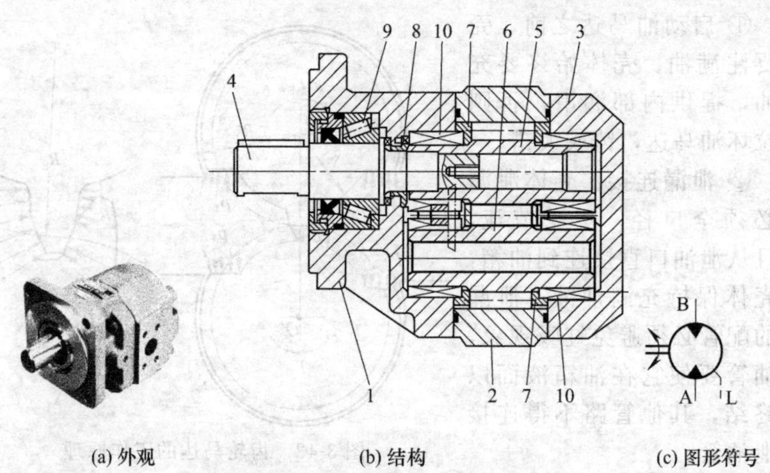

图 3-45　德国博世-力士乐公司 GPM 系列齿轮马达的结构图

1—前盖；2—体壳；3—后盖；4—输出轴；5—主动齿轮轴；6—从动齿轮轴；7—侧板；8—轴封；9—滚柱向心推力轴承；10—滚针轴承

(3) 齿轮式液压马达（齿轮马达）的故障分析与排除

① 维修齿轮马达时主要查哪些易出故障零件及其部位　齿轮马达易出故障的零件有（图 3-46、图 3-47）：长短齿轮轴、侧板、体壳、前后盖、轴承与油封等。

齿轮马达易出故障的零件部位有：长短齿轮轴的齿轮端面（如 A、B 面）和轴颈面的磨损拉伤；侧板或前后盖与齿轮贴合面（Z 面）的磨损拉伤；体壳 C 面磨损拉伤；轴承磨损或破损；油封破损等。

图 3-46　国产 GM5 型齿轮马达结构与易出故障的零件图

② 齿轮马达的故障分析与排除

［故障 1］　输出轴油封处漏油

a. 查与泄油口连接的泄油管内是否背压太大：如泄油管通路因污物堵塞或设计过小，弯曲太多时，要予以处置，使泄油管畅通，且泄油管要单独引回油池，而不要与油马达回油管或其他回油管共用，油封应选用能承受一定背压的。

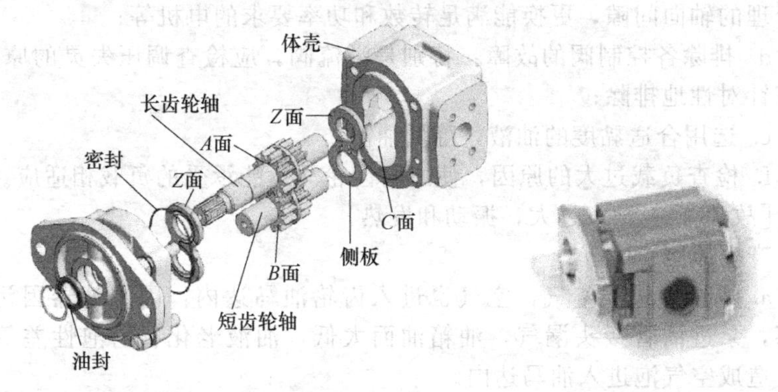

图 3-47　美国派克公司 PGM 齿轮马达立体分解图

b. 查马达轴回转油封是否破损或安装不好：油封破损或安装时箍紧弹簧脱落会从输出轴漏油。因油马达轴拉伤油封时，要研磨抛光油马达轴，更换新油封。

[故障 2] 转速降低，扭出转矩降低

产生原因有（参阅图 3-47）：

a. GM 型齿轮油马达的侧板 Z 面或主从动齿轮的两侧面（A 面与 B 面）磨损拉伤，造成高低压腔之间的内泄漏量大，甚至串腔；

b. 齿轮油马达径向间隙超差，齿顶圆与体壳孔间隙太大，或者磨损严重；

c. 油泵的供油量不足：油泵因磨损和径向间隙增大、轴向间隙增大，或者油泵电机与功率不匹配等原因，造成输出油量不足，进入齿轮油马达的流量减少；

d. 液压系统调压阀（例如溢流阀）调压失灵压力上不去、各控制阀内泄漏量大等原因，造成进入油马达的流量和压力不够；

e. 油液温升，油液黏度过小，致使液压系统各部内泄漏量大；

f. 工作负载过大，转速降低。

排除方法：

a. 根据情况研磨或平磨修理侧板与主从动齿轮接触面，可先磨去侧板、两齿轮拉毛拉伤部位，然后研磨，并将油马达壳体端面也磨去与齿轮磨去的相同尺寸，以保证轴向装配间隙；

b. 根据情况更换主从动齿轮；

c. 排除油泵供油量不足的故障：例如清洗滤油器，修复油泵，保证合理的轴向间隙，更换能满足转数和功率要求的电机等；

d. 排除各控制阀的故障：特别是溢流阀，应检查调压失灵的原因，并有针对性地排除；

e. 选用合适黏度的油液，降低油温；

f. 检查负载过大的原因，使之与齿轮马达能承受的负载相适应。

[故障 3] 噪声过大，振动和发热

产生原因：

a. 系统中进了空气，空气也进入齿轮油马达内：因滤油器因污物堵塞，泵进油管接头漏气，油箱油面太低，油液老化、消泡性差等原因，造成空气泡进入油马达内。

b. 齿轮马达本身的原因：齿轮齿形精度不好或接触不良；轴向间隙过小；马达滚针轴承破裂；油马达个别零件损坏；齿轮内孔与端面不垂直，前后盖轴承孔不平行等，造成旋转不均衡，机械摩擦严重，导致噪声和振动大的现象。

排除方法：

a. 排除液压系统进气的故障，例如：清洗滤油器，减少油液的污染；拧紧泵进油管路管接头，密封破损的予以更换；油箱油液补充添加至油标要求位置；油液污染老化严重的予以更换等。

b. 尽力消除齿轮油马达的径向不平衡力和轴向不平衡力产生的振动和噪声：例如，对研齿轮或更换齿轮；研磨有关零件，重配轴向间隙；更换已破损的轴承；修复齿轮和有关零件的精度；更换损坏的零件；避免输出轴过大的不平衡径向负载。

［故障 4］　低速范围速度不稳定，有爬行现象

产生原因：

a. 系统混入空气，油液的体积弹性模量即系统刚性会大大降低。

b. 油马达的回油背压太小，未安装背压阀，空气从回油管反灌进入齿轮油马达内。

c. 齿轮马达与负载连接不好，存在着较大同轴度误差，使齿轮油马达受到径向力的作用，从而造成马达内部的配油部分高低压腔的密封间隙增大，内部泄漏加剧，流量脉动加大。同时，同轴度误差也会造成各相对运动面间摩擦力不均而产生爬行现象。

d. 齿轮的精度差，包括角度误差和形位公差，它一方面影响马达流量不均匀而造成输出扭矩的变动另一方面在油马达内部易造成内部流动紊乱，泄漏不均，更造成流量脉动，低速时排量油马达表现更为突出。

e. 油温和油液黏度的影响：油温增高，一方面内泄漏加大影响速度的稳定性；另一方面油温使黏度变小，润滑性能变差，影响到运动面的动静摩擦系数之差。

排除方法：

a. 防止空气进入油马达。

b. 在油马达的回油流道上装一个背压阀，并适当调节好背压压力的大小，这样可阻止齿轮马达启动时的加速前冲，并在运动阻力变化时起补偿作用，使总负载均匀，马达便运行平稳，相当于提高了系统的刚性。

c. 注意油马达与负载的同轴度，尽量减少油马达主轴因径向力造成的偏磨及相对运动面间摩擦力不均而产生的爬行现象。

d. 如果是油马达的齿轮精度不好造成的，可对研齿轮，齿轮转动一圈时一定要灵活均衡，不可有局部卡阻现象。另外尽可能选排量大一点的齿轮马达，使泄漏量的比例小，相对提高了系统刚度，这样有助于

消除爬行、降低马达的最低稳定转速。

e. 控制油温，选择合适的油液黏度，以及采用高黏度指数的液压油。

(4) 齿轮马达的修理与注意事项

齿轮马达的修理可参阅 1.1 齿轮泵的维修中相应部分。

注意事项如下：

① 启动油马达之前，壳体要注满油。壳体始终要充满油，提供内部润滑，否则将拉坏油马达，铸成大错。

② 泄漏连接：壳体泄漏管必须全口径，不受节流，并且从泄油口直接连到油箱，使壳体保持充满油液。泄漏管的配管必须避免虹吸现象，泄油管要使它在油箱液面以下终结，其他管路不得连接该泄油管。

③ 用压缩空气检查液压马达的工作性能　液压马达结构比较复杂，装配要点多，在修理过程中稍不注意就可能造成马达不工作或工作无力。如果不经试验台进行性能测试就装机，很容易出现返工现象，但用户一般没有试验台。简单的方法可将组装好的液压马达固定在工作台上，向马达内注入其允许使用的工作油液，然后将 0.6～0.8MPa 的压缩空气从一油口输入后，如果液压马达输出轴能匀速旋转，无卡滞、无窜动现象，而换另一油口输入压缩空气则应以相反的方向旋转，此情况下即可认为马达工作性能正常。

3.2.2 摆线马达

19 世纪 50 年代末期出现了摆线液压泵，进一步发展出现了摆线液压马达，简称摆线马达。摆线液压马达是一种中速中扭矩多作用液压马达，它在工程机械、石化机械、船舶运动、轻工机械产业机械等设备上有着广泛的应用。

(1) 摆线马达的工作原理

① 轴配油摆线马达的工作原理　如图 3-48 所示，轴配油（轴配流）摆线马达它是一种利用与行星减速器类似的原理（少齿差原理）制成的内啮合摆线齿轮液压马达，主要由马达定转子、传动轴、配流轴、输出轴等组成。为了说明其工作原理，我们取马达定转子与配流轴两个截面，如图 3-49 所示。

转子与定子是一对摆线针齿啮合齿轮，转子具有 Z_1（$Z_1=6$ 或 8）个齿的短幅外摆线等距线齿形，定子具有 $Z_2=Z_1+1$ 个圆弧针齿齿形，

转子和定子形成 Z_2 个封闭齿间容积。图中 $Z_2=7$，则有1、2、3、4、5、6、7七个封闭齿间容积。其中一半处于高压区，一半处于低压区。定子固定不动，其齿圈中心为 O_2，转子的中心为 O_1。转子在压力油产生的液压力矩的作用下以偏心距 e 为半径绕定子中心 O_2 做行星运动，即转子一方面在绕自身的中心 O_1 作低速自转的同时，另一方面其中心 O_1 又绕定子中心 O_2 作高速反向公转，转子在沿定子滚动时，其进回油腔不断地改变，但始终以连心线 O_1O_2 为界分成两边，一边为进油，容腔容积逐渐增大；另一边排油，容积逐渐缩小，将油液挤出，通过配流轴（输出轴），再经油马达出油口排往油箱。

由于定子固定不动，转子在压力油［如图3-49（a）中7、6、5腔为压力油］的作用下，产生力矩，以偏心距 e 为半径绕定子中心 O_2 作行星运动。这样转子的旋转运动包括自转和公转，公转是转子中心 O_1 围绕定子中心 O_2 旋转，转子的自转通过鼓形花键联轴节传给输出轴。输出轴旋转时，其外周的纵向槽（图3-48）相对于壳体里的配流孔的位置发生变化，使齿间容积适时地从高压区切换到低压区而实现配流，所以输出轴又为配流轴，这样使转子得以连续回转。

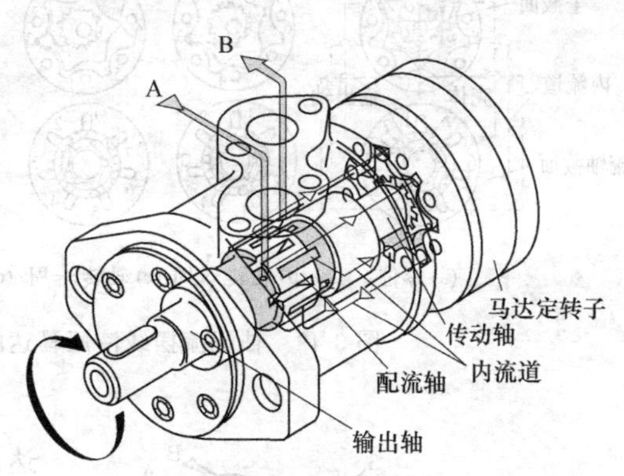

图3-48　轴配油（轴配流）摆线马达

从图3-49所示的转子周转过程中油腔变化的情况可以看出，转子的自转方向与高压油腔的周转方向相反。当转子从图3-49（a）零位自转1/6周转到图3-49（f）时，转子的中心 O_1 绕定子的中心 O_2 以 e 为偏心距旋转了一周，于是高压油腔相应地变化了一周。因而如果转子每转一周，油腔的变化将是6周，排量为 $6\times7=42$ 个齿间容积。由此可见，这相当于在由转子轴直接输出的马达后面接了一个传动比为6∶1的减速器，使输出力矩放大6倍，所以摆线液压马达的力矩对质量比值较大。另外，输出轴每转一周，有4 2个齿间容积依次工作，所以能够得到平稳的低速旋转。

如果 $Z_1=8$。则 $Z_2=8+1=9$。当8个齿的转子公转一圈时，9个容腔的容积各变化一次（高压→低压），转子转一圈时，要公转 8 圈，即可得到 8×9＝ 72 次容腔变化。所以，摆线马达体积虽小，却具有多作用式的大排量，既放大了力矩，又达到减速效果（6：1 或 8：1），因而为低速大转矩马达。同时因为旋转零件小，所以惯性小，使马达的启动、换向及调速等均较为灵敏；单位功率的质量约为 0.5kg/kW，单位功率的体积约为 332cm³/kW，远远超过其他类型的液压马达的同一指标。但摆线马达运转时没有间隙补偿，转子和定子以线接触进行密封，且整台油马达中的密封线较长，因而引起内漏，效率有待提高。

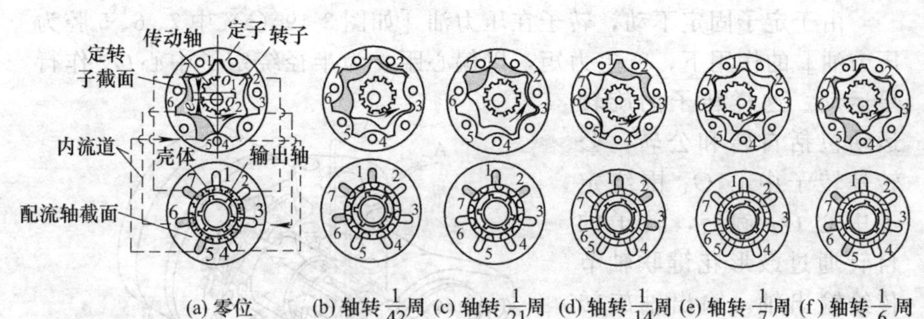

(a) 零位 (b) 轴转 $\frac{1}{42}$ 周 (c) 轴转 $\frac{1}{21}$ 周 (d) 轴转 $\frac{1}{14}$ 周 (e) 轴转 $\frac{1}{7}$ 周 (f) 轴转 $\frac{1}{6}$ 周

图 3-49　轴配流摆线液压马达的工作原理

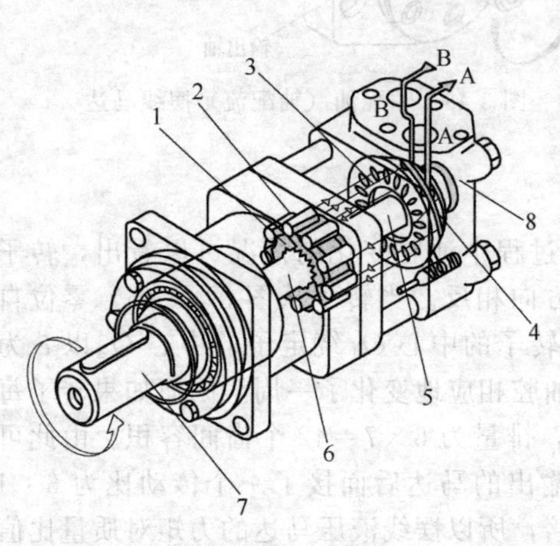

图 3-50　端面配流摆线液压马达的工作原理

1—摆线轮；2—针柱体；3—配流盘；4—辅助盘；5—配流轴；6—传动轴；7—输出轴；8—后壳体

② 端面配流摆线液压马达的工作原理　如图 3-50 所示，压力油经过油孔 B 进入后壳体 8，通过辅助盘 4、配流盘 3 和后侧板，进入摆线轮 1 与针柱体 2 间的封闭容腔变大的高压区容腔（工作腔），压力油作用在转子齿上，使转子旋转；在油压的作用下摆线轮受压向低压腔一侧旋转，摆线轮相对针柱体中心做自转和公转，并通过传动轴 6 将其自转传给输出轴 7，同时通过配流轴 5，使配流盘与摆线轮同步运转，以达到

连续不断地配油。回油从封闭容腔变小的低压区容腔排出低压油，如此循环，摆线转子马达轴不断旋转并输出扭矩而连续工作。

改变输出的流量，就能输出不同的转速。改变进油方向，即能改变摆线马达的旋转方向。

(2) 摆线马达的结构例

① 美国伊顿-威格士 R 系列轴配流摆线马达的结构例见图 3-51。

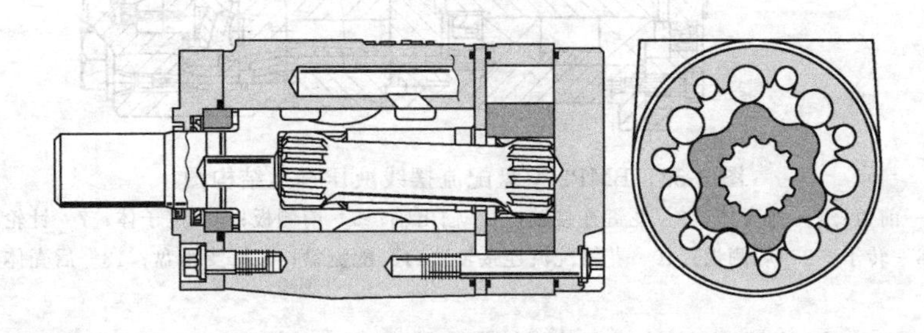

(a) 结构

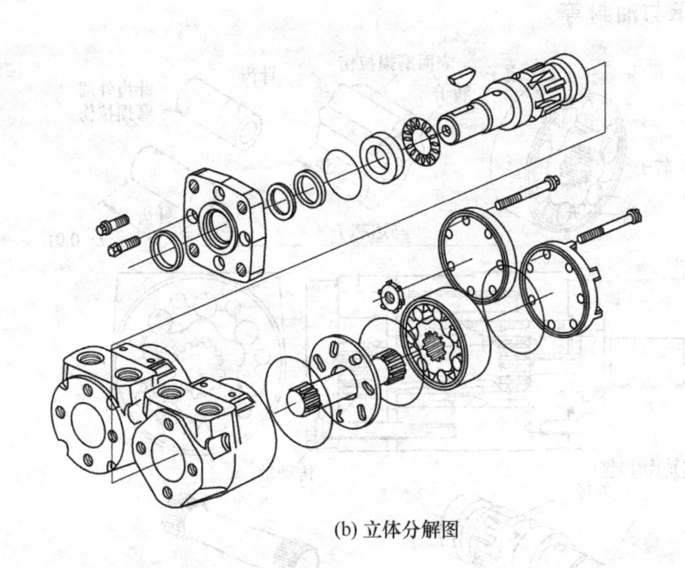

(b) 立体分解图

图 3-51　美国伊顿-威格士 R 系列轴配流摆线马达的结构图

② 盘配流摆线马达的结构例见图 3-52。

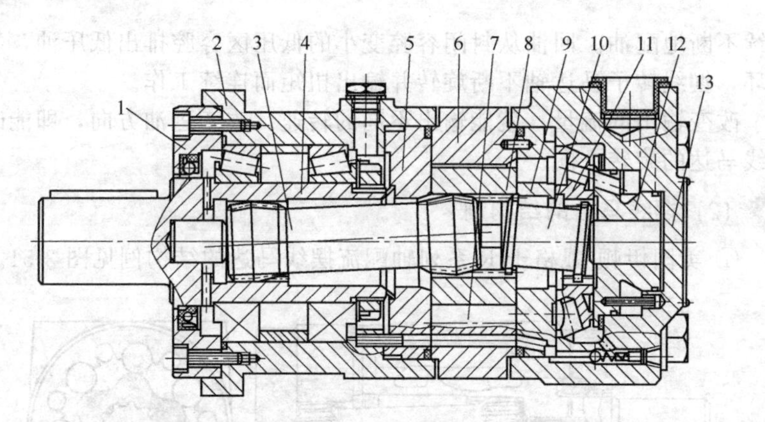

图 3-52　BMP2 型盘配流摆线液压马达结构图

1—前盖；2—前壳体；3—花键连接轴；4—输出轴；5—前侧板；6—定子体；7—针轮；8—转子；9—后侧板；10—花键配流连接轴；11—配流盘；12—支承盘；13—后壳体

(3) 摆线马达的故障分析与排除

摆线马达易出故障的零件有（图 3-53）：配流轴或配油盘、转子、定子、轴承与油封等。

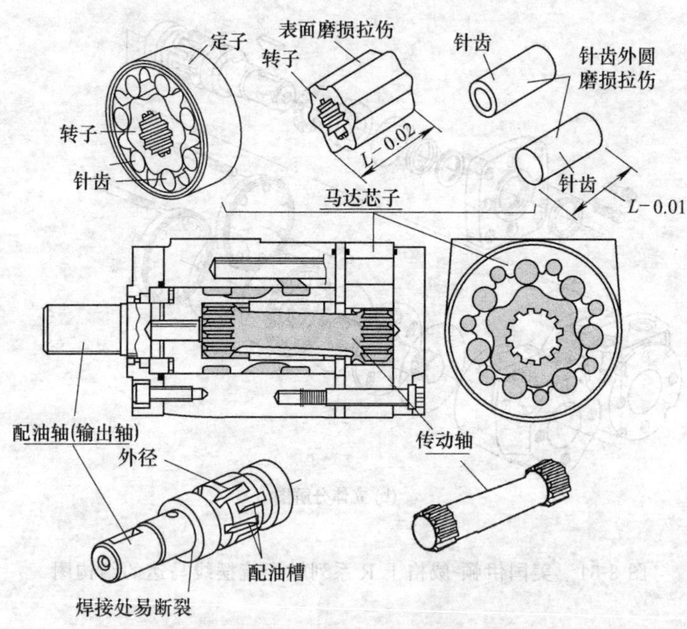

图 3-53　摆线马达易出故障的零件及其部位

摆线马达易出故障的零件部位有：配流轴的外圆面或配油盘端面磨损拉伤；转子外齿表面的磨损拉伤；定子内齿（针齿）表面的磨损拉伤；轴承磨损或破损；油封破损等。

(4) 摆线马达的故障排除

［故障 1］ 马达运行无力

① 查定子与转子是否配对太松：由于马达在运行中，马达内各零部件都处于相互摩擦的状态下，如果系统中的液压油油质过差，则会加速马达内部零件的磨损。当定子体内针齿磨损超过一定限度后，将会使定子体配对内部间隙变大，无法达到正常的封油效果，就会造成马达内泄过大。表现出的症状就是马达在无负载情况下运行正常，但是声音会比正常的稍大，在负载下则会无力或者运行缓慢。解决办法就是更换外径稍大一点的针齿（圆柱体）。

② 查输出轴跟壳体孔之间是否因磨损内泄漏大：造成该故障的主要原因是液压油不纯，含杂质，导致壳体内部磨出凹槽，从而内泄增大，以致马达无力。解决的办法是更换壳体或者整个配对。

［故障 2］ 低转速范围内速度不稳定，有爬行现象

① 查转子的齿面是否拉毛拉伤：拉毛的位置摩擦力大，未拉毛的位置摩擦力小，这样就会出现转速和扭矩的脉动，特别是在低速下便会出现速度不稳定。

转子齿面的拉毛，除了油中污物等原因外，主要是转子齿面的接触应力大。对于 6 个齿转子和 7 个齿定子之间的齿面，接触应力最大高达 30MPa，转速和扭矩的脉动率也超过 2%，因此齿面易拉毛，低速性能差。改成 8 齿转子和 9 齿定子，并且选择较小的短幅系数和较大的针径系数，可使齿面的最大接触应力减少至 20MPa 左右，马达的转速脉动率可降至 1.5%左右，低速性能得到改善，最低转速能稳定在 5r/min 左右。

为了保证低速稳定性，摆线马达的最低转速最好不小于 10r/min。

② 对于定子的圆柱针轮在工作中不能转动的情况，应采取针齿厚度必须略小于定子的厚度的对策。

③ 参阅齿轮马达的故障排除方法的有关内容。

［故障 3］ 运行过程中转数降低，输出扭矩降低

除了可参阅上述外啮合齿轮马达所述相同的故障原因和排除方法外，还有：

① 由于摆线马达没有间隙补偿（平面配流的除外）机构，转子和定子以线接触进行密封，且整台马达中的密封线较长，如果转子和定子接触线齿形精度不好、装配质量差或者接触线处拉伤，内泄漏便较大，造成容积效率下降，转速下降以及输出转矩降低，解决办法如果是针轮定子，可更换针轮，并与转子研配。

② 转子和定子的啮合位置，以及配流轴和机体的配流位置，这两者的相对位置对应的一致性对输出扭矩有较大影响，如两者的对应关系失配，即配流精度不高，将引起很大的扭转速和输出扭矩的降低。

注意保证配流精度，提高配流轴油槽和内齿相对位置精度、转子摆线齿和内齿相对位置精度及机体油槽和定子针齿相对位置精度是非常重要的。

③ 配流轴磨损：内泄漏大，影响了配油精度；或者因配流套与油马达体壳孔之间配合间隙过大，或因磨损产生间隙过大，影响了配油精度，使容积效率低，而影响了油马达的转速和输出扭矩。

可采用电镀或刷镀的方法修复，保证合适的间隙。

[故障 4]　马达不转或者爬行

① 定子体配对平面配合间隙过小：如前所述，BMR 系列马达的定子体平面间隙应大致控制在 0.03～0.04mm 的范围内，这时如果间隙小于 0.03mm，就可能发生摆线轮与前侧板或后侧板咬的情况发生，这时会发现马达 运转是不均匀的，或者是一卡一卡的，情况严重的会使马达直接咬死，导致不转。处理方法：磨摆线轮平面，使其跟定子体的平面间隙控制在标准范围内。

② 紧固螺钉拧得太紧：紧固螺钉拧得太紧会导致零件平面贴合过紧，从而引起马达运转不顺或者直接卡死不转。解决办法是在规定的力矩范围内拧紧螺钉。

③ 输出轴与壳体之间咬坏：当输出轴与壳体之间的配合间隙过小时，将会导致马达咬死或者爬行，当液压油内含有杂质也会发生这种情况。处理办法只有更换输出轴与壳体（或配油套）配对。

[故障 5]　启动性能不好，难以启动

有些摆线马达（如国产 BMP 型）是靠弹簧（参阅图 3-52）顶住配流盘而保证初始启动性能的，如果此弹簧疲劳或断裂，则启动性能不好；国外有些摆线马达采用波形弹簧压紧支承盘，并加强支承盘定位销，可提高马达的启动可靠性。

[故障 6]　马达向外漏油

① 输出轴端漏油：由于马达在日常时间的使用中油封与输出轴处于不停的摩擦状态下，必然导致油封与轴接触面的磨损，超过一定限度将使油封失去密封效果，导致漏油。处理办法：需更换油封，如果输出轴磨损严重的话需同时更换输出轴。

② 封盖处漏油：封盖下面的O形圈压坏或者老化而失去密封效果，该情况发生的概率很低，如果发生只需更换该O形圈即可。

③ 马达夹缝漏油：位于马达壳体与前侧板，或前侧板与定子体，或定子体与后侧板之间的O形圈发生老化或者压坏的情况，如果发生该情况只需更换该O形圈即可。

④ 泄油口螺堵未拆开接一条泄油管直通油箱。

[故障7]　马达内泄漏大

① 定子体配对平面配合间隙过大：BMR系列马达的定子体平面间隙应大致控制在0.03～0.04mm的范围内（根据排量不同略有差别），如果间隙超过0.04mm，将会发现马达的外泄明显增大，这也会影响马达的输出扭矩。另外，由于一般客户在使用BMR系列马达时都会将外泄油口堵住，当外泄压力大于1MPa时，将会对油封造成巨大的压力从而导致油封也漏油。处理办法：磨定子体平面，使其跟摆线轮的配合间隙控制在标准范围内。

② 输出轴与壳体配合间隙过大：输出轴与壳体配合间隙大于标准时，将会发现马达的外泄显著增加（比原因1中所述更为明显）。解决办法：更换新的输出轴与壳体配对。

③ 使用了直径过大的O形圈：过粗的O形圈将会使零件平面无法正常贴合，存在较大间隙，导致马达泄漏增大。这种情况一般很少见，解决办法是更换符合规格的O形圈。

④ 紧固螺钉未拧紧：紧固螺钉未拧紧会导致零件平面无法正常贴合，存在一定间隙，会使马达泄漏大。解决办法是在规定的力矩范围内拧紧螺钉。

[故障8]　其他一些常见的故障

① 输出轴断掉：由于BMR系列马达的输出轴是由露在外部的轴与内部的配油部分焊接起来的，因此该焊接部分的好坏以及外力的作用将直接影响轴的寿命，该故障也是经常发生的，如发生只有更换输出轴。

② 当马达常时间处在超负荷的情况下，或者输出轴受到外界一个反方向的力时，将有可能导致传动轴断掉。传动轴断掉一般都伴随着输出轴的齿和摆线轮的齿都咬掉的情况。解决办法是更换传动轴，如其他

零件损坏需一同更换。

③ 轴挡断掉：轴挡位于输出轴上，用于固定轴承（BMR系列都是6206轴承）。轴挡比较脆，当输出轴受到一个纵向力的冲击时，很容易会导致轴挡碎裂，而碎屑会引起更大的故障，比如：碎片刺破油封，进入轴承使轴承咬坏，使输出轴咬坏。解决办法是如果故障很轻就更换轴挡，不然就根据损坏的程度进行更换零件。

④ 轴端发兰断裂：该故障也比较常见，这主要是马达受到过冲击或者铸件本身的质量问题引起的，解决办法是更换壳体。

(5) 修理摆线油马达的方法

① 定子、转子的修理（图 3-54） 转子的修复为：轻度拉毛或磨损经去毛刺、研磨再用；磨损严重者可刷镀外圆修复，或测量后用数控线切割机床进行慢走丝加工齿形，再经热处理后更换新件。

定子的修复为：如为镶针齿者轻度拉毛或磨损经去毛刺、研磨再用；磨损严重者可放大外径加工新针齿换用；如不为镶针齿者，可与转子一样加工更换。

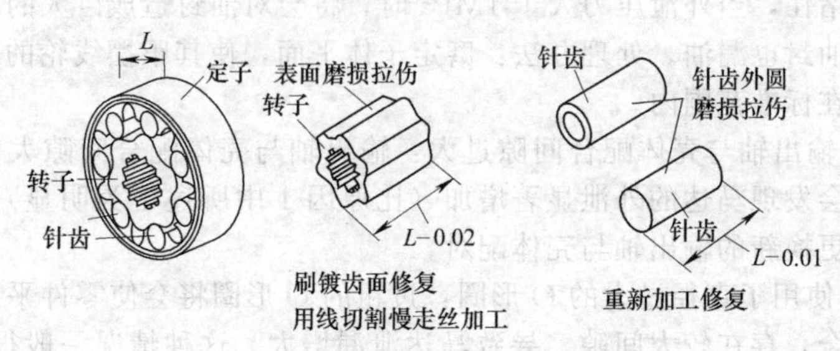

图 3-54 定子、转子的修理

② 配油轴或配油盘的修复（图 3-55） 配油轴的修复为：轻度拉毛或磨损经去毛刺、研磨再用；严重者可刷镀外圆修复或重新加工。

配油盘的修复为：A 面磨损拉伤轻微者经研磨再用；严重者可经平磨、表面氮化后再用。

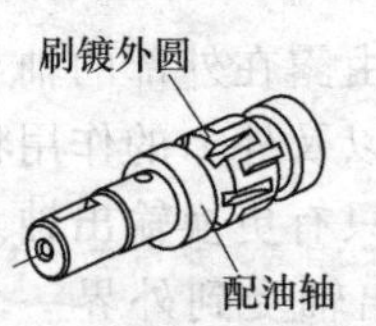

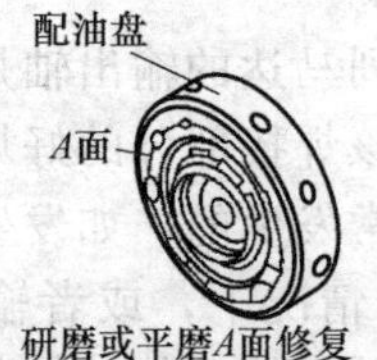

图 3-55 配流轴或配油盘的修复

3.2.3 叶片式油马达

叶片式油马达简称叶片马达，有高速低扭矩和低速大扭矩两种，在液压设备上均有较多的使用。

(1) 叶片马达的工作原理

① 高速低扭矩叶片马达工作原理 如图 3-56 所示，它的结构与双作用叶片泵相同，其定子内表面曲线由 4 个工作区段（两段短半圆弧与两段长半径圆弧）和 4 个过渡区段（过渡曲线）组成，定子和转子同心地安装着，通常采用偶数个叶片，且在转子中对称分布，工作中转子所承受的径向液压力相平衡。

压力油 P 从进油口通过内部流道进入叶片之间，位于进油腔的叶片有 3、4、5 和 7、8、1 两组。分析叶片受力状况可知，叶片 4 和 8 的两侧均承受高压油的作用，作用力互相抵消不产生扭矩。而叶片 3、5 和叶片 8、1 所承受的压力不能抵消。由于叶片 5 和 1 悬伸长，受力面积大，所以这两组叶片合成力矩构成推动转子沿顺时针方向转动的扭矩（图中的 M）。而处在回油腔的 1、2、3 和 5、6、7 两组叶片，由于腔中压力很低或者受压面积很小，所产生的扭矩可以忽略不计。因此，转子在扭矩 M 的作用下顺时针方向旋转。改变输油方向，液压马达可反转。所以叶片式马达一般是双作用式的定量马达，而极少有采用单作用变量马达的形式。

叶片马达的输出扭矩取决于输入油压 p 和马达每转排量 q，转速 n 取决于输入流量 Q 的大小。

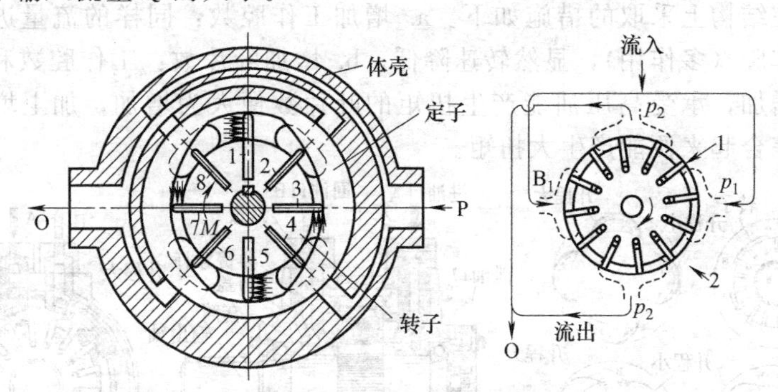

图 3-56 叶片油马达的工作原理

② 低速大扭矩叶片马达的工作原理 上述高速小扭矩叶片马达、叶片在转子每转中，在转子槽内伸缩往复两次，有两个进油压力工作腔，两个排油腔，称之为双作用。

低速大扭矩叶片马达的工作原理是：为得到低速和大扭矩，常采用增加工作腔数的方法，即多作用。因为同样的流量进入多个工作腔，自然转数降低；同时因多工作腔，使能有更多的叶片承受压力来产生扭矩，产生大扭矩。

所以低速大扭矩叶片马达在工作原理和结构上采取的第一项措施是增加工作腔的数量。目前低速大扭矩叶片马达多采用4与6个工作腔。另外，转子的回转半径尽可能大些，这样压力油作用在叶片上所产生力矩的力臂可增大，从而能产生大的扭矩；还有，为使转速降下来，叶片数尽可能多。

图3-57（a）、（b）中，为低速大扭矩叶片马达具有四个工作腔的定子形状图，图中A_1、A_2对着油马达的压力油进口，B对应着油马达的出口。定子内表面有四段等径圆弧和四段凹入的曲线，四段凹入曲线构成四个工作腔，叶片在转子每转中伸缩四次，因此可获得较大的输出扭矩。每两叶片间的封闭容积在每转中变大变小四次，进排油各四次。图3-57（a）中四个工作腔的形状均相同，每个工作腔凹入的升程相同，叫“均等升程”，图3-57（b）中，有两相对工作腔的曲线升程比另两相对的工作曲线升程大一倍，叫“不均等升程”。大，则叶片的伸出量大，压力油作用在叶片上的受力面积大，能产生更大的转矩。图3-57（c）为“不均等升程”。

如上所述，低速大扭矩叶片马达由于“低速”和“大扭矩”的需要，在结构上采取的措施如下。a. 增加工作腔数：同样的流量进入多个工作腔（多作用），显然转速降低；b. 增加叶片数：工作腔数和叶片数的增加，承受高压油能产生扭矩的叶片数便大为增加，加上增大升程，综合起来便能产生大扭矩。

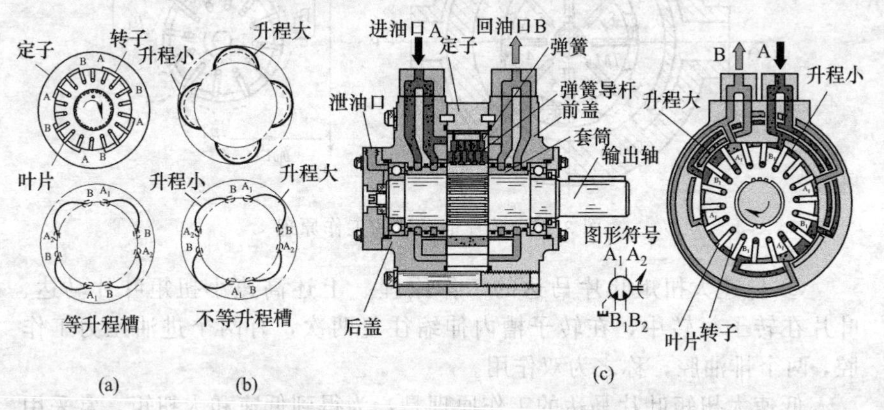

图3-57　叶片马达的工作腔数与升程大小

③ 叶片马达的变挡原理　低速大扭矩叶片马达压力油进入马达内输出扭矩和转速的工作原理与上述高速低扭矩叶片马达相同。但低速大扭矩叶片马达还可用变挡控制阀变挡，叶片马达分级变挡原理如图3-58所示。

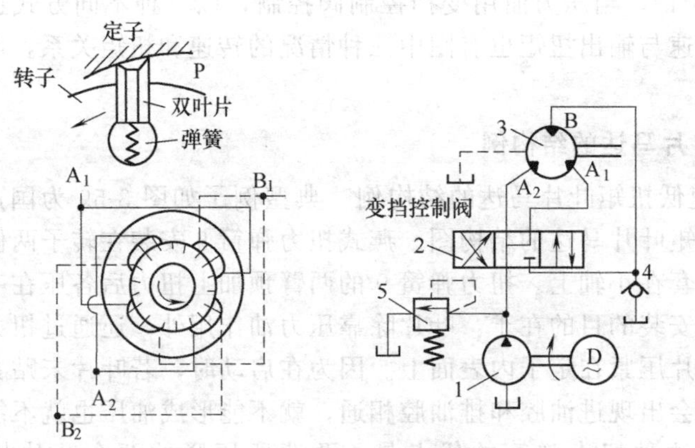

(a) 用变挡控制阀变挡(等升程)

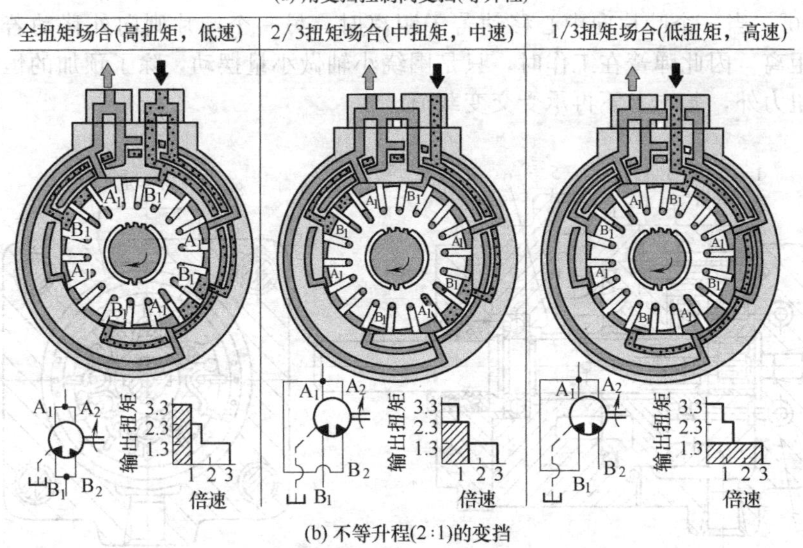

(b) 不等升程(2∶1)的变挡

图 3-58　低速大扭矩叶片式液压马达变挡原理

图（a）中，当变挡控制阀 2 处于图示中间位置时，四个工作腔同时进入由泵 1 来的压力油，叶片马达 3 以全排量工作。由于泵来的流量由四个工作腔分摊，油马达转速最低，扭矩最大；当变挡控制阀 2 处于右位时，压力油只进入 A_1 相对的两工作腔，A_2 相对的两腔通过阀 2 右位回油池，此时泵来的油只需进入两个工作腔，因而转速增加 1 倍，而输出扭矩只有阀 2 中位时的 1/2。阀 2 处于左位的情况也相同。

图（b）所示为不等升程，即有两个工作腔的升程是另两个工作腔的两倍（2∶1），当压力油用变挡控制阀控制，以三种不同方式进排油时，输出转速与输出扭矩也有图中三种情况的转速和扭矩关系，叫叶片马达的变挡。

（2）叶片马达的结构例

① 高速低扭矩叶片马达的结构例　典型例子如图 3-59 为国产 YM 型高速低扭矩叶片马达的结构图。燕式扭力弹簧 9 安装在转子两侧面的环形槽中和套在小轴上。扭力弹簧 9 的两臂预加上扭力后各压在一个叶片的底部。安装的目的在于：叶片除靠压力油作用外，还通过扭力弹簧的扭力将叶片压紧在定子内表面上。因为在启动时，若叶片未贴紧定子内表面，则会出现进油腔和排油腔相通，就不能形成油压也就不能输出扭矩。采用这种扭力弹簧的优点是，两背所压紧的两个叶片相互成 90°，当一个叶片向中心移动若干距离时，另一个叶片则向外移动若干距离。因此弹簧在工作时，只是围绕小轴做小量摆动，除了预加的恒定扭力外，基本上不再承受交变载荷。

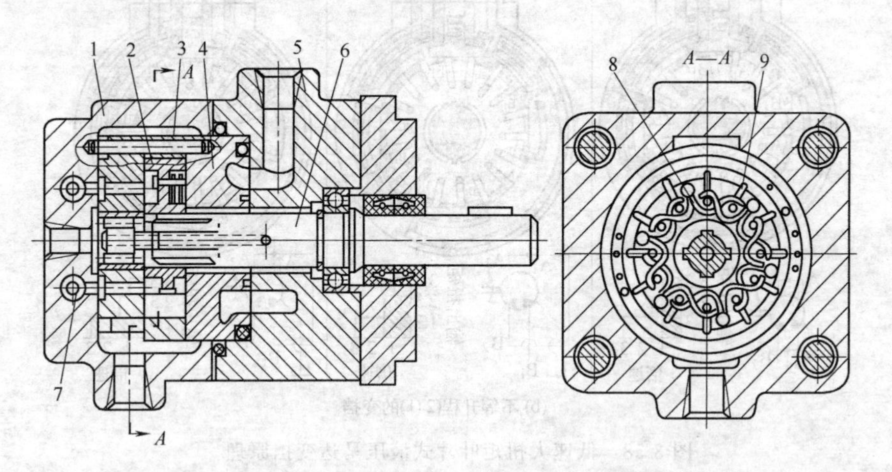

图 3-59　国产 YM 型叶片式液压马达的结构（高速低扭矩）

1—壳体；2—转子；3—定子；4—配流盘；5—盖；6—输出轴；7—单向阀；8—销；9—燕式弹簧

② 低速大扭矩叶片马达的结构例　图 3-60 所示为 MHT 型低速大

扭矩叶片马达的结构例。

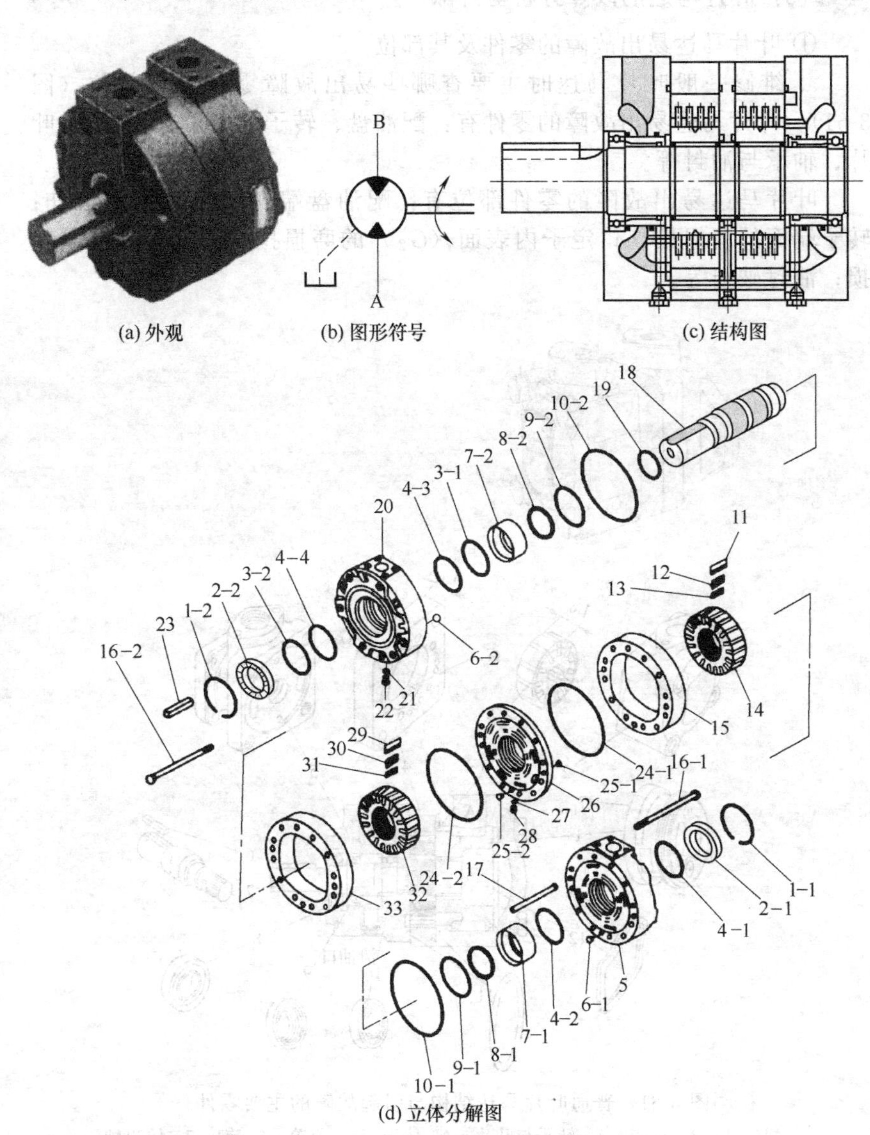

图 3-60 MHT 型低速大扭矩叶片马达

1—卡环；2—轴承；3—密封挡圈；4,6,21,25,27—O 形圈；5—后盖；7—套；8—轴封；9,10—密封环；11—叶片；12,30—弹簧；13,31—弹簧座；14—后转子；15—后定子；16—螺钉；17—定位销；18—马达轴；19—挡圈；20—前盖；22,28—螺堵；23—键；24—密封环；26—双面配油盘；29—叶片；32—前转子；33—前定子

(3) 叶片马达的故障分析与排除

① 叶片马达易出故障的零件及其部位

a. 维修一般叶片马达时主要查哪些易出故障零件及其部位（图3-61） 叶片马达易出故障的零件有：配油盘、转子、定子（体壳）、叶片、轴承与油封等。

叶片马达易出故障的零件部位有：配油盘端面（G_1）磨损拉伤；转子端面的磨损拉伤；定子内表面（G_2）的磨损拉伤；轴承磨损或破损；油封破损等。

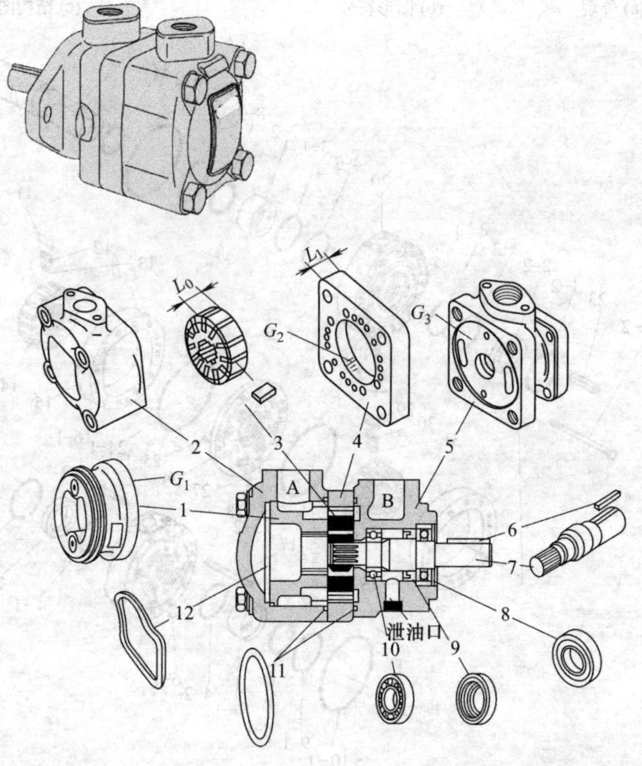

图 3-61 普通叶片马达结构与引起故障的主要零件

1—配油盘；2—后盖；3—转子与叶片；4—体壳；5—前盖；6—键；7—输出轴；8—轴承；9—油封；10—轴承；11—O 形圈；12—波形弹簧垫

b. 维修弹簧式叶片马达时主要查哪些易出故障零件及其部位（图3-62） 叶片马达易出故障的零件有：配油盘 2 与 7、转子 3、定子 6、

叶片 5、轴承 8 与油封 9 等。

叶片马达易出故障的零件部位有：配油盘 2 与 7 的端面（G_1、G_3）磨损拉伤；转子 3 端面的磨损拉伤；定子 6 内表面（G_2）的磨损拉伤；弹簧 4 与叶片 5；轴承 8 磨损或破损；油封 9 破损等。

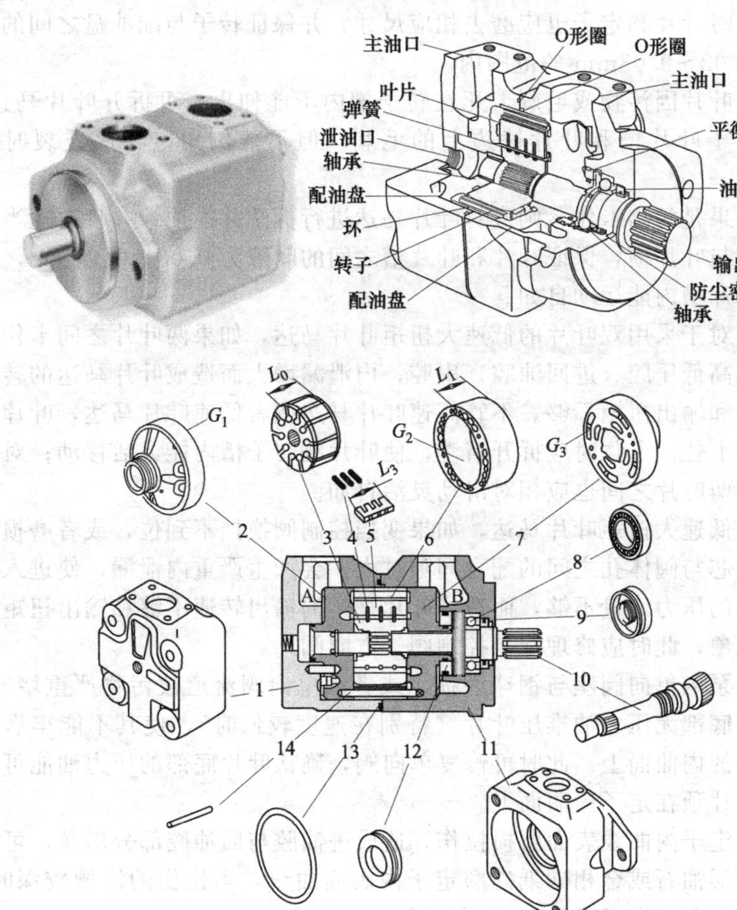

图 3-62 弹簧式叶片马达结构与引起故障的主要零件

1—后盖；2,7—配油盘；3—转子；4—弹簧；5—叶片；6—定子；8—轴承；9—轴封（油封）；10—输出轴；11—前盖；12—浮动侧板；13—O 形圈；14—定位销

② 叶片马达的故障分析与排除

［故障 1］ 输出转速不够（欠速），输出扭矩也低

a. 查油马达本身

• 转子 3 与配油盘 1 滑动配合面（A 面）之间的配合间隙过大，或者 A 面上拉毛或拉有沟槽。这是高速小扭矩叶片马达出现故障频率最大的故障。磨损拉毛轻微者，可研磨抛光转子端面和定子端面。磨损拉伤严重时，可先平磨转子 3 端面（尺寸 L_0）和配油盘 A 面，再抛光。注意此时叶片和定子也应磨去相应尺寸，并保证转子与配油盘之间的间隙在 0.02～0.03mm 的范围内。

• 叶片因污物或毛刺卡死在转子槽内不能伸出。可拆开叶片马达，清除转子叶片槽和叶片棱边上的毛刺，但不能倒角，叶片破裂时换叶片。

如果是污物卡住，则应对叶片马达进行拆洗并换油；并且要适当配研叶片与叶片槽，保证叶片和叶片槽之间的间隙为 0.03～0.04mm，叶片在叶片槽内能运动自如。

• 对于采用双叶片的低速大扭矩叶片马达，如果两叶片之间卡住也会造成高低压腔（进回油腔）串腔，内泄漏增大而造成叶片马达的转速提不高和输出扭矩不够。不管高速叶片马达或者低速叶片马达，叶片均不能被卡住。卡住时应拆开清洗，使叶片在转子槽内能灵活移动；对双叶片，两叶片之间也应相对滑动灵活自如。

• 低速大扭矩叶片马达，如果变挡控制阀换挡不到位，或者磨损厉害，阀芯与阀体孔之间的配合间隙过大，会产生严重内泄漏，使进入叶片马达的压力流量不够，而造成叶片马达的输出转速不够和输出扭矩不够的现象，此时应修理变挡控制阀（方向阀）。

• 泵内单向阀座与钢球磨损，或者因单向阀流道被污物严重堵塞，使叶片底部无压力油推压叶片（特别在速度较低时），使其不能牢靠顶在定子的内曲面上。此时可修复单向阀，确认叶片底部的压力油能可靠推压叶片顶在定子内曲面上。

• 定子内曲线表面磨损拉伤，造成进油腔与回油腔部分串通，可用天然圆形油石或金相砂纸砂磨定子内表面曲线，当拉伤的沟槽较深时，根据情况更换定子或翻转 180°使用。

• 推压配油盘的支承弹簧疲劳或折断，可更换弹簧。

• 油马达各连接面处贴合或紧固不良，引起泄漏。此时应仔细检查各连接面处，拧紧螺钉，消除泄漏。

b. 查油泵供给叶片油马达的流量是否足够　可参阅第 2 章根据所用泵的种类查阅“输出流量不够”的故障现象内容进行分析与排除。

c. 查供给油马达的压力油压力是否不够：供给油马达的压力不够，

有油泵与控制阀（如溢流阀）的问题，有系统的问题，可参阅有关部分采取对策。

d. 查其他原因

• 油温过高或油液黏度选用不当，应尽量降低油温，减少泄漏，减少油液黏度过高或过低对系统的不良影响，减少内外泄漏。

• 滤油器堵塞造成输入油马达的流量不够。

[故障 2] 负载增大时，转速下降很多

a. 同上述原因。

b. 油马达出口背压过大，可检查背压压力。

c. 进油压力低、可检查进口压力，采取对策。

[故障 3] 噪声大、振动严重（马达轴）

a. 查联轴器及皮带轮同轴度是否超差过大；同轴度超差过大，或者外来振动。可校正联轴器，修正皮带轮内孔与外三角皮带槽的同轴度，保证不超过 0.1mm，并设法消除外来振动，如油马达安装支座刚性应好，可靠牢固。

b. 油马达内部零件磨损及损坏：如滚动轴承保持架断裂，轴承磨损严重，定子内曲线拉毛等，可拆检油马达内部零件，修复或更换易损零件。

c. 叶片底部的扭力弹簧过软或断裂：可更换合格的扭力弹簧。但扭力弹簧弹力不应太强，否则会加剧定子与叶片接触处的磨损。

d. 定子内表面拉毛或刮伤：修复或更换定子。

e. 叶片两侧面及顶部磨损及拉毛：可参阅 1.3 叶片泵有关内容，对叶片进行修复或更换。

f. 油液黏度过高，油泵吸油阻力增大，油液不干净，污物进入油马达内，可根据情况处理。

g. 空气进入油马达，采取防止空气进入的措施，可参阅 1.3 叶片泵有关部分。

h. 油马达安装螺钉或支座松动引起噪声和振动，可拧紧安装螺钉，支座采取防振加固措施。

i. 油泵工作压力调整过高，使油马达超载运转。可适当减少油泵工作压力和调低溢流的压力。

[故障 4] 内外泄漏大

a. 输出轴轴端油封失效：例如油封唇部拉伤、卡紧弹簧脱落与输出轴相配面磨损严重等。

b. 前盖等处 O 形密封圈损坏、外漏严重，或者压紧螺钉未拧紧。

可更换O形圈，拧紧螺钉。

c. 管塞及管接头未拧紧，因松动产生外漏。可拧紧接头及改进接头处的密封状况。

d. 配油盘平面度超差或者使用过程中的磨损拉伤，造成内泄漏大，可按其要求修复。

e. 轴向装配间隙过大，内泄漏，修复后其轴向间隙应保证在0.04～0.05mm之内。

f. 油液温升过高，油液黏度过低，铸件有裂纹，须酌情处理。

[故障5] 叶片马达不旋转，不启动

a. 溢流阀的调节不良或故障，系统压力达不到油马达的启动转矩，不能启动，可排除溢流阀故障，调高溢流阀的压力。

b. 泵的故障：如泵无流量输出或输出流量极小，可参阅泵部分的有关内容予以排除。

c. 换向阀动作不良：检查换向阀阀芯有无卡死，有无流量进入油马达，也可拆开油马达出口，检查有无流量输出，油马达后接的流量调节阀（出口节流）及截止阀是否打开等。

d. 叶片油马达的容量选用过小，带不动大负载，所以在设计时应充分全面考虑好负载大小，正确选用能满足负载要求的油马达，即更换为大挡次的油马达。另外叶片油马达的叶片卡住或破裂也会产生此一故障。

[故障6] 低速时，转速颤动，产生爬行

a. 油马达内进了空气，必须予以排除。

b. 油马达回油背压太低，一般油马达回油背压不得小于0.15MPa

c. 内泄漏量较大，减少内泄漏可提高低速稳定性能。

d. 装入适当容量的蓄能器，利用蓄能器的减振吸收脉动压力的作用，可明显降低油马达的转速脉动变化率。

[故障7] 低速时启动困难

a. 对高速小扭矩叶片马达，多为燕式弹簧（图3-63）折断，可予以更换。

b. 对于低速大扭矩叶片马达，则是顶压叶片的燕式弹簧（图3-64）折断，使进回油串腔，不能建立起启动扭矩来，可更换弹簧。系统压力不够者应查明原因将系统油压调上去。

(4) 叶片马达的修理

① 如何修理叶片马达

a. 定子 6（图 3-62）经常在 G_2 处有拉伤的情况，可用精油石或金相砂纸打磨。

b. 配油盘 7 常常出现在图 3-64 所示的 G_3 面上出现拉伤和汽蚀性磨损，磨损拉伤不严重时，可用油石或金相砂纸打磨再用，磨损严重者须平磨修复；转子 3 主要定两端面的拉伤，可酌情处理。

c. 叶片主要是修理其顶部圆弧面，可在油石上来回摆动修圆，详见图 3-64（c）。

d. 修理时，轴承可视情况更换，密封圈则必须换新。

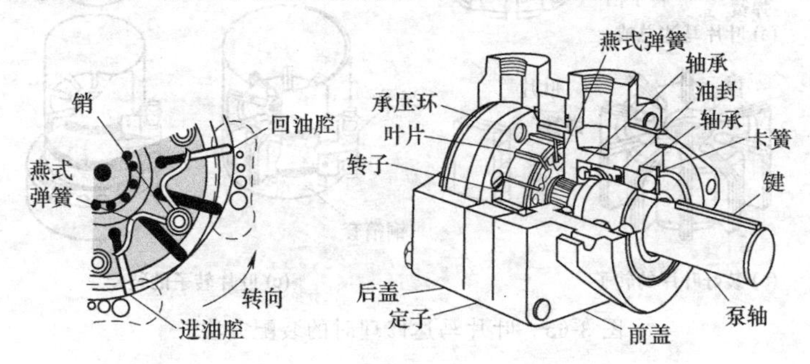

图 3-63　高速小扭矩叶片马达

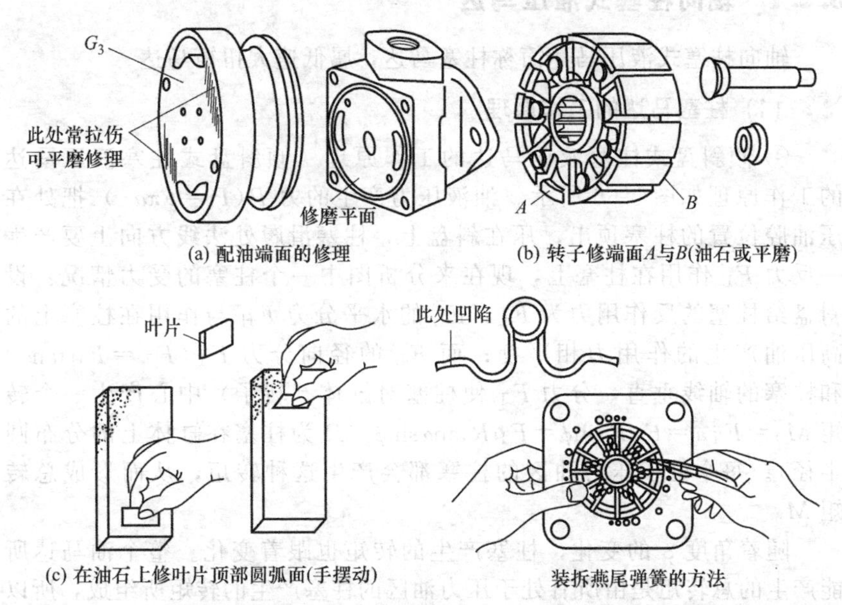

(a) 配油端面的修理　(b) 转子修端面A与B(油石或平磨)

(c) 在油石上修叶片顶部圆弧面(手摆动)　装拆燕尾弹簧的方法

图 3-64　叶片马达的主要修理位置

② 弹簧式叶片马达的装配方法　弹簧式叶片马达装配时，修理人员会遇到困难。一方面因为要先装好弹簧，叶片难以装进转子槽内；再者装好的转子要装入定子孔内也不太容易，按图 3-65 的方法进行比较方便。

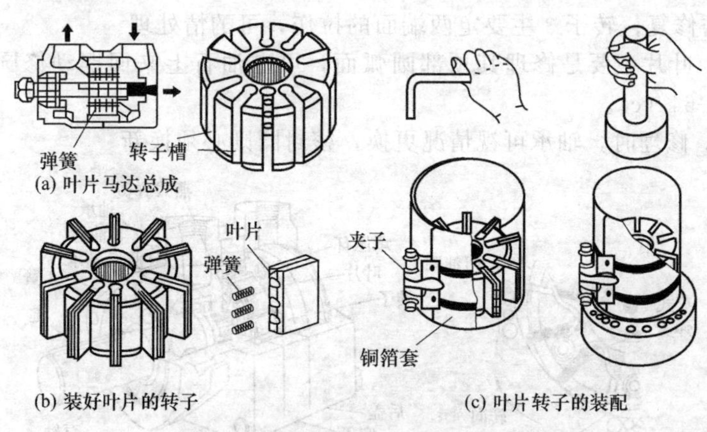

图 3-65　叶片马达修理时的装配方法

3.2.4　轴向柱塞式液压马达

轴向柱塞式液压马达简称柱塞马达，属低速大扭矩马达。

(1) 柱塞马达的工作原理

① 倾斜盘式柱塞液压马达的工作原理　倾斜盘式柱塞液压马达的工作原理如图 3-66 所示。油液压力产生的力 P（$P=p\pi d^2$）把处在压油腔位置的柱塞顶出，压在斜盘上，柱塞滑履处法线方向上要产生一反力 F_L 作用在柱塞上，现在来分析图中一个柱塞的受力情况：设斜盘给柱塞的反作用力为 F_L，F_L 的水平分力 F_H 与作用在柱塞上的高压油产生的作用力相平衡；而 F_L 的径向分力 F_T（$F_T=F_H\tan\alpha$）和柱塞的轴线垂直，分力 F_T 使柱塞对缸体（转子）中心产生一个转矩 $M_0=F_Ta=F_TR\sin\phi=F_HR\tan\alpha\sin\phi$（$R$ 为柱塞在缸体上的分布圆半径）。每个处于压力油区的柱塞都会产生这种转矩，从而形成总转矩 M_2。

随着角度 ϕ 的变化，柱塞产生的转矩也跟着变化。整个油马达所能产生的总转矩是由所有处于压力油区的柱塞产生的转矩所组成，所以总转矩也是脉动的。当柱塞的数目较多且为单数时，则脉动较小。

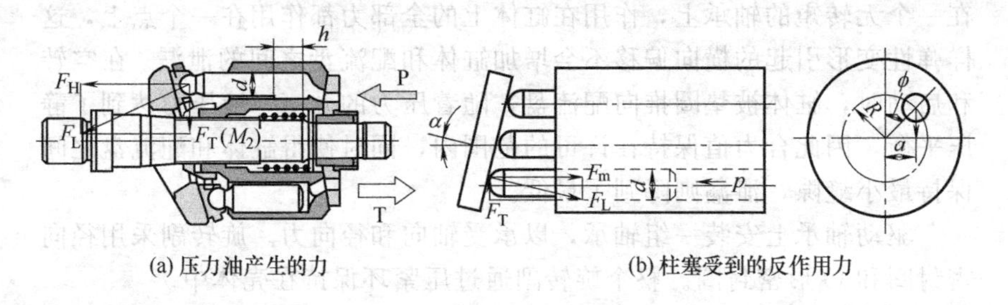

图 3-66　倾斜盘式柱塞液压马达的工作原理

如果斜盘摆动斜角 α 固定不能变，则为定量斜盘式柱塞液压马达；如果斜盘摆动斜角 α 的大小做成可以改变的，则为变量斜盘式柱塞液压马达。斜盘式定量或变量轴向柱塞马达，输出速度都与供油流量成正比，输出的转矩都随高低压端（进出油口）压力差的增大而增大。变量马达的容积，也即马达的吸入流量，可通过调节斜盘倾角来改变。

② 倾斜缸式（斜轴式）柱塞液压马达的工作原理　倾斜缸式柱塞液压马达的工作原理与倾斜盘式柱塞液压马达相同（图 3-67），进入柱塞油液压力产生力 P 把处在压油腔位置的柱塞顶出，压在斜盘上，柱塞滑履球头处法线方向上要产生一反力 F_L 作用在柱塞的球头上，垂直分力 F_T 使输出轴产生一转矩力 M_2，每个处于压力油区的柱塞都会产生这种转矩力。转矩大小的计算与倾斜盘式柱塞液压马达相似。

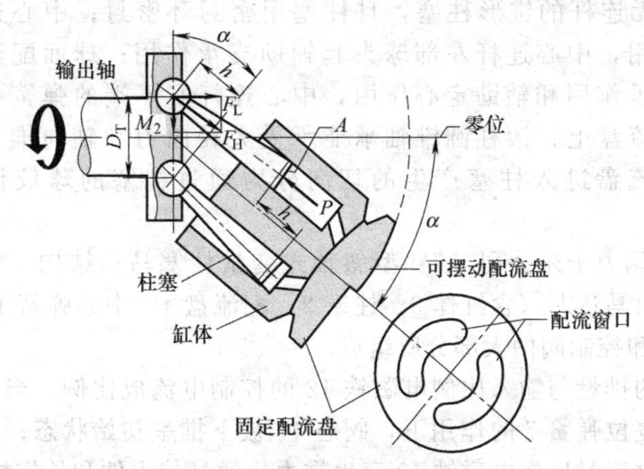

图 3-67　倾斜缸式柱塞液压马达的工作原理

配流盘平面和球面之分。采用球面形状的配流盘，相当于缸体支承在一个无转矩的轴承上，作用在缸体上的全部力都作用在一个点上，这样弹性变形引起的横向偏移不会增加缸体和配流盘之间的泄漏。在空转和启动时，缸体被垫圈推向配流盘，随着压力的升高，液压力达到了静压平衡，因此合力值保持在许可的范围内，同时使得缸体和配流盘之间保持最小缝隙，泄漏则降到了最低。

驱动轴承上安装一组轴承，以承受轴向和径向力。旋转副采用径向密封圈和 O 形密封圈。整个旋转副通过压紧环保持在壳体中。

(2) 柱塞马达的结构例

① 美国伊顿-威格士公司 MFB 型斜盘式轴向定量柱塞马达　其结构如图 3-68（a）所示，为通轴式结构，属大扭矩型。邵阳维克液压公司（原湖南邵阳液压件厂）产的 PVBQA 系列定轻型轴向柱塞马达系引进该产品［图 3-68（b）］，二者区别是前者配流窗口在端盖的端面上，省去了配流盘，后者增加了配流盘。二者可代用。

② A2FM 型斜轴式轴向定量柱塞马达　图 3-69 为德国力士乐公司 A2FM 型斜轴式柱塞定量马达结构图。国内有多家厂家（如贵州力源液压股份有限公司）引进生产。缸体摆角有 25°和 20°两种。由于采用球面配流，使缸体可自动定心，减少泄漏，提高了容积效率。同时，由于采用一对大锥角球轴承及双金属缸体，使使用寿命提高。属高速马达，不适宜在较低转速下使用。

采用无连杆的锥形柱塞，且柱塞用密封环密封；中心连杆起缸体定心作用，中心连杆左部球头起辅助支承作用；球面配流盘起缸体主要支承作用和辅助定心作用，中心连杆右下端的弹簧可使缸体紧贴在配流盘上；滚柱圆锥轴承能承受大径向力和轴向推力。压力油通过配流盘进入柱塞产生的切向分力通过柱塞的球铰传递给输出轴。

③ 德国力士乐公司 A7V 型斜轴式变量柱塞马达结构　如图 3-70 所示，它由马达芯（含缸体 3、柱塞 2、配流盘 4、中心弹簧 14 和顶紧弹簧 16）和控制阀两大部分所组成。

马达的排量与输入比例电磁铁 12 的控制电流成比例。当未通入电流时，在复位弹簧 7 的作用下，阀芯 17 被下推呈初始状态；当比例电磁铁通入电流时比例电磁铁 12 产生推力，通过传力件和长推杆 10 作用在阀芯 17 上，当此推力足以克服起点调节弹簧 7 和反馈弹簧 8 的弹力之和时，控制阀阀芯 17 上移，使控制腔 a、b 接通，变量活塞 9 带动配

流盘 1 向下顺时针方向移动，马达的排量增大，实现变量（此时机芯倾角变大）；在机芯倾角变大的过程中，件 9 也不断压缩反馈弹簧 8，直至弹簧上的压缩力略大于比例电磁铁的电磁力时，阀芯 17 关闭，使控制活塞 9 定位在与输入电流成比例的某一位置上。

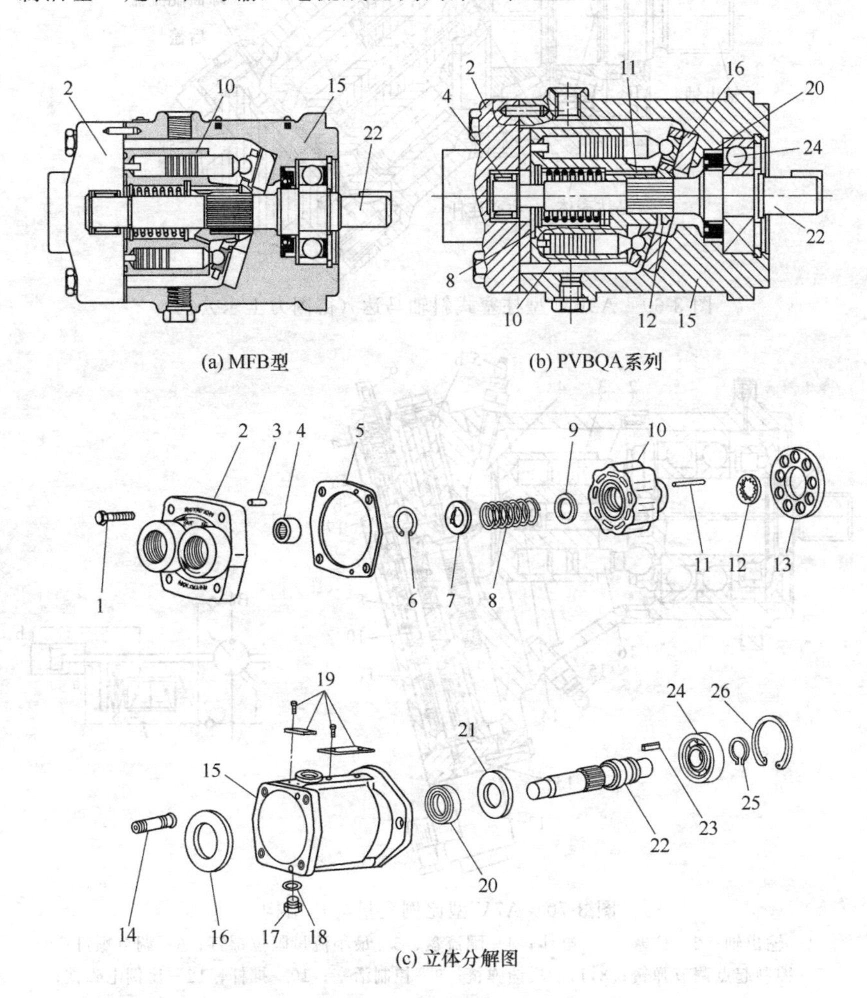

图 3-68 斜盘式轴向定量柱塞马达结构例

1—螺钉；2—端盖；3—销；4—滚针轴承；5,21—垫；6—卡环；7,9—弹簧垫；8—中心弹簧；10—缸体；11—三顶针；12—半球套；13— 九孔盘；14—柱塞；15—马达体壳；16—斜盘；17—螺塞；18—密封垫；19—标牌组件；20—油封；22—输出轴；23—键；24—轴承；25—内卡圈；26—外卡圈

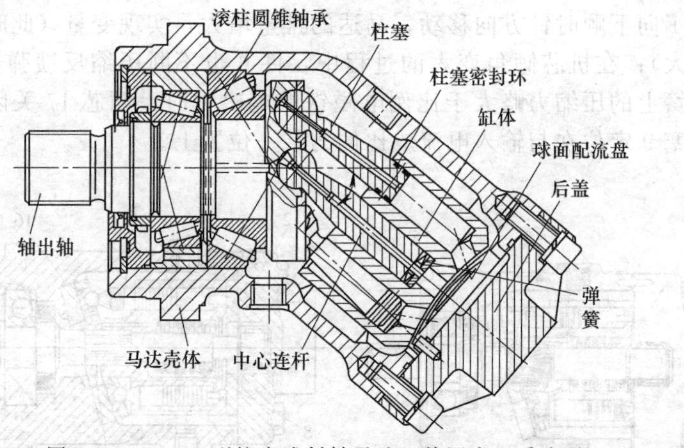

图 3-69　A2FM 型柱塞式斜轴马达（德国力士乐公司）

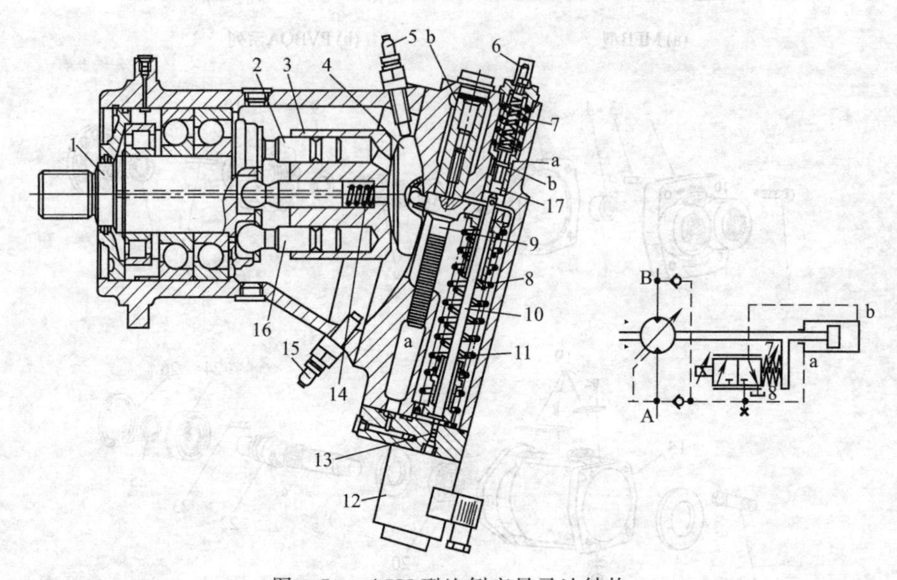

图 3-70　A7V 型比例变量马达结构

1—输出轴；2—柱塞；3—缸体；4—配流盘；5—最小流量限位螺钉；6—调节螺钉；7—控制起点调节弹簧；8,11—反馈弹簧；9—控制活塞；10—推杆；12—比例电磁铁；13—调节套；14—中心弹簧；15—最大流量限位螺钉；16—顶紧弹簧；17—阀芯

值得注意的是：液压马达的排量必须有最小排量的调节限制。因为如果在极小的排量下，则因扭矩太小马达不能旋转。为此一般斜轴式柱塞马达上均设置有最小流量限位螺钉（如图 3-70 中的件 5），用来限制

斜轴的最小倾角，最小流量限位螺钉有些国家也称最小行程调节器；另外，还要有系统最小工作压力的限定，例如美国派克公司的同类液压马达最小工作压力限定为40bar，否则不能变量。

(3) 柱塞马达的故障分析与排除

① 轴向柱塞式液压马达易出故障的零件及其部位 轴向柱塞马达易出故障的零件有（图3-71）：配油盘、缸体、输出轴、三顶针、半球套、柱塞、滑靴、九孔盘、输出轴等。

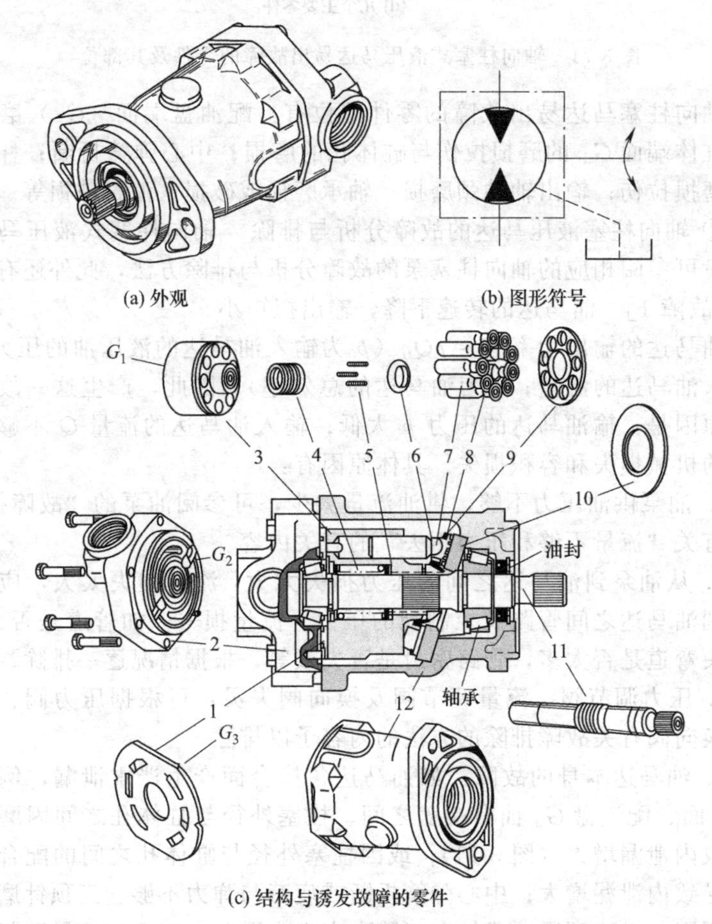

1—过流盘；2—后盖；3—缸体；4—中心弹簧；5—三顶针；6—半球套；7—柱塞；8—滑靴；9—九孔盘；10—回程盘（斜盘）；11—输出轴；12—体壳

图3-71

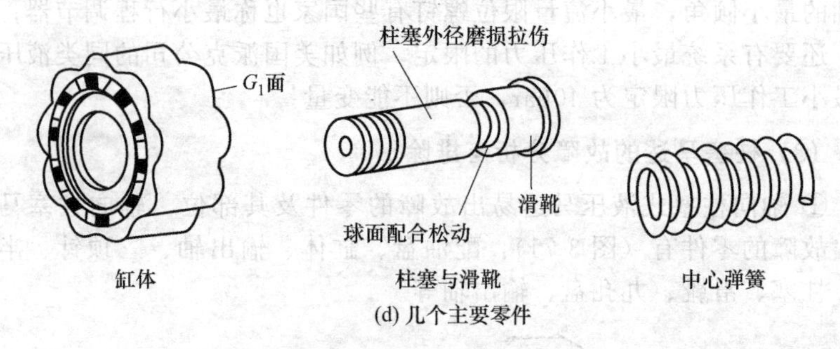

(d) 几个主要零件

图 3-71 轴向柱塞式液压马达易出故障的零件及其部位

轴向柱塞马达易出故障的零件部位有：配油盘端面（G_3）磨损拉伤；缸体端面 G_1 的磨损拉伤与缸体孔的磨损；中心弹簧折断；柱塞外圆的磨损拉伤；输出轴轴颈磨损；轴承磨损或破损；油封破损等。

② 轴向柱塞液压马达的故障分析与排除 轴向柱塞式液压马达有些故障可参阅相应的轴向柱塞泵的故障分析与排除方法，此外还有：

[故障 1] 油马达的转速下降，输出扭矩小

油马达的输出功率 $N=pQ\eta$（p 为输入油马达的液压油的压力；Q 为输入油马达的流量；η 为油马达的总效率）。因此，产生这一故障的主要原因是：输油马达的压力 p 太低；输入油马达的流量 Q 不够；油马达的机械损失和容积损失。具体原因有：

a. 油泵供油压力不够，供油流量太少，可参阅油泵的“故障排除”款中有关“流量不够和压力不去”的有关内容。

b. 从油泵到油马达之间的压力损失太大，流量损失太大，应减少油泵到油马达之间管路及控制阀的压力、流量损失，如管道是否太长，管接头弯道是否太多，管路密封是否失效等，根据情况逐一排除。

c. 压力调节阀、流量调节阀及换向阀失灵：可根据压力阀、流量阀及换向阀有关故障排除的方法的内容予以排除。

d. 油马达本身的故障：如油马达各接合面产生严重泄漏，例如缸体 G_1 面、配流盘 G_3 面右端盖之间、柱塞外径与缸体孔之间因磨损拉伤导致内泄漏增大（图 3-71）；或因柱塞外径与缸体孔之间的配合间隙过大导致内泄漏增大；中心弹簧折断或疲劳与弹力不够、三顶针磨损变短等原因，无法顶紧造成轴向间隙大产生内泄漏；以及拉毛导致相配件的摩擦别劲等、容积效率与机械效率降低等，可根据情况予以排除。

e. 如因油温过高与油液黏度使用不当等原因、则要控制油温和选

择合适的油液黏度。

[故障 2] 油马达噪声大，压力波动大，振动

a. 查油马达输出轴上的联轴器是否安装不同心、松动等：联轴器松动或对中不正确将导致噪声或振动异常。可校正各联结件的同心度。维修或更换联轴器，并确认联轴器选择是否正确。

b. 查油箱中油位：油箱中油液不足将导致吸空并产生系统噪声，加液压油至合适位置并确保至马达油路通畅。

c. 查油管各连接处是否松动（特别是马达供油路）：空气残留于系统管路或马达内，由此产生系统噪声和振动。可排出空气并拧紧管接头。

d. 查柱塞与缸体孔是否因严重磨损而间隙增大，带来噪声和振动。可刷镀重配间隙。

e. 查柱塞头部与滑履球面配合副是否磨损严重［图 3-72（a）］：磨损严重，带来噪声和振动。可更换柱塞与滑履组件。

f. 查输出轴两端的轴承与轴承处的轴颈是否磨损严重［图 3-72（b）］：可用电镀或刷镀轴颈位置修复轴，或更换轴承。

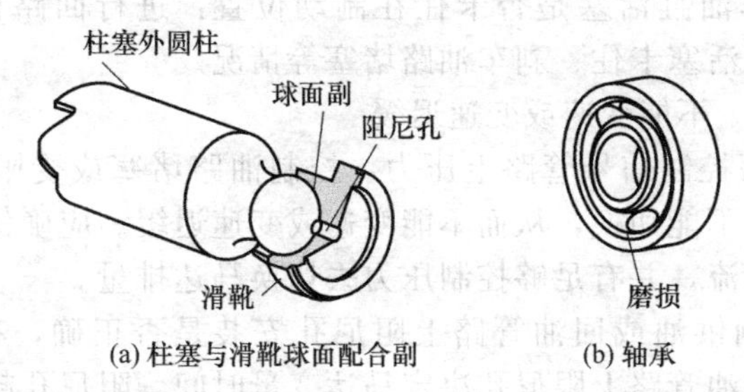

图 3-72 导致油马达噪声大，压力波动大的主要零件

g. 查是否存在外界振源：外界振源可能产生共振，找出振动原因消除外界振源的影响。且将油马达安装牢固。

h. 查液压油黏度是否超过限定值：液压油黏度过高或温度过低将导致吸空，噪声异常。工作前系统应预热，或在特定的工作环境下，选用合适黏度的液压油。

[故障 3] 内外泄漏量大，发热温升严重

a. 产生外泄漏的主要原因是 输出轴的骨架油封损坏；油马达各管接头未拧紧或因振动而松动；油塞未拧紧或密封失效；温度过高引起非正常漏油过多；各接触面磨损；各密封处的密封圈破损等；高压溢流

阀长期处于开启状态或已经损坏，将导致系统过热。

b. 产生内泄漏大的原因是：柱塞与缸体孔磨损，配合间隙大；弹簧疲劳，缸体与配油盘的配油贴合面磨损，引起内泄漏增大等。

内外泄漏量大是导致发热温升的主要原因，根据上述情况，找出导致内外泄漏量大故障产生原因后，便不难排除发热温升严重的故障。

[故障 4]　带刹车装置的柱塞马达刹不住车

a. 查刹车摩擦片是否过度磨损：可分解、检查修理，超过磨损量限定值时予以更换。

b. 查刹车活塞是否卡住：可分解、检查修理。

c. 查刹车解除压力是否不足：可对回路进行检查与修理。

d. 查摩擦盘上的花键是否损坏：可分解、修理或更换。

[故障 5]　液压马达不转动

a. 查系统压力是否上不去：如回路中的溢流阀工作不正常、柱塞卡滞、柱塞被堵塞、回路中安全阀的设定值不正确等。可排除溢流阀故障、拆卸卡滞部位，进行清洗与修理、正确设定压力值。

b. 查工作负载是否过大。

c. 查刹车油缸活塞是否卡住在制动位置：进行回路检查与修理，排除刹车油缸活塞卡住、刹车油路堵塞等情况。

[故障 6]　不能变速或变速迟缓

a. 查伺服控制信号管路上压力：控制油路堵塞或受限制将导致马达变量缓慢或不能切换，从而不能变速或变速迟缓。应确保控制信号管路通畅，无限流，并有足够控制压力去切换马达排量。

b. 查控制供油或回油管路上阻尼孔安装是否正确，有没有堵塞：控制供油或回油管路上限尼孔决定马达变量时间。阻尼孔越小，响应时间越长，管路堵塞将延长响应时间，从而变速迟缓。应确保马达上控制阻尼孔安装正确，堵塞时进行清洗，如有必要时予以更换。

[故障 7]　转速上不去

同样是转速上不去，要准确判断产生的位置

a. 如果转速上不去，用手摸油马达外壳不太发热，则判定是输入流量不够，可不拆修马达，而要检查油马达的进油路系统，找出输入流量不够的原因。

b. 如果转速上不去，用手摸油马达外壳发热厉害，则可判定是油马达内泄漏大，则要拆修油马达，修复或更换磨损零件。

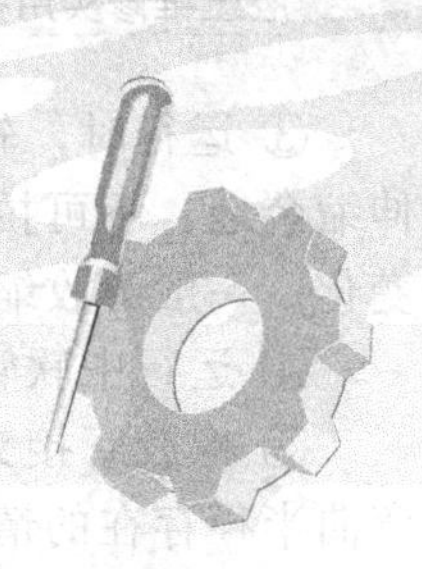

第4章 辅助元件与工作液

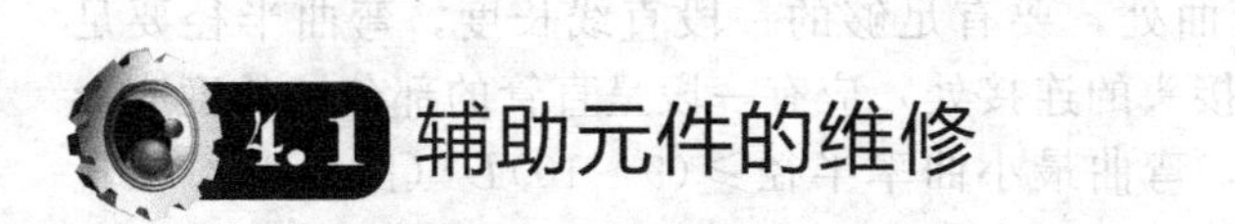

4.1 辅助元件的维修

4.1.1 管路的维修

(1) 管路的故障分析与排除

液压装置中的各种液压元件之间免不了要用管路连接起来，实现工作介质在彼此之间的输送和流动。管路包括管子（油管）和管件（管接头、法兰等）。

液压装置中所用油管有刚性管（钢管、紫铜管等）和挠性管（尼龙管、塑料管、橡胶软管及金属软管）两类。

管接头有扩口式、卡套式、焊接式管接头、扣压式软管接头、快速自封式管接头、可旋转管接头和直线移动式滑管接头以及连接法兰等。

管路的故障主要有二：一是漏油；二是振动（伴之以噪声）。

[故障 1]　管路漏油及排除

① 查油管是否破损：油管如果破损，当然会漏油。针对下列情况采取对策。

a. 应根据液压系统工作压力大小，选用适合的油管：如尼龙管只能用于低压，紫铜管用于中低压，中高压以上要使用无缝钢管或者高压钢丝编织胶管。必须按工作压力正确选用符合规格要求的油管。

b. 油管爆管：其原因往往是用无钢丝编织层的橡胶管充当有钢丝编织层的橡胶管用、用只有一层钢丝者用于要三层钢丝编织网才能胜任处、或者购进质量不好的软管等，必须按要求正确选用符合规格要求的橡胶软管。

② 油管安装不好：例如安装时软管能拧扭，扭曲的软管久而久之，管会破裂，接头处也会漏油。安装软管拧紧螺纹时，注意不要拧扭软管。

③ 运行时，软管长度方向伸缩余地不够拉得太紧：长度方向要有伸缩余地，不可拉得太紧。因为软管在压力温度的作用下，长度会发生变化。一般为收缩，收缩量为管长的3%左右（图4-1）。

④ 运行中软管与其他管道或刚性硬件摩擦。

⑤ 橡胶管接头弯曲半径不合理，或在工作过程使软管有不合理的弯曲半径存在的情况。

⑥ 对于硬管在弯曲处，要有足够的一段直线长度，弯曲半径要足够大，弯曲处（与管接头的连接处）应有一段呈直管的部分，长度应≥2*D*（*D*为管子外径），弯曲最小曲率半径≥(9～10)*D*（图4-2）。在直角拐弯处最好不用软管，否则在压力交变的工况下，会因软管弯曲处的长度和曲率半径的变化而疲劳导致破裂，产生漏油，使用不锈钢软管时更应注意。

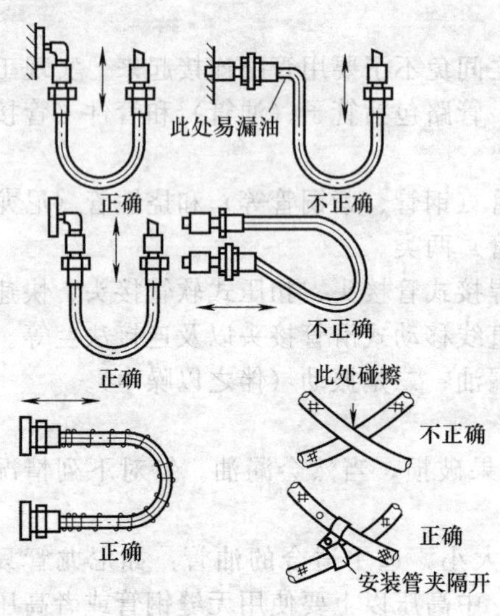

图4-1　收缩量

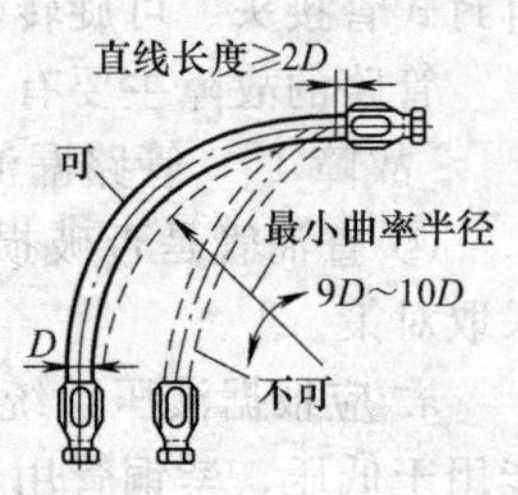

图4-2　最小曲率半径

⑦ 要避免软管外壁互相碰擦或与机器的尖角棱边相接触或摩擦，以免软管受损。

⑧ 为了保护软管不受外界物体作用损坏及在接头处受到过度弯曲，可在软管外面套上螺旋细钢丝，并在靠近接头处密绕，以增强抗弯折的能力。

⑨ 最好不在高温、有腐蚀橡胶气体的环境中使用。

⑩ 如系统软管数量较多，应分别安装管夹加以固定。或者用橡胶

板隔开。尽量避免软管相互接触或与其他机械零件接触，以免相互影响和相互碰擦造成破损而漏油。

[故障 2] 管接头漏油

① 扩口式管接头的漏油对策 关于扩口式管接头可参阅标准 GB/T 5625—2008 中的内容。

a. 拧紧力过大或过松造成泄漏：拧紧力过大，将扩口处的管壁挤薄，引起破裂，甚至在拉力作用下使管子脱落引起漏油和喷油现象；拧紧力过小，不能将管套和接头体锥面将管端的锥面夹牢而漏油。对于扩口式管接头，在拧紧管接头螺母时，紧固力矩要适度。当然可用力矩扳手。在没有力矩扳手的地方，可采用图 4-3 所示的方法——划线法拧紧，即先用手将螺母拧到底，在螺母和接头体间划一条线，然后用一只扳手扳住接头体，再用另一扳手扳螺母，只需再拧紧 1/4～4/3 圈即可，可确保不拧裂扩口。

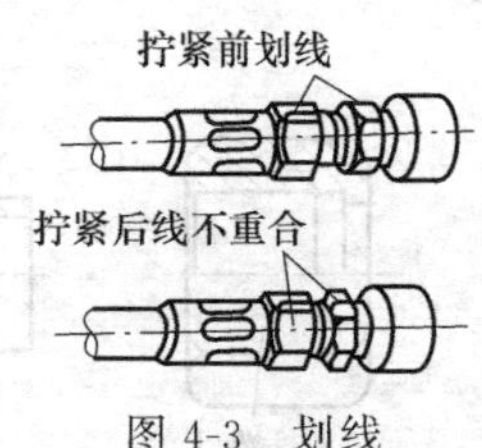

图 4-3 划线

b. 管子的弯曲角度不对和接管长度不对：如图 4-4 中，弯曲角度不对和接管长度不对时，管接头扩口处很难密合，造成泄漏。为保证不漏，应使弯曲角度正确和控制接管长度适度（不能过长或过短）。

c. 接头位置靠得太近：即使用套筒扳手都嫌位置偏紧，不能拧紧所有接头螺母造成漏油。对于有若干个接头紧靠在一起的情形，若采用图 4-5（a）的排列，自然因接头之间靠得太近，扳手因活动空间不够而不能拧紧，造成漏油。解决办法是设计时适当拉开连接安装板上各管接头之间的开挡尺寸，万一有困难则按图 4-5（b）的方法予以解决，即采用不同长度的管接头悬伸长度。

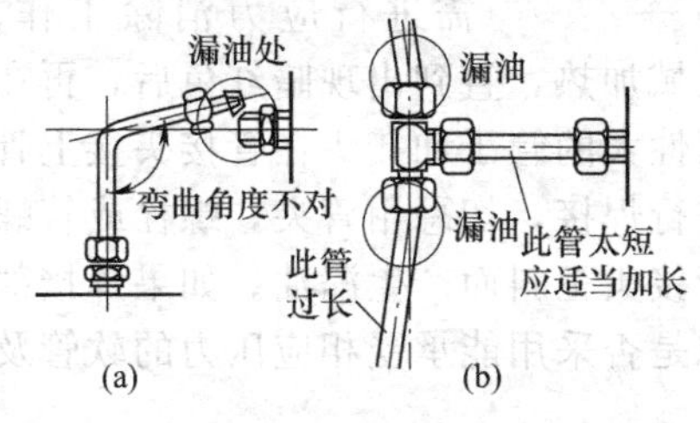

图 4-4 弯曲角度不对和接管长度不对

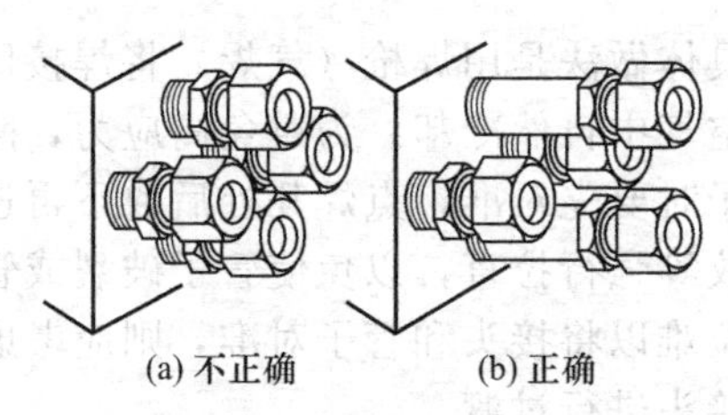

图 4-5 接头位置靠得太近

d. 扩口管接头的加工质量不好，引起泄漏。扩口管接头有 A 型和 B 型两种形式，图 4-6 为 A 型。当管套、接头体与紫铜管互相配合的锥面与图中的角度值不对时，密封性能不良。特别是在锥面尺寸和表面粗糙度太差，锥面上拉有沟槽或破裂时，会产生漏油。另外当螺母与接头体的螺纹有效尺寸不够（螺母的螺纹有效长度短于接头体），不能将管套和紫铜管锥面压紧在接头体锥面上时，也会产生漏油，需酌情处置。

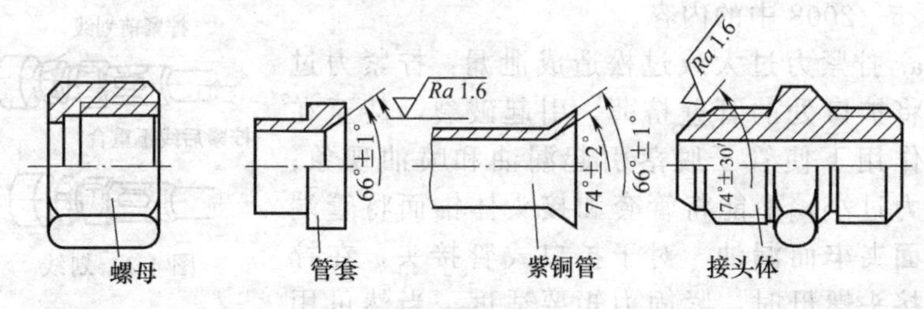

图 4-6　扩口管接头的组成零件

② 焊接管及焊接管接头的漏油对策　管接头、钢管及铜管等硬管需要焊接进行连接时，如果焊接不良，焊接处出现气孔、裂纹和夹渣等焊接缺陷，会引起焊接处的漏油；另外，虽然焊接较好，但因焊接位置处的形状处理不当，用一段时间后会产生焊接处的松脱，造成漏油（图 4-7）。

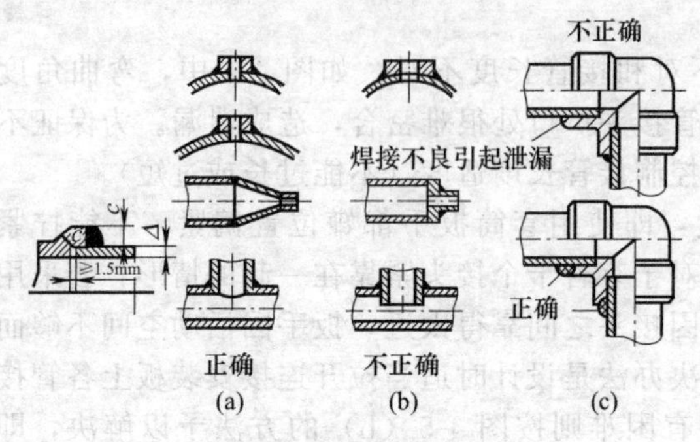

图 4-7　焊接管漏油处的处理

当出现图 4-7 中情况时，可磨掉焊缝，重新焊接。焊后在焊接处需进行应力消除工作，具体做法是用焊枪（气焊）将焊接区域加热，直到出现暗红色后，再在空气中自然冷却。为避免高应力，刚性大的管子和接头在管接头接上管子时要先对准，点焊几处后取下再进行焊接，切忌用管夹，螺栓或管螺纹等强行拉直，以免使管子破裂或管接头歪斜而产生漏油。如果焊接部位难以将接头和管子对准，则应考虑是否采用能承受相应压力的软管及接头进行过渡。

③ 卡套式管接头的漏油对策　卡套式管接头 GB/T 3733—2008 漏油的主要原因和排除方法有：

a. 卡套式管接头要求配用高精度（外径）冷拔管。当冷拔管与卡

套相配部位（A、B 处）不密合，拉伤有轴向沟槽（管子外径与卡套内径）时，会产生泄漏。此时可将拉伤的冷拔管锯掉一段，或更换合格的卡套重新装配。

b. 卡套与接头体。内外锥面配合处（图 4-8 中 P 处）不密合，相接触面拉有轴向沟槽时，容易产生泄漏。应使锥面之间密合，必要时更换卡套。

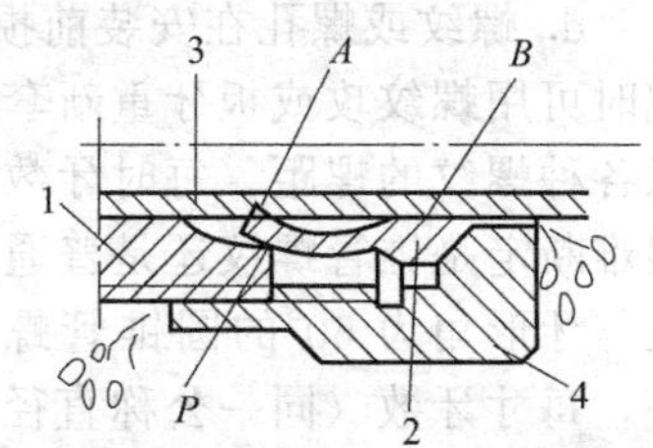

图 4-8 卡套式管接头的漏油
1—接头体；2—卡套；
3—管子；4—螺母

c. 锁紧螺母 4 拧得过松或过紧：拧得不紧，则接头体 1 与卡套 2 锥面配合不紧，卡套刃口难以楔入管子外周形成可靠密封；拧得过紧，使卡套 2 屈服变形而丧失弹性。两种情况下均产生漏油。

d. 卡套刃口硬度不够，或者钢管太硬，在装配后卡套刃口不能切入管壁形成密封。

e. 钢管的端面不垂直或不干净，妨碍管子的正确安装。

f. 接头体与钢管不同轴，导致装配不正，挤压不紧，此时拆开后可发现卡套在切入管壁时，留下的痕印不成整圆的单边环槽，可酌情处置。

④ 其他原因造成管接头的漏油对策

a. 对管接头未拧紧，造成漏油者拧紧管接头便行了。

b. 管接头拧得太紧，会出现使螺纹孔口裂开，拔丝或破坏其他密封面等情况而造成漏油。此时须根据情况修复或更换有关零件。

c. 公制细牙螺纹的管接头拧入在锥牙螺孔中。或者反之。液压管路采用的螺纹如表 4-1 所示。

表 4-1 液压管路一般采用的连接螺纹类别和标记

螺纹类别	牙型符号	牙形角	符号示例	螺旋方向	示例说明
圆柱管螺纹	G	55°	G1″	右	表示圆柱管螺纹管子直径为 1in
55°圆锥管螺纹	ZG(旧 KG)	55°	ZG¾″	右	表示圆锥管螺纹管子直径为¾in
布锥管螺纹	Z(旧 K)	60°	Z½″	右	表示布氏锥管螺纹,管子直径为 1/2in
60°锥管螺纹	NPT	60°	NPT 1″	右	日本用
米制锥螺纹	ZM	60°	ZM½″	右	欧美用
细牙普通螺纹	M	60°	M24×2	右	表示公制普通螺纹,公称直径为 24mm,螺距为 2mm

国际上普遍采用细牙普通公制螺纹作为液压管路上的连接螺纹，而建议不使用其他螺纹。

d. 螺纹或螺孔在安装前损伤，或者加工未到位螺纹有效长度不够。此时可用螺纹攻或板牙重新套螺纹或攻螺纹，或更换新接头。特别要注意各种螺纹的螺距（每吋牙数），不可混用。如果不仔细测量每吋牙数，很难断定是锥管螺纹还是普通细牙螺纹。特别是牙形角为55°的锥管螺纹与牙形角为60°的圆锥管螺纹容易混用。实际它们除了牙形角不同外，每寸牙数（同一公称直径，例如ZG1/8″与Z1/8″）往往不一样，混用时开始可拧入，但拧入几扣牙后，便感到拧不动，一方面此时很容易误认为管接头已经拧紧，但通入压力油后往往漏油；另一方面如果强行拧进，会因每寸牙数不对而使螺纹拔丝而漏油。另外，如果螺纹有效长度不够，也会产生虚拧紧现象。好像拧紧了，但其实并未使一些零件紧密接触。

e. 管接头在使用过程中振松而漏油，要查明振动原因，保证配管有足够的刚性和抗振性，在管路的适当位置配置支架和管夹，并采取防松措施。

f. 公、母螺纹配合太松，螺纹表面太粗糙，缠绕的聚四氟乙烯带因缠绕方向不对，在拧紧螺纹管接头时被挤掉挤出，均可能造成漏油（图4-9）。当管接头采用特氟隆密封带（俗称生胶带）时，密封带缠绕和接头拧紧时均小心。拧得太紧或缠绕不当损坏壳体或漏油。

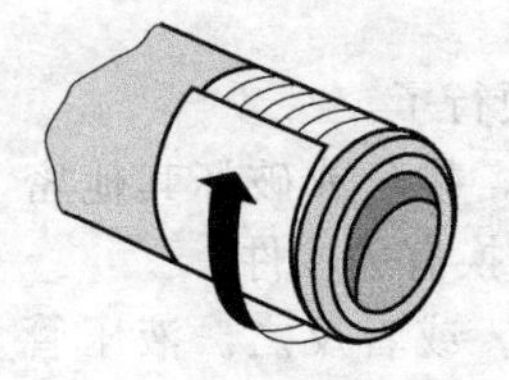

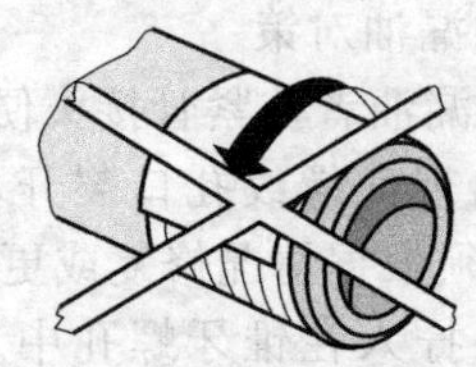

正确缠绕方向　　错误缠绕方向

图4-9　管接头处聚四氟乙烯生胶带的缠绕方法

从接头后端第2扣螺纹处开始缠，注意缠绕方向，拧紧螺纹最大力矩扭到34N·m，不要再拧紧了。如果拧到最大扭矩还有漏油，则重新缠密封带或更换管接头。

g. 管接头密封圈或密封垫漏装或破损造成漏油，可补装或更换密封圈或密封垫。

h. 管道的质量不应由阀泵等液压元件和辅助元件承受，反之液压元件只有质量较轻并且是管式液压件的情况下，才可由管路支承其质量。否则使管路压弯变形，造成管接头处的不密合而漏油。如果管式液压件太重，应改用板式阀或用辅助支承支起其重量，以防止液压元件管

接头因变形产生的漏油。

i. 管路安装布局不好，直接影响到管接头处的漏油。统计资料表明：液压系统有 30%～40%的漏油来自管路的不合理与管接头不良。所以除了推荐采用集成回路，叠加阀、逻辑式插装阀以及板式元件等以减少管路和管接头的数量从而减少泄漏位置外，对于必不可少的接管，在配管时应采取下述措施：

• 尽量减少管接头的数量，便减少了漏油处。

• 在尽量缩短管路长度的同时(可减少管路压力损失和振动等)，要采取避免因温升产生的管路热伸长而拉断、拉裂管路，并注意接头部位的质量。

• 和软管一样，在靠近接头的部位需要有一段直线部分 L（图 4-10）。

• 弯曲长度要适量，不能斜交。

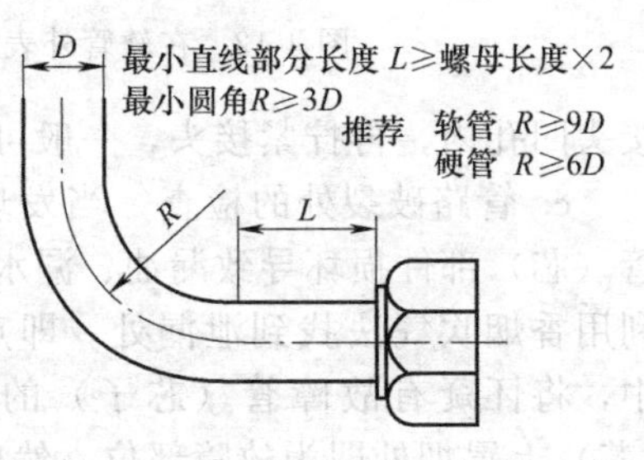

图 4-10 靠近接头的部位确保有一段直线部分 L

⑤ 防止系统液压冲击带来的泄漏 产生液压冲击时，会导致接头螺母松动而产生漏油。此时一方面应重新拧紧接头螺母，另一方面要找出产生液压冲击的原因并设法予以防止。例如设置蓄能器等吸振，采用缓冲阀等缓冲元件消振等。

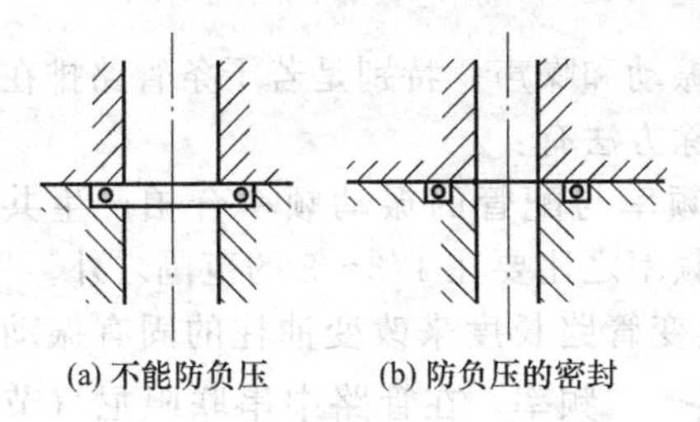

图 4-11 负压产生的泄漏

⑥ 负压密封工况下产生的泄漏对策 对瞬时流速大于 10m/s 的管路，均可能产生瞬间负压（真空）现象，如果接头又没有采用防止负压产生的密封结构形式[图 4-11（a）]，负压产生时会吸走O形密封圈，压力上来时因无 O 形密封圈了而产生泄漏。

⑦ 管路防漏的几个具体对策措施

a. 防止软管被拧扭 判断软管是否拧扭的方法见图 4-12 所示，具体操作时，可在软管上划一彩线观察，拧扭的软管彩线由直线变为螺旋线，从接头处容易产生漏油，甚至造成软管的破裂。

b. 油管接头密封锥面处的防漏对策 如果高压油管接头锥面处或乳头处拉伤引起漏油，可以用塑料片或软金属片剪成一个小环形，垫在

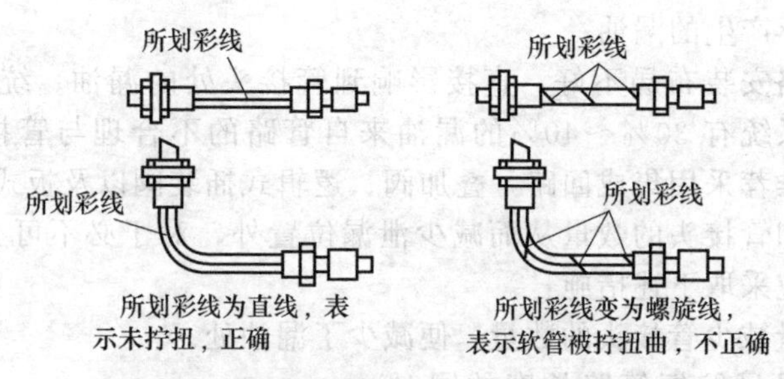

图 4-12　在软管外表划彩线判断软管是否拧扭

接头凹孔内，再拧紧接头，一般可消除接头处的漏油。

c. 管路破裂处的检查　当发现管道、冷却器和液压油散热器等多管（芯）部件损坏导致漏油、漏水和漏气时，为迅速判断损坏部位，可利用香烟吹气法找到泄漏处。即点燃一支香烟，深吸几口，含烟于口中，将怀疑有故障管（芯子）的一端堵死，对准另一端吹烟，则管（芯）上冒烟处即为故障部位，然后再查找下一个部位。此法简便易行，有效可靠，但要注意安全。

d. 不用量筒判断外泄漏量的大小　1mL 的油量为 40～50 滴油，如果约 1s 外漏一滴油，1min 则漏掉 1mL，1h 漏掉 60mL，24h 漏掉 1.5L，一个月漏掉 45L。一个小油箱的油可在短期内全部漏完，所以必须防漏！

［故障 3］　管路的振动和噪声

液压管路另一种故障是管路的振动和噪声，特别是若干条管路排在一起时。产生这类故障的原因和排除方法有：

① 液压泵-电机等振源的振动频率与配管的振动频率合拍产生共振，为防止振动共振，二者的振动频率之比要在 1/3～3 的范围之外。

② 管内油柱的振动：可通过改变管路长度来改变油柱的固有振动频率，在管路中串联阻尼（节流器）来防止或减轻振动。

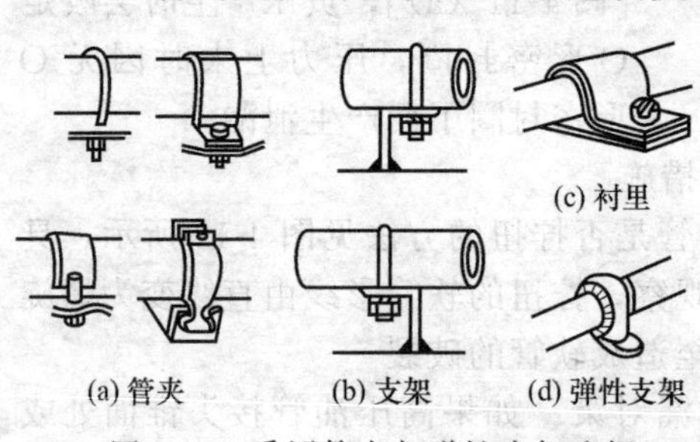

图 4-13　采用管夹与弹性支架防振

③ 管壁振动：尽量避免有狭窄处和急剧弯曲处，尽可能少用弯头。需要用弯头时，弯曲半径应尽量大。

④ 采用管夹和弹性支架等，防止振动（图 4-13）。

⑤ 油液汇流不当也会因涡流气穴产生振动和噪声（图4-14）。

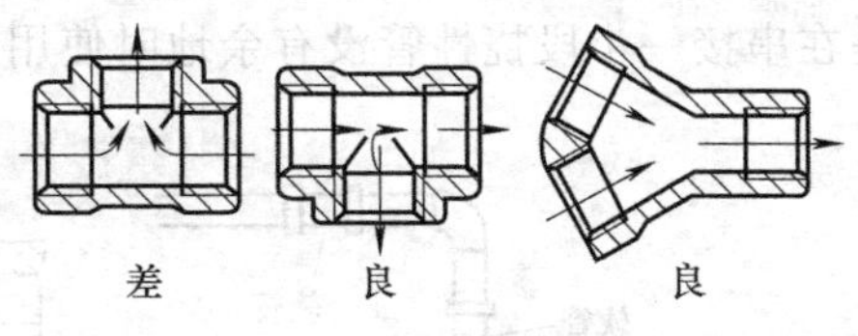

图 4-14 油流汇流不当产生振动和噪声

⑥ 管内进了空气，造成振动和噪声。

⑦ 远程控制（遥控）管路过长（>1m），管内可能有气泡存在，这样管内油液体积时而被压缩，时而又膨胀，便会产生振动。并且可能和溢流阀导阀弹簧产生共振，导致噪声。因此在系统远程控制管路需大于1m时，要在远程控制口附近安设节流元件（阻尼）。

⑧ 在配管不当或固定不牢靠的情况下，如两泵出口很近处用一个三通接头连接溢流总排油，这样管路会产生涡流，而引起管路噪声。油泵排油口附近一般具有旋涡，这种方向急剧改变的旋涡和另外具有旋涡的液流合流，就会产生局部真空，引起空穴现象，产生振动和噪声。在泵出口以及阀出口等压力急剧变动的合流配管，不能靠得太近，而适当拉长距离，就可避免上述噪声。

⑨ 双泵双溢流阀供油液压系统也易产生两溢流阀的共振和噪声，特别是当两溢流阀共用一根回油管，且此回油管径又过小时，更容易出现振动和噪声。解决办法是共同用一只溢流阀或两阀调的压力拉大一些差值（大于1MPa）。另外，回油管分开，并适当加大管径。

⑩ 回油管的振动冲击：当回油管不畅通背压大，或因安装在回油管油中的滤油器，冷却器堵塞时，产生振动冲击。所以为减小背压，回油管应尽量粗些短些，当回油路上装有滤油器或水冷却器时，为避免回油不畅，可另辟一支路，装上背压阀或溢流阀。在滤油器或冷却器堵塞时，回油可通过背压阀短路至油箱，防止振动冲击（图4-15）。

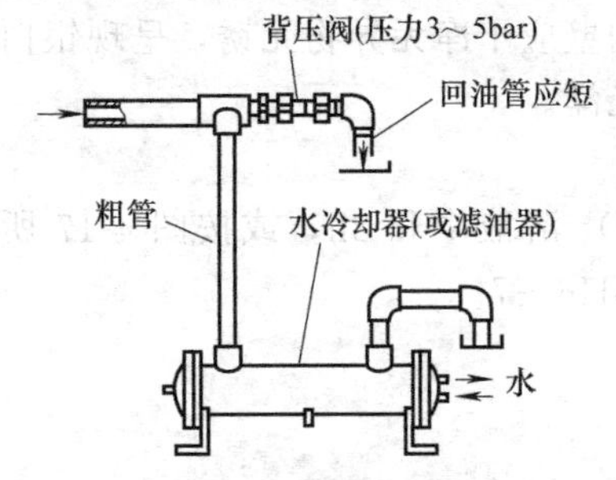

图 4-15 回油管路的处理

⑪ 尽力减少管路中的急拐弯、突然变大变细，以及增加管子的壁厚，可降低振动和噪声。

⑫ 在容易产生振动和噪声的位置（例如弯头处）串接一段短挠性管［图4-16（a）］，对降低噪声效果明显。为防止振动也往往使用弹性衬垫［图4-16（b）］。这种办法往往

是在串接一小段挠性管没有余地时使用，对高频振动的衰减是有效的。

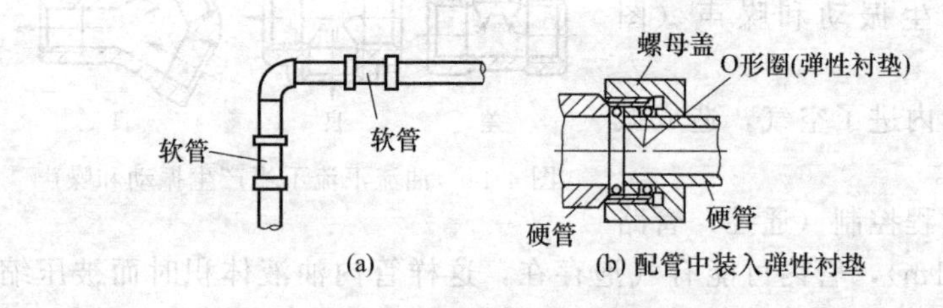

图 4-16　串接软管或装入弹性衬垫防振与降低噪声

［故障 4］　管内壁生锈

硬管内壁生锈后，除锈方法有物理和化学两种方法：物理方法，例如可用粒度为 40 目以下的细砂粒，用压缩空气吹入管内去锈，砂粒可采用石英砂和钢碎粒；化学方法，可用图 4-17 中介绍的方法，另外也可用磷酸，虽然效果不如盐酸、硫酸，但对人的危害极小。

弯制好的管子在装配前应仔细清除施工过程中的污物和管壁锈斑。需要焊接的管子在清洗前先焊好（采用氩弧焊更好），以便清洗时清除焊缝上的结渣和氧化皮。管道经弯曲焊接试装后全部拆除，用过渡接头彼此连接起来，并严格按下述步骤进行清洗。

① 通入压缩空气，检查连接处是否漏气。

② 通入四氯化碳等脱脂。

③ 用压缩空气吹扫。

④ 通入浓度为 5%～7%的 HCl 溶液酸洗 2～4h，或按图 4-17 所示的方法配酸洗液进行酸洗。酸洗后管内壁应干净无异物无锈，呈现银白色（钢管）或紫红色（铜管）的金属光泽。

⑤ 用压缩空气吹扫酸洗液。

⑥ 通入浓度为 3%～6%的 Na_2CO_3 溶液中和 2h，或按图 4-17 所示的方法进行中和，要求达到中和值 pH6～7。

⑦ 用压缩空气吹扫。

⑧ 用干净水冲洗。

⑨ 用压缩空气吹扫。

⑩ 用热风吹干。

⑪ 管内灌油防锈。

⑫ 两端用塑料塞子封好。

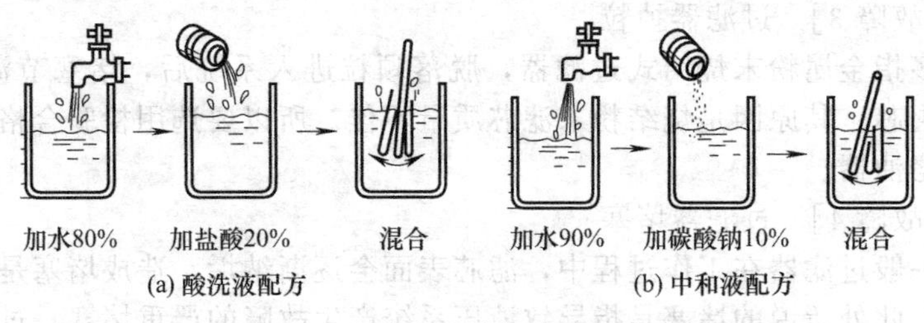

图 4-17 硬管内壁除锈清洗液的配制

(2) 油管去锈防锈方法

关于管子防锈的方法还有：

① 用磷酸加热到 90～99℃时将管子浸入，在铁钢质管表面形成一层灰黑色皮膜防锈。

② 将熔融的锌，用压缩空气将其喷洒在管子表面防锈，厚度约为 0.1mm，能提高管子的耐腐蚀性。

③ 对短油管可进行发黑发蓝处理进行防锈。

4.1.2 过滤器的维修

滤油器的功用在于滤除混杂在液压油液中的杂质，降低系统中油液的污染度，保证系统正常地工作。

过滤器带来的故障主要体现在过滤效果不好而不能确保油液清洁度而产生的故障，此处仅就过滤器自身的故障进行说明。

[故障 1] 滤芯的破坏变形

滤芯的破坏变形原因有：滤芯堵塞、选用错误（如使用压力错误等）。

排除方法：①及时定期检查清洗滤油器；②正确选用耐压能力、强度、通流能力满足所用处要求的过滤器；③针对各种特殊原因采取相应对策。

[故障 2] 过滤器脱焊

这一故障对金属网状过滤器而言，当环境温度高，过滤器处的局部油温过高，超过或接近焊料熔点温度，加上原来焊接就不牢，油液的冲击造成脱焊。例如高压柱塞泵进口处的网状过滤器曾多次发现金属网与骨架脱离，柱塞泵进口局部油温达 100℃之高的现象。此时可将金属网的焊料由锡铅焊料（熔点为 183℃）改为银焊料或银镉焊料，它们的熔点大为提高（235～300℃）。

［故障 3］　过滤器掉粒

多指金属粉末烧结式过滤器，脱落颗粒进入系统后，堵塞节流孔，卡死阀芯。其原因是烧结粉末滤芯质量不佳。所以要选用检验合格的烧结式滤油器。

［故障 4］　过滤器堵塞

一般过滤器在工作过程中，滤芯表面会逐渐纳垢，造成堵塞是正常现象。此处所说的堵塞是指导致液压系统产生故障的严重堵塞。过滤器堵塞后，至少会造成泵吸油不良、泵产生噪声、系统无法吸进足够的油液而造成压力上不去，油中出现大量气泡以及滤芯因堵塞而可能压力增大而被击穿等故障。

过滤器堵塞后应及时进行清洗，清洗方法如下。

(1) 用溶剂清洗

常用溶剂有三氯化乙烯、油漆稀释剂、甲苯、汽油、四氯化碳等。这些溶剂都易着火，并有一定毒性，清洗时应充分注意。还可采用苛性钠、苛性钾等碱溶液脱脂清洗，界面活性剂脱脂清洗以及电解脱脂清洗等。后者清洗能力虽强，但对滤芯有腐蚀性，必须慎用。在洗后须用水洗等方法尽快清除溶剂。

(2) 用机械及物理方法清洗

① 用毛刷清扫　应采用柔软毛刷除去滤芯的污垢，过硬的钢丝刷会将网式、线隙式的滤芯损坏，使烧结式滤芯烧结颗粒刷落，并且此法不适用于纸质过滤器。此法一般与溶剂清洗相结合。

② 超声波清洗　超声波作用在清洗液中，将滤芯上污垢除去、但滤芯是多孔物质，有吸收超声波的性质，可能会影响清洗效果。

③ 加热挥发法　有些过滤器上的积垢，用加热方法可以除去，但应注意在加热时不能使滤芯内部残存有炭灰及固体附着物。

④ 压缩空气吹　用压缩空气在滤垢积层反面吹出积垢，采用脉动气流效果更好。

⑤ 用水压清洗　方法与上同，二法交替使用效果更好。

⑥ 酸处理法　采用此法时，滤芯应为用同种金属的烧结金属。对于铜类金属（青铜），常温下用光辉浸渍液［H_2SO_4 43.5%（体积，下同），HNO_3 37.2%，HCl 0.2%，其余水］将表面的污垢除去；或用 H_2SO_4 20%，HNO_3 30%，其余水配成的溶液，将污垢除去后，放在由 $Cr_3O \cdot H_2SO_4$ 和水配成的溶液中，使它生成耐腐蚀性膜。

对于不锈钢类金属用 HNO_3 25%，HCl 1%，其余用水配成的溶液将表面污垢除去，然后在浓 HNO_3 中浸渍，将游离的铁除去，同时在表面生成耐腐蚀性膜。

(3) 各种滤芯的清洗步骤和更换

① 纸质滤芯：根据压力表或堵塞指示器指示的过滤阻抗，更换新滤芯，一般不清洗。

② 网式和线隙式滤芯：清洗步骤为溶剂脱脂—毛刷清扫—水压清洗—气压吹净、干燥—组装。

③ 烧结金属滤芯：可先用毛刷清扫，然后溶剂脱脂（或用加热挥发法，400℃以下）—水压及气压吹洗（反向压力0.4～0.5MPa）—酸处理—水压、气压吹洗—气压吹净脱水、干燥。

拆开清洗后的过滤器，应在清洁的环境中，按拆卸顺序组装起来，若须更换滤芯的应按规格更换，规格包括外观和材质相同，过滤精度及耐压能力相同等。对于过滤器内所用密封件要按材质规格更换，并注意装配质量，否则会产生泄漏，吸油和排油损耗以及吸入空气等故障。

[故障5] 带堵塞指示发讯装置的过滤器，堵塞后不发讯

当滤芯堵塞后如果过滤器的堵塞指示发讯装置不能发讯或不能发出堵塞指示（指针移动），如过滤器用在吸油管上，则泵不进油；如过滤器用在压油管上，则可能造成管路破损、元件损坏甚至使液压系统不能正常工作等故障，失去了包括过滤器本身在内的液压系统的安全保护功能和故障提示功能。

排除办法是检查堵塞指示发讯装置，可检查活塞是否被污物卡死而不能右移，或者弹簧是否错装成刚度太大的弹簧，查明情况予以排除。

与上述相反的情况是发讯装置在滤芯未堵塞时也老发着讯，则是活塞卡死在右端或者弹簧折断或漏装。

4.1.3 蓄能器的维修

蓄能器是一种能储存与释放液体压力的元件，它总是并联于回路中。当回路压力大于蓄能器内压力时，回路中一部分液体充入蓄能器腔内，将液压能转变为其他工作物体的势能储存起来；当蓄能器内压力高于回路压力时，蓄能器中工作物体释放势能，将腔内液体压入系统。所谓工作物体势能，常用的是气体压缩和膨胀时的弹性势能，也可以是重锤的重力能或弹簧的弹性势能。

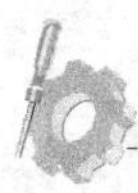

(1) 蓄能器的故障现象及排除方法

仅以 NXQ 型皮囊式蓄能器为例说明蓄能器的故障现象及排除方法，其他类型的蓄能器可参考进行。

[故障 1] 皮囊式蓄能器压力下降严重，经常需要补气

皮囊式蓄能器，皮囊的充气阀为单向阀的形式，靠密封锥面密封(见图 4-18)。当蓄能器在工作过程中受到振动时，有可能使阀芯松动，使密封锥面 1 不密合，导致漏气。或者阀芯锥面上拉有沟槽，或者锥面上粘有污物，均可能导致漏气。此时可在充气阀的密封盖 4 内垫入厚 3mm 左右的硬橡胶垫 5，以及采取修磨密封锥面使之密合等措施解决。

另外，如果出现阀芯上端螺母 3 松脱，或者弹簧 2 折断或漏装的情况，有可能使皮囊内氮气顷刻泄完。

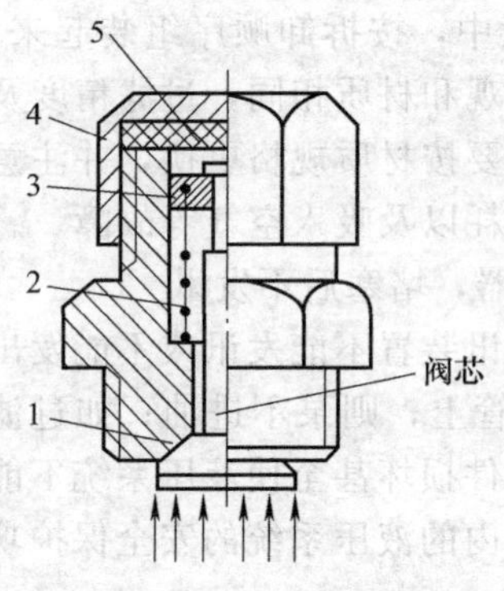

图 4-18 蓄能器皮囊气阀简图
1—密封锥面；2—弹簧；3—螺母；4—密封盖；5—硬橡胶垫

[故障 2] 皮囊使用寿命短

其影响因素有皮囊质量，使用的工作介质与皮囊材质的相容性；或者有污物混入；选用的蓄能器公称容量不合适（油口流速不能超过 7m/s)；油温太高或过低；做储能用时，往复频率是否超过 1 次/10s，超过则寿命开始下降，若超过 1 次/3s，则寿命急剧下降；安装是否良好，配管设计是否合理等。

另外，为了保证蓄能器在最小工作压力 p_1 时能可靠工作，并避免皮囊在工作过程中常与蓄能器下端的菌型阀相碰撞，延长皮囊的使用寿命，p_0 一般应在 $(0.75 \sim 0.9)p_1$ 的范围内选取；为避免在工作过程中皮囊的收缩和膨胀的幅度过大而影响使用寿命，要有 $p_0 \geqslant 2.5\% p_2$，即要有 $p_1 \geqslant 1/3 p_2$。

[故障 3] 蓄能器不起作用（不能向系统供油)

产生原因主要是气阀漏气严重，皮囊内根本无氮气，以及皮囊破损进油。另外当 $p_0 > p_2$，即最大工作压力过低时，蓄能器完全丧失储能功能（无能量可储)。

排除办法是检查气阀的气密性。发现泄气，应加强密封，并加补氮气；若气阀处泄油，则很可能是皮囊破裂；应予以更换；当 $p_0 \geqslant p_2$ 时，应降低充气压力或者根据负载情况提高工作压力。

［故障4］　吸收压力脉动的效果差

为了更好地发挥蓄能器对脉动压力的吸收作用，蓄能器与主管路分支点的连接管道要短，通径要适当大些，并要安装在靠近脉动源的位置。否则，它消除压力脉动的效果就差，有时甚至会加剧压力脉动。

［故障5］　蓄能器释放出的流量稳定性差

蓄能器充放液的瞬时流量是一个变量，特别是在大容量且 $\Delta p = p_2 - p_1$ 范围又较大的系统中，若要获得较恒定的和较大的瞬时流量时，可采用下述措施：

① 在蓄能器与执行元件之间加入流量控制元件；

② 用几个容量较小的蓄能器并联，取代一个大容量蓄能器，并且几个容量较小的蓄能器采用不同档次的充气压力；

③ 尽量减少工作压力范围 Δp，也可以采用适当增大蓄能器结构容积（公称容积）的方法；

④ 在一个工作循环中安排好有足够的充液时间，减少充液期间系统其他部位的内泄漏，使在充液时，蓄能器的压力能迅速和确保能升到 p_2，再释放能量。

表4-2为国产NXQ-L型皮囊式蓄能器的允许充放流量。

表4-2　NXQ-L型蓄能器允许充放流量

蓄能器公称容积/L	NXQ-L0.5	NXQ-L1.6～NXQ-L6.3	NXQ-L10～NXQ-L40
允许充放流量/(L/s)	1	3.2	6

［故障6］　蓄能器充压时压力上升得很慢，甚至不能升压

这一故障泵的原因有：

① 充气阀密封盖4（参阅图4-18）未拧紧或使用中松动而漏了氮气。

② 充气阀密封用的硬橡胶垫5漏装或破损。

③ 充气的氮气瓶已经气压太低。

④ 充气液压回路的问题中：例如图4-19所示的用卸荷溢流阀2组成的充液回路，当阀2的阀芯卡死在微开启时，蓄能器3充压上压速度很慢，阀2的阀芯卡死位置的开口越大，充压速度越慢。完全开启，则不能使蓄能器3蓄能升压。

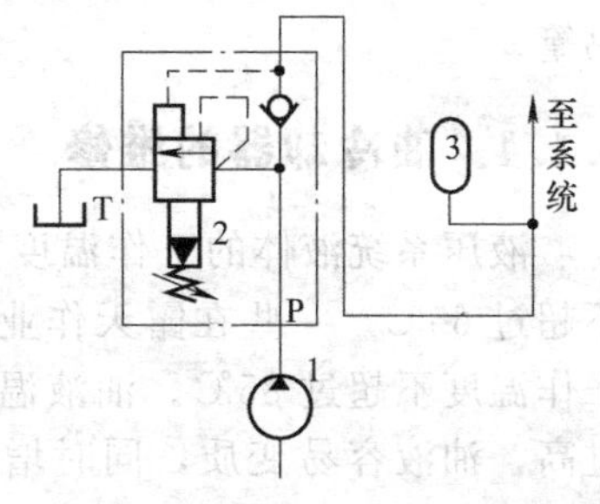

图4-19　充气回路

解决办法可在检查的基础上对症下药。至系统的后续油路有问题也可能出现此类故障。

(2) 蓄能器维修中的几项工作具体操作方法

① 蓄能器的充气压力高于氮气瓶的压力的充气方法——对充法 例如蓄能器的充气压力要求 14MPa，而氮气瓶的压力只有 10MPa 时，满足不了使用要求。并且氮气瓶的氮气利用率很低，造成浪费。在没有蓄能器专用充气车的情况下，可采用蓄能器对充的方法（图 4-20），具体操作方法如下：

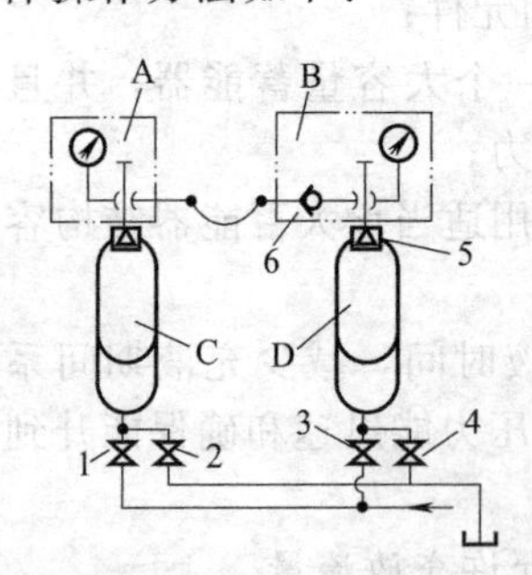

图 4-20　对充充氮回路
1～4—球阀；5—皮囊进气阀；6—进气单向阀

a. 首先用充气工具向蓄能器充入氮气，在充气时放掉蓄能器中的油液。

b. 将充气工具 A 和 B 分别装在蓄能器 C 和 D 上，将 A 中的进气单向阀拆除，用高压软管 A、B 联通，顶开皮囊进气单向阀的阀芯，打开球阀 1，4，关闭 2、3 两阀，开启高压泵并缓缓升压，可将 C 内的氮气充入 D 内。当 C 的气压不随油压的升高而明显地升高时，即其内的氮气已基本充完，将油压降下来。

c. 再用氮气瓶向 C 内充气，然后重复上述步骤，直至 D 内的气压符合要求为止。

② 氮气瓶中氮气压力低的充气方法　氮气瓶中氮气压力低于充气压力时，可使用图 4-21 所示的蓄能器充氮车（增压充气设备）进行充气。充氮车的外观见图 4-21（a），图 4-21（b）为充氮车增压液压原理图。

增压原理主要是采用了双向增压装置 7，其工作原理可参阅相关书籍。

4.1.4　油冷却器的维修

液压系统液体的工作温度一般在 30～50℃范围内比较合适，最高不超过 65℃。一些在露天作业，环境温度较高的液压设备，规定最高工作温度不超过 85℃。油液温度过低，液压泵启动时吸入困难；温度过高，油液容易变质，同时增加系统的内泄漏。为防止油温过高、过低，常在液压系统中设置油冷却器和加热器，总称热交换器。

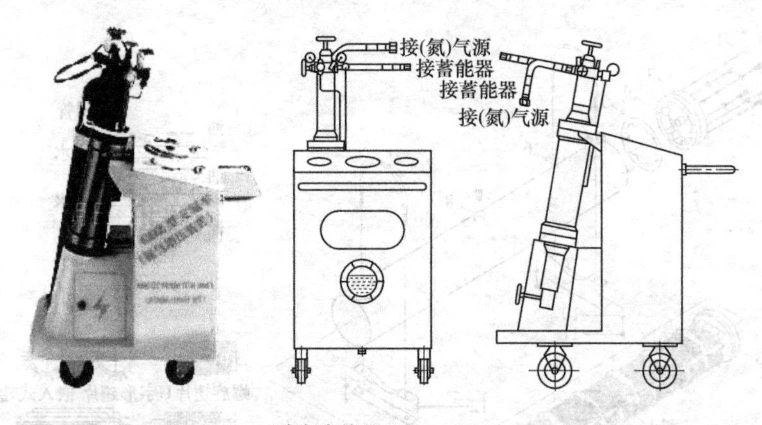

(a) 充氮车外观

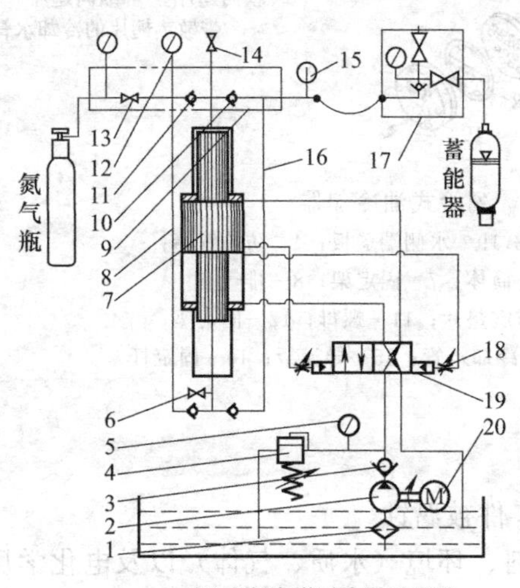

(b) 充氮车增压液压原理图

图 4-21 氮气瓶增压充氮

1—滤油器；2—油泵；3—直通单向阀；4—溢流阀；5—油压表；6—下放气阀；7—双向增压装置；8—进气管；9—总气阀体装置；10—进气阀；11—排气阀；12—气压表；13—进气开关；14—上放气阀；15—电接点压力表；16—排气管；17—充气工具；18—截止型节流阀；19—液控换向阀；20—电动机

(1) 工作原理与结构例

以图 4-22 列管式油冷却器为例。

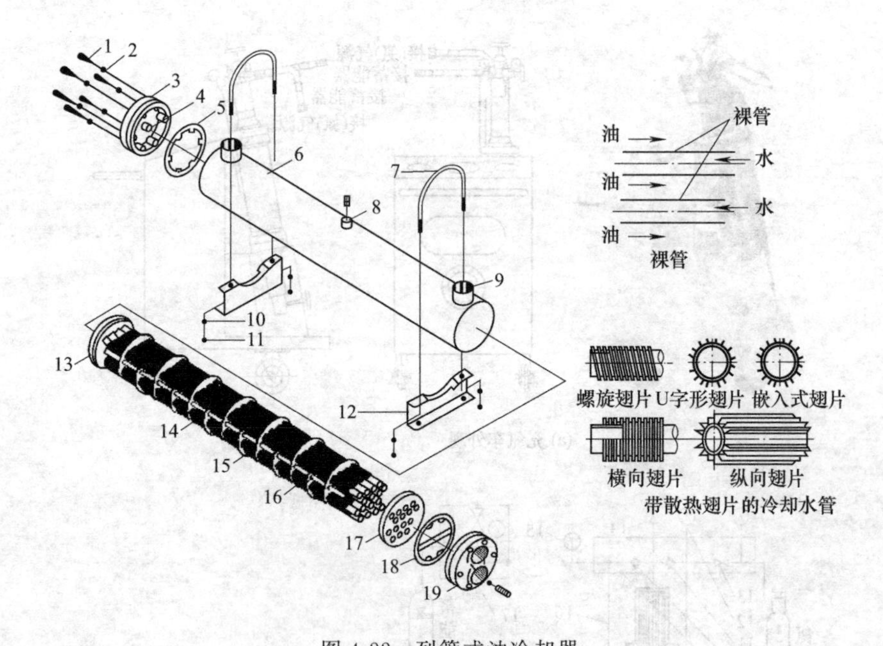

图 4-22　列管式油冷却器

1—螺栓；2—垫圈；3,19—水侧端盖板；4—防蚀锌棒；
5,18—密封垫；6—筒体；7—固定架；8—排气塞；
9—油出入口；10—防震垫片；11—螺母；12—固定座；
13,17—管束端板；14—冷却水管；15—导流板；16—固定杆

(2) 故障分析与排除

[故障 1]　油冷却器内部零件被腐蚀

产生腐蚀的主要原因是材料、环境（水质、气体）以及电化学反应三大要素。

选用耐腐蚀性的材料，是防止腐蚀的重要措施，而目前列管式油冷却器多用散热性好的铜管制作，其离子化倾向较强，会因与不同种金属接触产生接触性腐蚀（电位差不同），例如在定孔盘、动孔盘及冷却铜管管口往往产生严重腐蚀的现象，解决办法，一是提高冷却水质，二是选用铝合金钦合金制的冷却管。

另外，冷却器的环境包含溶存的氧、冷却水的水质（pH 值）、温度、流速及异物等。水中溶存的氧越多，腐蚀反应越激烈；在酸性范围内，pH 值降低，腐蚀反应越活泼，腐蚀越严重，在碱性范围内，对铝

等两性金属，随 pH 值的增加腐蚀的可能性增加；流速的增大，一方面增加了金属表面的供氧量，另一方面流速过大，产生紊流涡流，会产生汽蚀性腐蚀；另外水中的砂石、微小贝类细菌附着在冷却管上，也往往产生局部侵蚀。

还有，氯离子的存在增加了使用液体的导电性，使得电化学反应引起的腐蚀增大。特别是氯离子吸附在不锈钢、铝合金上也会局部破坏保护膜，引起孔蚀和应力腐蚀。一般温度增高腐蚀增加。

综上所述，为防止腐蚀，在冷却器选材和水质处理等方面应引起重视，前者往往难以改变，后者用户可想办法。

对安装在水冷式油冷却器中用来防止电蚀作用的锌棒要及时检查和更换。

［故障 2］ 冷却性能下降

产生这一故障的原因主要是堵塞及沉积物滞留在冷却管壁上，结成硬块与管垢使散热换热功能降低。另外，冷却水量不足、冷却器水油腔积气也均会造成散热冷却性能下降。

解决办法是首先从设计上就应采用难以堵塞和易于清洗的结构，而目前似乎办法不多；在选用冷却器的冷却能力时，应尽量以实践为依据，并留有较大的余地（增加 10%～25%容量）；不得已时采用机械的方法（如刷子、压力、水、蒸气等擦洗与冲洗）或化学的方法（如用 Na_3CO_3 溶液及清洗剂等）进行清扫；增加进水量或用温度较低的水进行冷却；拧下螺塞排气；清洗内外表面积垢。

［故障 3］ 内部破损

由于两流体的温度差，油冷却器材料受热膨胀的影响，产生热应力，或流入油液压力太高：可能招致有关部件破损；另外，在寒冷地区或冬季，晚间停机时，管内结冰膨胀将冷却水管炸裂。所以要尽量选用难受热膨胀影响的材料，并采用浮动头之类的变形补偿结构；在寒冷季节每晚都要放干冷却器中的水。

［故障 4］ 漏油、漏水

出现漏油、漏水，会出现流出的油发白，排出的水有油花的现象。

漏水、漏油的多发生在油冷却器的端盖与筒体结合面，或因焊接不良、冷却水管破裂等原因造成漏油、漏水。此时可根据情况，采取更换密封，补焊等措施予以解决。更换密封时，要洗净结合面，涂敷一层“303”或其他黏结剂。

4.1.5 油箱的维修

油箱的主要作用是储油、散热和分离油中空气、杂质等。因此，油箱应有足够的容量，较大的表面积，且液体在油箱内流动应平缓，以分离气泡和沉淀杂质。

(1) 油箱的故障分析与排除

[故障 1] 油箱温升严重

油箱起着一个“热飞轮”的作用，可以在短期内吸收热量，也可以防止处于寒冷环境中的液压系统短期空转被过度冷却。油箱的主要矛盾还是温升，温升到某一范围平衡不再升高。严重的温升会导致液压系统多种故障。

引起油箱温升严重的原因有：①油箱设置在高温热辐射源附近，环境温度高；②液压系统各种压力损失（如溢流、减压等）产生的能量转换大；③油箱设计时散热面积不够；④油液的黏度选择不当，过高或过低。

解决油箱温升严重的办法是：①尽量避开热源。②正确设计液压系统，如系统应有卸载回路、采用压力适应、功率适应、蓄能器等高效液压系统，减少高压溢流损失，减少系统发热。③正确选择液压元件，努力提高液压元件的加工精度和装配精度，减少泄漏损失、容积损失和机械损失带来的发热现象。④正确配管：减少过细过长、弯曲过多、分支与汇流不当带来的局部压力摄失。⑤正确选择油液黏度。⑥油箱设计时应考虑有充分的散热面积和油箱容量。一般油箱容积对低压系统可取泵额定流量的 2～4 倍，中压系统取 5～7 倍，高压系统取 10～12 倍，当机械停止工作时，油箱中的油位高度不超过油箱高度的 80%，流量大的系统取下限，反之取上限。⑦在占地面积不容许加大油箱体积的情况下或在高温热源附近，可设油冷却器。

[故障 2] 油箱内油液被污染

油箱内油液污染物有从外界侵入的，有内部产生的以及装配时残存的。

① 装配时残存的：例如油漆剥落片、焊渣等。在装配前必须严格清洗油箱内表面，并严格去锈去油污，再油漆油箱内壁。以床身作油箱的，如果是铸件则需清理干净芯砂等；如果是焊接床身，则注意焊渣的清理。

② 对由外界侵入的，油箱应采取下列措施：

a. 油箱应注意防尘密封，并在油箱顶部安设空气滤清器和大气相通，使空气经过滤后才进入油箱。

空气滤清器往往兼做注油口，现已有标准件（EF型）出售。可配装100目左右的铜网滤油器，以过滤加进油箱的油液，也有用纸芯过滤，效果更好。但与大气相通的能力差些，所以纸芯滤芯容量要大。

b. 为了防止外界侵入油箱内的污物被吸进泵内，油箱内要安装隔板（图4-23），以隔开回油区和吸油区。通过隔板，可延长回到油箱内油液的休息时间。可防止油液氧化劣化；另一方面也利于污物的沉淀。隔板高度为油面高度的3/4。

c. 油箱底板倾斜：底板倾斜程度视油箱的大小和使用，油的黏度而定，一般为1/64～1/24。在油箱底板最低部分设置放油塞，使堆积在油箱底部的污物得到清除。

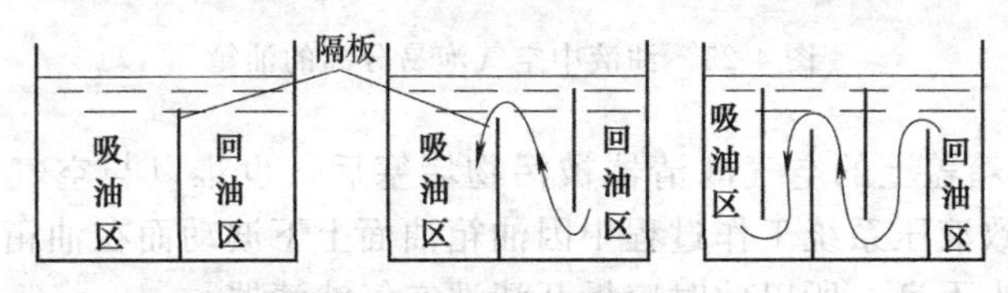

图4-23 油箱内安装隔板

d. 吸油管离底板最高处的距离要在150mm以上，以防污物被吸入（图4-24）。

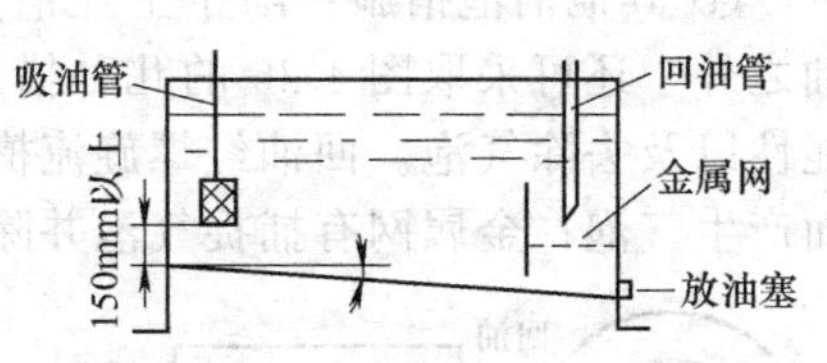

图4-24 吸油管离底板最高处的距离

③ 减少系统内污物的产生

a. 防止油箱内凝结水分的产生：必须选择足够大容量的空气滤清器，以使油箱顶层受热的空气尽速排出，不会在冷的油箱盖上凝结成水珠掉落在油箱内；另外，大容量的空气滤清器或通气孔，可消除油箱顶层的空间与大气压的差异，防止因顶层低于大气压时，从外界带进粉尘。

b. 使用防锈性能好的润滑油，减少磨损物的产生和防止锈的产生。

［故障3］ 油箱内油液空气泡难以分离

由于回油在油箱内的搅拌作用，易产生悬浮气泡夹在油内。若被带入液压系统会产生许多故障（如泵噪声气穴及油缸爬行等）。

为了防止油液气泡在未消除前便被吸入泵内，可采取图4-25所示的方法：

① 设置隔板，隔开系统回油区与泵吸油区，回油被隔板折流，流速减慢，利于气泡分离并溢出油面［图 4-25（a）］，但这种方式分离细微气泡较难，分离效率不高。

② 设置金属网［图 4-25（b）］：在油箱底部装设一金属网捕捉气泡。

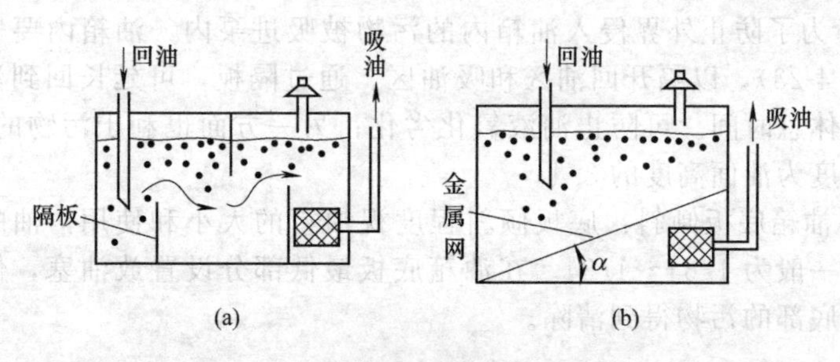

图 4-25　油液中空气泡易分离的油箱

③ 当箱盖上的空气滤清器被污物堵塞后，也难以与空气分离，此时还会导致液压系统工作过程中因油箱油面上下波动而在油箱内产生负压使泵吸入不良。所以此时应拆开清洗空气滤清器。

④ 其他消泡措施：除了上述消泡措施，并采用消泡性能好的液压油之外，还可采取图 4-26 的几种措施，以减少回油搅拌产生气泡的可能性以及去除气泡。回油经螺旋流槽减速后，不会对油箱油液产生搅拌而产生气泡；金属网有捕捉气泡并除去气泡的作用。

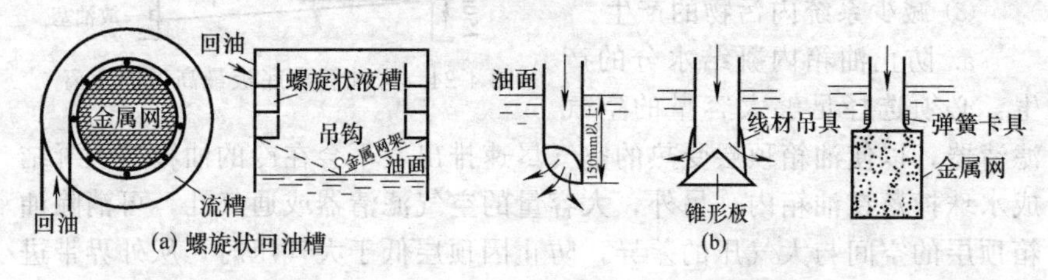

图 4-26　回油扩散缓冲作用（设置回油扩散器）

［故障 4］　油箱振动和噪声

① 减小振动和隔离振动

a. 主要对液压泵电机装置使用减振垫弹性联轴器类措施。例如 HL 型弹性柱销联轴器（GB 5014—2003）、ZL 型带制动轮弹性柱销联轴器

(GB 5015—2003) 和滑块联轴器 (GB 4384—86) 等。并注意电机与泵的安装同轴度。

b. 油箱盖板、底板、墙板须有足够的刚度。

c. 在液压泵电机装置下部垫以吸音材料、液压泵电机装置与油箱分设、回油管端离油箱壁的距离不应小于5cm等。

d. 油箱加吸音材料的保护罩，隔离振动声和噪声。

② 防止泵进空气

a. 排除泵进油管进气。

b. 减少回油管回油对油箱内油液的搅拌作用：回油对油箱内油液的搅拌作用会产生大量气泡，可采取图4-26的措施。

③ 减少液压泵的进油阻力防止泵的气穴。

④ 保持油箱比较稳定的较低油温。油温升高会提高油中的空气分离压力，从而加剧系统的噪声。故应使油箱油温有一个稳定的较低值范围 (30～55℃) 相当重要。

⑤ 油箱加罩壳，隔离噪声。油泵装在油箱盖以下，即油箱内，也可隔离噪声。

⑥ 在油箱结构上采用整体性防振措施。例如，油箱下地脚螺钉固牢于地面，油箱采用整体式较厚的电机泵座安装底板，并在电机泵座与底板之间加防振材垫板；油箱薄弱环节，加设加强筋等。

(2) 油箱的清洗

这里仅介绍清除油箱内壁的一种实用方法：用面粉加水拌和成半干半湿状，干湿程度与包饺子的面团相同。用此面团可较彻底地粘除油箱内壁的顽固污秽污垢，最后用清洗剂可彻底清洗干净油箱。

4.1.6 密封的维修

(1) 密封件材料的选择

常用密封件材料所适应的介质和使用温度范围见表4-3。

表4-3 常用密封件材料所适应的介质和使用温度范围

密封材料	石油基液压油矿物基液压脂	难燃性液压油			使用温度范围/℃	
		水-油乳化液	水-乙二醇基	磷酸脂基	静密封	动密封
丁腈橡胶	○	○	○	×	−40～120	−40～100
聚氨酯橡胶	○	△	×	×	−30～80	一般不用
氟橡胶	○	○	○	○	−25～250	−25～180

续表

密封材料	石油基液压油矿物基液压脂	难燃性液压油			使用温度范围/℃	
		水-油乳化液	水-乙二醇基	磷酸脂基	静密封	动密封
硅橡胶	○	○	×	△	−50～280	一般不用
丙烯酸酯橡胶	○	○	○	×	−10～180	−10～130
丁基橡胶	×	×	○	△	−20～130	−20～80
乙丙橡胶	×	×	○	△	−30～120	−30～120
聚四氟乙烯	○	○	○	○	−100～260	−100～260

注：○—可以使用；△—有条件使用；×—不可使用。

(2) 密封防漏

① 用正确方法，装好密封圈防止漏油

a. 注意密封圈的装入方法：例如装入O形圈时，要采用图4-27所示的防止松脱的方法装配。

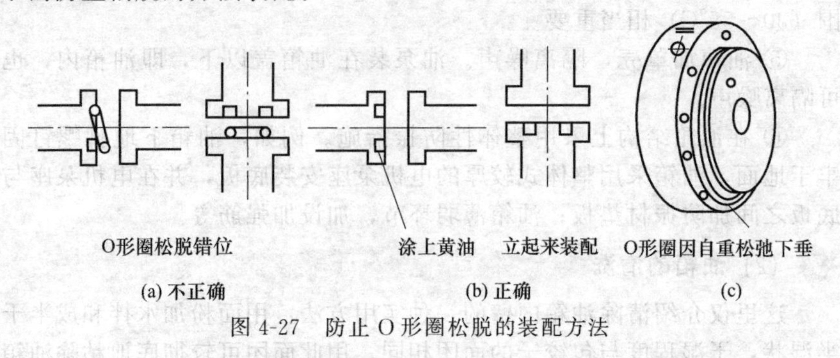

图4-27 防止O形圈松脱的装配方法

b. 使用必要的装配工具安装密封圈（图4-28～图4-32）。

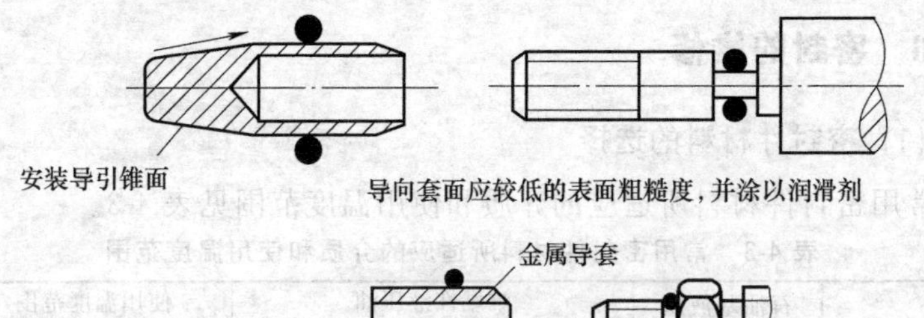

图4-28 O形圈装配导向工具

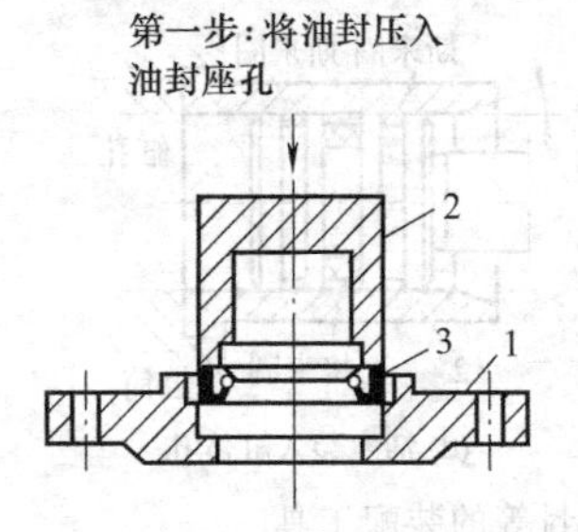

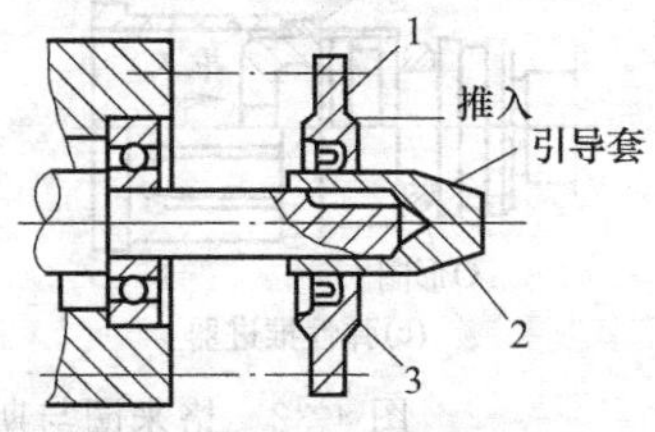

图 4-29　油封的两步安装法

1—油封座；2—安装工具；3—油封

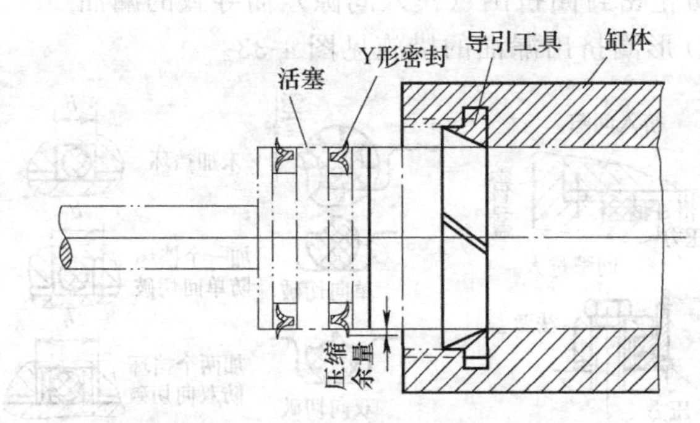

图 4-30　Y 形等密封圈装配引导工具

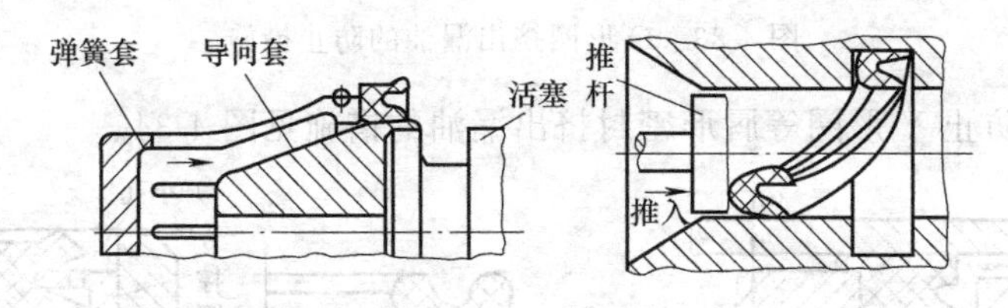

图 4-31　U 形圈的装配引导方法——导向套

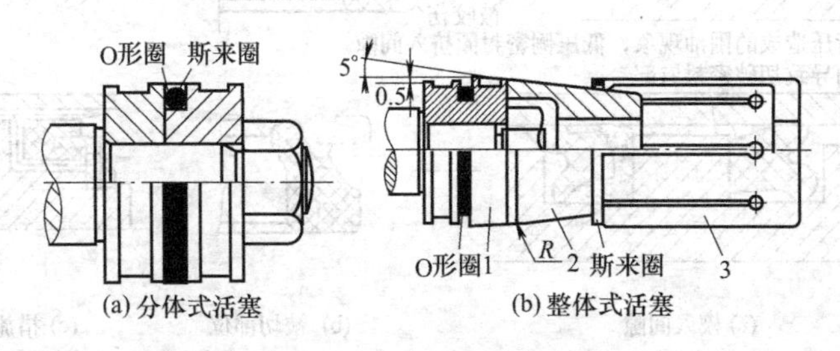

图 4-32

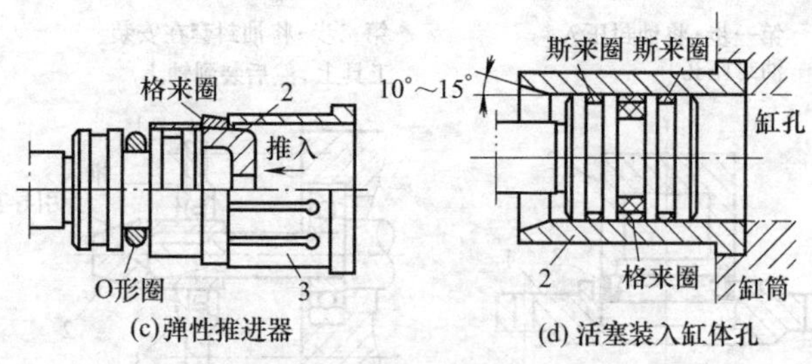

图 4-32 格来圈与斯特封等的装配工具

1—保护套；2—导向套；3—弹性套

② 怎样防止密封圈挤出（楔入间隙）而导致的漏油

a. 防止 O 形圈挤出漏油的措施见图 4-33。

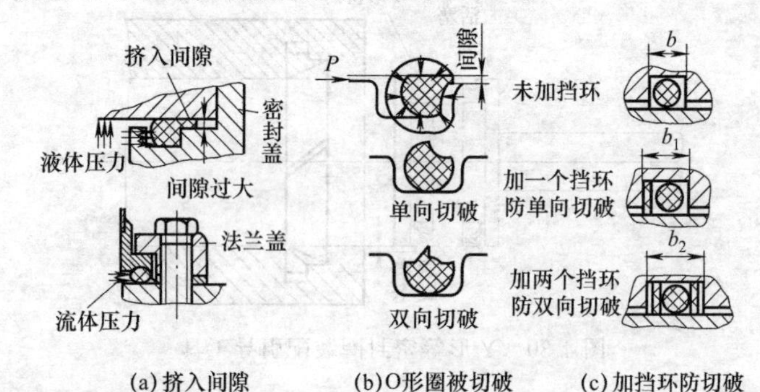

图 4-33 O 形圈挤出漏油的防止措施

b. 防止 Y 形圈等唇形密封挤出漏油的措施见图 4-34。

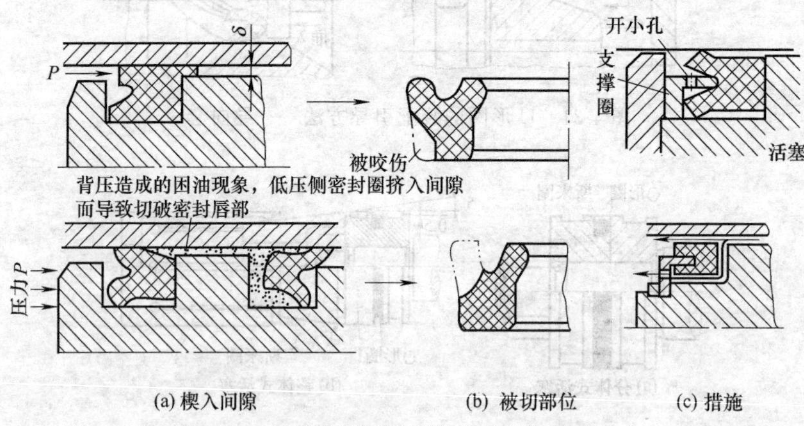

图 4-34 Y 形密封圈唇部挤入间隙漏油的防止

③ 如何装入欠缺弹性的支撑环 液压缸密封件中的支撑环（主要由充填四氟乙烯材料制成）的弹性较差，因此在安装前应先将其在100℃的油或沸水中浸泡10～20min，使其变软，然后乘其弹性较大时可容易安装上。

④ 油封的自紧弹簧缺失怎么办 如果橡胶油封的自紧弹簧缺失或过松，一时又难以购得，可以用加添强力橡皮筋箍紧的方法暂用，而后予以换新。

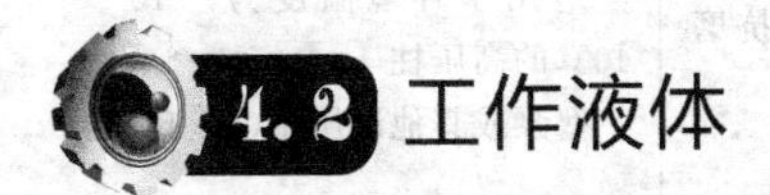

4.2 工作液体

液体传动以工作液体为介质，利用工作液体的压力能或动能来传递和转换能量。液体传动分为利用密闭容积内的液体静压力传递和转换能量的液压传动及借助液体的运动能量来实现传递动力的液力传动两类。两者所使用的工作介质分别称为液压油（液）和液力传动油（液），统称工作液体。

4.2.1 工作液体的分类

工作液体的分类见图4-35。

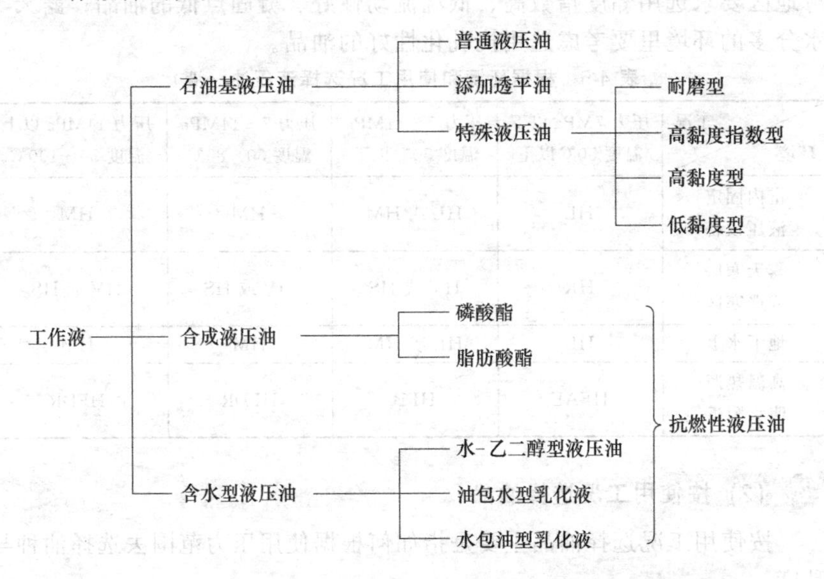

图4-35 工作液体的分类

其中石油基液压油目前用得最普遍，常用的液压油油品代号见表 4-4。

表 4-4　常用液压油的油品代号例

液压油油品代号	特性	适用范围
L-HL32、L-HL46、L-HL68	经过改善其防锈和抗氧性的液压油	适用于环境温度为 0～40℃的各类液压泵(中低压)
L-HM 32 L-HM 46 L-HM 68 L-HM 100 L-HM 150	在 L-HL 油基础上改善其抗磨性的液压油	适用于环境温度为－10～40℃的高压柱 塞泵或其他液压泵(中、高压)
L-HV15、L-HV 32 L-HV 46、L-HV 48	在 L-HM 油基础上改善其黏温特性的液压油	适用于在环境温度为－20～40℃以上的各类高压液压泵

注：HL—普通液压油；HM—抗磨液压油：HV—低温抗磨液压油。

4.2.2　液压油(液)的选择

(1) 按液压设备的环境条件选择油品

例如在高温热源或明火附近一般应选用抗燃液压油（表 4-5）；寒冷地区要求选用黏度指数高、低温流动性好、凝固点低的油品；露天等水分多的环境里要考虑选用抗乳化性好的油品。

表 4-5　根据环境和使用工况选择液压油（液）

环境 \ 工况	压力 7MPa 以下 温度 50℃以下	压力 7～14MPa 温度 50℃以下	压力 7～14MPa 温度 50～80℃	压力 14MPa 以上 温度 80～100℃
室内固定液压设备	HL	HL 或 HM	HM	HM
露天寒区或严寒区	HR	HV 或 HS	HV 或 HS	HV 或 HS
地下水上	HL	HL 或 HM	HM	HM
高温热源明火附近	HFAE	HFB	HFDR	HFDR

(2) 按使用工况选择油品

按使用工况选择油品主要是指如何根据使用压力范围去选择油种与黏度。

一般随压力的增加对油液的润滑性即抗磨性的要求增大，所以高压时应选用抗磨性、极压性好的 HM 油种。压力等级增大，黏度也应选大一些的档次，见表 4-6 和表 4-7。

表 4-6 按液压系统工作压力选油品

压力/MPa	<8	8~16	>16
液压油品种	HH、HL(叶片泵时用 HM)	HL、HM、HV	HM、HV

表 4-7 按压力选液压油的黏度

压力/MPa	0~2.5	2.5~8	8~16	16~32
黏度 v50/cSt	10~30	20~40	30~50	40~60

注：v50 指 50℃时的运动黏度。

(3) 根据使用油温选择油品品种

根据使用油温的不同，应选择不同油压，对油品的黏温特性（黏度指数）和热安定性应有所考虑，可按表 4-8 和表 4-9 选择油液品种。当环境温度高（超过 40℃）时，应适当提高油液的黏度档次。冬季应采用黏度较低的油液，夏季则应采用黏度较高的油液。

表 4-8 按液压油工作油温选液压油

系统工作温度/℃	-10~90	-10 以下~90	>90
选用油品	HH、HL、HM	HR、HV、HSC、优质的 HL，MM 在 -10℃~-25℃可用	优质的 HM、HV、HS

表 4-9 使用温度与不同压力时对抗燃液压油的选择

工况 / 环境	压力 7MPa 以下，温度<50℃	压力 7~14MPa		压力>14MPa 温度 80~100℃
		温度<60℃	温度 50~80℃	
高温热源或明火附近	HFAE	HFB、HFC	HFDR	HFDR

(4) 根据泵的类型和液压系统的特点选择油品

液压油的润滑性（抗磨性）对三大类泵减磨效果的顺序是叶片泵>柱塞泵>齿轮泵。故凡叶片泵为主油泵的液压系统不管其压力大小选用 HM 油为好。对有电液脉冲马达的开环系统要求用数控液压油，可用高级 L-HM 和 L-HV 代替。一般液压系统用油黏度的选择大多以泵为主要依据，阀类元件基本上可适应。选用时可参阅表 4-10。

表 4-10 常用液压泵使用黏度范围 mm^2/s

液压泵类型	工作压力/MPa	37.8℃黏度	50℃黏度	37.8℃黏度	50℃黏度
叶片泵	≤7	30~50	17~29	43~77	25~44
	>7	54~70	31~40	65~95	35~55

续表

液压泵类型		工作压力/MPa	37.8℃黏度	50℃黏度	37.8℃黏度	50℃黏度
齿轮泵		10～32	30～70	17～40	110～184	58～98
柱塞泵	径向	24～35	30～128	17～62	65～270	37～154
	轴向	14～35	43～77	25～44	70～172	40～98
螺杆泵		2～10.5		19～29		25～49

4.2.3 液压油的故障排除

(1) 根据液压油的性能特点排除有关故障

液压油的许多故障与液压油的性能有关，现列于表4-11中。

表 4-11 液压油的性能与故障

性能		容易发生的故障	产生故障的原因	排除方法
黏度	过低时	①泵产生噪声、流量不足、烧接及异常磨损 ②内泄漏增大而使执行元件动作失常 ③压力控制阀压力出现不稳定现象(压力表波动大) ④因润滑不良产生各滑动面的异常磨损	①油温上升,黏度下降 ②油液黏度使用不当 ③长时间使用高黏度指数的油	①改进冷却系统,修理 ②更换成黏度合适的液压油
	过高时	①因泵吸油不良而烧接 ②泵吸入阻力增大产生气穴 ③滤油器阻力增大而产生故障 ④配管阻力增大,压力损失增大,输出功率降低 ⑤控制阀的动作迟滞和动作不正常	①油温过低,环境温度过低 ②液压油黏度使用不当 ③低温时,油温无升温装置 ④一般元件却使用高黏度油	①安装低温加热装置和温控装置 ②修理油温控制系统 ③更换成合适黏度的油液
防锈性		①由于生锈进入滑动部位,产生控制阀、油缸的不正常动作 ②锈脱落而烧接,拉伤 ③因锈粒子的流动产生动作不良,流量阀流量不稳定	①防锈性差的油内混进了水分 ②锈蚀的扩展加剧 ③开始时就已生锈	①使用防锈性好的油 ②防止水分混入 ③清洗,除锈
抗乳化性		①因油中水分而锈蚀 ②液压油发生不正常老化劣化 ③因水分产生泵、阀的气穴和汽蚀	①液压油本身的防锈性差 ②液压油老化、劣化、水分的分离性差	①使用抗乳化性好的液压油 ②更换油

续表

性能	容易发生的故障	产生故障的原因	排除方法
老化劣化	①产生油泥,使液压元件动作不良 ②氧化加剧,腐蚀金属材料 ③润滑性能降低,元件加快磨损 ④防锈性、抗乳化性降低,产生故障	①高温下常久使用油液氧化、劣化 ②水分、金属粉、空气等污染物进入油内、促进劣化 ③油局部高温和加热	①避免在60℃以上的高温下长期使用 ②除去污物 ③防止用加热器局部加热
腐蚀	①腐蚀铜、铝、铁等金属 ②伴随着汽蚀、腐蚀金属 ③泵、轴、滤油器、冷却器的局部腐蚀	①添加剂的影响 ②液压油老化、劣化、腐蚀性物质混入 ③水分混入而气穴汽蚀	①调查液压油的性质防止老化、劣化污染物混入 ②防止水分混入
消泡破泡性不好	①油的压缩性增大,导致动作不正常 ②增加泵、油缸、噪声、振动加剧磨损 ③气泡导致气穴 ④油与空气接触面积增大,加剧油液氧化 ⑤气泡进入润滑部位,切破油膜导致烧伤,爬行	①添加剂的消耗 ②液压油本身破泡性差	①更换油,加添加剂 ②检查油箱的结构,合理设计
低温流动性不好	液压油的流动闪点在10～15℃时,流动性变差,不能使用	①液压油本身 ②随添加剂的不同而异	选择合适油液
润滑性不良	①泵异常磨损,寿命缩短 ②元件寿命降低,性能降低执行元件性能降低 ③泵阀等滑动面异常磨损,烧坏 ④流量阀调节不良 ⑤伺服阀动作不良,性能降低 ⑥促进滤油器堵塞 ⑦促进工作油老化、劣化	①液压油老化、劣化,异物混入 ②黏度降低 ③由水基液压油的性质所决定	①更换成黏度适当、润滑性好的液压油 ②选择液压油时,要研究其润滑性能

(2) 因选用不当液压油带来的故障排除

液压油的选用要考虑的因素较多，液压油选用不当会带来种种故障，此处仅举几例。

① 黏度选用不当　例如某液压系统要求在10～70℃条件下使用，但如果选用黏度指数为100的VG46液压油，这种油在20℃的运动黏度为134.6cSt，而在60℃时的运动黏度为20.57cSt。因此滤油器的阻

力变化为 6.5 倍，容易产生气穴等故障。

② 在温度变化大的条件下使用的小型液压设备，如果黏度变化范围为 3 倍，则泄漏量也会 3 倍变化，这对小流量的液压系统影响较大。

③ 如系统采用气液直接接触式的蓄能器，则不能使用水-二元醇，因为该液压液容易起泡。

④ 与矿物油相比，合成型难燃油有高的密度，含水型抗燃油不仅密度大而且蒸气压力高，这对于油的流动会产生较大阻力，所以泵会引起气穴和振动。如使用抗燃液压油，除了泵安装位置要低，泵进口只能装粗滤器外，且泵的结构要适合抗燃油，不然会出故障。换言之，不适合抗燃液压油的液压元件不能使用该液压油。

4.2.4 换油方法

常用的换油方法有以下三种。

① 固定周期换油法　这种方法是根据不同的设备、不同的工况、以及不同的油品，规定液压油使用时间为半年、一年，或者 1000～2000 工作小时后更换液压油的方法。这种方法虽然在实际工作中被广泛应用，但不科学，不能及时地发现液压油的异常污染，不能良好地保护液压系统，不能合理地使用液压油资源。

② 现场鉴定换油　这种方法是把被鉴定的液压油装入透明的玻璃容器中和新油比较做外观检查，通过直觉判断其污染程度，或者在现场用 PH 试纸进行硝酸浸蚀试验，以决定被鉴定的液压油是否需更换。详情请见现场鉴定液压油污染项目表和液压油外观判断与外理措施。

③ 综合分析换油　这种方法是定期取样化验，测定必要的理化性能，以便连续监视液压油劣化变质的情况，根据实际情况决定何时换油的方法。这种方法有科学根据，因而准确可靠，符合换油原则。但是往往需要一定的设备和化验仪器，操作技术比较复杂，化验结果有一定的滞后，且必须交油料公司化验，国际上已开始普遍采用这种方法。

在实际工作中，如果液压油只有一项指标超过规定值时，可以一边观察征兆，一边继续使用。如果有三项指标已超过规定值，就应该立即更换液压油。

第5章 液压回路的故障维修

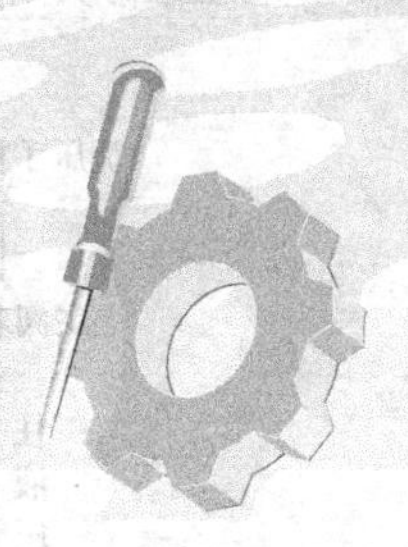

5.1 压力控制回路的故障排除

压力控制回路是利用各种压力控制阀控制系统压力的回路。液压系统中的压力必须与系统负载相匹配，才能既满足工作要求又减少功率损失，这就需要通过调压、减压、增压、保压、卸荷以及多级压力控制等回路来实现，以满足液压系统中各执行元件在力或转矩上对压力的不同要求。此处仅对调压回路进行说明。

[故障 1]　二级（多级）调压回路中出现压力冲击

在图 5-1 所示的二级调压回路中，当 1DT 不通电时，系统压力由溢流阀 2 来调节；反之 1DT 通电时，系统压力由溢流阀 3 来调节，这种回路的压力切换由阀 4 来实现，当压力由 p_1 切换到 p_2（$p_1>p_2$）时，由于阀 4 与阀 3 间的油路内切换前没有压力，故当阀 4 切换（1DT 通电）时，溢流阀 2 遥控口处的瞬时压力由 p_1 下降到几乎为零后再回升到 p_2，系统自然产生较大的压力冲击。

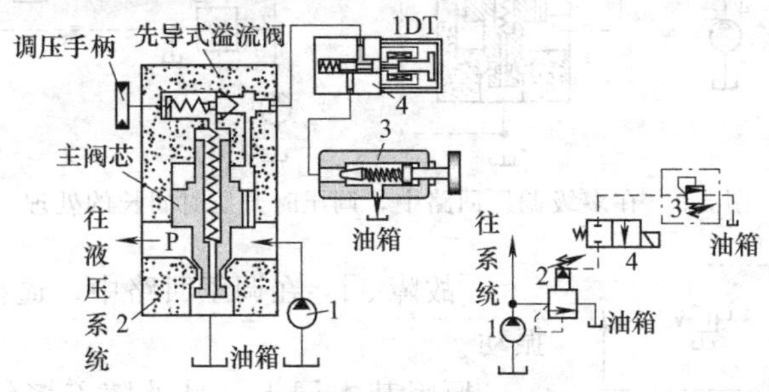

图 5-1　二级调压回路中产生压力冲击

将阀 3 与阀 4 交换一个位置（图 5-2），这样从阀 2 的遥控口到阀 4 的油路里总是充满了压力油，便不会产生过大的压力冲击。

[故障 2]　在多级调压回路中，调压时升压时间长

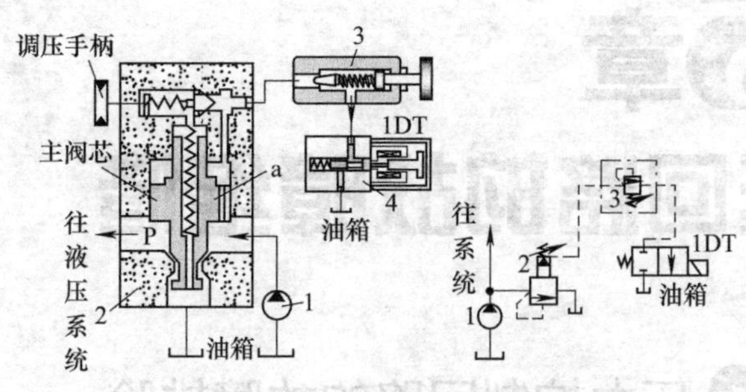

图 5-2　二级调压回路的改正

在图 5-3 所示的二级调压回路中，当遥控管路较长，而系统从卸荷（阀 2 的 2DT 通电）状态转为升压状态（阀 2 的 1DT 通电）时，由于遥控管接油池，压力油要先填满遥控管路排完空气后，才能升压，所以升压时间长。尽量缩短遥控管路的长度，并采用内径为 $\phi3\sim5$mm 的遥控管，而且最好在遥控管路回油 A 处增设一背压阀 7。

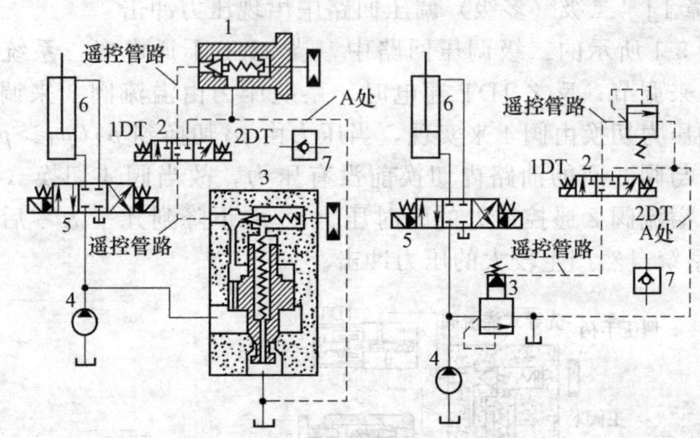

图 5-3　在多级调压回路中，调压时升压时间长的处理

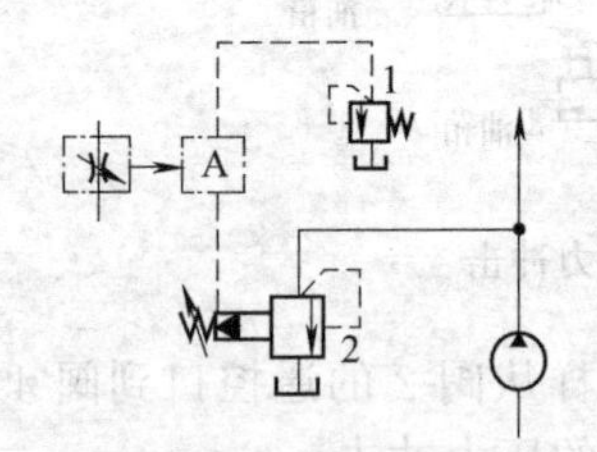

图 5-4　遥控配管产生振动的对策

［故障 3］　在调压回路中，遥控配管产生振动

原因基本同上，另外随着多级压力的频繁变换，控制管很可能会在高压←→低压的频繁变换中产生冲击振动。

解决办法可在图 5-4 的 A 处装设一小流量节流阀，并进行适当调节，故障便可排除。

［故障 4］　调压回路中最低压力调节值下不来

在调压回路中对溢流阀调压时，往往出现最低压力调节值下不来，并伴有升降压动作缓慢现象。

产生这一故障是由于从主溢流阀到遥控先导溢流阀之间的遥控管过长（例如超过 10m），遥控管内的压力损失过大所致，遥控管最长不能超过 8m，如图 5-5 所示。

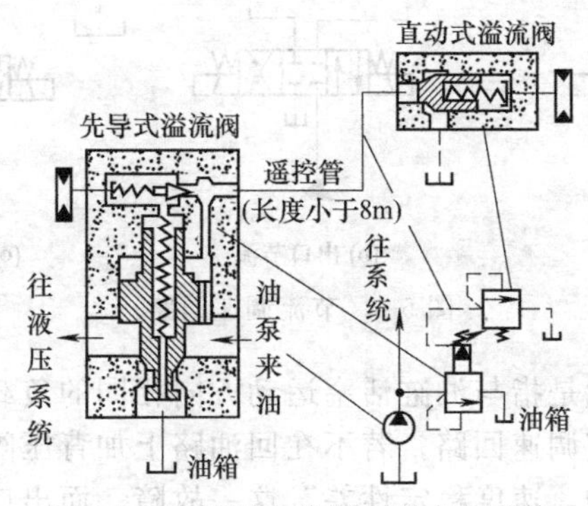

图 5-5　最低压力值调不下来的对策

5.2 速度控制回路的故障排除

速度控制回路有节流调速回路、容积调速回路、容积节流调速回路、快速回路、减速回路、比例调速回路等类型，此处仅介绍节流调速回路。

根据节流阀（或调速阀）在回路中的设置位置，节流调速回路有进口节流调速、出口节流调速和旁路节流调速三种方式。如图 5-6 所示，图 5-6（a）～（c）为双向节流调速；如果去掉图 5-6（a）、（b）中的单向节流阀 1 或 2，则可变双向节流调速为单向节流调速。

节流调速回路的故障中包含许多先天性的因素，处理这些故障的经验如下。

［故障 1］　进口节流调速回路中油缸易发热

进口节流调速回路中，通过节流阀产生节流损失而发热的油直接进入油缸，使油缸易发热和增加泄漏。

可以改为出口节流调速和旁路节流调速回路，这两种回路中通过节流阀发了热的油正好流回油箱容易散热。

［故障 2］　进口节流调速回路和旁路节流调速回路不能承受负值负载

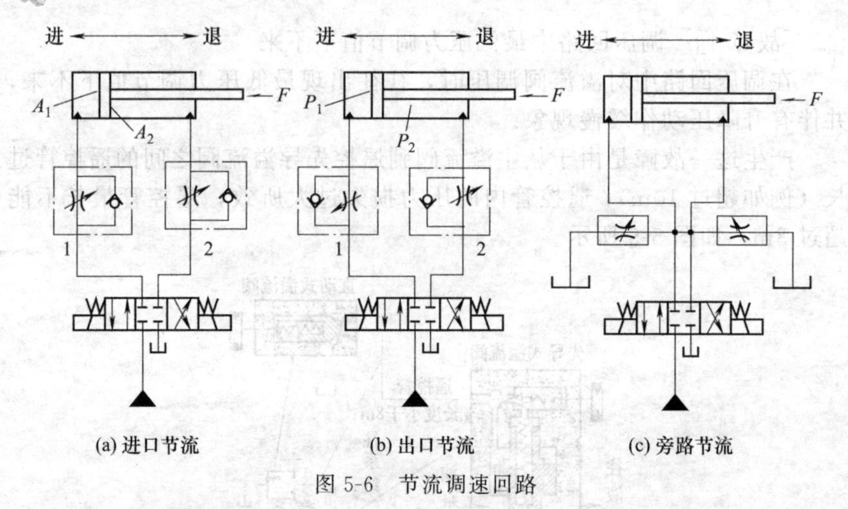

(a) 进口节流　(b) 出口节流　(c) 旁路节流

图 5-6　节流调速回路

所谓负值负载是指与油缸活塞运动方向相同的负载。对进口节流调速回路和旁路节流调速回路，若不在回油路上加背压阀就会产生“在负值负载下失控前冲，速度稳定性差”这一故障。而出口节流调速回路由于回油路上节流阀的“阻尼”作用（阻尼力与速度成正比），能承受负值负载，不会因此而造成失控前冲，运动较平稳；前者加上背压阀后，也能大大改善承受负值负载的能力和使运动平稳，但须相应调高溢流阀的调节压力，因而功率损失增大。

［故障 3］　出口节流调速回路停车后工作部件再启动时冲击大

出口节流调速回路中，停车时油缸回油腔内常因泄漏而形成空隙，再启动时的瞬间泵的全部流量输入油缸工作腔（无杆腔），推动活塞快速前进，产生启动冲击，直至消除回油腔内的空隙建立起背压力后才转入正常。这种启动冲击有可能损坏刀具工件，造成事故。旁路节流也有此类故障。而采用进口节流调速回路，只要在开机时关小节流阀，进入油缸的油液流量总是受到其限制，就避免了启动冲击。另外，停车时，不使油缸回油腔接通油池也可减少启动冲击。

［故障 4］　出口节流调速回路压力继电器不能可靠发讯

在出油口节流调速回路中，若将压力继电器安装在油缸进油路中，压力继电器便不能可靠发讯或者不能发讯。

解决办法是出口节流调速回路中只能将压力继电器装在油缸回油口处并采用失压发讯才行，此时控制电路较复杂。而采用进口或旁路节流调速回路中安装在油缸进油路中，可以可靠发讯。

[故障 5] 出口节流方式中活塞杆密封容易损坏

在图 5-6 的出口节流方式中，当 $A_1/A_2=2$ 和 $F=0$ 时，便有 $p_2=2p_1$，这就大大增加了活塞杆密封的应有的密封能力，降低了密封寿命，甚至损坏密封，加大泄漏。采用进口节流或旁路节流要好些。

[故障 6] 难以实现很低的工进速度，调速范围窄

在同样的速度要求下，出口节流调速回路中节流阀的通流面积要调得比进口节流的要小，因此低速时前者的节流阀比较容易堵塞，也就是说进口节流调速回路可获得更低的最低速度。

[故障 7] 系统功率损失大，容易发热

进口节流和出口节流方式不但存在节流损失，还存在溢流损失，所以功率损失大，发热相对较大。而旁路节流方式只存在节流损失，无溢流损失，且油泵的工作压力与负载存在一定程度的匹配关系，所以功率损失相对较小，发热也应该小些。但进口节流方式和旁路节流方式还需考虑背压大小的影响。

[故障 8] 易产生爬行

若采用的是进口节流和旁路节流方式，在某种低速区域内便易产生爬行，相对来说出口节流防爬行性能要好些。

注意“进口节流＋固定背压”方式在背压较小（0.5～0.8MPa）时，还有可能爬行，抗负值负载的能力也差。只有再提高背压值，但效率降低，可采用自调背压的方式（设置自调背压阀）解决。

其他原因引起的爬行在三种调速回路中均可能出现，其排除方法可参阅本书第六章中的相关内容。

[故障 9] 调速回路中，泵产生启动冲击

三种节流调速方式中，如果在负载下启动以及溢流阀动作不灵时，均产生泵启动冲击。只有在卸载时启动和选用动作灵敏超调压力小的溢流阀才可得以避免。

[故障 10] 调速回路中，快进转工进的冲击（前冲）

快进转工进时，油缸等运动部件从高速突然转换到低速，由于惯性力的作用，运动部件要前冲一段距离才按所调的工进速度低速运动，这种现象叫前冲。

产生快进转工进的冲击原因如下。

① 流速变化太快，流速突变引起泵的输出压力突然升高，产生冲击 对出口节流系统，泵压力的突升使油缸进油腔的压力突升，更加大了出油腔压力的突升，冲击较大。

② 速度突变引起压力突变造成冲击　对出口节流系统，后腔压力突然升高，对进口节流系统，前腔压力突降，甚至变为负压。

③ 出口节流时，调速阀中的定压差减压阀来不及起到稳定节流阀前后压差的作用，瞬时节流阀前后的压差大，导致瞬时通过调速阀的流量大，造成前冲。

排除由快进转工进的前冲现象方法如下。

① 采用正确的速度转换方法。

a. 电磁阀的转换方式，冲击较大，转换精度较低，可靠性较差，但控制灵活性大。

b. 电液动换向阀：使用带阻尼的电流阀通过调节阻尼大小，使速度转换的速度减慢，可在一定程度上减少前冲。

c. 用行程阀转换，冲击较小。经验证明，如将行程挡铁做成两个角度，用30°斜面压下行程阀的滑润开口量的2/3，用10°斜面压下剩余的1/3开口，效果更好。或在行程阀芯的过渡口处开1～2mm长的小三角槽，也可缓和快进转工进的冲击。行程阀的转换精度高，可靠性好，但控制灵活性小，管路较复杂，工进过程中越程动作实现困难。

② 在双泵供油回路快进时，用电磁阀使大流量泵提前卸载，减速后再转工进。

③ 在出口节流时，提高调速阀中定压差减压阀的灵敏性，或者拆修该阀并采取去毛刺清洗等措施，使定压差减压阀灵活运动自如。

[故障11]　调速回路中，工进转快退产生冲击

产生原因如下。

① 由于此时产生压力突减，产生不太大的冲击现象。

② 有可能出现这种冲击现象的原因有：由于采用H型换向阀（如导轨磨床）或采用多个阀控制时，动作时间不一致，使前后腔能量释放不均衡造成短时差动状态。

排除方法如下。

① 调节带阻尼的电液动换向阀的阻尼，加快其换向速度。

② 不采用H型换向阀，而改用其他型。

③ 尽量全用一个阀控制动作的转换。

5.3 方向控制回路的故障排除

方向控制回路有多种，此处仅介绍用换向阀换向的方向控制回路的

故障排除。

[故障 1] 方向控制回路中，油缸产生不换向或换向不良

产生油缸不换向或换向不良这一故障有泵方面的原因，有阀方面的原因，有回路方面的原因，也有油缸本身方面的原因，有关油缸不换向或换向的详细原因和排除方法可参阅3.1。

[故障 2] 换向阀的中位机能选用不当，会出现多种故障

三位换向阀的中位机能（含二位、三位阀的过渡位置机能）如果选用不当，有可能出现各种故障。

换向阀的中位机能不仅在阀芯处于中位时对液压系统的工作状态有影响，而且在换向阀由一个工作位置转换到另一个工作位置时，对液压系统的工作性能也有影响。换言之，选择不同中位机能的阀，会先天性地存在某些不可抗拒的故障（参阅表 5-1），反之如果选择得好，可排除和防止某些故障的发生。

① 使系统保压和不能保压的问题（系统干涉问题） 当与油泵相连的接口 P 能被中位职能断开（如国产的 O 型、德国力士乐的 E 型），系统可保压，这时油泵能用多油缸液压系统而不会产生干涉；当通口 P 与通油箱的通口 O 或 T 接通而又不太畅通时（如国产的 X 型，德国力士乐的 V 型），系统能维持某一较低的一定压力，供控制油使用；当 P 与 O 畅通（如国产的 H 型、M 型，力士乐的 H 型、G 型、S 型等）时，系统便不能保压，含有这些中位机能的阀，将不能用于多缸系统的防干涉回路。

② 系统卸荷问题 当换向阀选择中位职能为通口 P 与通口 O（或 T）畅通的阀（例如国产的 H、M、K 型，德国力士乐的 G、H、F 型）时，油泵系统可卸荷，防止油液发热。但此时便不能用于多油缸系统，否则其他油缸便会产生不能动作或不能换向的故障。

③ 换向平稳性和换向精度问题 当选用中位机能使通口 A 和 B 各自封闭的阀，油缸换向时易产生液压冲击，换向平稳性差，但换向精度较高；反之，当 A 与 B 都与 O 接通时，在油缸换向过程中，不易迅速制动，换向精度低，但换向平稳性好，液压冲击也小。

另外，在使用电磁换向阀的换向回路中，是借助电磁铁的吸力推动阀芯使之在阀体内作相对运动来改变阀的工作位置，以实现执行元件换向的。它切换迅速，换向时间短，因此在换向切换时，必然会产生液压冲击和换向冲击。此时可改用手动换向阀或带阻尼的电液换向阀加以改善：前者因可用手操纵杠杆推动阀芯相对阀体移动速度，不像电磁阀那

么迅速，可逐渐打开或关闭阀口，具有节流阻尼有缓冲作用，这在工程机械上普遍使用的多路阀上得到验证；后者电液阀既保留电磁阀的某些优点，又可通过对阻尼的调节，减缓主换向阀（液动阀）的切换速度。二者均可减少冲击的发生程度。

④ 启动平稳性问题　换向阀在中位时，油缸某腔（或A或B腔）如果接通油箱停机时间较长时，该腔油液流回油箱出现空腔，则启动时该腔内因无油液起缓冲作用而不能保证平稳启动，相反的情况就易于保证平稳启动。

⑤ 油缸在任意位置的停止（可准确停下来）和"浮动"的问题　许多液压机械，如抽压机，有时碰到紧急情况，需要油缸停下来，并且是准确停下来，停在任意位置上。当通口A、B、P与通口O都封闭的中位机能（O型）时，可在任意位置停下来。而像A、B、P与O连通或半连通的（如H、X型）就不行，至少只能维持浮动状态。

[故障3]　换向阀回路中，油缸返回行程时噪声振动大的处理

如图5-7所示，如果：

① 电磁阀1的规格选小了，就会在缸2做返回动作时，出现大的噪声和振动，在高压系统这种故障现象是很严重的。分析其原因，在图中，当2DT通电，活塞杆退回时，由于A_1与A_2两侧的作用面积不等，油缸活塞无杆侧流回的油比进入有杆侧的流量要大许多。例如当$A_1=2A_2$时，如流入有杆侧的流量为Q_1，则从无杆侧流出的流量为$Q_2=2Q_1(Q_1=Q_P)$，这样如果电磁阀1只按泵流量Q_P选取，则阀1的通流能力远远不够，特别是往往$A_1>2A_2$的情况比比皆是。加之如果采用

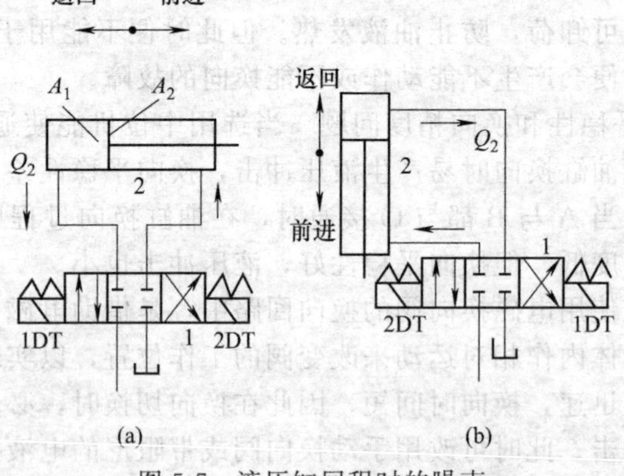

图5-7　液压缸回程时的噪声

交流电磁阀，换向时间很短暂，油缸在返回动作时，无杆腔的能量急剧释放而阀 1 又容量有限，必然造成大的振动和“咚咚”的抖动噪声，不但压力损失大增，阀芯上所受的液动力也大增，可能远大于电磁铁的有效吸力而导致交流电磁铁的烧坏。

② 连接阀 1 和油缸 2 无杆腔之间的管路选小了　与上述同样的理由，阀 1 和油缸 2 无杆腔之间的管路如果只按泵流量 Q_P 来选取，则油缸活塞返回行程时，该段管内流速将远远大于允许的最大流速，而管内的沿程损失与流速的平方成正比，压力损失必然大增，压力的急降及管内液流流态变坏（紊流）必然出现这段管路的剧烈振动，噪声增加。如果这种情况出现，管子会跳起舞来。当加大管路和选择满足通流能力的 1，此故障马上排除。按选取阀 1 的规格（例中为 $2Q_P$），此时该段管径应按 $d=\sqrt{\frac{4Q_{实}}{\pi V}}=\sqrt{\frac{8Q_P}{\pi V}}$ 来选择（d 为管内径）。

［故障 4］　换向阀处于中间位置时油缸产生微动

目前国内外关于油缸的内泄漏量标准是以 0.5mm/5min 的沉降量（移动量）来衡量的，大于此值，称为微动故障。产生微动的主要原因是：

① 因油缸本身内、外泄漏量大。

② 与油缸进、出油口紧相连的阀的内泄漏量大。例如滑阀式换向阀因阀芯和阀体孔之间有间隙，内泄漏量是不可避免的。即使是诸如 O 型中位功能换向阀在中位各油口关闭的情况下，内泄漏也是存在的。内泄漏量大时，一般会出现朝活塞杆前进的方向微动。

解决办法是：消除油缸本身的内泄漏；减少与缸相邻阀的内泄漏，必要时锁紧回路。

表 5-1　换向阀的中位机能与性能

型式	三位换向阀的中位机能			性能特点								
	滑阀状态	职能符号		系统保压（多缸系统不干涉）	系统卸荷	换向平稳性	换向精度	启动平稳性	油缸在任意位置可停性	油缸浮动	可构成差动	换向冲出量
		四通	五通									
O	O A P B O	AB / PO	AB / O_1 P O_2	○			○	○	○			

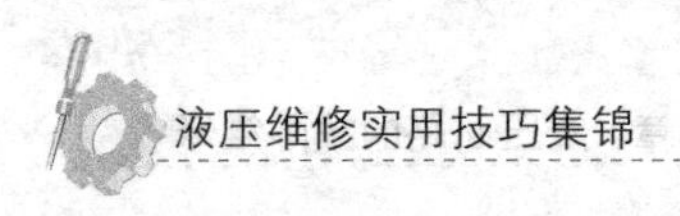

续表

型式	三位换向阀的中位机能			性能特点								
	滑阀状态	职能符号		系统保压（多缸系统不干涉）	系统卸荷	换向平稳性	换向精度	启动平稳性	油缸在任意位置可停性	油缸浮动	可构成差动	换向冲出量
		四通	五通									
H		AB PO	AB O_1PO_2		○	○				○		大
Y		AB PO	AB O_1PO_2	○		○	△			○		
J		AB PO	AB O_1PO_2	○			○					
C		AB PO	AB O_1PO_2				○					
P		AB PO	AB O_1PO_2			○		○			○	存在
K		AB PO	AB O_1PO_2		○		△	○				
X		AB PO	AB O_1PO_2		△	△						较大
M		AB PO	AB O_1PO_2		○		○	○	○			
U		AB PO	AB O_1PO_2	○			○	○			○	
N		AB PO	AB O_1PO_2	○			○					

注：○—好；△—较好；空白—差。

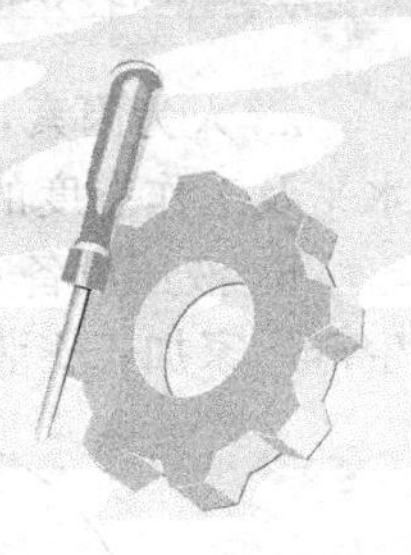

第6章 液压系统故障的诊断与典型实例

6.1 概述

6.1.1 液压系统的故障诊断的步骤与对策

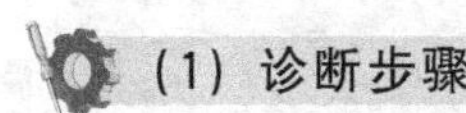

(1) 诊断步骤

液压故障诊断的主要内容是根据故障症状（现象）的特征，借助各种有效手段，找出故障发生的真正原因，弄清故障机制，有效排除故障，并通过总结，不断积累丰富经验，为预防故障的发生以及今后排除类似故障，提供依据。

故障诊断总的原则是先“断”后“诊”。故障出现时，一般以一定的表现形式（现象）显露出来，所以诊断故障先应从故障现象着手，然后分析故障机理和故障原因，最后采取对策，排除故障。其步骤如图6-1所示。

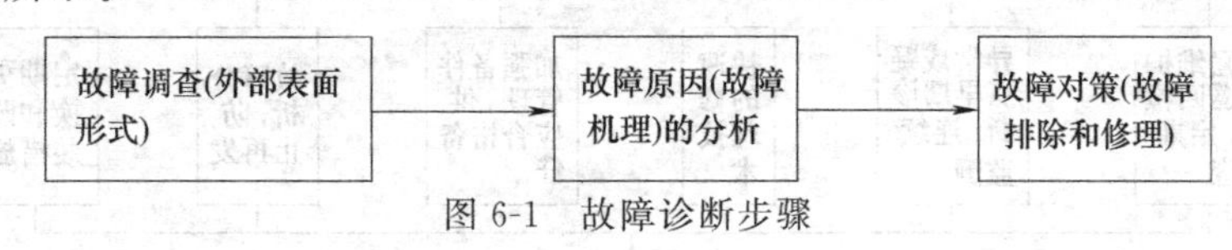

图6-1 故障诊断步骤

① 故障调查

故障现象的调查内容力求客观、真实、准确与实用，可用故障报告单的形式记录，报告单的内容应有以下方面。

a. 设备种类、编号、生产厂家、使用经历、故障现象、发生日期及发生时的状况。

b. 环境条件：温度、日光、辐射能、粉尘、水气、化学性气体及外负载等。

② 故障原因分析　液压故障原因一般难找，一般情况下导致故障的原因，有下述几个方面（参阅图6-2）。

a. 人为因素：操作使用及维护管理人员的素质、技术水平、管理水平及工作态度的好坏，是否违章操作，保养状况的好坏等。

b. 液压设备及液压元件本身的质量状况：原设计的合理程度、原生产厂家加工安装调试质量好坏，用户的调试使用保养状况等。

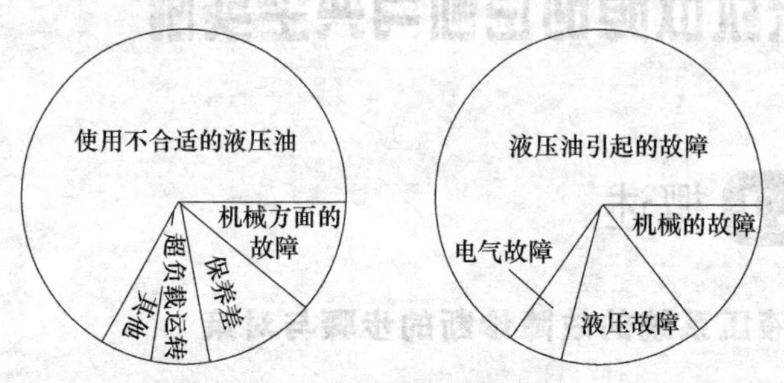

图 6-2　液压故障原因分析

c. 从故障机理进行分析：例如从使用时间长短，磨损、润滑密封机理、材质性能及失效形式液压油老化劣化、污染变质等方面进行分析。

(2) 故障对策

排除故障，对出故障的液压设备进行修理使之恢复正常运转工作，当然是故障对策中必不可少的。完整的故障对策内容见图 6-3。

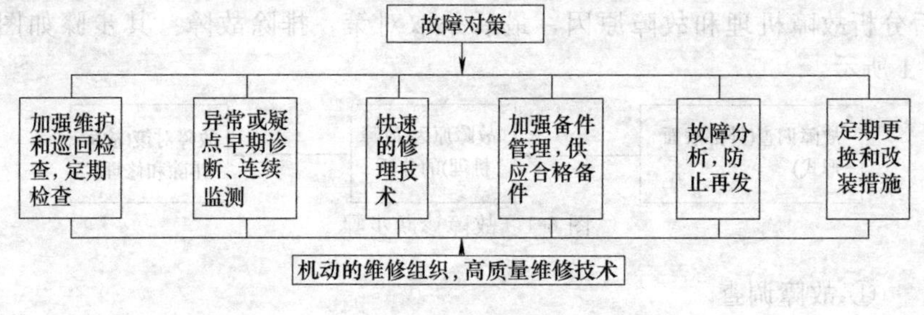

图 6-3　故障对策

6.1.2　液压系统维修几点经验

(1) 排除液压系统故障的几点经验

① 一定要先了解清楚组成液压系统各液压元件的工作原理、结构及功用。

② 一定要先对故障的现象进行现场调查：利用到现场询问当事人，通过听、看、闻、测、摸、敲等手段，掌握第一手资料，未动手处理故障前，脑海里便应初步明白故障的前因后果，有了怎样处理的框架。

③ 一定要明白液压故障的特点：液压故障的特点是直观性差（看不见）、复杂性高（原因多）。

④ 维修人员维修时应抓住“压力”与“流量”这两个量，二者之一达不到，系统的要求就会发生故障。

⑤ 故障排除的基本原则：由浅入深、由表到里、由易到难、系统分清、源头而起、分析把握、下手准确。

⑥ 千万注意维修中的安全。

(2) 排除液压系统故障的几个要点

① 不要盲目乱拆　部分维修工人由于对液压设备与液压元件结构、原理不清楚，不去认真分析故障原因，不能准确判断故障的位置所在，便盲目大拆大卸。一些维修人员凭着“大概、差不多”的思想盲目对液压设备大拆大卸，结果不但原故障未排除，而且由于维修技能和工艺较差，反而出现新的问题，越修问题越多。因此，当液压设备出现故障后，要通过检测设备进行检测，如无检测设备，可通过“问、看、查、试”等传统的故障判断方法和手段，搞懂液压设备的结构和工作原理，确定最可能发生故障的部位。在判定液压设备故障时，一般常用“排除法”和“比较法”，按照从简单到复杂、先外表后内部、先总成再部件的顺序进行，切忌“不问青红皂白，盲目大拆大卸”。

② 不盲目更换零部件　一味“换件修理”的现象不同程度地存在。液压故障的判断和排除相对一般机械故障困难一些。有些维修人员习惯采用换件试验修理的方法，不论大件小件，只要认为可能是导致故障的零部件，一个一个更换试验，结果非但故障没排除，且把不该更换的零部件随意更换了，大大增加了维修费用。还有些故障零部件完全不需要复杂修理工艺即可修复，恢复其技术性能。一味采取“换件修理”的方法，造成严重的浪费。上述盲目换件试验和一味更换可修复零件的做法在一些修理单位还不同程度地存在着。在维修时，应根据故障现象认真分析判断故障原因及部位，对能修复的零部件要采取修理的方法恢复技术性能，杜绝盲目更换零部件的做法。

③ 应检查所购元件质量　在更换配件前，有些维修人员对新配件不做技术检查，拿来后直接安装到工程机械上，这种做法是不科学的。

目前市场上出售的零配件质量良莠不均。一些假冒伪劣配件鱼目混珠，还有一些配件由于库存时间过长，性能发生变化，如不经检测，装配后常常引起故障的发生。

④ 不盲目迷信进口液压元件　相对而言进口液压元件质量好于某些国产液压元件，但价格往往是国产液压元件的数倍数十倍；虽然外汇已经不是问题，但进口报关耽误时间难解燃眉之急；大多进口液压元件并非原产地国生产，实际产地可能就在亚洲某国，甚至可能就在中国国内。笔者为温州某单位选择正规厂家的国产元件好过进口元件。

6.1.3　维修工具的准备

(1) 液压件拆装工具

“工欲善其事，必先利其器”，购置图 6-4 所示的一些工具是每个液压维修工必需的，有些专用工具要自制备用。

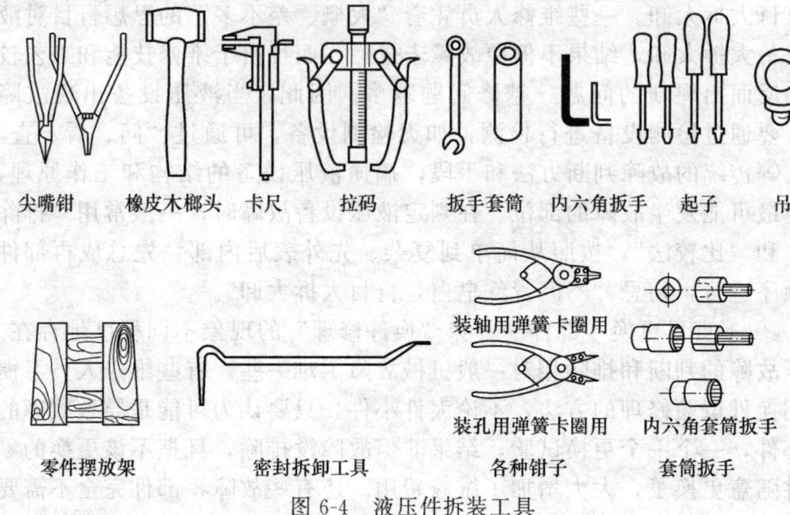

图 6-4　液压件拆装工具

有时由于缺少合适的扳手导致拆装零部件困难，特别是进口设备的有些螺栓，拆装时用国产扳手非大即小。另外，有时由于随机携带的扳手不全，拆装也会出现问题。此时采用下面的办法可解燃眉之急（主要针对梅花扳手、开口呆扳手和内六角扳手而言，且如果使用活动扳手和管钳等工具，容易损坏部件的场合），如果所使用的梅花或开口扳手比所要拧的螺栓头（或螺母）大，内六角扳手比所要拧的螺栓头小，可在

扳手内（梅花、开口扳手）或扳手外（内六角扳手）垫一些铜皮、铁丝或螺丝刀等物，而后慢慢加力拆、装；而当开口扳手比螺栓头（或螺母）小、内六角扳手比螺栓头大时，可分别用锉刀将开口扳手开口锉大、将内六角扳手的六方尺寸锉小。通过以上处理多数情况下可以解决应急拆、装工作，而且经改制的扳手可以留作以后使用。

(2) 去毛刺工具和去毛刺方法

① 手工去毛刺　工具有图 6-5 所示的几种，在液压件单件小批生产以及维修中可采用此法。这种方法一般使用刮刀、锉刀、刷子、油石砂条以及金相砂纸等来手工消除液压件尖边处的毛刺。去毛刺刷已有专门厂家生产供货。

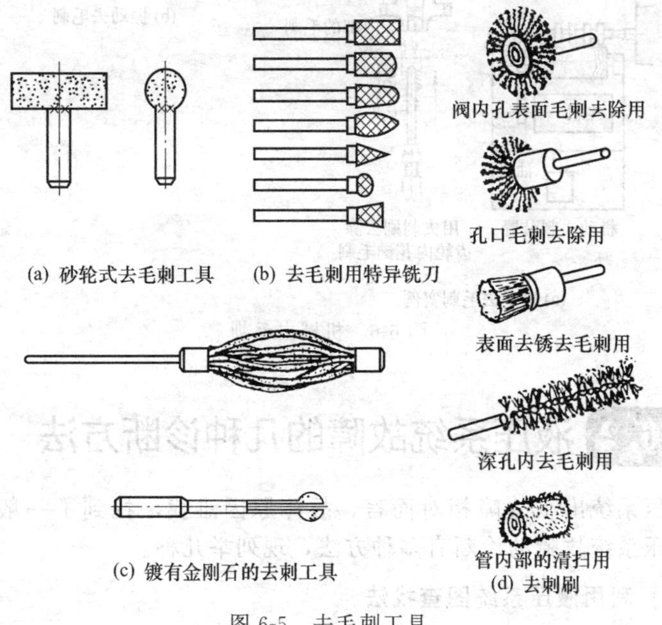

图 6-5　去毛刺工具

② 机械去毛刺　借助于机械和去刺工具，清徐液压件尖边处的毛刺叫机械去毛刺。图 6-6（a）为用装在铣刀盘上的金属软刷去除粗加工时产生的毛刺的示意图，利用机械和去刺刷去除如阀芯、齿轮泵齿轮内孔、阀体内孔等处的毛刺。去刺刷是用尼龙丝或植物纤维制作的刷子，并在尼龙丝的顶部粘有磨粒。或者将磨料熔于丝内，也有用高强度尼龙丝粘磨粒球的去刺刷。图中（b）为机械振动式去毛刺装置，偏心安装

在料斗（振动斗）中，底部的电机使料斗振动，工件与小磨料块在料斗内振动撞击而去掉零件尖被边处的毛刺。这种方法国内液压件厂普遍采用。

还有热能去毛刺、电解去毛刺、磁性研磨去毛刺、高压水喷射去毛刺、磨粒流动去毛刺等方法。

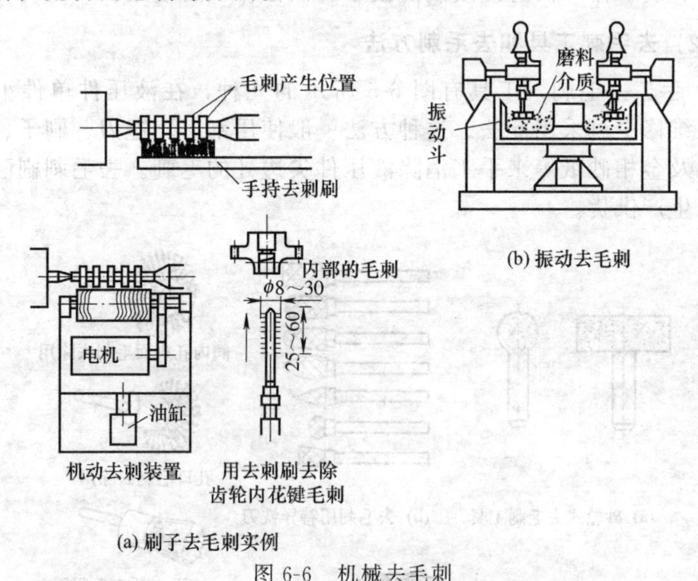

图 6-6　机械去毛刺

6.2 液压系统故障的几种诊断方法

液压系统出了故障相对而言，故障原因难找，找到了一般容易排除。液压系统故障的诊断有多种方法，现列举几种。

(1) 利用液压系统图查找法

液压系统图是表示液压设备工作原理的一张图，有的简单，有的复杂。它表示该系统各执行元件能担当的工作、能实现的动作循环、控制方式和各组成元件彼此的衔接。一般均配有电磁铁动作循环表和工作循环图，还列举了行程开关等发信元件。

熟悉液压系统图，是从事液压设计、使用、调整和维修等方面的工程技术人员和技术工人的基本功，是排除液压故障的基础，也是查找液压故障原因的一种最基本、最常用的方法。在维修的实践工作中要不断

提高熟悉液压系统图的能力，才能较好地应用液压系统图查找液压故障。

利用液压系统图查找故障是常用的方法，实例很多。此处列举某履带式液压挖掘机产生“斗杆提升无力或者根本不能提升”的故障的排除方法和步骤。

第一步，提取局部回路。要学会从整个液压系统中分离出与该故障相关的局部回路。

液压系统图往往较为复杂，常用方法的第一步是要学会从整个液压系统中分离出与该故障相关的局部回路，使问题变得简单集中，分析起来更有针对性，更能找准故障准确部位。我们提取出的某液压挖掘机斗杆液压缸的控制油路，相关的局部油路图如图6-7所示。

第二步，原因列举。斗杆液压缸“提升无力”故障可能的原因和部位，可能情况如下。

① 斗杆液压缸活塞密封圈损坏。

② 安全溢流阀调整压力过低或者阀芯卡死在打开溢流的位置。

③ 吸入阀内泄漏量太大。

④ 主溢流阀调节压力调得太低，或者压力调不上去。

⑤ 泵输出流量减少，泵内部损伤。

⑥ 吸油管因破损或密封不良进气，使泵吸不上油。

⑦ 油箱油量不够。

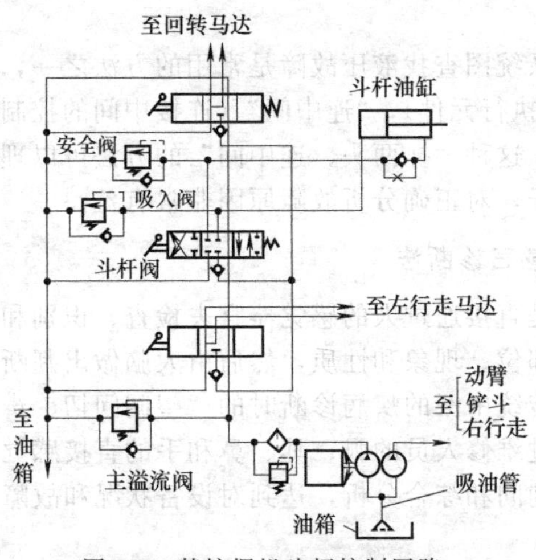

图6-7 某挖掘机斗杆控制回路

第三步，逐步排查。

① 如油箱油量不够，肉眼容易观察出，根据情况可剔除上述原因⑦。

② 如果泵内部损伤或是吸油管进气，对整个由泵供油的其他部位（如回转马达）也应不能动作。如果反之，则可剔除上述原因⑤和⑥。

③ 将斗杆手动换向阀置于斗杆液压缸上升位置，调节主溢流阀，如果压力上不去，回转液压马达也难以转动和不能行走。如果是，故障原因在④；如果否，排除原因④。

④ 安全阀和吸入阀不好，仅影响斗杆液压缸，如果其他都确实不受影响，则可考虑拆修安全阀和吸入阀。

⑤ 如果斗杆液压缸的活塞密封损坏，不仅斗杆举升力不足，即使举起来也会慢慢自然下落，即自然沉降量大。如果检查了自然沉量便不难作出举升无力是与斗杆缸活塞密封是否损坏有关的判断。拆修斗杆缸工作量大，必须认真确认。

至此，我们一定已经找到了“斗杆液压缸提升力不足”的原因和排除故障的方法。

在利用上述方法查找故障原因时，一定要仔细分析、正确判断、科学决策，尽可能少拆卸，避免反复拆卸，防止拆卸重装后可能对液压元件精度造成的不良影响，因而分析过程中在拆卸故障元件前逐步缩小被怀疑对象是很重要的，这对降低工人劳动强度，减少不必要的拆卸是有益的。

利用液压系统图查找液压故障是常用的方法之一，通常还采用“抓两头”（抓泵和执行元件），“连中间”（连接中间的控制元件，即各种控制阀）的方法，这种“抓两头，连中间”的方法可以理顺思路，不会东一榔头西一棒子，对正确分析故障原因非常有益。

(2) 实用感官诊断法

感观诊断是直接通过人的感觉器官去检查、识别和判断设备在运行中出现故障的部位、现象和性质，然后由大脑做出判断和处置的一种方法。它与我国传统中医的疾病诊断时的“望闻问切、辨证施治”如出一辙，它也是通过维修人员的眼、耳、鼻和手的直接感觉，加上对设备运行情况的调查询问和综合分析，达到对设备状况和故障情况做出准确判断的目的。

感官诊断的实用效果如何，完全取决于检查者个人的技术素质和实

际经验。应用这一诊断技术不仅要不断积累个人长年的实际经验，还要注意学习他人这方面的经验，才可能有所成效。感官诊断的方法如下。

① 询问　问清操作人员故障是突发的、渐发的，还是修理后产生的。通常可向操作者了解下述情况。

a. 液压设备有哪些异常现象，故障部位以及故障发生的经过等。

b. 故障前后加工的产品质量有何变化？

c. 维护保养及修理情况如何？

d. 使用中是否违章操作，油液的更换情况等。

② 视觉诊断——眼睛看

a. 观察油箱内工作油有无气泡和变色（白浊、变黑等）现象，液压设备的噪声、振动和爬行常与油中有大量气泡有关。

b. 观察密封部位、管接头、液压元件各安全装接合面等处的漏油情况，结合观察压力表指针在工作过程中的振摆、掉压以及压力调不上去等情况，可查明密封破损、管路松动以及高低压腔串腔等不正常现象。

c. 观察加工的工件质量状况并进行分析，并观察设备有否抖动、爬行和运行不均匀等现象并查出产生故障的原因。

d. 观察故障部位及损伤情况，往往能对故障原因作出判断。

③ 听觉诊断——用耳朵听　正常的设备运转声响有一定的音律和节奏并保持持续的稳定。因此，从实践中积累，熟悉和掌握这些正常的音律和节奏，就能准确判断液压设备是否运转正常，同时根据音律和节奏变化的情况以及不正常声音产生的部位可分析确定故障发生的部位和损伤情况。例如：

a. 高音刺耳的啸叫声通常是吸进空气，如果汽蚀声，可能是滤油器被污物堵塞，液压泵吸油管松动，密封破损或漏装，或者油箱油面太低及液压油劣化变质、有污物、消泡性能降低等原因。

b. “嘶嘶”声或“哗哗”声为排油口或泄漏处存在较严重的漏油漏气现象。

c. “哒哒”声表示交流电磁阀的电磁铁吸合不良，可能是电磁铁内可动铁芯与固定铁芯之间有油漆片等污物阻隔，或者是推杆过长。

d. 粗沉的噪声往往是液压泵或液压缸过载而产生的。

e. 液压泵“喳喳”或“咯咯”声，往往是泵轴承损坏以及泵轴严重磨损、吸进空气所产生。

f. 尖而短的摩擦声往往是两个接触面干摩擦发生，也有可能是该部位拉伤。

g. 冲击声音低而沉闷，常是油缸内有螺钉松动或有异物碰击等。

④ 味觉诊断——鼻子闻　检查者依靠嗅觉辨别有无异常气味可判断电气元器件有无绝缘破损、短路等故障，还可判断油箱内有否蚁蝇等腐烂物。

⑤ 触觉诊断——用手摸　利用灵敏的手指触觉，检查是否发生振动，冲击，油温升及油缸爬行等故障，例如：

a. 用手触摸泵壳或液压油，根据凉热程度判断是否液压系统有异常温升并判明温升原因和升温部位。

熟练的手感测温人员可准确到3～5℃（表6-1）。

表6-1　温度与手感情况

温度	手感情况	温度	手感情况
0℃左右	手指感觉冰凉，触摸时间较长，会产生麻木和刺骨感	50℃左右	手感较烫，摸的时间较长掌心有汗感
10℃左右	手感较凉，一般可忍受	60℃左右	手感很烫，一般可忍受10s左右
20℃左右	手感稍凉，接触时间延长，手感渐温	70℃左右	手指可忍受3s左右
30℃左右	手感微温有舒适感	80℃以上	手指只能做瞬时接触，且痛感加剧，时间稍长，可能烫伤
40℃左右	手感如触摸高烧病人		

b. 用手摸运动部件和管子等有无振动：手感振动异常，可判断如“电机-泵”系统等回转部件安装平衡不好，紧固螺钉松动、系统内有气体等故障。

c. 用手摸油缸慢速运行时，手感其有一跳一停现象，则证明爬行。

⑥ 第六感官——灵感与意念　长期从事液压技术的人员，具有丰富的专业技术知识和实践经验，并且勤于思考，勇于实践，善于总结，在处理故障方面往往可达到炉火纯青、运用自如的地步，经常是“手到病除”。这并非是“意念”“灵感”或特异功能，而是“熟能生巧”。肯钻研事业心强的维修人员通过努力都可以做到这一点。

应该指出，故障的感观诊断具有简便快速等独特优点，但它与现代诊断技术相比，受检测者的技术素质和实际经验制约，否则可能误诊或者难以确切诊断。因此，在实施故障感观诊断的同时，要与其他诊断方法结合起来。

(3) 对换诊断方法

这种方法是采用换上从库房新购置的液压元件，或将其他设备上同型号的运行正常液压元件，与怀疑有毛病的元件进行替换检查。如果故

障被排除，则证明故障出在该液压元件上。这种对换诊断方法简单易行，但须判断准确，且要备有相应的液压元件。

(4) 仪器诊断法

仪器检测法及采用专门的液压系统故障检测仪器来诊断故障，仪器能够对液压故障做定量的监测。国内外有许多专用的便携式液压系统故障检测仪，测量流量、压力和温度，并能测量泵和马达的转速。

在一般的现场检测中，由于流量的检测比较困难，加之液压系统的故障往往又都表现为压力不足，因此在现场检测中，更多地是采用检测系统压力的方法。

(5) 液压系统的电脑诊断

随着机电液一体化在工程机械上的广泛应用，单一的压力测试已不能满足现场检测的需要，现在越来越多的液压机械上均配备有电脑，能对部分故障进行自诊断，并在显示屏显示出来，可根据显示去排除故障。具体怎样排除故障还是要下功夫。

6.3 排除液压系统常见故障的经验

在各种液压系统的故障中，有些故障是常见的普遍都会出现的故障，本节说明排除这些故障的经验。

6.3.1 如何排除液压系统的泄漏

泄漏分内泄漏和外泄漏两种。外漏造成工作环境污染，浪费资源。内漏造成温升、效率下降、工作压力上不去、系统无力、运动速度减慢等多种故障。解决液压系统的泄漏从下述方面入手：

① 查密封件质量、装配质量、使用日久的老化变质、与工作介质不相容等原因造成的密封失效。

② 查相对运动副磨损，使配合间隙增大而使内泄漏增大，或者配合面拉伤而产生内外泄漏。

③ 查油温太高，工作液黏度下降，泄漏增大。

④ 查系统使用压力过高，超过密封的密封压力范围。

⑤ 查密封部位尺寸设计不正确、加工精度不良、装配不好产生内外泄漏等。

可在查明上述产生内外泄漏原因的基础上，对症采取应对措施。

6.3.2 如何排除液压系统压力完全建不起来的故障

压力是液压系统的两个最基本的参数之一，在很大程度上决定了液压系统工作性能的优劣。调压故障表现为：当对液压系统进行压力调节时，系统压力一点儿建立不起来，根本无压力；压力虽可调上去一些，但调不到最高；压力调不下来，总是高压等现象。

① 查泵是否无流量输出或输出流量不够：如油泵旋转方向不对，可参阅本书第 1 章的相应内容。

② 查溢流阀等压力调节阀故障：例如溢流阀阀芯卡死在溢流位置系统总溢流、卸荷阀阀芯卡死在卸荷位置系统总卸荷等，系统压力上不去。可参阅 2.3 中的相应内容。

③ 查方向控制阀：换向阀的阀芯未换向运动到位，造成压力油腔与回油腔串腔。可参阅本书 2.2 中的相应内容。

④ 查执行元件：油缸活塞与活塞杆连接的锁紧螺母松脱，活塞从活塞杆上跑出，使油缸两腔互通。可参阅参阅 3.1 中的相应内容。

6.3.3 如何排除液压系统压力调不到最高的故障

① 主要查泵的内部磨损情况：如果泵的内部磨损造成内泄漏严重，则要修泵或换泵。

② 检查油温是否太高：查出油温过高的原因予以处理。

③ 查是否是油选择错误，黏度太低：按规定选用合适牌号的液压油。

6.3.4 如何排除液压系统压力调不下来的故障

① 查溢流阀阀芯是否卡死在关闭阀口的位置：如果是则系统压力下不来，要拆洗溢流阀。

② 查溢流阀等压力阀某些阻尼孔是否堵塞。

6.3.5 如何排除油缸（或油马达）往复运动速度（或转速）慢，欠速故障

所谓欠速是指油缸（或油马达）快速运动时速度不够快、在负载下其工作速度（工进）随负载的增大显著降低的现象。速度一般与所供流量大小有关。

欠速增加了液压设备的循环工作时间，从而影响生产效率；欠速现象在大负载下常常出现停止运动的情况，这便要影响到设备正常工作了。

① 首先解决油泵的输出流量够不够的问题：特别要解决泵在最大工作压力下泵流量是否显著减少了的问题，可参阅本书第一章中的有关内容，排除油泵输出流量不够的故障。

② 查溢流阀是否总在溢流：溢流阀因弹簧永久变形或错装成弱弹簧、主阀芯阻尼孔被局部堵塞、主阀芯卡死在小开口的位置，造成油泵输出的压力油部分溢回油箱，通入系统给执行元件的有效流量便大为减少，使快速运动的速度不够。参阅第2章的有关内容，排除溢流阀等压力阀产生的使压力上不去的故障。

③ 查油缸或油马达是否内泄漏严重：检查油缸的泄漏情况，采取对策。

④ 查流量调节阀是否阀开口调得过小或阀芯卡住在小开口位置：重新调节，拆洗。

⑤ 查系统内、外泄漏严重的原因：找出产生内泄漏与外泄漏的位置，消除内、外泄漏，更换磨损严重的零件消除内泄漏。

⑥ 查液压系统油温是否增高：油温增高使油液黏度减小，内泄漏增加，有效流量减少。必须控制油温。

⑦ 查负载特别是附加负载是否太大：负载增大工作速度一般会降低。特别是附加负载，例如导轨润滑断油、导轨的镶条压板调得过紧、油缸的安装精度和装配精度差等原因，造成进给时附加负载增大，会显著降低执行元件的工作速度。

6.3.6 执行元件低速下爬行故障的处理

液压设备的执行元件（油缸或油马达）常需要以很低的速度：例如每分钟移动几毫米甚至不到1mm或者每分钟几转地转动。此时，往往会出现明显的速度不均，断续的时动时停、一快一慢、一跳一停的现象，这种现象称为爬行，即低速平稳性的问题。不出现爬行现象的最低速度，称为运动平稳性的临界速度。

爬行有很大危害，例如对机床类液压设备而言会破坏工作的表面质量（粗糙度）和加工精度，降低机床和刀具的使用寿命，甚至会产生废品和发生事故，必须排除。

同样是爬行，其故障现象是有区别的：有有规律的爬行，有无规律的爬行；有的爬行无规律且振幅大；有的爬行在极低的速度下产生。产生这些不同现象的爬行，其原因各有不同的侧重面，有些是机械方面的原因为主、有些是液压方面的原因为主、有些是油中进入空气的原因为主、有些是润滑不良的原因为主。液压设备的维修和操作人员必须不断总结归纳，迅速查明产生爬行的原因，予以排除。解决爬行问题从下述方面着手。

(1) 解决运动部件的摩擦状态

① 导轨精度差，导轨面（V形、平导轨）严重扭曲；

② 导轨面上有锈斑；

③ 导轨压板镶条调得过紧，导轨副材料动、静摩擦系数差异大；

④ 导轨刮研不好，点数不够，点子不均匀；

⑤ 导轨上开设的油槽不好，深度太浅，运行时已磨掉，所开油槽不均匀，油槽长度太短；

⑥ 新液压设备，导轨未经跑合；

⑦ 油缸轴心线与导轨不平行；

⑧ 油缸缸体孔内局部段锈蚀（局部段爬行）和拉伤；

⑨ 油缸缸体孔、活塞杆及活塞精度差；

⑩ 油缸装配及安装精度差，活塞、活塞杆、缸体孔及缸盖孔的同轴度差；

⑪ 油缸活塞或缸盖密封过紧、阻滞或过松；

⑫ 停机时间过长，油中水分（特别是磨床冷却液）导致有些部位锈蚀；

⑬ 静压导轨节流器堵塞，导轨断油。

(2) 严防空气进入液压系统

① 油箱油面低于油标规定值，吸油、滤油器或吸回油管裸露在油面上；

② 油箱内回油管与吸油管靠得太近，两者之间又未装隔板隔开(或未装破泡网)，回油搅拌产生的泡沫来不及上浮便被吸入泵内；

③ 裸露在油面至油泵进油口处之间的管接头密封不好或管接头因振动松动，或者油管开裂，而吸进空气；

④ 因泵轴油封破损、泵体与盖之间的密封破损而进空气；

⑤ 吸油管太细、太长，吸油滤油器被污物堵塞或者设计时滤油器的容量本来就选得过小造成吸油阻力增加；

⑥ 油液劣化变质，因进水乳化，破泡性能变差，气泡分散在油层内部或以网状气泡浮在油面，泵工作时吸入系统；

⑦ 油缸未设排气装置进行排气；

⑧ 油液中混有易挥发的物质（如汽油、乙醇、苯等），他们在低压区从油中挥发出来形成气泡；

⑨ 在未装背压阀的回油路上，而缸内有时又为负压时；

⑩ 油缸缸盖密封不好，有时进气，有时漏油。

（3）从液压元件和液压系统方面找原因

① 压力阀压力不稳定，阻尼孔时堵时通，压力振摆大，或者调节的工作压力过低；

② 节流阀流量不稳定，且在超过阀的最小稳定流量下使用；

③ 泵的输出流量脉动大，供油不均匀；

④ 油缸活塞杆与工作台非球副连接，特别是长油缸因别劲产生爬行，油缸两端密封调得太紧，摩擦力大；

⑤ 油缸内、外泄漏大，造成缸内压力脉动变化；

⑥ 润滑油稳定器失灵，导致导轨润滑油不稳定，时而断流，摩擦而未能形成 0.005～0.008mm 厚的油膜（经验是用手指刮全长导轨面，如黏附在手上的油欲滴不滴，则油膜厚度适当）；

⑦ 润滑压力过低且工作台又太重；

⑧ 管路发生共振；

⑨ 液压系统采用进口节流方式且又无背压或背压调节机构，或者虽有背压调节机构，但背压调节过低，这样在某种低速区内最易产生爬行。

（4）从液压油找原因

① 油牌号选择不对，黏度太稀或太稠；

② 油温影响，黏度有较大变化。

（5）其他原因

① 油缸活塞杆、油缸支座刚性差，密封方面的原因；

② 电机动平衡不好、电机转速不均匀及电流不稳定等；

③ 机械系统的刚性差。

为此，为解决让人头痛的爬行问题，可通过下述途径和方法予以排除。

① 减少动、静摩擦系数之差：如采用静压导轨和卸荷导轨、导轨采用减摩材料、用滚动摩擦代替滑动摩擦以及采用导轨油润滑导轨等；

② 提高传动机构（液压的、机械的）的刚度 K：如提高活塞杆及油缸座的刚度、防止空气进入液压系统以减少油的可压缩性带来的刚度变化等；

③ 采取降低其临界速度及减少移动件的质量等措施。

根据上述产生爬行的原因，可逐一采取下述排除方法消除爬行。

① 在制造和修配零件时，严格控制几何形状偏差、尺寸公差和配合间隙；

② 修刮导轨，去锈去毛刺，使两接触导轨面接触面积≥75%，调好镶条，油槽润滑油畅通；

③ 以平导轨面为基准，修刮油缸安装面，保证在全长上平行度小于0.1mm；以V形导轨为基准调整油缸活塞杆侧母线，两者平行度在0.1mm之内，活塞杆与工作台采用球副连接；

④ 油缸活塞与活塞杆同轴度要求≤0.04/1000，所有密封安装在密封沟槽内不得出现四周上的压缩余量不等现象，必要时可以外圆为基准修磨密封沟槽底径，密封装配时，不得过紧和过松；

⑤ 防止空气从泵吸入系统，从回油管反灌进入系统，根据上述产生进气的原因逐一采取措施；

⑥ 排除液压元件和液压系统的有关故障，例如系统可改用回油节流系统或能自调背压的进油节流系统等措施；

⑦ 采用适合导轨润滑用油，必要时采用导轨油，因为导轨油中含有极性添加剂，增加了油性，使油分子能紧紧吸附在导轨面上，运动停止后油膜不会被挤破而保证流体润滑状态，使动、静摩擦系统之差极小；

⑧ 增强各机械传动件的刚度，排除因密封方面的原因产生的爬行现象；

⑨ 在油中加入二甲基硅油抗泡剂破泡；

⑩ 注意油液和液压系统的清洁度；

⑪ 用5%～10%的油酸加90%～95%的导轨油搅和涂抹导轨。

6.3.7 如何解决液压系统振动和噪声大的故障

(1) 振动和噪声的危害

振动和噪声是液压设备常见故障之一，两者往往是一对孪生兄弟，

一般同时出现。振动和噪声有下述危害：

① 影响加工件表面质量，使机器工作性能变坏。

② 影响液压设备工作效率，因为为避免振动不得不降低切削速度及走刀量。

③ 振动加剧磨损，造成管路接头松脱，产生漏油，甚至振坏设备，造成设备及人身事故。

④ 噪声是环境污染的重要因素之一，噪声使大脑疲劳，影响听力，加快心脏跳动，对人身心健康造成危害。

⑤ 噪声淹没危险信号和指挥信号，造成工伤事故。

（2）振动和噪声产生的原因

整台液压设备是众多的弹性体组成的。每一个弹性体在受到冲击力、转动不平衡力、变化的摩擦力、变化的惯性力以及弹性力等的作用下，便会产生共振和振动，伴之以噪声。

振动包括受迫振动和自激振动两种形式。对液压系统而言，受迫振动来源于电机、油泵和油马达等的高速运动件的转动不平衡力，油缸、压力阀、换向阀及流量阀等的换向冲击力及流量压力的脉动。受迫振动中，维持振动的交变力与振动（包括共振）可无并存关系，即当设法使振动停止时，运动的交变力仍然存在。

自激振动也称颤振，他产生于设备运动过程中。他并不是由强迫振动能源所引起的，而是由液压传动装置内部的油压、流量、作用力及质量等参数相互作用产生的。不论这个振动多么剧烈，只要运动（如加工切削运动）停止，便立即消失。例如伺服滑阀常产生的自激振动，其振源为滑阀的轴向液动力与管路的相互作用。

另外，液压系统中众多的弹性体的振动，可能产生单个元件的振动，也可能产生两件或两件以上元件的共振。产生共振的原因是他们的振动频率相同或相近，产生共振时，振幅增大。

产生振动和噪声的具体原因如下。

① 液压系统中的振动与噪声常以油泵、油马达、油缸、压力阀为甚，方向阀次之，流量阀更次之。有时表现在泵、阀及管路之间的共振上，有关液压元件（泵、阀等）产生的振动和噪声故障，可参阅本书相关内容。

② 其他原因产生的振动和噪声。

a. 电机振动，轴承磨损引起振动；

b. 泵与电机联轴器安装不同心（要求刚性连接时同轴度≤0.05mm，挠性连接时同轴度≤0.15mm）；

c. 液压设备外界振源的影响，包括负载（例如切削力的周期性变化）产生的振动；

d. 油箱强度刚度不好，例如油箱顶盖板也常是安装“电机-油泵”装置的底板其厚度太薄，刚性不好，运转时产生振动。

③ 液压设备上安设的元件之间的共振。

a. 两个或两个以上的阀（如溢流阀与溢流阀、溢流阀与顺序阀等）的弹簧产生共振；

b. 阀弹簧与配管管路的共振：如溢流阀弹簧与先导遥控管（过长）路的共振，压力表内的波尔登管与其他油管的共振等；

c. 阀的弹簧与空气的共振：如溢流阀弹簧与该阀遥控口（主阀弹簧腔）内滞留空气的共振，单向阀与阀内空气的共振等。

④ 油缸内存在的空气造成活塞的振动。

⑤ 油的流动噪声，回油管的振动。

⑥ 油箱的共鸣音。

⑦ 双泵供油回路，在两泵出油口汇流区产生的振动和噪声。

⑧ 阀换向引起压力急剧变化和产生的液压冲击等产生管路的冲击噪声和振动。

⑨ 在使用蓄能器保压压力继电器发信的卸荷回路中，系统中的压力继电器、溢流阀、单向阀等会因压力频繁变化而引起振动和噪声。

⑩ 液控单向阀的出口有背压时，往往产生锤击声。

（3）减少振动和降低噪声的措施与方法

① 各种液压元件产生的振动和噪声排除方法可参阅本书中的有关内容。

② 对于电机的振动可采取平衡电机转子、电机底座下安防振橡皮垫、更换电机轴承等方法解决。

③ 确保“电机-油泵”装置的安装同心度。

④ 与外界振源隔离（如开挖防振地沟）或消除外界振源，增强与外负载的连接件的刚性。

⑤ 油箱装置采用防振措施。

⑥ 采用各种防共振措施：

a. 改变两个共振阀中的一个阀的弹簧刚度或者使其调节压力适当

改变；

b. 对于管路振动如果用手按压，音色变化时说明是管路振路，可采用安设管夹、适当改变管路长度与粗细等方法排除，或者在管路中加入一段软管起阻尼作用；

c. 彻底排除回路中的空气。

⑦ 改变回油管的尺寸，适当加粗和减短。

⑧ 两泵出油口汇流处，多半为紊流，可使汇流处稍微拉开一段距离，汇流时不要两泵出油流向成对向汇流，而成一小于 90°的夹角汇流。

⑨ 油箱共鸣声的排除可采用加厚油箱顶板，补焊加强筋；“电机-油泵”装置底座下填补一层硬橡胶板，或者“电机-油泵”装置与油箱相分离等措施。

⑩ 选用带阻尼的电液换向阀，并调节换向阀的换向速度。

⑪ 在蓄能器压力继电器回路中，采用压力继电器与继电器互锁联动电路。

⑫ 对于液控单向阀出现的振动可采取增高液控压力、减少出油口背压以及采用外泄式液控单向阀等措施。

⑬ 使用消振器。

6.3.8　如何处理液压系统温升发热厉害的问题

(1) 温升发热厉害的不良影响

液压系统的温升发热和污染一样，也是一种综合故障的表现形式，主要通过测量油温和少量液压元件来衡量。

液压设备是用油液作为工作介质来传递和转换能量的，运转过程中的机械能损失、压力损失和容积损失必然转化成热量放出。从开始运转时接近室温的温度，通过油箱、管道及机体表面，还可通过设置的油冷却器散热，运转到一定时间后，温度不再升高而稳定在一定温度范围达到热平衡，两者之差便是温升。

温升过高会产生下述故障和不良影响：

① 油温升高，会使油的黏度降低，泄漏增大，泵的容积效率和整个系统的效率会显著降低。由于油的黏度降低，滑阀等移动部位的油膜变薄和被切破，摩擦阻力增大，导致磨损加剧，系统发热，带来更高的温升。

② 油温过高，使机械产生热变形，既使得液压元件中热膨胀系数不同的运动部件之间的间隙变小而卡死，引启动作失灵，又影响液压设备的精度，导致零件加工质量变差。

③ 油温过高，也会使橡胶密封件变形，提早老化失效，降低使用寿命，丧失密封性能，造成泄漏，泄漏又会进一步发热产生温升。

④ 油温过高，会加速油液氧化变质，并析出沥青物质，降低液压油的使用寿命。析出物堵塞阻尼小孔和缝隙式阀口，导致压力阀调压失灵、流量阀流量不稳定和方向阀卡死不换向、金属管路伸长变弯，甚至破裂等诸多故障。

⑤ 油温升高，油的空气分离压降低，油中溶解的空气逸出，产生气穴，致使液压系统工作性能降低。

图 6-8 为液压油的温度管理。

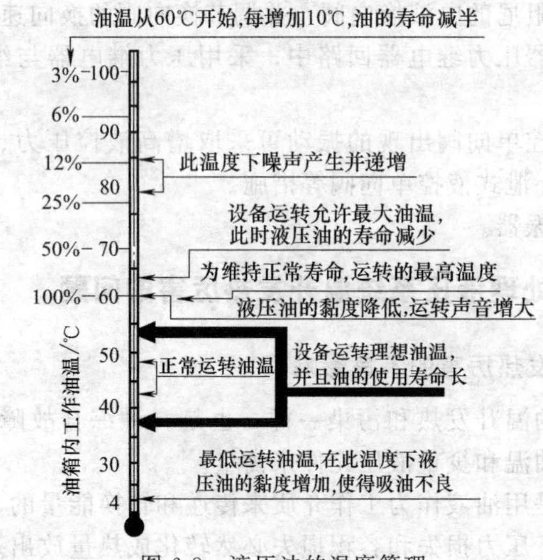

图 6-8　液压油的温度管理

(2) 液压系统温升过大、发热厉害的原因

油温过高有设计方面的原因，也有加工制造和使用方面的原因，具体如下。

① 液压系统的各种能量损失必然带来发热温升　液压装置一般损失情况和液压系统的能量损失情况见图 6-9、图 6-10，根据能量守恒定律，这些能量损失必然转化为另一种形式——热量，从而造成温升发热。

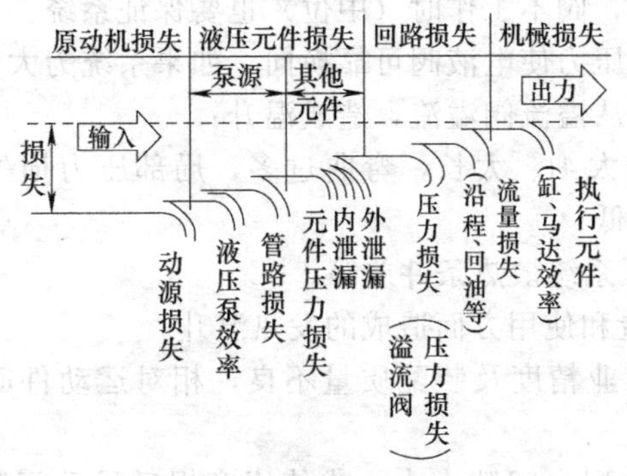

图 6-9 液压装置一般损失情况

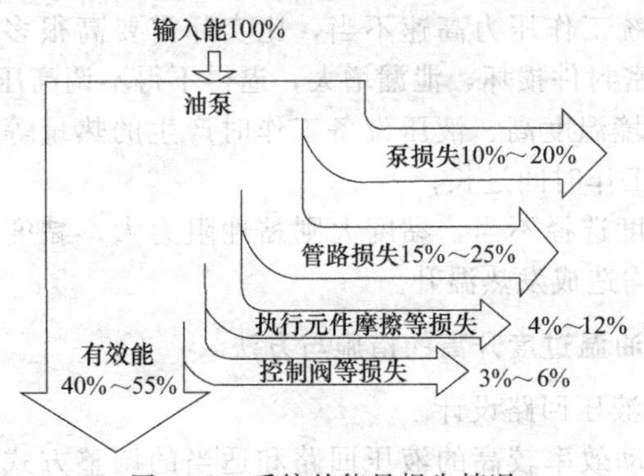

图 6-10 系统的能量损失情况

② 液压系统设计不合理，造成先天性不足

a. 油箱容量设计太小，冷却散热面积不够，而又未设计安装有油冷却装置，或者虽有冷却装置但冷却装置的容量过小；

b. 选用的阀类元件规格过小，造成阀的流速过高而压力损失增大导致发热，例如差动回路中如果仅按泵流量选择换向阀的规格，便会出现这种情况；

c. 按快进速度选择油泵容量的定量泵供油系统，在工进时会有大部分多余的流量在高压（工进压力）下从溢流阀溢回而发热；

d. 系统中未设计卸荷回路，停止工作时油泵不卸荷，泵全部流量在高压下溢流，产生溢流损失发热，导致温升，有卸荷回路但未能卸荷；

e. 液压系统背压过高，例如在采用电液换向阀的回路中，为了保证其换向可靠性，阀不工作时（中位）也要保证系统一定的背压，以确保有一定的控制压力使电液阀可靠换向，如果系统为大流量，则这些流量会以控制压力从溢流阀溢流，造成温升；

f. 系统管路太细、太长，弯曲过多，局部压力损失和沿程压力损失大，系统效率低；

g. 闭式液压系统散热条件差等。

③ 加工制造和使用方面造成的发热温升

a. 元件加工业精度及装配质量不良，相对运动件间的机械摩擦损失大；

b. 相配件的配合间隙太大，或使用磨损后导致间隙过大，内、外泄漏量大，造成容积损失大，例如泵的容积效率降低，温升快；

c. 液压系统工作压力高速不当，比实际需要高很多，有时是因密封调整过紧或密封件损坏，泄漏增大，逼得不得不调高压力才能工作；

d. 周围环境温度高、液压设备工作时产生的热量等原因使油温升高，以及机床工作时间过长；

e. 油液黏度选择不当，黏度大则黏性阻力大，黏度太小则泄漏增大，两种情况均造成发热温升。

(3) 防止油温过度升高的措施与方法

① 合理的液压回路设计

a. 选用传动效率较高的液压回路和适当的调整方式：目前普遍使用着的定量泵节流调速系统，系统的效率是较低的（<0.385），这是因为定量泵与油缸的效率分别为85%与95%左右，方向阀及管路等损失约为5%，所以即使不进行流量控制，也有25%的功率损失。加上节流调速时，至少有一半以上的浪费。此外还有泄漏及其他的压力损失和容积损失，这些损失均会转化为热能导致温升，所以定量泵加节流调速系统只能用于小流量系统。为了提高效率、减少温升，应采用高效节能回路，表6-2为几种回路形式。

另外，液压系统的效率还取决于外负载。同一种回路，当负载流量Q_L与泵的最大流量Q_m比值大，回路的效率高。例如可采用手动伺服变量、压力控制变量、压力补偿变量、流量补偿变量、速度传感功率限制变量、力矩限制器功率限制变量等多种形式，力求达到负载流量Q_L与泵的流量的匹配。

b. 对于常采用的定量泵节流调速回路，应力求减少溢流损失的流

量，例如可采用双泵双压供油回路，卸荷回路等。

c. 采用容积调速回路和联合调速（容积＋节流）回路。在采用联合调速方式中，应区别不同情况而选用不同方案：对于进给速度要求随负载的增加而减少的工况，宜采用限压式变量泵节流调速回路；对于在负载变化的情况下而进给速度要求恒定的工况，宜采用稳流式变量泵节流调速回路；对于在负载变化的情况下，供油压力要求恒定的工况，宜采用恒压变量泵节流调速回路。

d. 选用高效率的节能液压元件，提高装配精度，选用符合要求规格的液压元件。

e. 设计方案中尽量简化系统和元件数量。

f. 设计方案中尽量缩短管路长度，适当加大管径，减少管路口径突变和弯头的数量。限制管路和通道的流速，减少沿程和局部损失，推荐采用集成块的方式和叠加阀的方式。

② 提高液压元件和液压系统的加工精度和装配质量　严格控制相配件的配合间隙和改善润滑条件。采用摩擦系数小的密封材质和改进密封结构，确保导轨的平直度、平行度和良好的接触，尽可能降低油缸的启动力。尽可能减少不平衡力，以降低由于机械摩擦损失所产生的热量。

表 6-2　几种控制回路的功率损失

回路形式	回路	压力-流量特性	回路效率
定量泵＋溢流阀	pQ　$p_L Q_L$　控制阀	Q　Q_L　p_L　p	$\eta=\frac{p_L Q_L}{pQ}$
压力匹配	pQ　$p_L Q_L$　控制阀	Q　Q_L　p_L　$p_L+\Delta p$	$\eta=\frac{p_L Q_L}{(p_L+\Delta p)Q}$
流量匹配	$p_s Q_{max}$　$p_L Q_L$　控制阀	Q_{max}　Q_L　p_L　p_s	$\eta=\frac{p_L Q_L}{p_s Q_L}$
功率匹配	$p_L Q_{max}$　$Q_L p_L$　$p_S Q_{max}$　控制阀	Q_{max}　Q_L　Δp　$p_L p_s$	$\eta=\frac{p_L Q_L}{p_s Q_L}$ $p_s=p_L+\Delta p$

③ 适当调整液压回路的某些性能参数 例如在保证液压系统正常工作的条件下，泵的输出流量尽量小一点，输出压力尽可能调得低一点，可调背压阀的开启压力尽量调低点，以减少能量能失。

④ 根据不同加工要求和不同负载要求，经常调节溢流阀的压力，使之恰到好处。

⑤ 合理选择液压油，特别是油液黏度，在条件允许的情况下，尽量采用低一点的黏度以减少黏性摩擦损失。

⑥ 注意改善运动零件的润滑条件，以减少摩擦损失，有利于降低工作负载，减少发热。

⑦ 必要时，增设冷却装置。

6.3.9 系统进气产生的故障和发生气穴如何处理

(1) 液压系统进入空气和产生气穴的危害

液压封闭系统内部的气体有两种来源：一是从外界被吸入到系统内的，叫混入空气；二是由于气穴现象产生液压油溶解空气的分离。

① 混入空气的危害

a. 油的可压缩性增大（1000 倍），导致执行元件动作误差，产生爬行，破坏了工作平稳性，产生振动，影响液压设备的正常工作。

b. 大大增加了油泵和管路的噪声和振动，加剧磨损，气泡在高压区成了“弹簧”，系统压力波动很大，系统刚性下降，气泡被压力油击碎，产生强烈振动和噪声，使元件动作响应性大为降低，动作迟滞。

c. 压力油中气泡被压缩时放出大量热量，局部燃烧氧化液压油，造成液压油的劣化变质。

d. 气泡进入润滑部位，切破油膜，导致滑动面的烧伤与磨损及摩擦力增大（空气混入，油液能黏度增大）的现象；气泡集存油箱，增大体积，油液从油箱浸出，污染地面。

e. 气泡导致气穴。

② 气穴的危害 所谓气穴，是指流动的压力油液在局部位置压力下降（流速高，压力低），达到饱和蒸气压或空气分离压时，产生蒸气和溶解空气的分离而形成大量气泡的现象，当再次从局部低压区流向高压区时，气泡破裂消失，在破裂消失过程中形成局部高压和高温，出现振动和发出不规则的噪声，金属表面被氧化剥蚀，这种现象叫气穴，又叫汽蚀。气穴多发生在油泵进口处及控制阀的节流口附近。

气穴除了产生混入空气那些危害外，还会在金属表面产生点状腐蚀性磨损。因为在低压区产生的气泡进入高压区会突然溃灭，产生数10MPa的压力，推压金属粒子，反复作用使金属急剧磨损（汽蚀），因为气泡，泵的有效吸入流量减少。

另外，因气穴会使工作油的劣化大大加剧，气泡在高压区受绝热压缩，产生极高的温度，加剧了油液与空气的化学反应速度，甚至燃烧，发光发烟，碳元素游离，导致油液发黑。

(2) 空气混入的途径和气穴产生的原因

① 空气混入的途径

a. 油箱中油面过低或吸油管未埋入油面以下造成吸油不畅而吸入空气（图6-11）。

b. 油泵吸油管处的滤油器被污物堵塞，或滤油器的容量不够、网孔太密、吸油不畅形成局部真空，吸入空气。

c. 油箱中吸油管与回油管相距太近，回油飞溅搅拌油液产生气泡，气泡来不及消泡就被吸入泵内。

d. 回油管在油面以上，当停机时，空气从回油管逆流而入（缸内有负压时）。

e. 系统各油管接头、阀与阀安装板的连接处密封不严，或因振动、松动等原因，空气乘隙而入。

f. 因密封破损、老化变质或因密封质量差、密封槽加工不同心等原因，在有负压的位置（例如油缸两端活塞杆处、泵轴油封处、阀调节手柄及阀工艺堵头等处）由于密封失效，空气便乘虚而入。

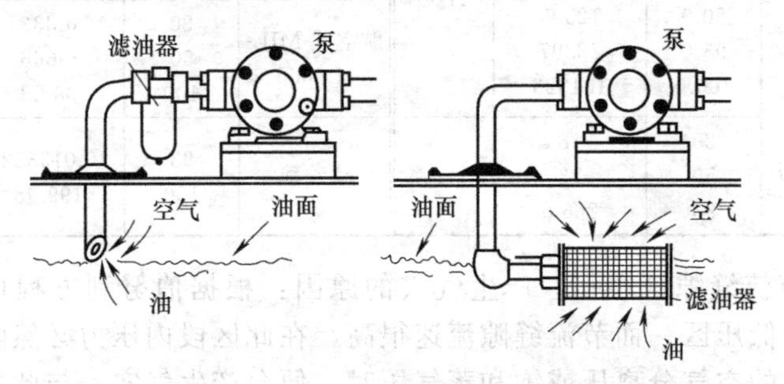

图6-11　油箱油液不够，吸进空气

② 气穴的原因

a. 上述空气混入油液的各种原因，也是可能产生气穴的原因。

b. 油泵的气穴原因：

• 油泵吸油口堵塞或容量选得太小；

• 驱动油泵的电机转速过高；

• 油泵安装位置（进油口高度）距油面过高；

• 吸油管通径过小，弯曲太多，油管长度过长，吸油滤油器或吸油管浸入油内过浅；

• 冬天开始启动时，油液黏度过大等。

上述原因导致油泵进口压力过低，当低于某温度下的空气分离压时，油中的溶解空气便以空气泡的形式析出；当低于液体的饱和蒸气压时，就会形成气穴现象。

各类液压油的溶解空气量见表6-3，表6-4列举了几种液压油在不同温度下的饱和蒸气压力。一般液压油（矿物油）的饱和蒸气压力可取为2.254N/cm^2（0.22×10^5Pa），空气分离压力为0.1×10^5Pa。

表6-3　液压油的溶解空气量

种　类	空气含量(体积比)/%	种　类	空气含量(体积比)/%
石油基液压油	7～11	磷酸酯	5～6
油包水(W/O)乳化液	5～7	水	2
水-乙二醇	2～2.5		

表6-4　各种工作液的饱和蒸气压力（仅供参考，日本资料）

种类	温度/℃	蒸气压/Pa	备注	种类	温度/℃	蒸气压/Pa	备注
水	0	6133	H_2O	140#透平油	20	0.387	石油系
	20	2338			50	10.66	
	37.8	6533			93	101.32	
	50.0	12399		航空油MIL-H-5606	20	0.333	石油系
	93.0	28397			50	6.666	
	100.0	101323			100	333.3	
90#透平油	20	18	石油系	磷酸酯	93	0.013332	合成油
	50	13			150	199.98	
	93	266.6					

c. 节流缝隙（小孔）产生气穴的原因：根据伯努利方程可知，高速区即为低压区。而节流缝隙流速很高，在此区段内压力必然降低，当低于液体的空气分离压或饱和蒸气压时，便会产生气穴。与此类似的有管路通径的突然扩大或缩小、液流的分流与汇流、液流方向突然改变等，会使局部压力损失过大造成压降而成为局部低压区，也可能产生气穴。

d. 气体在液体中的溶解量与压力成正比，当压力降低，便处于过饱和状态，空气就会逸出。

e. 圆锥提动阀（如插装阀、压力阀的先导阀及单向阀等）的出口背压过低，应按规定选取。

(3) 防止空气进入和气穴产生的方法

① 防止空气混入

a. 加足油液，油箱油面要经常保持不低于油标指示线，特别是对装有大型油缸的液压系统，除第一次加入足够的油液外，当启动油缸，油进入油缸后，油面会显著降低，甚至使滤油器露出油面，此时需再往油箱加油至油面。

b. 定期清除附着在滤油器滤网或滤芯上的污物。如滤油器的容量不够或网纹太细，应更换合适的滤器。

c. 进、回油管要尽可能隔开一段距离，防止空气进入产生噪声。

d. 回油管应插入油箱最低油面以下（约 10cm），回油管要有一定的背压，一般为 0.3～0.5MPa。

e. 注意各种液压元件的外漏情况，往往漏油处也是进气处。

f. 拧紧各管接头，特别是硬性接口套，要注意密封面的情况。

g. 采取措施，提高油液本身的抗泡性能和消泡性能，必要时添加消泡剂等添加剂，以利于油中气泡的悬浮与破泡。

h. 在没有排气装置的油缸上增设排气装置或松开设备最高部位的管接头排气。

② 油泵气穴的防止方法

a. 按油泵使用说明书选择泵驱动电机的转速。

b. 对于有自吸能力的泵，应严格按油泵使用说明书推荐的吸油高度安装，使泵的吸油口至液面的相对高度尽可能低，保证泵进油管内的真空度不超过泵本身所规定的最高自吸真空度，一般齿轮泵为 0.056MPa，叶片泵为 0.033MPa，柱塞泵为 0.0167MPa，螺杆泵为 0.057MPa。

c. 吸油管内流速控制在合理范围内，适当缩短进油管路，减少管路弯曲数，管内壁尽可能光滑，以减少吸油管的压力损失。

d. 吸油管头（无滤油器时）或滤油器要埋在油面以下，随时注意清洗滤网或滤芯。

e. 吸油管裸露在油面以上的部分（含管接头）要密封可靠，防止空气进入。

③ 防止节流气穴的措施

a. 尽力减少上、下游压力之差（节流口）。

b. 上、下游压力差不能减少时，可采用多级节流的方法，使每级压差大大减少。

c. 尽力减少通过流量和压力。

d. 节流口形状为薄壁小孔节流，也宜采用喷嘴节流形状。

e. 为防止圆锥提动阀的气穴，需有一定的背压值，它的最低限值随进口压力和升程不同而异。

④ 其他防气穴措施

a. 对液压系统其他部位有可能产生压力损失而导致气穴的部位，应避免该部位因压力损失而造成压力下降后的压力，不能低于油液的空气分离压力。例如可采取减少管路突然增大或突然缩小的面积比以及避免不正确的分流与汇流等措施。

b. 工作油液的黏度不能太大，特别是在寒冷季节和环境温度低时，需更换黏度稍低的油液和选用流动点低的油液及空气分离压稍低的油液。

c. 减缓变量泵及流量调节阀的流量调节速度，不要太快、太急，要缓慢进行。

d. 必要时采用加压油箱或者油泵装于油箱油面以下，倒灌吸油。

6.3.10 水分进入系统产生的故障和内部锈蚀怎么办

(1) 水分等进入液压系统的危害

① 水分进入油中，会使液压油乳化，成为白浊状态。如果液压油本身的抗乳化性较差，即使静置一段时间，水分也不与油相分离，即油总处于白浊状态。这种白浊的乳化油进入液压系统内部，不仅使液压元件内部生锈，同时降低摩擦运动副的润滑性能，零件磨损加剧，降低系统效率。

② 进入水分使液压系统内的铁系金属生锈，剥落的铁锈在液压系统管道和液压元件内流动，蔓延扩散下去，导致整个系统内部生锈，产生更多的剥落铁锈和氧化生成物，甚至出现很多油泥。这些水分污染物和氧化生成物，既成为进一步氧化的催化剂，更导致液压元件的堵死、卡死现象，引起液压系统动作失常、配管阻塞、冷却器效率降低、滤油

器堵塞等一系列故障。

③ 铁锈是铁、水与空气（氧）同时存在的条件下形成的。除了锈蚀金属外，还使油液酸值增高，产生过氧化物、有机酸等氧化生成物，使液压油的抗乳化性及抗泡性能降低，使油液氧化而劣化变质。

(2) 水分进入液压系统的原因和途径

① 油箱盖上因冷热交替而使空气中的水分凝结，变成水珠落入油中；

② 液压回路中的水冷式冷却器因密封破坏或冷却管破裂等原因，水漏入油中；

③ 油桶中的水分、雨水、水冷却液喷溅（如磨床）漏入油中；人的汗水。

(3) 防止水分进入、防止生锈的措施

① 液压油的运输存放要有防雨水进入的措施，装有液压油的油桶不可露天放置，油桶盖密封橡皮要可靠，装油容器应放在干燥避雨的地方。

② 须经常检查并排除水冷式油冷却器漏水、渗水故障，出现这一故障时油液白浊，这时要检查密封破损及冷却水管的破损情况，拆卸修理或更换。

③ 室内液压设备要防止屋漏及雨水从窗户飘入，室外液压设备（如行走机械）换油须在晴天进行，并尽力避免雨天工作，油箱要严加密封，防止雨水渗漏进入油内。

④ 选用油水分离性能好的油，国外出现了能过滤油中水分的滤油器，能装设则更好。

⑤ 日刊介绍，一般条件下的轻载设备，混入的水分不得大于0.2%；间歇时间长的设备和精密设备，混入的水分应小于0.05%。

6.3.11　炮鸣

(1)“炮鸣”及其原因

在大功率的液压机、矫直机、折弯机等的液压系统中，由于工作压力都很高，当主油缸上腔通入压力油进行压制、拉伸或折弯时，高压油具有很大的能量。除了推动油缸活塞下行完成工作外，还会使油缸机架、工作油缸本身、液压元件、管道和接头等产生不同程度的弹性变形，积蓄大量能量。当压制完毕或保压之后，油缸上行时，缸上腔通回

油，那么上腔积蓄着的油液压缩能和机架等上述各部分积蓄的弹性变形能突然释放出来，而机架系统也迅速回弹，就会瞬时产生强烈的振动（抖动）和巨大的声响。在此降压过程中，油液内过饱和溶解的气体的析出和破裂更加剧了这一作用，对设备的正常运行极为不利，造成压力表指针强烈抖动和系统发出很大的枪炮声状的噪声，称之为“炮鸣”。注意“炮鸣”产生在回路的四回程的空行程中。

“炮鸣”是在高压大流量系统设计中，对能量释放认识不足，未做处理或处理不当而产生的，即在设计上未采取有效而合理的卸压措施所致。

(2) 炮鸣的危害

① 在立式油缸上升（返回）空行程产生强烈的振动和巨大的声响。

② 振动导致连接螺纹松动，致使设备严重漏油。

③ 振动导致液压元件和管件破裂，压力表震坏。

④ 系统有可能无法继续工作，甚至造成人身安全和设备事故。

(3) 防止产生炮鸣现象的方法

消除炮鸣现象的关键在于先使油缸上腔有控制地卸压，即能量慢慢释放，卸压后再换向（缸下腔再升压做返回行程）。具体方法如下。

① 采用小型电磁阀卸压［图 6-12 (a)］ 油缸下行时，小型电磁阀 1 不通电。当主缸完成挤压以后，在三位四通电磁阀 2 开始换向之前，借助于时间继电器使阀 1 先接通 2～3s；当油缸上腔压力降至接近于预定值或零时，再接通阀 2 换向。由于几乎在没有压力的情况下进行换向，使油缸上行，从而消除了“炮鸣”。

② 采用卸荷阀控制卸压［图 6-12 (b)］ 主缸下腔为挤压腔（工作腔）。当 2DT 通电，压力油经三位四通电液换向阀 1、液控单向阀 2、进入主缸下腔进行挤压，挤压力上升到要求的吨位后，电接点压力表 3 发讯，2DT 断电，进行保压。泄压时，由操作慢慢拧开专用节流阀 4，将高压油逐渐放回油箱；当观察压力表 5 所示压力值降至 5～3MPa 时，再使 1DT 通电，大量的低压油经阀 2、阀 1 流回油箱。

③ 闭式回路中用卸压换向阀卸压（图 6-13） 当活塞加压下降时，a 为压力侧，b 为吸油侧，故下滑阀开启，而上滑阀关闭，卸压阀不起作用。当工作完毕泵换向，b 转为压力侧，液压力克服了滑阀的弹簧力将它移到左端，各通路接通。于是缸上腔通过 a、1、4 和节流阀 7 卸压，同时泵的吸油也帮助卸压，卸压速度由节流阀 7 来调节。这时，泵的供

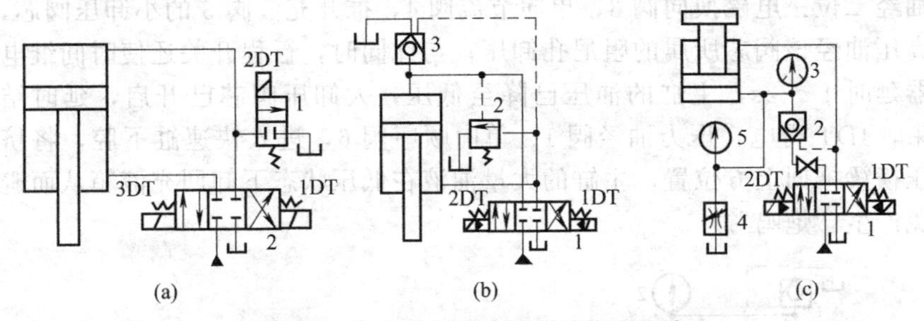

图 6-12 防止产生炮鸣的几种液压回路

油通过 b、2、3、5 和 6 排回油箱而卸荷，仅保持低压以平衡上滑阀的弹簧力。当上腔压力低于下滑阀弹簧力时，下滑阀逐渐关闭，关闭速度可通过节流阀 8 来调节，以保证充分卸压。下滑阀的关闭切断了油泵的卸荷通路，缸下腔压力上升，活塞回程上升。

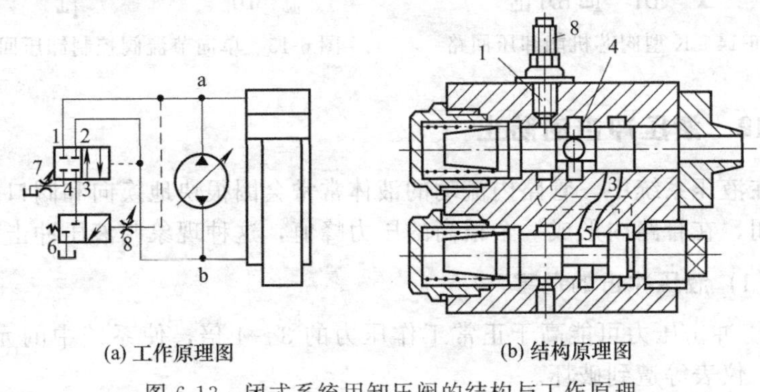

图 6-13 闭式系统用卸压阀的结构与工作原理

④ 采用电液换向阀 K 型芯机能卸压（图 6-14） 给出讯号，1DT 通电，压力油经三位四通电液动换向阀 1 进入主缸上腔进行挤压，当压力上升到预定压力时，电接点压力表 2 发讯，通过时间继电器延时保压。保压结束后，1DT 断电，阀 1 在其所带阻尼器的控制下延时切换到中位，高压油也就随着 K 型阀芯的移动，经由小到大的开口量逐步释放，阀芯移到完全中位时，高压油的能量已大部分释放。这样，“炮鸣”就大大减少了。为保证可靠换向，在图中 a 处应加背压阀。

⑤ 采用单向节流阀控制卸压（图 6-15） 工作循环的挤压讯号发出后，1DT、2DT 通电，压力油经插入式锥阀 1、2 分别进入主缸和快速缸进行挤压。挤压完毕，行程开关发讯，使 3DT 通电，低压控制压力

油经二位三电磁换向阀 3、单向节流阀 4，推开充液阀 5 的小卸压阀芯，高压油经该阀芯所属的阻尼孔卸压；与此同时，行程开关还使时间继电器延时 1 ～2s，主缸的油压已降至低压，大卸压阀芯已开启，延时结束，4DT 得电，压力油经阀 1、单向顺序阀 6，进入快速缸下腔，将挤压横梁推回上方位置，主缸的大量油液在低压状态下卸回充液箱从而避免产生“炮鸣”。

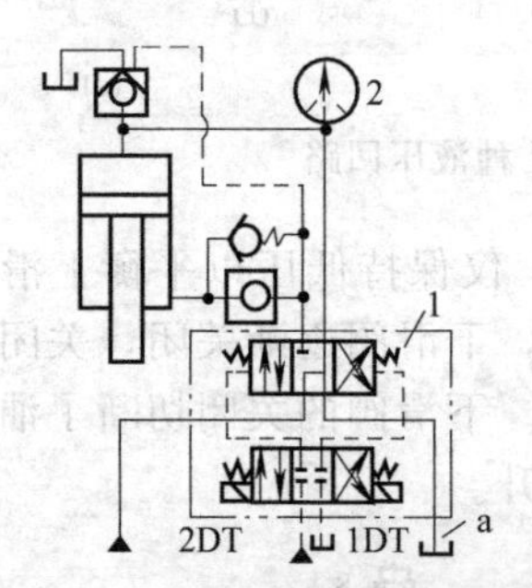

图 6-14　K 型阀芯机能卸压回路

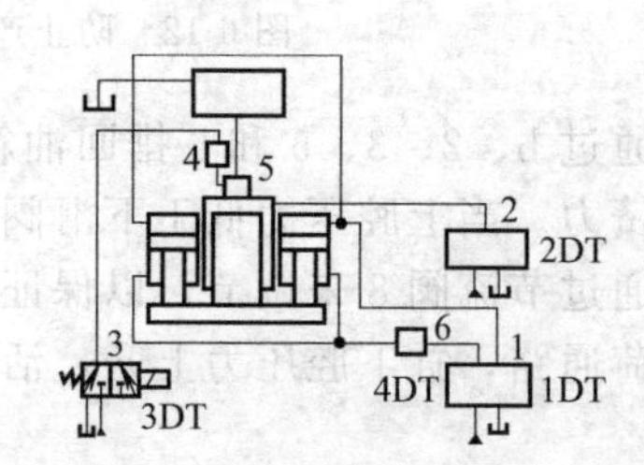

图 6-15　单向节流阀控制卸压回路

6.3.12　液压冲击的防止

在液压系统中，管路内流动的液体常常会因很快地换向和阀口的突然关闭，在管路内形成一个很高的压力峰值，这种现象叫液压冲击。

(1) 液压冲击的危害

① 冲击压力可能高于正常工作压力的 3～4 倍，使系统中的元件、管道、仪表等遭到破坏。

② 冲击产生的冲击压力使压力继电器误发信号，干扰液压系统的正常工作，影响液压系统的工作稳定性和可靠性。

③ 引起振动和噪声、连接件松动：造成漏油、压力阀调节压力改变、流量阀调节流量改变；影响系统正常工作。

(2) 产生液压冲击的原因

① 管路内阀口迅速关闭时产生液压冲击。

② 运动部件在高速运动中突然被制动停止，产生压力冲击（惯性冲击）Δp。

(3) 防止液压冲击的一般办法

① 对于阀口突然关闭产生的压力冲击，可采取下述方法排除或

减轻

a. 减慢换向阀的关闭速度，即增大换向时间 t　例如采用直流电磁阀比交流的液压冲击要小；采用带阻尼的电液换向阀可通过调节阻尼以及控制通过先导阀的压力和流量来减缓主换向阀阀芯的换向（关闭）速度，液动换向阀也与此类似。

b. 增大管径，减小流速，从而可减小 Δv，以减小冲击压力 Δp，缩短管长，避免不必要的弯曲；或采用软管也行之有效。

c. 在滑阀完全关闭前减慢液体的流速。例如改进换向阀阀控制边的结构，即在阀芯的棱边上开长方形或 V 形节流槽，或做成锥形（半锥角 2°～5°）节流锥面，较之直角形控制边，液压冲击大为减少；在外圆磨床上，对先导换向阀采取预制动，然后主换向阀快跳至中间位置，工作台油缸左、右腔瞬时进压力油（主阀为 P 型），这样可使工作台无冲击地平稳停止；平面磨床工作台换向阀可采用 H 型，这样，当换向阀快跳后处于中间位置时，油缸左、右两腔互通且通油池，可减少制动时的冲击压力（参阅图 6-16）。

② 运动部件突然被制动、减速或停止时，产生的液压冲击的防止方法（例如油缸）

a. 可在油缸的入口及出口处设置反应快、灵敏度高的小型安全阀（直动型），其调整压力在中、低压系统中，为最高工作压力的 105%～115%，如液压龙门刨床、导轨磨床等所采用的系统；在高压系统中，为最高工作压力的 125%，如液压机所采用的系统。这样可防止冲击压力超过上述调节值。

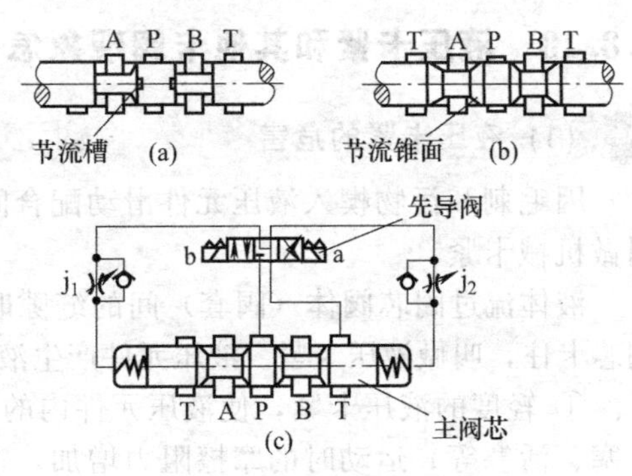

图 6-16　防冲击的措施

b. 在油缸的行程终点采用减速阀，由于缓慢关闭油路而缓和了液压冲击。

c. 在快进转工进时（如组合机床）设置行程节流阀，并设置含两个角度的行程撞块，通过角度的合理设计，防止快进转换为工进时的速度变换过快造成的压力冲击；或者采用双速转换使速度转换不至于过快。

d. 在油缸端部设置缓冲装置（如单向节流阀）控制油缸端部的排油速度，使油缸运动到缸端停止时，平稳无冲击。

e. 在油缸回油控制油路中设置平衡阀（立式液压机）和背压阀（卧式液压机），以控制快速下降或水平运动的前冲冲击，并适当调高背压压力。

f. 采用橡胶软管吸收液压冲击能量。

g. 在易产生液压冲击的管路位置，设置蓄能器吸收冲击压力。

h. 采用顶部装有双单向节流阀的液动换向阀，适当调节单向节流阀，可延缓主阀芯的换向时间，减少冲击。

i. 适当降低导轨的润滑压力，例如某磨床规定的润滑压力为 0.05～0.2MPa，润滑压力调到 0.2MPa 时，往往出现换向冲击；降低到 0.15MPa 时，冲击立刻消失。

j. 油缸缸体孔配合间隙（间隙密封时）过大，或者密封破损而工作压力又调得很大时，易产生冲击。可重配活塞或更换活塞密封，并适当降低工作压力，可排除因此带来的冲击现象。

6.3.13 液压卡紧和其他卡阀现象怎么处理

(1) 液压卡紧的危害

因毛刺和污物楔入液压元件滑动配合间隙，造成的卡阀现象，通常叫做机械卡紧。

液体流过阀芯阀体（阀套）间的缝隙时，作用在阀芯上的径向力使阀芯卡住，叫做液压卡紧。液压元件产生液压卡紧时，会导致下列危害。

① 轻度的液压卡紧，使液压元件内的相对移动件（如阀芯、叶片、柱塞、活塞等）运动时的摩擦阻力增加，造成动作迟缓，甚至动作错乱的现象；

② 严重的液压卡紧，使液压元件内的相对移动件完全卡住，不能运动，造成不能动作（如换向阀不能换向，柱塞泵柱塞不能运动而实现吸油和压油等）的现象，手柄的操作力增大。

(2) 产生液压卡紧和其他卡阀现象的原因

① 阀芯外径、阀体（套）孔形位公差大，有锥度，且大端朝着高压区；或阀芯阀孔失圆，装配时两者又不同心，存在偏心距［图 6-17 (a)］，这样压力油 p 通过上缝隙 a 与下缝隙 b 产生的压力降曲线不重合，产生一向上的径向不平衡力（合力），使阀芯更加大偏心上移。上

移后，上缝隙 a 更缩小，下缝隙 b 更增大，向上的径向不平衡力更增大，最后将阀芯顶死在阀体孔上。

② 阀芯与阀孔因加工和装配误差，阀芯在阀孔内倾斜成一定角度，压力油 p_1 经上、下缝隙后，上缝隙值不断增大，下缝隙值不断减少，其压力降曲线也不同，压力差值产生偏心力和一个使阀芯阀体孔的轴线互不平行的力矩，使阀芯在孔内更倾斜，最后阀芯卡死在阀孔内［图 6-17（b)］。

③ 阀芯上因碰伤有局部凸起或毛刺，产生一个使凸起部分压向阀套的力矩［图 6-17（c)］，将阀芯卡在阀孔内。

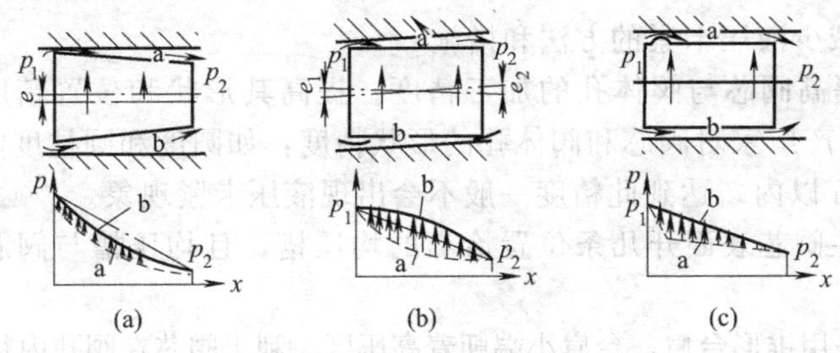

图 6-17 各种情况下的径向不平衡力

④ 为减少径向不平衡力，往往采用锥形阀芯［图 6-18（a)］，且大多在阀芯上加工若干条环形均压槽［图 6-15（b)］。若加工时环形槽与阀芯外圈不同心［图 6-18（c)］，经热处理后再磨加工后，使环形均压槽深浅不一［图 6-15（d)］，产生径向不平衡力 F 而卡死阀芯。

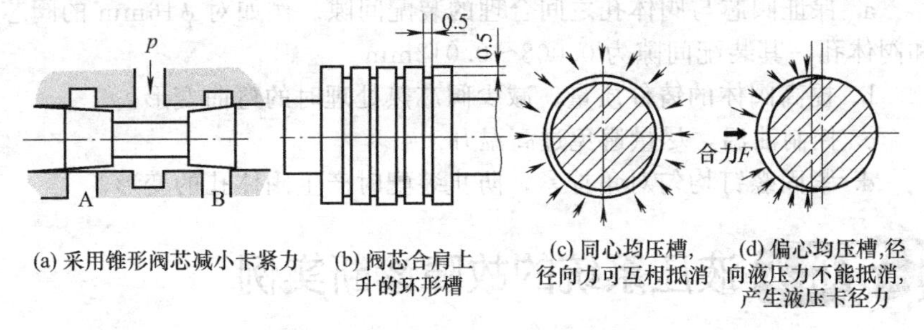

图 6-18 减小径向不平衡力的方法

⑤ 污染颗粒进入阀芯与阀孔配合间隙，使阀芯在阀孔内偏心放置，形成图 6-17（b）所示状况，产生径向不平衡力导致液压卡紧。

⑥ 阀芯与阀体孔配合间隙大，阀芯与阀孔台肩尖边与沉角槽的锐边

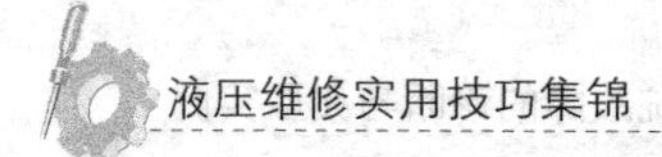

毛刺倾倒的程度不一样，引起阀芯与阀孔轴线不同心，产生液压卡紧。

⑦ 其他原因产生的卡阀现象：

a. 阀芯与阀体孔配合间隙过小。

b. 污垢颗粒楔入间隙。

c. 装配扭斜别劲，阀体孔阀芯变形弯曲。

d. 温度变化引起阀孔变形。

e. 各种安装紧固螺钉压得太紧，导致阀体变形。

f. 困油产生的卡阀现象。

(3) 消除液压卡紧和其他卡阀现象的措施

① 减少液压卡紧的方法和措施

a. 提高阀芯与阀体孔的加工精度。提高其形状和位置精度。目前液压件生产厂家对阀芯和阀体孔的形状精度：如圆度和圆柱度能控制在0.003mm以内，达到此精度一般不会出现液压卡紧现象。

b. 在阀芯表面开几条位置恰当的均压槽，且均压槽与阀芯外圆保证同心。

c. 采用锥形台肩，台肩小端朝着高压区，利于阀芯在阀孔内径向对中。

d. 有条件者使阀芯或阀体孔做轴向或圆周方向的高频小振幅振动。

e. 仔细清除阀芯凸肩及阀孔沉割槽尖边上的毛刺，防止磕碰而弄伤阀芯外圆和阀体内孔。

f. 提高油液的清洁度。

② 消除其他原因卡阀现象的方法和措施

a. 保证阀芯与阀体孔之间合理的装配间隙。例如对 $\phi16$mm 的阀芯和阀体孔，其装配间隙为0.008～0.012mm。

b. 提高阀体的铸件质量，减少阀芯热处理时的弯曲变形。

c. 控制油温，尽量避免过高温升。

d. 紧固螺钉均匀对角拧紧，防止装配时产生阀体孔的变形。

6.4 液压系统的故障诊断实例

6.4.1 外观及主要部件简介

(1) 外观与组成

该液压机由机身和主机两部分构成（图6-19）：机身由上横梁、滑

块、工作台、立柱、锁紧螺母及调节螺母等组成；主机部分由主缸、侧缸、顶出缸等及旁置一液压控制装置（液压站）组成。

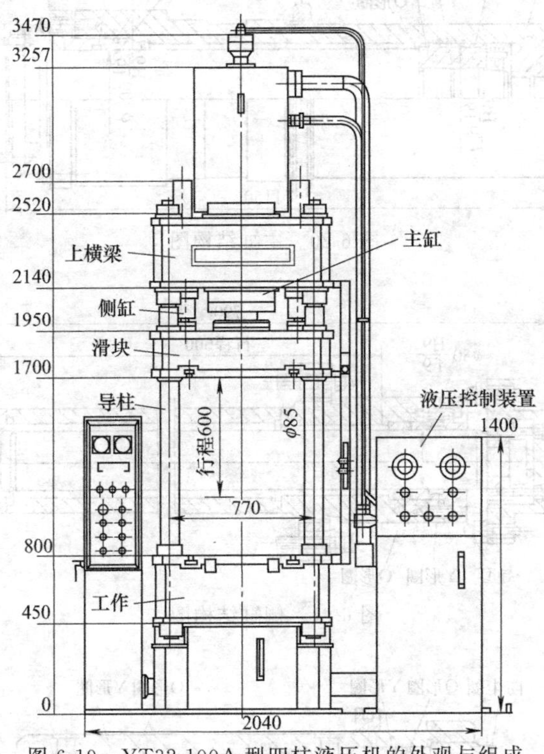

图 6-19　YT32-100A 型四柱液压机的外观与组成

(2) 主要部件简介

① 主缸　主缸（图 6-20）为活塞式油缸，由缸体、活塞、活塞杆、导向套等组成。活塞与活塞杆分别用 YA 型和 O 形密封圈密封。

缸体用缸口台肩与大螺母紧固于上横梁中芯孔内，活塞杆下端通过法兰、双头螺栓与滑块连接。

② 侧缸　侧缸（图 6-21）为柱塞式油缸，由缸体、柱塞、导向套、法兰盘等组成。缸口靠 O 形密封与 YA 型密封圈密封。缸体靠法兰与螺栓紧固在上横梁上，柱塞靠法兰与双头螺栓固定在滑块上。

③ 顶出缸　顶出缸（图 6-22）为活塞式结构，装于工作台中芯孔内，用锁紧螺母固定。与侧缸结构尺寸相同。

④ 充液阀装置　由充液阀和充液油箱组成。充液阀结构见图 6-23。

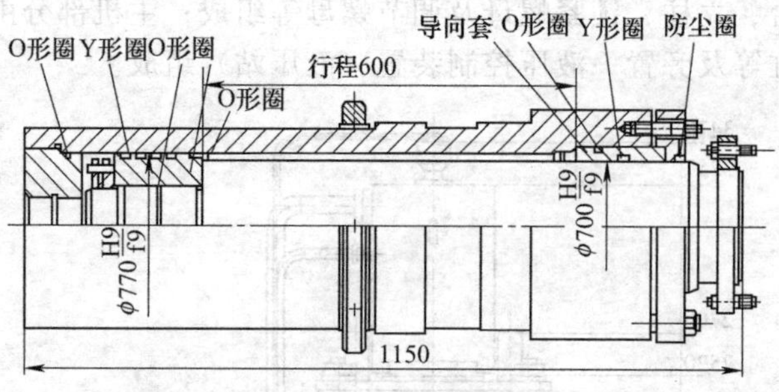

图 6-20　主缸结构图

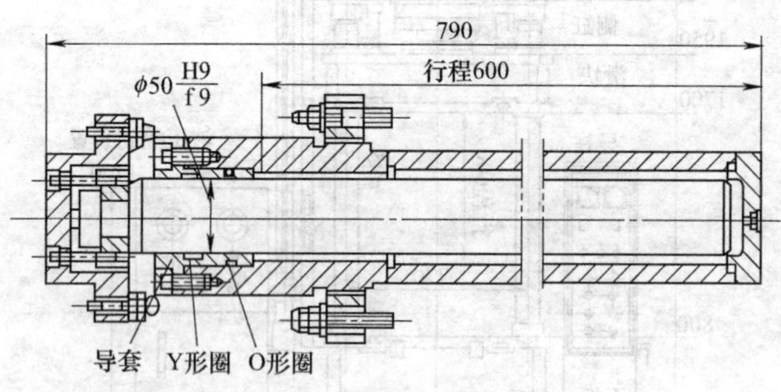

图 6-21　侧缸结构图

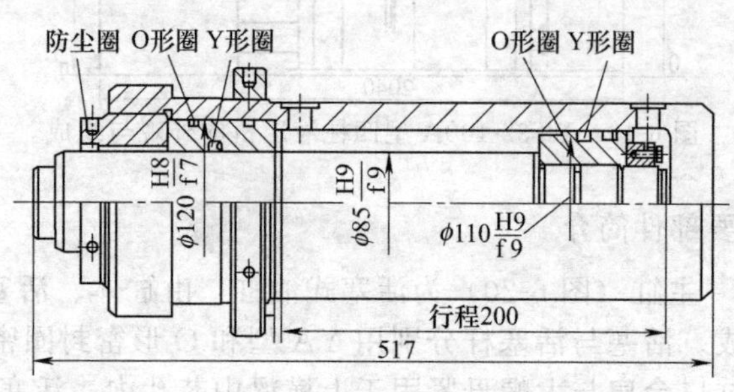

图 6-22　顶出缸结构图

当侧缸柱塞在油液压力作用下推动滑块快速下行时，在主缸上腔内形成负压（一定真空度），充液阀在大气压作用下打开，充液油箱内油液经充液阀充入主缸上腔。在回程时，主缸下腔进压力油，同时，压力油经控制油路 K 进入充液阀，推动其控制活塞运动，顶开充液阀内的卸载阀，使主缸上腔先泄掉一部分压力，当泄到一定压力后，控制活塞推动其主阀芯开启，主缸上腔油液经充液阀流回充液油箱。

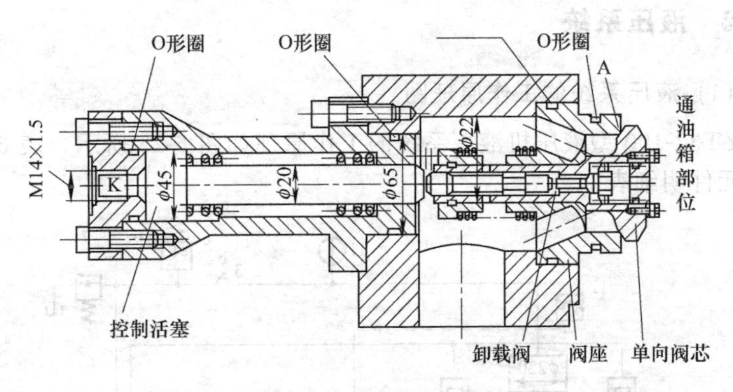

图 6-23　充液阀装置

(3) 液压控制装置（液压站）

液压控制装置由油箱、泵组、阀组等组成。泵组位于油箱后部，打开侧盖，可对柱塞泵进行流量调节（调节变量头）。

(4) 操作面板按钮（图 6-24）

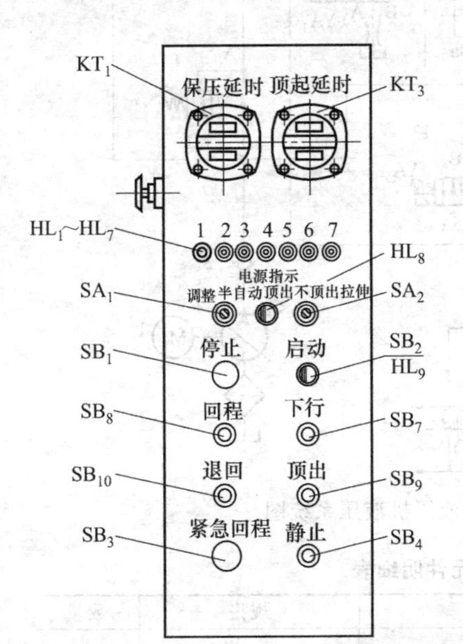

KT_1—滑块下行保压延时时间继电器；
KT_3—顶出活塞顶起到位延时时间继电器；
HL_1～HL_7—交流电磁铁YA_1～YA_7动作指示灯；
HL_8—电源接通信号灯；
HL_9—电动机运行指示灯；
SA_1—“调整”“半自动”工作方式选择开关；
SA_2—“顶出”“不顶出”“拉伸”工艺方式选择开关；
SB_1—紧停按钮(兼作电动机停止按钮)；
SB_2—电动机启动按钮；
SB_3—紧急回程按钮；
SB_4—静止按钮；
SB_7—滑块下行按钮；
SB_8—滑块回程按钮；
SB_9—顶出活塞顶出按钮；
SB_{10}—顶出活塞退回按钮

图 6-24　YT32-100 型液压机操作面板按钮

6.4.2 液压系统

(1) 液压系统的工作原理图

YT32-100 型液压机液压系统的工作原理如图 6-25 所示，表 6-5 为液压元件明细表。

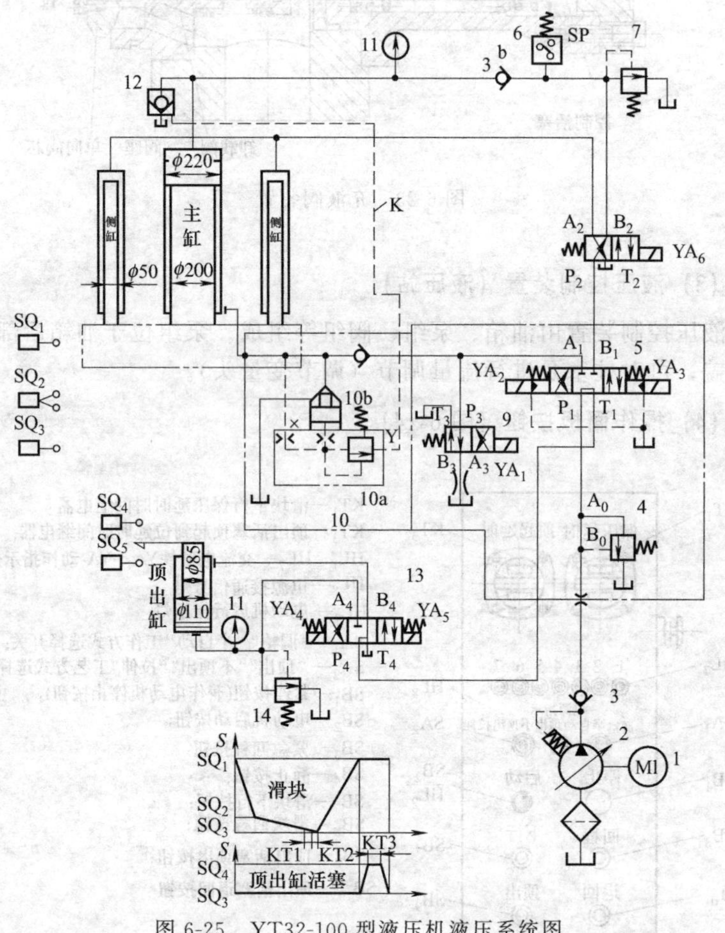

图 6-25　YT32-100 型液压机液压系统图

表 6-5　液压元件明细表

序号	名称	型　　号	规格	数量
1	电机	Y160M-4(VI)	11kW	1
2	轴向柱塞泵	25YCY14-1B	40L/min	1

续表

序号	名称	型　号	规格	数量
3	单向阀	2D	40L/min	2
4	溢流阀	DBE610P10/315	100L/min	1
5	电液换向阀	4WEHIOG20/H6AW220-50E25	160L/min	1
6	压力继电器	Pa	32MPa	1
7	溢流阀	DBDHIOG10/315	100L/min	1
8	电磁换向阀	4WE1OY20/AW220RNZ5	75L/min	1
9	电磁换向阀	4WE5C6.0/W220RNZ5	14L/min	1
10	插装阀块	30CI		1
11	压力表	Y-100ZT	0～40MPa	2
12	充液阀	63/39TD	370L/min,31.5MPa	1
13	电液换向阀	4WE10PZO/OAW220-50NZ5	75L/min	1
14	溢流阀	DBDH6K10/315	40L/min	1

(2) 液压系统中主要液压元件的功用

液压系统由液压泵、阀、油缸、油箱及管路等组成，在电气系统的控制下，驱动滑块和顶出缸完成各种动作。

① 液压泵2　由电机1带动向液压系统提供压力油源，供给执行机构——侧缸、主缸与顶出缸所必需的流量（速度）和压力（输出力），额定工作压力为31.5MPa，最大流量为40L/min，由变量头进行流量大小调节。

② 压力控制阀

a. 安全溢流阀4一般调节到27.5MPa，为确保系统安全用。

b. 溢流阀7一般根据压制工艺要求的力的大小对其进行调节，压力调节范围一般为5～25MPa，给主缸上腔提供压力油进行压制，压制工艺需的力大，则其压力调大值，反之则调小值。

c. 溢流阀14的压力根据顶出动作要求的力进行调节（在拉伸工艺时，根据所需的压边力调整，调节范围为7～25MPa），以提供所需的不同压制工艺的顶出力的大小。

d. 顺序阀10a为装于插装阀10中的先导压力阀，其作用为通过对其调节，可在主缸下腔产生一定背压，使滑块不会在停机后产生下溜，起平衡支撑作用，其压力调节大小只要能使缸下腔产生的背压能平衡支撑住滑块及模具不下落便行。

e. 压力继电器6。压力继电器6用于压制加压达到压力调定值后发信，使电磁铁YA_2断电，发出保压延时信号并使油泵处于卸荷状态用。

③ 方向控制阀　阀 5 为电液换向阀，阀 8、阀 9、阀 13 为电磁换向阀。其中 M 型三位四通换向阀用于控制主缸上升与下降用；阀 8 用于侧缸，带动滑块快速下降用；阀 9 用于滑块上行停止位置控制用；阀 13 用于控制顶出缸顶出或顶出退回用；单向阀 3b 用于保压用。

 (3) 动作循环表

液压系统动作循环表如表 6-6 所示。

表 6-6　动作循环表

序号	动作名称	发现元件	电磁铁						电机	备注
			YA_1	YA_2	YA_3	YA_4	YA_5	YA_6	M1	
①带顶出工艺的半自动循环										
a.	滑块快速下行	SB_5,SB_6		+				+	+	
b.	滑块慢速下行并加压	SQ_2		+					+	
c.	保压	SP							+	定程成型用 SQ_3
d.	泄压四柱	KT_1			+				+	
e.	滑块四程	KT_2	+		+				+	
f.	滑块回程停止 顶出缸活塞顶出	SQ_1					+		+	
g.	顶出缸活塞顶出延时	SQ_4							+	
h.	顶出缸活塞退回	KT_3				+			+	
i.	顶出缸后塞退回停止	SQ_5							+	
②不带顶出工艺的半自动循环										
a.	滑块快速下行	SB_5、SB_6		+				+	+	
b.	滑块慢速下行并加压	SQ_2		+					+	
c.	保压	SP							+	定程成型用 SQ_3
d.	泄压回程	KT_1			+				+	
e.	滑块回程	KT_2	+		+				+	
f.	滑块回程停止	SQ_1							+	
③拉伸工艺半自动循环										
a.	滑块快速下行	SB_5、SB_6		+				+	+	
b.	滑块慢速下行并加压	SQ_2		+					+	
c.	保压	SP							+	定程成型用 SQ_3
d.	泄压回程	KT_1			+				+	
e.	滑块回程	KT_2	+		+				+	
f.	滑块回程停止 顶出缸活塞顶出	SQ_1					+		+	
g.	顶出缸活塞顶出	SQ_4							+	

续表

序号	动作名称	发现元件	电磁铁						电机	备注
			YA_1	YA_2	YA_3	YA_4	YA_5	YA_6	M1	
④调整										
a.	滑块慢速下行	SB_7		+					+	
b.	滑块回程	SB_8	+		+				+	
c.	顶出缸活塞顶起	SB_9					+		+	
d.	顶出缸活塞退回	SB_{10}				+			+	
⑤电机启动与停止										
a.	电机启动	SB_2							+	
b.	电机停止	SB_1								
⑥特殊动作										
a.	任意动作停止									
b.	紧急回移	SB_3	+		+				+	

(4) 液压系统的工作原理

下面以半自动带顶出的定压成型工艺为例说明其动作原理（参阅表6-6）。

首先接通电源，按压启动按钮，电机开始启动，油泵来油经 P_1—阀 5 中位—T_1 通道流回油箱，系统空循环。

① 滑块快速下行　将按钮打在半自动循环位置，电磁铁 YA_2、YA_6 通电，泵空载循环结束，油泵 2 向系统提供压力油，最大工作压力由阀 4 设定。

泵来油经阀 5 左位的 P_1—B_1—阀 8 的 P_2—A_2 通道—两个侧缸 15，作用在缸的柱塞上。由于两侧缸内径较小，带动滑块能快速下行。此时主缸下腔油液经阀 10 的插装阀 10b 流回油箱，与此同时主缸上腔形成负压，充液阀在压力差作用下打开，充液油箱内的油液（一个大气压）经充液阀 12 被大气压压入主缸上腔进行补油。

② 滑块慢速下行并加压　当滑块下行到一定位置压下行程开关 SQ_2 时发出电信号，YA_6 断电，泵来油经阀 8 左位的 P_2B_2 通道进入主缸上腔，充液阀在压力油（此时大于一个大气压）和充液阀内弹簧的双重作用下自行关闭，此时仅由油泵为主缸上腔提供一定流量的压力油，加上主缸上腔面积较大，因此滑块慢速下行并加压，接触工件后压力上升。

③ 保压　当滑块下行压制工件时，系统升压，压制到终点，压力上升到由压力继电器 6 调定的工作压力（5～25MPa）时，阀 6 发信，

使电磁铁 YA_2 断电，阀 5 复中位，泵来油经阀 5 中位 P_1 T_1通道、阀 13 中位 P_4T_4通道流回油箱，系统空循环。此时主缸上腔高压油被阀 3、阀 12 及主缸内密封圈封闭而“保压”。同时，时间继电器 KT_1 开始计时，保压时间根据需要，由 KT_1在 1～1199s 之间任意设定调节。

④ 泄压回程　当保压超过 KT_1调定的时间时，发出电信号，使电磁铁 YA_2和 KT_2动作，阀 5 右位工作，阀 9 左位工作。油泵来油经阀 5 的 P_1 A_1通道与主缸下腔相通，一部分压力油作为控制油经通道 K 推动充液阀 12 的控制活塞，顶开充液阀内的卸载阀，使主缸上腔泄压，多余部分油通过阀 9 的 P_3A_3通道及固定节流口 L 流回油箱。

⑤ 滑块回程　当泄压到时间继电器 KT_2调定的泄压时间后，电磁铁 YA_1 通电，阀 9 右位工作，油泵来油经阀 5 右位 P_1A_1通道后，一路经通道 K 推动充液阀 12 的主阀芯，使主缸上腔回油能畅通无阻地流回充液油箱，另一路进入主缸下腔，推动主缸活塞上行，从而带动滑块向上运动实现回程。

⑥ 滑块回程停止，顶出缸活塞顶出　当滑块回程到压上行程开关 SQ_1时，SQ_1发信，使电磁铁 YA_3、YA_1 断电，电磁铁 YA_5 通电，阀 5 处于中位，阀 13 处于右位，9 处于左位。油泵来油经阀 5 中位的 P_1 T_1通道进入阀 13 右位的 P_4A_4通道进入顶出缸的下腔，顶出缸缸上腔的回油经阀 13 右位的 B_4T_4通道流回油箱，顶出缸活塞顶出，顶出力的大小由溢流阀 14 进行调节。

与此同时，由于阀 5 处于中位，阀 9 处于左位，不再有压力油流入主缸下腔。而主缸下腔油被单向阀与插装阀组 10 封阀，滑块回程停止运动，且靠阀 10a 调定的压力支撑其重量，不往下掉。

⑦ 顶出缸活塞顶出延时　当顶出缸活塞杆上固连的撞块压上行程开关 SQ_4时发出电信号，电磁铁 YA_5 断电，时间继电器 KT_3 计时开始，阀 13 处于中位，顶出缸停止运动，KT_3时间可在 1～1199s 之间调节，操作者可利用这段时间取出工件。

⑧ 顶出缸活塞退回（顶出退回）　当顶出延时到 KT_3 调定的时间时，电磁铁 YA_4 通电。油泵来油经阀 13 左位的 P_4B_4通道进入顶出缸上腔，顶出缸下腔的回油→阀 13 的 A_4 T_4 通道→油箱，顶出缸活塞退回。

⑨ 顶出缸活塞退回停止　当顶出缸活塞退回到压上行程开关 SQ_5调定的位置时，SQ_5发信使 YA_4 断电，阀 13 又回到中位，顶出缸下腔油液封闭，顶出缸退回停止，泵来油经阀 5 中位的 P_1、T_1通道，再经

阀 13 中位的 P_4、T_4 通道流回油箱，系统空循环。

至此整个半自动循环动作结束。

上述循环为带顶出工艺的半自动循环，如不需要带顶出，滑块回程到 SQ_1 就循环结束，其他动作原理相同。

另外，在进行薄板反拉伸成型时，可参照图 6-26。在滑块上固定凹模，在工作台上固定凸模，并且布置好压边顶板、压边杆和压边圈。在工作循环开始时先用“调整”方式并按压按钮 SB_9（见图 6-26），使顶出缸活塞上行至所需位置停止。然后开始半自动工作循环。滑块下行到与工件接触后，压下压边圈，迫使压边杆与压边顶板同时下行。由于顶出缸下腔处封闭位置，顶出缸油液只能通过溢流阀 14 稳压溢流。根据需要可将其压力在 5～25MPa 之间进行调节。

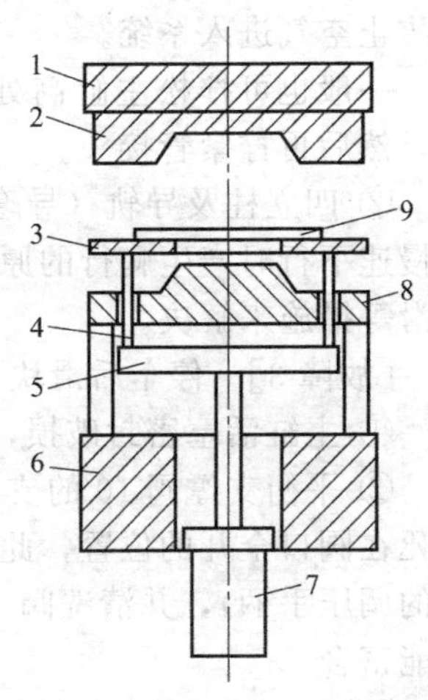

图 6-26　拉伸工艺示意图

1—活动横梁（滑块）；2—凹模；3—压边圈；4—压边杆；5—压边顶板；6—工作台；7—顶出缸；8—凸模；9—工件

6.4.3　故障分析与排除

[故障 1]　泵输出流量不够或者根本不上油，使主缸（滑块）和顶出缸的运动速度不够或者不动作

此时可参阅本书的第 1 章的内容对 25YCY14-1B 型国产压力补偿变量轴向柱塞泵进行故障分析与排除。此外还有：

① 当两侧缸因安装误差，彼此别劲不能同步运动时，或者因侧缸（柱塞缸）严重外漏时，滑块下行速度便不够，因为此时两侧缸的别劲增大了负载阻力，泵工作压力增高，因为泵为压力补偿泵，流量会减小，滑块速度便会降下来。

② 顶出缸部分控制顶出压力的溢流阀 14 调节压力过低，或者电磁阀 13 严重内漏（含换向不到位），也会导致顶出缸不动作或者顶出速度很慢的故障。

③ 电液阀 5 的主阀芯卡死，可排除电液阀故障。

④ 阀 10 的主阀芯卡死在关闭位置，主缸不能下降，可拆开清洗。

可查明原因，予以排除。

[故障 2]　滑块慢速下行时爬行

产生这一故障的主要原因如下。

① 因系统内积存有空气、泵吸油口密封不好或者滤油器堵塞以及油箱内油液不够，未将吸油滤油器埋住等原因，使进入系统内的工作油中含有空气，是导致滑块（主缸）爬行常见原因，可针对情况进行排气和防止空气进入系统。

一般也可拧松主缸高处的进油管，让主缸上、下往复运动数次排气，然后再拧紧管接头。

② 四立柱及导轨（导套）精度调整不好，立柱缺润滑油等也是滑块慢速下行时产生爬行的原因，此时可采取重新校正精度，立柱上加油润滑等措施来解决。

[故障3] 停车后滑块自由下落，滑块下溜现象严重

① 主缸活塞密封破损，缸两腔之间内泄漏严重，应消除内漏。

② 平衡支撑阀10的支承压力调节过低，或者阀10的阀芯因污物卡死在阀口全开的位置，此时可适当调高阀10的压力（拧紧阀10先导阀的调压手柄），并清洗阀10的主阀芯（插装锥阀），注意主阀芯锥面要能密合。

[故障4] 慢速工进（高压行程）时速度不够，压力上不去或上压速度慢

① 变量柱塞泵2流量调得过小，此时应重新调节泵流量，使泵流量按压力特性曲线工作（刻度盘上显示4～5格为宜）。

② 泵配流盘与缸体结合面磨损拉伤，间隙大，一方面压力上不去，另一方面输出流量也不够。此时可拆开泵，研磨配流盘端面，并配研缸体端面。

③ 主缸因活塞密封破损或缸孔拉伤，内泄漏量大，导致高压行程速度不够、压力上不去以及上压速度慢的现象，此时可参阅4.2的内容进行故障排除。

④ 电液阀5的主阀芯卡死在压力油口 P_1 与回油口 T_1 互为连通的位置上，加压行程时压力上不去，下行速度也很慢，此时可拆开阀5清洗。

⑤ 充液阀12的主阀密封锥面 A 因污物或拉毛不密合，造成主缸上腔压力油部分经 A 面泄漏往油箱，导致主缸上腔油液压力上不去、上压速度慢，并且因泄漏油而减少了高压行程的工作油量，速度变慢，此时可拆修充液阀12，磨锥面并配研，使 A 面能密合。

[故障5] 保压时压力降低，不保压，保压时间短

保压时，电液阀5处于中位，充液阀12处于关闭，主缸静止不

动。当：

① 电液阀5内泄漏量大时，或者其主阀芯未换向到位，卡死在P_1与T_1有略微连通的位置时，主缸上腔会慢慢卸压而不能保压；

② 充液阀12的A面关闭不严，存在内泄漏时；

③ 主缸因活塞密封破损造成缸上、下腔内泄漏量大（串腔）时；

④ 各管路接头处存在外泄漏时。

以上均会出现保压时压力降低、不保压，保压时间短的现象，可逐个排除。

[故障6] 顶出缸顶出无力，或者不能顶出（含顶退）

产生原因如下。

① 溢流阀14调节压力过低或者主阀芯卡死在开启位置。

② 电磁阀13的电磁铁未通电。

③ 顶出缸活塞密封破损等，或安装别劲。

可根据情况参阅3.1的相关内容排除主缸、侧缸、顶出缸的相应故障。

6.5 液压元件零件磨损后的几种修复方法

液压元件越来越贵，特别是进口液压件，动辄数千、几万、十几万。而多半某液压件失效时，仅其某个小零件不行了。这时如能修复，经济效益可观。下面简介零件磨损后的几种修复工艺，供参考。读者可根据本单位的维修条件和周围的外协条件做出合理选择。

6.5.1 镀铬工艺

磨损了的液压件零件，可采用电镀法恢复零件尺寸，并经精加工恢复零件精度。由于电镀法的电镀层沉积过程温度不高，不会使零件表面受损、变形，也不影响基体的组织结构，而且可以提高表面硬度，改善耐磨性能，所以电镀是修复液压件零件的重要方法之一。但由于镀层的物理机械性能随厚度增加而变化，而生产率远比堆焊、喷涂等修复方法要低，所以电镀主要用于修复磨损量不大于0.1～3mm的零件，其中用得最多的是镀硬铬工艺，适用于磨损量很小（0.3mm以内）的阀芯、液压缸活塞杆、柱塞泵的柱塞等零件的修复。

镀铬电解液的主要成分是铬酐（CrO_3），溶于水生成重铬酸（$H_2Cr_2O_7$）和铬酸（H_2CrO_4）。铬酸与重铬酐处于动态平衡状态，反应进行方向取决于铬酐浓度及电解液的 pH 值，即：

$$2H_2CrO_4 \xrightleftharpoons[\text{减少铬酐浓度或 pH 值升高}]{\text{增加铬酐浓度或 pH 值降低}} H_2Cr_2O_2 + H_2O$$

电镀时，工件为阴极，镀层材料为阳极。电镀时阴极反应是铬酸根直接还原成金属铬，重铬酸根还原成三价铬，并有氢气生成。即：

$$CrO_4^{2-} + 6e + 8H^+ \longrightarrow Cr + 4H_2O$$

$$Cr_2O_7^{2-} + 6e + 14H^+ \longrightarrow 2Cr^{3+} + 7H_2O$$

$$2H^+ + 2e \longrightarrow H_2\uparrow$$

阳极反应为三价铬氧化成六价铬，并有氧气析出。即：

$$Cr^{3+} - 3e \longrightarrow Cr^{6+}$$

$$4OH^- - 4e \longrightarrow 2H_2O + O_2\uparrow$$

镀铬电解液中，应含有一定的外来阴离子（SO_4^{2-}）和维持一定量的三价铬离子（Cr^{3+}），否则镀铬就不能实现。

镀铬采用的电流密度比其它镀种高得多。槽电压一般应为 12V，由于电流密度高，为防止因边缘效应产生烧焦、毛刺等缺陷，必须采用辅助阴极等保护措施。镀铬温度一般只允许在±(1～2℃) 内变化，不允许中途断电，阳极和阴极形状要有很好的配合，距离均匀一致。才能保证镀层厚度均匀，得到较满意的镀层。

镀铬时，先测量镀件尺寸，计算镀敷面积和工作电流，根据镀层厚度计算电镀时间 t：

$$t = hS\gamma / EI\eta$$

式中 h——镀层厚度，mm；

S——镀敷表面积，dm^2；

γ——沉积金属的密度，g/cm^3；

E——沉积金属的电化当量，即单位电能所能析出的核金属重量，g/(A・h)；

I——通过的工作电流，A，$I = D_k S$；

D_k——阴极电流密度，A/dm^2；

η——电流效率（金属实际沉积量 G'/金属理论沉积量 G），镀铬时，$\eta = 8\% \sim 16\%$。

镀铬的工艺过程为：

① 磨削抛光。

② 汽油清洗。

③ 化学除油（在碳酸钠和氢氧化钠溶液中，70～100℃下煮沸3～5min）。

④ 冷水冲洗。

⑤ 石灰浆擦洗。

⑥ 再次冷水冲洗。

⑦ 装挂及绝缘：挂具要设计合理，以保证镀层均匀。导电部分应保证接触良好，非镀区应涂绝缘物（如丙酮和赛璐溶液绝缘清漆）或用塑料带包扎。

⑧ 冷水冲洗：检查除油质量，若表面仍残留油污，可再用石灰浆擦洗，然后冲净。

⑨ 悬挂零件及预温：检查镀件与阳极配合情况，使两极间各处距离一致。在镀槽内预温，使镀件温度升到接近或等于镀液温度（一般1～3min）。

⑩ 阳极处理：通以反向电流，对镀件进行阳极腐蚀，也就是利用电流的作用，溶解镀件表面的氧化膜，镀液温度为55～58℃，电流密度35～45A/dm^2，处理时间根据不同材质而定，钢制阀芯件为0.5～3min，阀体等铸铁零件不能进行阳极处理，可采用酸蚀。

⑪ 镀铬：为保证结合强度，开始时铸铁件可先以80～120A/dm^2的大电流密度冲击1～3min，然后再转为正常电流。而合金钢零件采用“阶梯式给电”法，逐渐加大电流密度；大约在10min时间里，达正常值。镀铬时应当注意控制好电流及温度，不得中途断电。

⑫ 回收镀液：按所需电镀时间电镀后，为减少铬酐损失，取出零件，在镀液上方用蒸馏水冲洗镀件及挂具，或在蒸馏水槽中荡洗。

⑬ 冷水冲洗及拆除挂具及绝缘物。

⑭ 中和酸值：将镀件放入5%的碳酸钠溶液中，经3～5min后取出，并用冷水冲洗。

⑮ 质量检查：测量镀后尺寸和镀层缺陷，合格后交配磨。

镀铬的工艺规范为 铬酐（CrO_3）含量150g/L，硫酸（H_2SO_4）含量1.5g/L，电流密度（D_k）45～55A/dm^2，电镀温度（T）50～55℃。

6.5.2 刷镀工艺

刷镀是修复液压件零件的一种常用方法。电镀速度快，结合强度高，简单灵活，刷镀可获得小面积、薄厚度（0.001～1.0mm）的快速镀层。

(1) 刷镀可修复液压件零件和部位

① 修复滑动摩擦面：如配油盘端面、齿轮泵齿轮端面等。

② 修复阀类零件阀芯外圆面和阀孔。

③ 修复与各种相配合的油封密封面。

④ 修复泵轴、矩形花键轴。

⑤ 修复泵、油马达的轴承座或轴承相配合表面等。

⑥ 修复其它磨损和配合间隙超差的液压件零件。

刷镀从本质上讲都是溶液中的金属离子在负极（工件）上放电结晶的过程，与一般槽镀相同。工件接电源负极，镀笔接电源正极（见图6-27)，靠浸满镀液的镀笔在工件表面上擦拭而获得电镀层。但是，刷镀中镀笔和工件有相对运动，因而被镀表面不是整体而只是在镀笔与工件接触的地方发生瞬时放电结晶，因而允许使用比槽镀大几倍到几十倍的电流密度（最高可达 500A/dm^2)，因而镀积速度比槽镀快 5～50 倍。

用刷镀方法修复液压件需要购置专用电源设备（如 ZKD-1）和镀笔（如 ZDB1～ZDB4)，如图 6-27 所示。

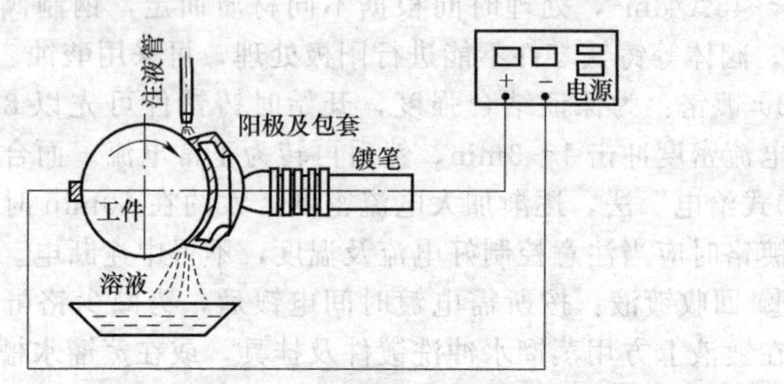

图 6-27 刷镀工艺

根据零件不同形状，阳极有圆柱（SMⅠ)、圆棒（SMⅡ)、半圆(SMⅢ)、月牙（SMⅣ）带状（SMⅤ)、平板（SMⅥ）及线状扁条(PI）等多种，石墨和铂－铱合金是比较理想的不溶性阳极材料。

刷镀电镀溶液包括：预处理溶液：提高镀层与基体的结合强度；电镀溶液；退镀溶液及钝化溶液。除去不合格镀层，改善镀层质量。

(2) 修复液压件常用金属材料的刷镀工艺

① 低碳钢和普通低碳合金钢的刷镀工艺

a. 电净工件接阴极，在 8～15V 电压下，阴—阳极相对运动，速度为 9～18m/min，时间为 15～60s；

b. 用自来水冲洗，去除残留的电净液；

c. 活化：采用 1# 或 2# 活化液，电压 8～14V，时间 10～30s，阴阳极相对运动速度 9～18m/min；

d. 自来水冲洗，去除残留活化液；

e. 打底层（镀过渡层）：可用特殊镍在工件上镀 0.001～0.002mm 的镀层，电压 8～12V，阳阴极相对运动速度 6～12m/s；

f. 自来水冲洗：去除残留电镀液；

g. 镀工作层：根据修理要求镀至所需厚度；

h. 用自来水冲洗、用压缩空气吹干或涂防锈液。

② 铸铁、铸钢的刷镀工艺

a. 电净同上，但电压稍高（10～20V），时间较长（30～90s）；

b. 用自来水冲洗电净液；

c. 活化：采用 2# 活化液，工件接阳极，电压 15～25V，时间 30～90s；

d. 自来水冲洗掉活化液；

e. 打底层：选择中性、碱性镍或碱钢作为底层；

f. 用自来水冲洗；

g. 镀工作层：根据工况要求选择工作层，但酸性镀液尽量避免；

h. 用自来水冲洗：用压缩空气吹干并涂防锈液。

③ 中碳钢、高碳钢、淬火钢的刷镀工艺

a. 电净工件接阴极，电乐 10～15V，时间 15～60s，为了减少工件渗氢，电净时间尽量短，阴—阳极相对运动速度 9～18m/min；

b. 自来水冲洗；

c. 活化：采用 1# 活化液，电压 10～18V，工件接阴极或阳极；

d. 用自来水冲洗；

e. 打底层：这类材料零件承受工作负载重，一般用特殊镍打底层，电压 8～12V，相对运动速度同上；

f. 用自来水冲洗；

g. 镀工作层：根据工况要求，选择工作层镀液至所需尺寸；

h. 用自来水冲洗，压缩空气吹干，并涂防锈液。

6.5.3　镀青铜合金工艺

这种工艺可用来修复诸如泵体内孔、阀体内孔等铸铁和铸铝合金件的磨损，现简介如下。

① 电镀修复前，须用油石或金刚砂粉修整光洁，并去油去污。可

参阅一般镀青铜合金工艺。

② 电解液配方　氧化亚铜（$CuCl_2$）20～30g/L；锡酸钠($Na_2SnO_3\cdot 3H_2O$）60～70g/L；游离氰化钠（NaCN）3～4g/L；三乙胺醇胶［$N(CH_2CH_2OH)_3$］50～70g/L。

③ 电镀条件　温度50～60℃；阴极电流密度1～15A/dm^2；阳极合金板（含锡10%～12%）。

④ 镀后处理　120℃恒温处理。

6.5.4 化学镀镍

化学镀镍有很好的均镀能力，镀层厚度均匀。镀层是由磷和镍组成的合金层，含磷量约为4%～12%，具有较高的硬度（可达45HRC）。经热处理后，硬度还可提高，比电镀镍层的化学稳定性高，孔隙率少，抗腐蚀能力强，并具有光亮的外观。缺点是药品价格较高，沉积速度低(0.01～0.03mm/h)，而且镀液维护较困难。尽管这样，化学镀镍层有较优越的物理力学性能，而且能在许多非金属材料上沉积镀层，可以用来修复轻微磨损的液压件零件。

(1) 化学镀镍液的配方

① 典型的碱性镀镍液配方　氯化镍30g/L；次亚磷酸钠（还原剂）10g/L；柠檬酸钠100g/L；氯化铵50g/L；pH值8～10；温度88～95℃。

② 典型的酸性镀镍液配方　氯化镍30g/L；羟基醋酸钠50g/L；次亚磷酸钠10g/L；pH值4～6；温度88℃。

(2) 化学镀镍反应过程

① 次亚磷酸钠与水作用，生成氢原子：

$$NaH_2PO_2 + H_2O \longrightarrow NaH_2PO_3 + 2H$$

② 氢原子吸附在镀件表面上，使镍离子还原而沉积出镀层

$$Ni^{2+} + 2H \longrightarrow Ni + 2H^+$$

同时，含磷的化合物与原子状态的氢反应还原后，磷进入镀层：

$$H_3PO_3 + 3H \longrightarrow P + 3H_2O$$

镀层中磷的含量，由溶液的酸度决定。酸度越大，可以用于还原磷的氢原子越多，镀层的含磷量也高，反应中还产生氢气：

$$2H \longrightarrow H_2\uparrow$$

化学镀镍总的反应用下式表示为：

$$NiCl_2 + 2NaH_2PO_2 + 2H_2O \longrightarrow Ni + NaH_2PO_3 + 2HCl$$

$NaH_2PO_2 + H_2O \longrightarrow H_2\uparrow + NaH_2PO_3$

可见在镀镍过程中有酸生成，所以溶液的酸度会在工作中升高，当 pH＝3 时，镍的沉积便停止。因此生产中常加入缓冲剂（如醋酸钠等）。此外，还可用氨水提高 pH 值，使反应正常进行。图 6-28 为化学镀镍设备示意图。

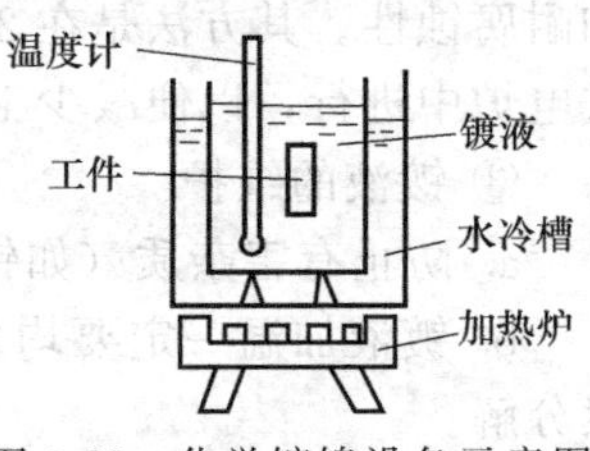

图 6-28 化学镀镍设备示意图

(3) 化学镀镍设备和工艺过程

① 设备（图 6-29） 包括镀前处理和镀后处理操作所需的设备，与其它电镀设备相似。镀敷设备方面，不需要电源，也不需阳极。为了保证镀液的稳定性，对加热和温度控制方面的设备要求严格些。

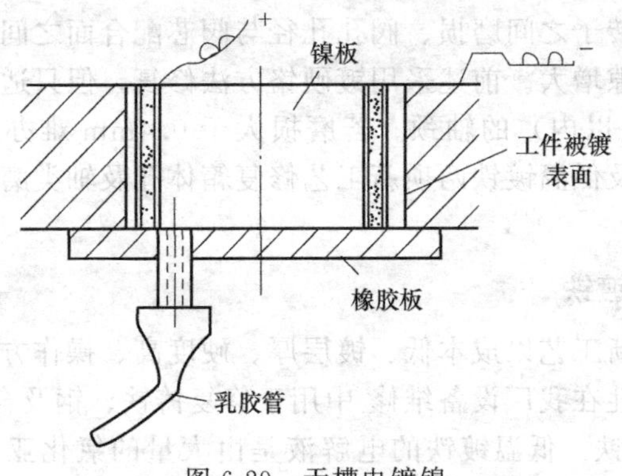

图 6-29 无槽电镀镍

a. 镀槽采用工业耐酸搪瓷槽、陶瓷或玻璃容器。

b. 镀槽尺寸及形状随工件而定。一般选用 $0.8dm^2/L$ 便可。

② 化学镀镍的工艺过程

a. 抛光：为得到光亮的镀层，应对基体材料严格地进行抛光。

b. 除油：和其他镀种的方法相同，可采用有机溶剂除油、化学除油等方法。

c. 浸酸：目的是充分活化表面，以保证镀层结合强度。一般钢铁零件可采用 1∶1 盐酸或浓盐酸在室温下（冬季可适当加温）酸蚀，时间为 1～3min。然后用冷水冲干净后即可下槽施镀。

d. 化学镀镍。

e. 镀后处理：化学镀镍层一般要经热处理，以提高镀层的抗磨性和耐腐蚀性。其方法是在250～400℃温度下保温1～2h。热处理应在箱式电炉中进行，以便减少工件与空气的接触。

③ 镀液的维护

a. 防止有害杂质（如铅、锌、锡、锰等）带入镀液而使镀液报废。

b. 镀液加温一定要均匀，局部过热和温度过高，都会引起镀液自然分解。

c. 镀槽每次使用后要清洗干净，槽壁不能残留镍层。否则将成为镀液自然分解的活性中心。

6.5.5 低温镀铁、无槽电镀镍

在液压件的维修中经常遇到两种情况，一类为轴销类零件（如阀芯、泵轴），出现外径、轴颈的磨损、直径减小；一类为壳体、阀体，出现如定子与转子之间磨损、阀孔孔径与阀芯配合面之间的磨损，孔径增大、配合间隙增大。前述采用镀硬铬方法修复，但只适用于磨损量很小（约0.3mm以内）的轴颈。若磨损大于0.4mm难办。为此，可采用无槽电镀镍及低温镀铁两项新工艺修复箱体孔及轴类磨损零件，现简单介绍如下。

(1) 低温镀铁

低温镀铁新工艺以成本低、镀层厚、硬度高、操作方便等技术及经济方面的优越性在我厂设备维修 中用于修复铸铁、钢及合金钢等零件。

① 低温镀铁　低温镀铁的电解液是由大量的氯化亚铁和少量盐酸的酸性水溶液组成的，水溶液中的氯化亚铁将离解为带正电荷的 Fe^{+} 和带负电荷的 Cl^{-}，盐酸离解为带正电荷的 H^{+} 和带负电荷的 CC^{-}；水电解为带正电荷的 H^{+} 和带负电荷的 OH^{-}。在这样的电解液中以被镀的零件为阴极和以低碳钢板为阳极，并通以低压直流电，在电场力的作用下，则阳离子带正电荷向带有负电荷的阴极即被镀零件的表面沉积。同时，铁（Fe）和氢（H）因获得电子而呈还原状态。其中铁沉积在阴极表面上成为镀铁层，而氢气一方面逸出于大气中，但也有少量的氢会夹在镀铁层中。这就是常见的低温镀铁的基本原理。

② 无刻蚀低温铁电源　采用无刻蚀低温镀铁工艺，电源用KGDS-1200型可控不对称交—直流自动镀铁电源。主要性能是三相电网进线，主电路采用T型变压器，利用三只1000A/200V大功率可控硅可获得可控交流输出及可控直流输出。由于T型变压器副边绕组相位差90°，

因此输出的整流波形为双峰脉动间歇波，这种波形有利于镀铁，这是因为双峰脉动间歇波能使工件得到比平均值大得多的电流密度，并使沉积速度大大提高。而在波形的间歇时间阴极膜中的离子可以得到足够的补充，从而得到接合牢固，平滑光亮的镀铁层。

③ 无刻蚀低温镀铁工艺 镀铁设备主要是电源及镀槽，宜用两个槽子：一个槽子电镀，一个槽子过滤。其工艺流程简述如下。

a. 检查零件镀铁部位的尺寸，是否有裂纹。

b. 清洗除油（可用汽油，碱水煮），严禁将油污带进电镀槽内。

c. 上挂具：挂具要导电性好，在镀长零件时最好两端通电。

d. 绝缘：不镀部位可用塑料布或绝缘漆进行绝缘。

e. 打磨：一般用砂布打出金属光泽即可。

f. 腐蚀：用稀盐酸对基体表面进行腐蚀，使表面活化呈灰白色。稀盐酸的成分与工件含碳量有关，对中碳钢采用含有 50%的盐酸，对高碳钢采用含 80%的盐酸进行腐蚀。

g. 浸蚀：将腐蚀完的零件立即用清水冲洗，挂入镀槽，用氯化亚铁腐蚀进一步活化表面，使零件与镀液温度平衡。

h. 交流对称起镀：用 10～20A/dm^2 的电流密度起镀，时间大约 2～4min，目的是使工件表面进一步活化，去掉零件表面的凸起，提高接合强度及镀层表面的光洁度。

i. 交流不对称起镀：时间为 25～30min，正半波不变，负半波逐渐减少。

j. 直流镀：从此开始计算沉积速度，电流密度可选 15～25A/dm^2。

④ 镀铁层的质量效果

a. 镀铁层的厚度：一般镀铁层在 2mm 左右，也曾有镀过 5mm 镀铁层厚度的零件的例子。

b. 镀铁层表面光亮平滑，否则应将镀液重新过滤处理。

c. 镀铁层属于纯铁层，其硬度 50～53HRC。

d. 通过金相观察镀铁层与工件表面两者之间没有脱离隔层及间隙。

e. 镀铁层接合的强度，用尖斧敲打后，镀铁层允许碎裂，但不允许起皮脱壳。

(2) 无槽电镀镍

无槽电镀镍法对孔类零件进行尺寸镀。优点是简单易行，尺寸易掌握。一般用于 0.05mm 左右的尺寸镀，有时镀后也可加工。其原理、工艺流程与镀铁相似。

① 无槽电镀镍的原理　主盐是硫酸镍，属于酸性电镀液，其镀液成分见表 6-7。

表 6-7　电镀液的成分

镀液成分	浓度/(g/L)	主要作用
硫酸镍	180～250	主盐
氯化钠	10～12	有导电、改善浓度、扩散能力
硼酸	30～40	有增加接合力作用
硫酸钠	50～100	有导电、增白、细致能力
硫酸镁	30～40	有改善结晶、降低脆性能力

将以上化学药品放在水中溶化为电解液，倒入所要电镀的孔中，再外接直流电，通过电化学作用硫酸镍的 Ni^{2+} 因电位转正，可以在阴极放电还原，氢亦相同。

$$Ni^{2+} + 2e \longrightarrow Ni$$

$$2H^{+} + 2e \longrightarrow H_2 \uparrow$$

与前面镀铁原理相同，镍在阴极（零件表面）沉积。

② 工艺流程

a. 用砂布打光内孔表面。

b. 测量尺寸，确定镍层厚度精确到 0.01mm。

c. 用汽油洗干净，无黑污为止。

d. 用厚胶板封底，并用玻璃管与乳胶管接通，要求将水倒入孔内不漏水为宜，乳胶管为放水用。

e. 腐蚀：为使工件表面活化，将盐酸倒入孔内腐蚀 3～5min 后由乳胶管内排出，再用清水冲洗干净后立即倒入镀液，浸蚀工件表面防止氧化，动作若慢则影响镀镍层与零件的接合强度。

f. 反极处理：此时工件接正极，镍板接负极，用小电流 $5A/dm^2$ 由小开始处理 3～5min，使工件表面活化呈灰白色。

g. 直流正极电镀：零件转负极，镍板接正极。镍板纯度为 99%以上。

沉积速度每小时可镀 0.02mm，电极镍板的直径为零件直径 5/8 左右即可。

③ 效果

a. 无毒。

b. 设备简单，操作方便，适用于现场维修。

c. 镀层均匀。

d. 镀镍层的光洁度比原光洁度低一级。

e. 镀镍层的硬度为160～180HB。

f. 接合强度高，试样为0.2mm厚钢板；镀镍后反复振动，镀镍层与钢板同时断，不起皮。

g. 经济效果：成本只有镗孔镶套的1/20左右。

6.5.6　粘接技术

粘涂技术是指将胶黏剂涂敷于零件表面，实现零件耐磨损、耐腐蚀、恢复其几何尺寸，修复拉（划）伤沟槽等多种用途的维修技术。胶黏剂是以金属、陶瓷等为骨材的聚合物，可抵御冲刷、汽蚀、摩擦、化学侵蚀等损伤，同时，能牢固地粘接在零件表面上，形成坚硬的耐磨损、耐腐蚀的复合材料涂层。粘涂技术操作方便，不需专门设备，不会使零件变形，安全节能，大部分磨损零件都可以用粘涂耐磨层的方法修复。

粘接技术是将高分子聚合物与特殊填料构成的胶粘剂、修补剂涂敷于零件表面，利用其良好的浸润性，与被粘物表面紧密接触，发生相互作用，产生足够的粘接力，达到可靠连接的目的。粘接与铆接、焊接、螺纹连接相比，具有减轻重量，节约材料，不易产生应力集中，密封性，耐潮湿、耐腐蚀及绝缘性能好，以及工艺简单、操作方便、省工省时、可现场作业等优点。

① 粘制O形圈　在维修中如发现老化或损伤的O形橡胶密封圈无备件可换时，可用乐泰胶粘制符合尺寸要求的O形圈，以解无配件之急。

② 修复液压元件裂纹零件　用丙酮清洗裂纹后，将乐泰胶灌满裂纹沟槽处予以修复。

③ 应用粘涂技术修复磨损的零件　磨损是引起液压元件的机械零件失效的主要原因之一，可进行粘涂法修复。例如泵轴轴颈磨损部位的修复：先将泵轴颈磨损部位车削出距离为0.75mm、深0.4mm的螺旋沟槽，然后用丙酮清洗，选用TG205修补胶（加适量镍基粉）涂满沟槽并压实，使其外径比标准尺寸稍大些，固化后将轴颈按技术要求加工至标准尺寸装机使用。

参 考 文 献

[1] 陆望龙. 典型液压气动元件结构1200例. 北京：化学工业出版社，2018.
[2] 高殿荣，王益群. 液压工程师技术手册. 第2版. 北京：化学工业出版社，2016.